LA LOUVETERIE

LA DESTRUCTION DES ANIMAUX NUISIBLES

Ordonnances, Arrêts, Lois
Décrets et Circulaires
sur
LA LOUVETERIE ET LA CHASSE

*OUVRAGE HONORÉ D'UNE SOUSCRIPTION
DU MINISTÈRE DE L'AGRICULTURE*

DEUXIÈME ÉDITION
1929

FIRMIN-DIDOT ET Cie, 56, rue Jacob, PARIS

LA LOUVETERIE

Lieutenant de Louveterie.

LA LOUVETERIE

LA DESTRUCTION DES ANIMAUX NUISIBLES

ORDONNANCES, ARRÊTS, LOIS, DÉCRETS et CIRCULAIRES
SUR LA LOUVETERIE ET LA CHASSE

OUVRAGE HONORÉ D'UNE SOUSCRIPTION
DU MINISTÈRE DE L'AGRICULTURE

PUBLIÉ SOUS LES AUSPICES DE L'ASSOCIATION
DES LIEUTENANTS DE LOUVETERIE DE FRANCE
AVEC LE CONCOURS DE M. M. PERIERE
DIRECTEUR DES SERVICES ADMINISTRATIFS

1929

EN VENTE AU SIÈGE DE L'ASSOCIATION, 99, Avenue Général-Michel-Bizot, PARIS

AVANT-PROPOS

Lors de la constitution de l'*Association des Lieutenants de Louveterie de France*, en juin 1921, nous avions promis à nos adhérents de faire éditer et de leur remettre un guide contenant un résumé de leurs droits et de leurs devoirs.

Cette promesse, nous l'avons accomplie en 1925, mais depuis lors, de nouvelles circulaires et de nouveaux règlements ayant été élaborés, nous avons tenu à compléter cette première édition par ce nouveau volume, contenant à ce jour les lois et décrets régissant la Chasse.

Ce qui ne devait être, dans le début, qu'un simple *vade-mecum*, est devenu l'important ouvrage que nous avons l'honneur de vous présenter.

De très précieux renseignements nous ont été remis par l'Administration des Eaux et Forêts, chez laquelle l'amabilité semble une vertu professionnelle ; nous avons, en ce qui concerne la destruction des animaux nuisibles, puisé des inspirations dans le livre si admirablement documenté de M. Lambert-Hettier ; en ce qui concerne la partie historique, qui a trait aux origines de la Louveterie à nos jours, l'Étude de M. Firmin-Didot, intitulée : *Les Loups et la Louveterie*, nous a rendu les plus grands services ; enfin, on appréciera de façon toute particulière le travail aussi consciencieux qu'inédit de M. Amiaud, le distingué président du tribunal civil de Lunéville, relatif au droit de destruction des animaux nuisibles.

Nous avons reproduit dans ce volume, *in extenso*, les règlements, lois et décrets régissant les fonctions des Lieutenants de Louveterie, de nature à les intéresser, ainsi que le texte de la loi de 1844 sur la police de la Chasse.

Un annuaire par département de tous les Officiers de Louveterie termine cette seconde édition qui renferme, en outre, une table spéciale permettant de trouver immédiatement par catégories les renseignements désirés. Cette table a été établie avec beaucoup de soin par M. Jeannin, Inspecteur Adjoint des Eaux et Forêts ; nous lui adressons ici l'expression de notre gratitude.

Nous tenons à remercier tout particulièrement M. Périère, Directeur de nos services administratifs, pour la présentation et la mise au point délicates de ce volume.

Le succès obtenu par la première édition de cet ouvrage nous permet d'assurer que sa place est marquée dans la bibliothèque, non seulement des Lieutenants de Louveterie, des Magistrats, des Fonctionnaires appelés de par leur situation à connaître la destruction des animaux nuisibles et régir la chasse, mais aussi de tous les chasseurs et les agriculteurs.

Il existait une lacune que nous devions combler, et, en le faisant, nous espérons avoir rendu service.

LE COMITÉ DE DIRECTION
de l'Association des Lieutenants de Louveterie
de France.

PRÉFACE

Paris, le 20 mars 1925.

Monsieur le Président,

Vous avez bien voulu me faire le grand honneur de me demander de présenter aux Lieutenants de Louveterie de France le Manuel de la Louveterie que votre Association vient d'éditer.

Lorsque j'ai accepté votre offre si flatteuse pour moi, je n'ai pas pris l'engagement de signaler tous les mérites de votre intéressante publication, ce qui m'aurait entraîné trop loin; mais j'ai voulu, seulement, ne pas manquer l'occasion de rendre hommage au zèle et au dévouement dont vous avez fait preuve depuis trois ans pour constituer, puis pour développer votre grande Association.

J'aurai paru sans doute à beaucoup de lecteurs de votre Manuel bien peu qualifié pour discuter de la valeur d'un ouvrage sur la Louveterie, car je n'ai jamais chassé le loup ; j'ai bien fait mes plus belles chasses, au début de ma carrière forestière en Algérie, à proximité de la villa « Chanteloup », rendez-vous de chasse édifié au sud de La Calle (Constantine) par le comte d'Osmoy et un groupe de chasseurs de la Métropole que cette région particuliè-rement giboyeuse avait attirés, mais en fait de loups je n'y ai jamais entendu « chanter » que des panthères. C'est même à proximité de cette villa que je me suis trouvé pour la première fois, au cours d'une partie de chasse, face à face avec un de ces fauves : je fus assez heureux de lui briser les reins de mon second coup de fusil au moment où, la poitrine traversée par ma première balle, il venait de bondir dans une cépée de lentisque contre laquelle j'étais placé, avec l'intention évidente de me faire un mauvais parti.

Si la chasse aux fauves tente quelques Louvetiers de France, je leur conseille de choisir cette contrée où j'ai fait, il y a bientôt trente ans, des chasses magnifiques et où le gibier est encore abondant : toute la sauvagine se donne, notamment, rendez-vous, pendant l'hiver, aux abords des lacs de la région de La Calle.

Mais, fermant cette parenthèse cynégétique, j'en reviens au Manuel impatiemment attendu par les membres de votre Association. En parcourant le manuscrit, j'ai constaté que, bien qu'il soit plus particulièrement destiné aux Louvetiers, cet ouvrage n'en sera pas moins d'une utilité très réelle aux Officiers des Eaux et Forêts ainsi qu'à toutes les personnes qui ont à s'occuper de la Louveterie, notamment aux Préfets, Magistrats et Officiers de Gendarmerie. C'est, qu'en effet, le Manuel du Louvetier présente une documentation unique en la matière. Grâce surtout à l'excellent travail de M. Amiaud, relatif à la législation et à la réglementation de la destruction des animaux nuisibles, on trouvera dans ce volume d'utiles renseignements qui éviteront de longues recherches dans des recueils de jurisprudence.

Je ne puis, en terminant, que vous féliciter encore, Monsieur le Président, de l'œuvre que vous avez su mener à bien avec le concours de votre dévoué Directeur des Services administratifs, M. Périère, dont j'ai été à même de constater le labeur considérable fourni pour réunir la documentation insérée dans votre Manuel.

Veuillez agréer, Monsieur le Président, l'expression de mes sentiments les plus distingués.

H. LILETTE,
Conservateur des Eaux et Forêts,
chargé du service de la chasse à la Direction
Générale des Eaux et Forêts.

A Monsieur H. du BLAISEL d'ENQUIN, *Président de l'Association des Lieutenants de Louveterie de France.*

Lieutenant de Louveterie.
(1814)

PREMIÈRE PARTIE

—

LA LOUVETERIE

L'ANCIENNE LOUVETERIE

Ce n'est pas seulement pour charmer leurs loisirs ou pourvoir à leur subsistance que nos ancêtres se livraient à la chasse avec tant de passion; bien souvent aussi ils y étaient obligés pour se protéger contre les animaux sauvages qui pullulaient dans les immenses forêts recouvrant alors une grande partie du sol.

Parmi ces animaux, l'un des plus redoutés et des plus nuisibles était, sans contredit, le loup.

Contre un tel ennemi il fallait toujours être en garde et, dès les premiers siècles de notre histoire, on s'efforça à en diminuer le nombre soit en les chassant, soit en leur tendant des pièges. L'un des titres de la loi des Burgondes prescrit même les précautions à prendre pour que ces pièges ne deviennent pas une cause d'accidents pour les hommes ou pour les animaux domestiques.

Mais les guerres étaient fréquentes et, tandis que les seigneurs et leurs sujets bataillaient contre leurs voisins, les loups se multipliaient dans des proportions effrayantes et exerçaient impunément leurs ravages.

Ce fut Charlemagne qui, le premier, pour préserver ses peuples de ce véritable fléau, chargea certaines personnes de détruire ces animaux. Dans un capitulaire de 813 il ordonna à ses Comtes de désigner, dans leur circonscription, deux officiers dont les fonctions consisteraient à chasser les loups.

Il voulut aussi qu'on lui fît savoir combien chacun en aurait tué et qu'on lui présentât les peaux. « Ut vicarii luparios habeant unusquisque in suo ministerio duos... et ipsi certare studeant de hoc ut profectum exinde habeant, et ipsae pelles ad nostrum opus dentur. »

Ces *luparii*, en raison de leurs services, jouissaient de privilèges importants ; ils étaient exempts du service militaire et du droit de

gîte et recevaient, en outre, une mesure de grains sur les levées faites
pour le compte de l'empereur. « Et ipse de hoste pergendi et de placito comitis vel vicarii ne custodiat, nisi clamor super eum eveniat...
et unusquisque qui in illo ministerio placitum custodiunt dentur eis
modium unum de annona. »

Plus tard on leur accorda une prime à prélever sur les habitants
pour chaque tête de loup.

Quelques auteurs prétendent que l'institution des *luparii* disparut
pendant le Moyen Age; on peut cependant constater des paiements
de primes pour des loups détruits, ce qui prouve que le capitulaire
de Charlemagne continua à être en vigueur.

Voici un relevé des sommes versées aux Louvetiers, pendant les
années 1202 et 1203, dans les prévôtés de Lorris, de Moret et de
Samois :

« Duo lupelli et duo magni lupi : xxx s. Luparii, a S. Dionysio
usque ad diem Mercurii post Omnium Sanctorum, xxviii s.

« Pro xvii lupellis, iiii l. et v s. Luparius, a die Martis post
Navitatem B Mariae, usque ad vigiliam S. Martini, de lxii diebus,
c et iii s. et iiii d.

« Pro viii lupis captis, iiii l. Luparii, de lxxvi diebus usque ad
ultimum diem Februarii, lxxvi s.

« De centum et sex lupis xxvi l. et dim.

« De vi lupellis et 1 lupo xl s.

« Luparius, pro suis vadiis duorum mensium, lvi s. »

De même, un siècle plus tard, on trouve dans les comptes des
baillis de France, en 1305 et en 1306, des versements de sommes
faits à des Louvetiers.

Dans plusieurs des ouvrages parus sur la Louveterie, il est dit que
c'est François Ier qui organisa le premier cette institution en créant
un Grand Louvetier; mais il y a eu erreur sur ce point, comme l'établissent les documents suivants recueillis dans l'ouvrage du Père
Anselme sur les officiers de la maison de France :

En 1308, Gilles le Rougeau était Louvetier du roi Philippe le Bel
qui le gratifia d'une somme de cent livres et ordonna qu'il serait
payé de ses gages, de ceux de ses gens et de la dépense de ses chevaux
et chiens.

En 1323, Pierre de Besu était Louvetier du roi Charles le Bel et
fut remplacé par Gillet d'Oissy. Pierre Hannequeau, l'un des veneurs
de la Vénerie Royale, reçut, en 1466, quatre cents livres pour faire
la chasse aux loups et aux louves (qui repéraient en plusieurs

lieux du royaume), et, dans un compte de l'année suivante, il est appelé Grand Louvetier de France et appointé pour ses gages en cette qualité. Antoine de Crèvecœur fut ensuite pourvu de cette charge.

François de la Boissière lui succéda, en 1479, et, à sa mort, son fils Jean le remplaça.

Une ordonnance de la fin du XIVe siècle nous apprend qu'outre les Louvetiers il y avait aussi des gens chargés de prendre des loutres, appelés *Loutriers*.

Ces *Loutriers*, ainsi que les Veneurs du Roi et les Louvetiers jouissaient du droit de gîte et se faisaient héberger, eux, leurs valets, leurs chevaux et leurs chiens, par les habitants des campagnes, de sorte que ceux-ci avaient plus souvent à se plaindre de ceux qui venaient les débarrasser des loups et loutres, que des animaux eux-mêmes. De plus, ces officiers exigeaient « sur le povre peuple grands sommes de deniers pour cause desdits loups et loutres ».

Pour mettre fin à ces abus, Charles VI rendit l'Ordonnance du 28 mars 1395, où il est dit « que toutes commissions, données par lui à quelques personnes que ce soit, cessent »: et, par l'article 12 de la même ordonnance, il enjoint « aux veneurs et fauconniers, quels qu'ils soient, de ne se loger doresnavant que dans les hostelleries où l'on ne reçoit que pour de l'argent et ils sont tenus de payer promptement tout ce qu'ils prendront ; sans quoi ils seront passibles de la justice du Royaume et seront punis tellement que ce sera un exemple aux autres ».

Voici les Louvetiers supprimés, et contre les loups et autres animaux nuisibles les paysans n'ont plus de défense ; car sous les peines les plus sévères il leur est interdit de chasser. L'année suivante, le Roi tout en maintenant pour les « non nobles autres que les ecclésiastiques, bourgeois » la défense de chasser, permet néanmoins aux laboureurs de chasser les bêtes de leurs récoltes. « Toutefois, est-il dit dans l'ordonnance de 1396, au temps que les porcs ou autres bêtes sauvages vont aux champs pour manger les blés, il nous plaist bien que les laboureurs puissent tenir chiens pour garder leurs dits blés et chasser les bêtes d'iceux, sans ce que pour ce ils doivent perdre iceux chiens ni payer amende ».

Les résultats de cette autorisation ne durent pas être bien satisfaisants, car les laboureurs pouvaient bien avec leurs chiens donner la chasse aux bêtes sauvages, mais ils ne pouvaient les tuer, de sorte que leur nombre augmentait tous les ans.

Aussi Charles VI dut, en 1404, rétablir les commissions de Louvetiers et permit à ceux-ci de lever deux deniers parisis par tête de loup, quatre par louve, sur chaque feu de toutes les paroisses situées dans un rayon de deux lieues de l'endroit où la bête avait été prise.

Ces nouveaux Louvetiers ne purent-ils réussir à détruire les loups en quantité suffisante ? Il est permis de le supposer en parcourant le passage suivant de l'Ordonnance, dite *Cabochienne*, de l'an 1413 :

« Voulons et permettons, par ces présentes, que toutes personnes, de quelqu'état qu'elles soient puissent prendre, tuer et chasser sans fraude tous loups et loutres, grans ou petits, sans que ce soit au préjudice des droits des garennes des seigneurs et aussi que ce ne soit en la manière que les nobles ont accoutumé de chasser ; et voulons et ordonnons que la somme accoutumée être payée à ceux qui prennent loups grans ou petits leur soit payée par nos trésoriers et receveurs de notre domaine en la manière ancienne et accoutumée... Nous avons donné congé et licence à toutes personnes de chasser doresnavant sans fraude dans les nouvelles garennes et accroissements faits ès anciennes garennes depuis XL ans, pourvu que ce ne soient mie gens laboureurs ou de mestier ou de petit estat qui s'y pourraient occupér en délaissant leurs labourages et mestiers ; toutefois nous plaist-il et voulons que si les bestes sauvages viennent en leurs héritages hors garennes, ils les puissent prendre et tuer en leurs dits héritages, sans pour ce encourir aucun danger de justice. »

L'on vit alors se produire pour la destruction des animaux nuisibles ce qui se passe encore de nos jours : les chasses faites par les propriétaires et cultivateurs sur leurs terres et les grandes chasses faites dans tout le royaume par les Louvetiers. S'ils remplissaient bien leurs fonctions ceux-ci devaient avoir fort à faire ; le nombre des loups était fort considérable et, de tous côtés, ces animaux exerçaient leurs ravages non seulement dans les campagnes, mais aussi dans les villes, et leurs déprédations venaient s'ajouter aux maux de toutes sortes dont souffraient les habitants de France en ces temps de guerre et de famines.

Depuis l'ordonnance dite *Cabochienne* de Charles VI, il ne s'en trouve, jusqu'au règlement de François Ier, dans les édits royaux, qu'une seule ayant trait à la Louveterie ; c'est l'ordonnance de 1461 par laquelle le roi Louis XI exempte les habitants de Fontenay, sous les bois de Vincennes, des prises qui se font et des impositions levées en raison de la chasse aux loups.

La charge de Grand Louvetier était occupée, en 1470, par Jean de Rorbach, qui reçut, à cette époque, une gratification jusqu'à ce qu'il fût appointé de ses gages. François de la Boissière prit, en 1479, la qualité de Grand Louvetier. Il avait reçu en don du roi, l'hôtel, la terre et la seigneurie de Fontainebleau ; son fils Jean lui succéda.

François Ier fixa d'une manière plus précise les fonctions du Grand Louvetier, qui, jusqu'alors, n'avaient pas été clairement définies ; mais, comme nous l'avons déjà fait remarquer, il ne créa pas cette charge qui existait depuis fort longtemps.

Par l'ordonnance de l'année 1520, ce roi chargea le Grand Louvetier d'entretenir aux frais du Trésor Royal un équipage spécial pour la chasse aux loups; des Officiers de Louveterie, relevant du Grand Louvetier, remplissaient la même mission dans les Provinces.

Dans la suite cette charge devint très considérable et ceux qui la possédaient étaient fort en faveur ; en marque de leur dignité, les Grands Louvetiers accostaient leurs armes de deux têtes de loup de face.

« Le Grand Louvetier, dit le Père Anselme, n'a d'autres supérieurs que le Roi, entre les mains duquel il prête serment. De même que les autres grands officiers de sa maison, il a la supériorité sur tous les officiers qui sont de sa dépendance ; il a la disposition de leurs offices et met des lieutenants dans plusieurs provinces ; ceux-ci prennent la qualité de Lieutenants de Louveterie. Leur nombre n'est pas limité et ils ont sous eux des officiers comme piqueurs, gardes, sergents ; tous sont commensaux de la maison du Roi et jouissent des mêmes privilèges que les autres officiers de la Vénerie et de la Fauconnerie et sont payés par le même trésorier, quoiqu'ils ne dépendent nullement ni du Grand Veneur ni du Grand Fauconnier. »

Grâce à l'extension que François Ier donna à la Louveterie, les ravages exercés par les loups auraient dû être considérablement diminués. Mais les guerres furent presque continuelles sous le règne de ce roi et la France, après sa mort, traversa une longue période de troubles sous les règnes de Charles IX et de Henri III ; puis vint la Ligue ; aussi au milieu de ces combats perpétuels la destruction des animaux sauvages fut-elle fort négligée. Cependant une ordonnance de Charles IX, en 1560, avait permis à tous les sujets « de chasser de leurs terres à cris et à jets de pierres toutes bêtes rousses et noires qu'ils trouveraient en dommage, sans toutefois les offenser ». Semblable à celle de 1396 cette dernière ordonnance était bien inefficace, puisqu'elle se bornait à autoriser les cultivateurs à *éloigner* et non à *tuer* les animaux nuisibles. Vingt-trois ans plus tard un édit d'Henri III montre jusqu'à quel point les loups se sont accrus et prescrit une mesure qui fut en vigueur jusqu'à la fin de la Monarchie. « Pour le peu de soing, y est-il dit, que nos subjets habitans des villages et plats pays ont eu à l'occasion des guerres qui, à nostre grand regret, ont duré par l'espace de vingt ans en cestuy notre royaume, à l'extirpation des loups qui se sont accrus et augmentés en tel nombre qu'ils dévorent non seulement le bestail jusques ès basses courts et estables des maisons et fermes de nos pauvres subjets, mais encore sont les petits enfants en danger ; enjoignons aux grands maîtres réformateurs, leurs lieutenants, maîtres particuliers et autres faire assembler un homme par feu de chacune paroisse de leur ressort avec armes et chiens propres à la chasse desdits loups, trois fois par an, au temps plus propre et plus commode qu'ils adviseront pour le mieux ». Il est à observer que cet édit qui est de 1583, ne fait pas mention des Louvetiers et on pourrait supposer que ceux-ci étaient alors supprimés ; il n'en est rien cependant et, en général, les chasses ordonnées par Henri III étaient dirigées par les Louvetiers, mais, à partir de cette époque, il s'éleva souvent entre les Grands Maîtres des Eaux et Forêts et les Officiers de Louveterie des conflits qui ne cessèrent de se produire que deux siècles plus tard, lorsque, par une ordonnance le roi Louis XVI détermina quels rapports devaient exister entre les Maîtres des Eaux et Forêts et les Louvetiers, ainsi que leurs attributions respectives.

Henri IV, soucieux des intérêts de l'agriculture et du bien-être de son peuple, s'efforça à plusieurs reprises d'arrêter les ravages des loups dont la voracité semblait redoubler. On lit en effet, dans le *Journal de l'Estoile* que, la nuit du 11 au 12 août 1595, un enfant fut dévoré, en plein Paris, par un loup, près de la place de la Grève.

La charge de Grand Louvetier, au début de ce règne, était exercée par Jacques Le Roy, chevalier, Seigneur de la Grange-le-Roy et de Grisy-en-Brie. Il lui fut payé, pendant l'année 1596, la somme de 400 écus pour son état et *entretenement* de vingt chiens courants, ordonnés pour la chasse aux loups, à raison de 3 sols par jour pour chaque chien. Sous ses ordres se trouvaient le sieur Defréville, Lieutenant, appointé à 133 écus 2 s. et un autre Lieutenant, le sieur Dumouchet, dont le traitement était de cent écus ; puis venaient quatre valets de limier, deux valets de chiens, deux garçons des chiens courants et deux gardes des quatre grands lévriers dont la nourriture coûtait 121 écus par an. Cet équipage semble peu important pour un Grand Louvetier ; mais il est à remarquer que ce n'est que très rarement et seulement dans des circonstances graves que celui-ci avait à se transporter dans un pays dépourvu de Louvetiers,

ses fonctions consistant surtout à suivre la Cour dans ses déplacements, soit pour écarter les loups de la résidence du roi et des forêts
ou bois où il chassait, soit pour lui procurer le plaisir de cette chasse
quand il lui plaisait de le prendre. Tel était le rôle actif du Grand
Louvetier ; il devait aussi se faire rendre compte du nombre d'animaux tués ou détruits par ses Lieutenants dans les provinces, leur
donner au besoin des ordres et pourvoir aux places vacantes. Il y
avait un Lieutenant de Louveterie pour la Prévôté de Paris, un
autre dans le pays du Maine, un autre dans le bailliage d'Auxerrois,
un dans les élections de Tonnerre, Bar-sur-Seine et environs, un dans
la capitainerie d'Amboise et de Montrichard, et un dans le bailliage
d'Orléans, etc... Leur nombre n'était pas limité et le Grand Louvetier donnait des offices de Lieutenant de Louveterie partout où il
le jugeait à propos.

Nous trouvons, un peu plus tard dans un édit de juillet 1607 relatif
à la chasse dans les forêts de la Couronne, certaines dispositions
concernant les Louvetiers qui ont été conservées dans la législation
moderne.

Dans cet édit, expresse défense est faite à tous les seigneurs, gentilshommes, hauts justiciers et autres, de quelque qualité et condition qu'ils soient, de chasser et faire chasser aux bêtes fauves et
noires, et autre gibier défendu par les ordonnances, en les bois et
forêts de la Couronne, à moins d'autorisations particulières que le
Roi se réserve d'accorder postérieurement, selon qu'il le jugera à
propos. Toutefois, les rigueurs de cet édit ne comprennent pas les
Officiers de la Louveterie « pour le regard du port de l'arquebuse aux
assemblées qui se feront pour courre et prendre les loups en ces
dites forêts, bois et buissons en dépendant, avec permission des
capitaines des dites chasses, ou de leurs Lieutenants, et assistés de
l'un des gardes ordinaires des dites chasses ».

Aucun nouveau règlement concernant la chasse aux loups et la
Louveterie ne parut pendant le règne de Louis XIII. Mais sous ce
prince, qui aimait la chasse avec passion, la vénerie prit un grand
développement et atteignit un degré de perfection qui ne fut guère
dépassé sous les règnes suivants.

Robert de Salnove, l'auteur de la *Vénerie Royale*, fut Lieutenant
de la Grande Louveterie sous Louis XIII. Il assure avoir vu trois
cents personnes périr en peu de temps sous les dents des loups et
ajoute qu'il y a des batailles qui ne sont guère plus sanglantes. Étant,
de par ses fonctions, à même d'étudier la chasse de ces animaux
mieux que personne, il en parle dans sa *Vénerie*, avec un art consommé.

« Toutes les autres chasses, dit-il, n'ont pour objet que le plaisir ; mais outre qu'il se rencontre en celle du loup, l'homme en a besoin pour détruire son ennemi. »

La manière la plus usitée, au XVIIe siècle, de prendre les loups était de les courir avec des lévriers. Un veneur de l'Artois rapporte qu'il assista à plus de soixante prises de loups en un an, qu'il en vit prendre fréquemment quatre ou cinq le même jour et que ces animaux étaient presqu'exterminés dans son pays en l'année 1630.

Pour la destruction des loups les Officiers de Louveterie avaient le choix des moyens ; ils pouvaient les chasser soit avec les lévriers, soit à force de chiens, leur tendre des pièges ou les tuer à l'affût ; toutefois ils faisaient le plus fréquemment des battues, qu'on appelait alors *huées* ou *tric-traques* et pour lesquelles ils avaient le droit de rassembler le nombre de personnes qu'ils croyaient nécessaires ; nul autre qu'eux, à part les seigneurs haut-justiciers, n'aurait pu s'arroger ce droit sans risquer de se voir confisquer ses armes et de payer une amende arbitraire.

Les battues sont tellement usitées aujourd'hui dans les grandes chasses à tir que ce moyen de destruction est connu de tout le monde; avec des tireurs adroits et si les animaux ne forcent pas les traqueurs, c'est un des procédés de destruction les plus efficaces, mais c'est aussi la manière la plus dangereuse de chasser pour ceux qui y prennent part, parce que si le directeur des battues les dispose mal, ils seront exposés à s'entretuer. Voici, d'après les notes laissées par un piqueur renommé qui tua ou fit tuer 420 loups, 650 sangliers et 1270 autres animaux nuisibles, la méthode la plus sûre à employer dans les battues aux loups.

Selon lui, pour réussir, les traqueurs ne doivent pas entrer dans l'enceinte : ils doivent rester là où on les a placés le long de l'enceinte, vent au dos, et, au signal convenu, crier et faire le plus de bruit *possible*. S'ils entraient dans l'enceinte le loup sortirait trop vite et les chasseurs ne pourraient pas bien le tirer à son passage et même il se déroberait entre les traqueurs qui, ne se voyant pas bien les uns les autres dans le bois, ne formeraient plus une ligne régulière. Aux premiers coups de voix des traqueurs, le loup se lève et se dirige avec précaution, au simple trot, vers la ligne des chasseurs, alors il est facile de le tirer. Mais s'il est manqué, il passe la ligne d'un grand saut, et ensuite on ne sait plus où on le trouvera. L'opération est à remettre à un autre jour. (*Soixante années de chasse par Clamart, ancien piqueur*).

Sous Louis XIII, en vertu de l'ordonnance de Charles VI, rendue

en 1404, les Louvetiers continuaient à lever deux deniers parisis par
loup et quatre par louve sur chaque habitant des paroisses situées
à une ou deux lieues à la ronde de l'endroit où les loups avaient été
pris.

Tous les officiers de justice et autres étaient tenus d'obéir et de
donner aide, conseil et assistance au Grand Louvetier et à ses Lieutenants, sergents et piqueurs, lorsque cela était nécessaire et qu'ils
en étaient requis et, s'ils trouvaient qu'il fût chassé aux loups sans
permission du Grand Louvetier ou de ses Lieutenants ils devaient
punir les délinquants de prison, de la perte de leurs armes et d'amende
arbitraire ainsi que ceux qui auraient refusé d'assister à une chasse
organisée par les Louvetiers.

Charles de Joyeuse, seigneur d'Espaux, qui exerça la charge de
Grand Louvetier à la fin du règne d'Henri IV jusqu'au commencement de celui de Louis XIII, fut remplacé par Robert de Harlay.
Celui-ci mourut en 1615 et François de Silly, duc de la Rocheguyon
lui succéda et resta Grand Louvetier de France jusqu'à sa mort, au
siège de la Rochelle, en 1628. Claude de Saint-Simon, duc de Saint-
Simon, le père de l'auteur des *Mémoires*, fut pourvu la même année
de cette charge dont il se démit peu après en faveur de Philippe
Anthonis, seigneur de Roquemont ; il y rentra le 28 octobre 1636 et
y resta jusqu'en 1643.

Le Roi avait aussi un équipage spécial pour le sanglier, commandé
par le *Grand Vautrayeur* de France. Louis de l'Hôpital, sieur de
Vitry, était pourvu de cette charge sous Henri IV et recevait 400 écus
pour ses gages et *entretenement* au dit état, plus 733 écus pour la
nourriture de quarante mâtins, à raison de 3 sols pour chaque chien
par jour.

Lorsqu'au début de la régence d'Anne d'Autriche, le Duc de Saint-
Simon donna sa démission, Charles de Bailleul, Seigneur du Perray
et du Plessis-Briart, devint Grand Louvetier de France ; son fils
Nicolas de Bailleul, le remplaça en 1651 et s'en démit, en 1655, en
faveur de François-Gaspard de Montmorin, Marquis de Saint-
Herem, qui fut aussi, jusqu'en 1701, Gouverneur et Capitaine des
chasses de Fontainebleau.

Il n'y eut, pendant la première partie du règne de Louis XIV,
aucune modification importante apportée dans la Louveterie. Ce ne
fut qu'à la suite d'abus commis par des Lieutenants de Louveterie,
en Picardie et en Champagne, que le Conseil d'Etat fut amené à
rendre, en 1671, un arrêt portant qu'aucune publication de battues
aux loups ne serait faite à l'avenir par les Lieutenants de Louveterie

que du consentement de deux gentilshommes à ce commis par l'Intendant de ces Provinces. « Le Roi étant informé, est-il dit dans cet arrêt, que, dans les provinces de Picardie et de Champagne, quelques particuliers, soit disants Lieutenants de Louveterie commettent divers abus en obligeant les laboureurs, lorsqu'ils sont occupés à la culture des terres, de s'assembler pour chasser aux loups et, sous ce prétexte, exigent de grosses amendes de ceux qui ne s'y trouvent pas, et lorsqu'ils ont tué quelques loups, ils font une imposition sur les villages de leur département qui monte quelquefois à des sommes considérables ; et même ils établissent sous eux des paysans auxquels ils permettent de porter des fusils et de chasser au préjudice des Ordonnances, ce qui a donné lieu à plusieurs plaintes et à diverses vexations sur les habitants desdits villages. A quoi étant nécessaire de pourvoir, Sa Majesté, en son Conseil, a fait très expresses défenses à tous les Lieutenants de Louveterie et autres qui se prétendent Officiers d'icelle de faire aucune publication de chasse aux loups que du consentement de deux gentilshommes de l'étendue de leur département qui seront nommés par les Commissaires départis ès dites provinces, lesquels auront soin de voir si les habitants des lieux où les dits Officiers voudront faire la chasse pourront y assister sans quitter leur labour avant que de consentir à ladite publication ; et lorsque les dits Officiers auront tué quelques loups, ils seront tenus de les représenter aux dits gentilshommes qui leur délivreront un certificat, sur lequel lesdits Commissaires départis feront la taxe des frais qu'ils auront faits pour la prise des dits loups ; laquelle sera imposée sur les villages des environs où ils auront été pris, à raison de deux sols par paroisse et payée sans aucuns frais. Fait en outre Sa Majesté défenses aux dits Officiers de lever autres ni plus grands droits pour raison de ce, ni de donner aucune permission pour porter des fusils, à peine de privation de leurs charges et d'être procédé contre eux et contre ceux qui se trouveront portant des fusils, en vertu de leur permission, suivant la rigueur des Ordonnances ». Cet arrêt fut rendu applicable dans toutes les Provinces de France par un autre arrêt de 1677.

Sous Louis XIV également, parut, le 26 février 1697, un troisième arrêt ordonnant qu'il sera fait dans la province de Berry des huées et chasses aux loups et que les habitants des villes et des villages situés aux environs des lieux où la chasse sera faite seront tenus de se trouver aux lieux, jours et heures indiqués à peine de dix livres d'amende contre chaque défaillant. Dans la législation sur la Louveterie, cette disposition est une des plus importantes, car nous verrons plus loin qu'elle fut reproduite dans l'arrêté de Pluviôse an V, ainsi que dans l'art. 90, loi du 5 avril 1884 (loi municipale) et qu'elle est encore appliquée.

Plusieurs lettres des Intendants des Provinces aux contrôleurs généraux des finances prouvent qu'à la fin du XVIIe siècle les loups étaient aussi nombreux que jamais et causaient des ravages de toutes sortes.

M. de Creil, Intendant à Orléans, demande, le 14 septembre 1691, que l'on organise des battues ou des chasses contre les animaux carnassiers qui parcourent la forêt d'Orléans et font tant de ravages que l'on a dû, malgré les défenses générales, autoriser les paysans à porter des armes à feu. L'année suivante les véneries du Roi et du Dauphin vinrent chasser et M. de Creil offrit à chaque chasseur qui tuerait un animal 100 livres et une diminution de taille pour sa paroisse.

Le Nivernais ayant été maintes fois ravagé par les loups, le Roi permit, à plusieurs reprises, aux gentilshommes de ce pays de faire des chasses générales, les dimanches et jours de fêtes pendant quelques mois ; cette autorisation produisit d'excellents effets, mais cette province étant très boisée et les loups s'y étant multipliés en grand nombre, quelques années après, un ordre de Sa Majesté, du 1er décembre 1703, accorda de nouveau cette permission aux mêmes gentilshommes pendant le temps que jugerait nécessaire le Commissaire départi en la Généralité de Moulins.

Sans avoir toutes les qualités de veneur que posséda son successeur, Louis XIV aimait beaucoup la chasse, et sa Vénerie, à la tête de laquelle resta si longtemps le Duc de la Rochefoucauld, surpassa en splendeur toutes celles qu'on avait vues jusqu'alors. La Louveterie du Roi, pendant une partie de ce règne, égala presqu'en magnificence sa Vénerie et dut son éclat à ce qu'elle fut l'équipage attitré du Dauphin.

Les tablettes de cette Louveterie superbe enregistrèrent-elles un grand nombre de prises ? Quoiqu'il soit certain que, selon l'expression de Le Verrier de la Conterie à propos de la chasse du loup, le chapitre des dépenses dût être beaucoup plus long que le catalogue des animaux forcés, le succès couronna souvent les chasses de Monseigneur et un chroniqueur écrivait, en 1688, qu'il avait presqu'exterminé les loups aux environs de Paris.

On peut dire que le Dauphin chassa jusqu'à sa mort ; c'est en s'habillant, le 9 avril 1711, pour aller courre le loup, qu'il fût pris des symptômes de la terrible maladie qui l'emporta cinq jours après.

La Louveterie Royale fut, peu de temps après, remise par le Roi

dans son ancien état et, ainsi que le remarque Dangeau, comme
Monseigneur aimait fort la chasse au loup et y dépensait beaucoup,
ce fut une grande diminution pour le Marquis de Heudicourt, Grand
Louvetier, et comme agrément et comme intérêt.

Avec le Dauphin disparurent, en effet, les jours brillants de la
Louveterie Royale qui continua cependant, sous les deux règnes
suivants, à rendre aux habitants de France de signalés services,
mais sans l'apparat et la magnificence qu'y avait apportés Monseigneur.

Après la mort de Louis XIV, pendant la Régence, la Vénerie
Royale fut remise sur le pied qu'elle avait eu sous Louis XIII, mais
lorsque le jeune Roi eut commencé à se livrer au plaisir de la chasse
et fut devenu bientôt un des plus fins et intrépides veneurs de ce
siècle, ses équipages ne tardèrent pas à surpasser en luxe et en nombre
ceux de son aïeul. Son vautrait se composait en 1749, de 45 chiens
de meute, de 20 chiens de vieille meute, de 20 autres chiens de
relais appelés des *six-chiens*, de 11 limiers, 5 lévriers et 7 dogues,
et 55 chevaux, pris parmi les 780 des écuries royales, y étaient
affectés

En courant les bêtes noires, le roi montrait beaucoup de hardiesse
et, en même temps, un sang-froid imperturbable, comme le témoigne
le fait suivant raconté par le Duc de Luynes : « Le Roi courut hier
le sanglier. Un sanglier, venant à son tiers an, étant forcé, vint à la
charge droit au Roi, qui le manqua du premier coup. Le sanglier
revint encore et blessa le cheval sur lequel était le Roi. Sa Majesté
le tua dans les jambes de son cheval sans qu'il arrivât aucun accident. »

De 1729 à 1774, le nombre des sangliers détruits par le Vautrait
Royal atteignit le chiffre respectable de 3.711, dont il y eut 1.746
forcés ou coiffés par les chiens ; pour sa part, le roi en tua ou servit
de sa main 563.

Le Marquis de Heudicourt, l'organisateur des grands laisser-
courre de Monseigneur, conserva sa charge de Grand Louvetier de
France jusqu'en 1718, époque à laquelle il donna sa démission en
faveur de son fils. Celui-ci, Pons-Auguste Sublet, Marquis de Heudicourt, garda cette charge jusqu'en 1737 et fut alors remplacé par
son gendre, le Comte de Belzunce-Castel-Moron; à sa mort, à Liège
en 1741, Agesilan, Gaston de Grossoles, Marquis de Flamarens fut
nommé Grand Louvetier et, en 1753, le Comte Emmanuel-François
de Flamarens, fut nommé à cette charge en survivance de son oncle;
il l'occupait encore à l'avènement de Louis XVI.

Les contestations entre les Lieutenants de Louveterie et les Maîtres des Eaux et Forêts, loin de diminuer sous Louis XV ne firent que se reproduire encore plus fréquemment et, dans ses *Mémoires*, le Duc de Luynes en raconte un exemple saillant : « Il y a déjà environ quinze jours ou trois semaines, dit-il, que sur la nouvelle que l'on a reçue qu'il y avait des loups du côté d'Amboise, que l'on dit enragés et qui avaient tué ou blessé un grand nombre de personnes, le Roi a ordonné à M. de Flamarens d'y envoyer un détachement de la Louveterie. M. de Flamarens me dit, il y a quelques jours, que le Maître des Eaux et Forêts d'Amboise avait fait signifier des défenses de chasser, et aux tireurs de s'assembler pour la chasse. Cette conduite est assez singulière lorsqu'il s'agit d'un équipage du Roi et du bien du pays... En conséquence de la défense de chasser que le Maître des Eaux et Forêts d'Amboise a fait signifier à la Louveterie, le Roi a donné ordre à M. de Saint-Florentin de le mettre en prison, et cet ordre a été exécuté... On vient de le faire sortir de prison, et l'on prétend qu'il a été traité un peu durement, d'autant qu'il n'a aucun tort. Pour sa justification, il prétend que loin de s'opposer aux ordres du Roi, il a donné sur-le-champ tous les moyens nécessaires pour faciliter la chasse ; il convient d'une opposition signifiée, mais opposition seulement conservatoire de son droit, et dont il avait prévenu les gens de la Louveterie ; il ajoute que comme Maître des Eaux et Forêts, c'était à lui à qui devait être adressé l'équipage de la Louveterie et, qu'ayant un supérieur, qui est le Grand Maître des Eaux et Forêts, il était obligé de lui rendre compte de la conservation des droits d'une charge dont il n'est que le dépositaire et dans laquelle il remplace le Grand Maître ; que, pour cette raison, il n'a fait qu'une espèce de protestation, c'est-à-dire une opposition conservatoire, qui n'est qu'une forme ; mais que, d'une part, ayant rempli les mesures de politesse, puisqu'il en avait prévenu les gens de la Louveterie, et de l'autre, ayant contribué à la prompte exécution des ordres du Roi et au soulagement du pays par les mesures qu'il a prises pour que l'on chassât sur le champ, il n'est en aucune manière coupable. »

Ce ne fut qu'en 1773 qu'un arrêt du 28 février, pour prévenir le retour de semblables difficultés, prescrivit qu'à l'avenir les Lieutenants de Louveterie seraient reçus non plus par les Grands Maîtres des Eaux et Forêts, mais par l'Intendant de la Province et qu'ils pourraient chasser et faire des battues sans la permission des Grands Maîtres. Malgré cet arrêt, ces différends se renouvelèrent et ne cessèrent que sous le règne suivant lorsque comme nous l'avons déjà dit, les pouvoirs et les droits des Maîtres des Eaux et Forêts et ceux des Lieutenants de Louveteries furent nettement définis.

Il aurait été pourtant bien désirable que les Officiers de Louveterie n'eussent rencontré aucune difficulté pour opérer leurs chasses le plus rapidement possible, car les loups, attirés par les guerres qui ensanglantèrent une partie de l'Europe pendant le XVIIIe siècle, continuaient à être le fléau des campagnes.

Grand était donc le mal et l'avant-dernier Grand Louvetier de France, le Comte de Flamarens, malgré son activité et son bon vouloir, ne pouvait le combattre qu'imparfaitement. Il ne recevait comme traitement qu'une somme de 14.824 livres sur laquelle il devait payer les gages d'un sous-lieutenant, nourrir et habiller un page et assurer l'entretien de son cheval, nourrir en outre quatre laisses de lévriers et entretenir les valets nécessaires à ces laisses ; ce n'était pas, comme il le fait observer dans un mémoire, à beaucoup près suffisant, d'autant plus qu'il eût été du bien du service que son équipage fût composé de telle façon que, lorsque les loups se jetaient en trop grande quantité dans une province, il pût être fait un détachement de la Louveterie Royale pour s'y porter et les détruire avec succès.

Avec les ressources dont il disposait, le Grand Louvetier ne pouvait guère étendre le cercle de ses chasses et avait déjà fort à faire pour éloigner les loups des forêts où le Roi courait le cerf et le sanglier ; aussi stimulait-il autant que possible le zèle de ses Lieutenants et attirait-il l'attention du souverain sur ceux qui se distinguaient particulièrement dans l'accomplissement de leurs fonctions. Cent sept Officiers de Louveterie étaient sous ses ordres et répartis dans les différentes provinces et élections du royaume ; sur ce nombre, 14, pourvus de ses provisions, étaient couchés sur l'état royal, 2 autres avaient reçu directement leurs provisions du roi, et 91 autres, n'ayant que de simples commissions, pouvaient être augmentés, révoqués ou diminués par lui selon les circonstances.

L'un de ces Lieutenants, le Chevalier de l'Isle de Moncel, dont la Louveterie était voisine des Ardennes, fut un des plus utiles auxiliaires du comte de Flamarens. Le chiffre des loups détruits par M. de Moncel, dans une saison, se monta à 88, dont 54 tués dans les tracs, 10 avec les chiens, 4 à l'affût domestique, 9 aux louvières et 11 aux pièges.

En 1767, plus de 80 personnes dont 18 à Verdun, ayant été dévorées par les loups, M. de Moncel fut chargé d'organiser de grandes chasses dans les trois Évêchés. A cette occasion, les maires reçurent

Chasse illustrée.
page 17.

l'ordre du Commandant en chef de ce pays, le Mis d'Armentières, de lui donner tous éclaircissements et secours dont il aurait besoin et les brigades de la maréchaussée furent tenues de lui prêter main-forte ; il fut aussi autorisé à faire la visite et l'inspection des dépôts d'armes et d'en prendre pour les tracs la quantité qu'il jugerait utile. M. de Moncel pouvait, en outre, se faire assister et emprisonner toutes les personnes qui refusaient de marcher aux battues, s'y étaient mal conduites ou les avaient quittées sans permission.

Ces droits, d'ailleurs, n'étaient pas l'apanage exclusif de M. de Moncel. Tous les Louvetiers de cette époque en jouissaient, lorsque le nombre des loups rendait nécessaires de grandes battues dans leur département. Voici la copie d'une *autorisation* donnée par un Intendant à un Lieutenant de Louveterie, pour organiser des tracs ; il serait à souhaiter que quelques-unes des dispositions qu'elle renferme fussent encore prescrites pour les chasses analogues qui sont opérées de nos jours.

« Nous avons permis et permettons au sieur ..... Lieutenant de Louveterie, de faire assembler les habitants des paroisses (de tel pays), à l'exception néanmoins des privilégiés de droit, pour la destruction des loups et autres bêtes voraces. Ne pourront être lesdits habitants commandés pour les susdites chasses et tracs qu'à raison d'un homme, ou jeune garçon de ce capable, par feu, et une fois seulement chaque année ; mais il sera libre au sieur ..... et, en son absence, à ses adjoints, représentants et préposés de commander partie ou totalité desdits habitants en une ou plusieurs fois suivant qu'il sera le plus convenable pour le bien du service et une plus grande destruction des loups et autres bêtes voraces, sous peine pour les contrevenants de 3 livres d'amende, qui sera prononcée par nous sur les procès-verbaux dressés en la forme ordinaire ; et de son côté le sieur ... donnera les ordres les plus précis à tous les particuliers par lui employés, de ne percevoir aucune somme en argent ou en deniers desdits habitants, sous prétexte de quête et contribution volontaire ou autrement, à peine contre les dits employés d'être par nous punis comme coupables de contraventions aux ordonnances et vexations.

« Ordonnons aux Officiers municipaux et Syndics de donner au sieur ..., ses adjoints, représentants ou préposés, les éclaircissements dont il aura besoin, soit pour le nombre des habitants et jeunes garçons de leurs villes et paroisses qu'il pourra commander, soit par rapport à la liste des habitants les plus au fait de manier les armes et qu'il a besoin de connaître pour assurer la police desdites chasses et empêcher qu'il n'en résulte aucun accident ni abus ».

Nota : « Les Syndics observeront les articles suivants : 1º du 1er au 20 octobre nos susdits tracs n'auront lieu que les fêtes et dimanches, après la messe paroissiale, pour ne pas nuire aux travaux champêtres. 2º Les tireurs, non compris dans la liste de ceux au fait des armes, qui apporteront des fusils au trac, pour éviter la peine de percer les forts, les remettront aux Syndics pour prévenir les accidents et traqueront avec les autres. 3º Ces Syndics auront lecture de l'ordre du Roi qui nous autorise à faire emprisonner ceux de leurs habitants qui tirent le gibier de MM. les Seigneurs, ce à quoi nous serons très exacts.

« Le Syndic fera avertir les gardes des Seigneurs du lieu et du voisinage du jour, heure et endroit du rendez-vous par un des particuliers commandés audit trac et qui pour ce, en sera quitte, pour que lesdits gardes s'y trouvent, s'ils le jugent à propos, et veillent, d'autant mieux, à la conservation du gibier.

« Afin de prévenir les accidents, nul particulier ne se trouvera à ladite chasse avec des armes s'il n'est compris dans la liste des personnes jugées capables de les manier. Les tireurs se muniront de poudre et de chevrotines, sauf à nous à les indemniser pour en épargner le soin et la dépense aux paroisses ; et leurs fusils, dont visite sera faite avant la chasse, pour les ôter à ceux qui ne les auront pas en état, seront par eux remis le même jour dans les dépôts pour ce ordonnés, sans qu'ils puissent en allant ou au retour, s'écarter des chemins et sentiers, sous les peines de droit.

« Le Syndic ordonnera à ceux qui ont des armes de les porter hautes, sans quitter les postes à eux désignés, ni tirer dans les chemins, et de garder le silence ainsi que les traqueurs qui doivent de plus observer leurs distances, marcher de front dans les enceintes et avertir leurs voisins s'ils y trouvent des bêtes tuées, auquel cas ils auront le droit des tireurs ; faute de ce, les uns et les autres seront compris dans le procès-verbal comme désobéissants. »

Le Comte de Flamarens continua, pendant les premières années du règne de Louis XVI, à exercer les fonctions de Grand Louvetier. Comme tous ses ancêtres, le dernier prince de notre monarchie avait le goût inné de la chasse. Le Vautrait Royal resté tel que Louis XVI l'avait trouvé à la mort de son aïeul, força en dix ans 950 sangliers, dont 47 furent servis par le Roi. Pendant quelque temps, la Reine et le Comte d'Artois eurent un vautrait particulier avec lequel 150 sangliers furent détruits.

Le dernier arrêt, paru sur la Louveterie avant la Révolution, est du 15 janvier 1785 ; c'est un des règlements les plus importants donnés sur cette institution et ses principales dispositions ont été maintenues dans les lois édictées postérieurement.

Le Roi se proposa surtout, en le rendant, de prévenir les difficultés et les conflits qui s'élevaient depuis si longtemps entre les Maîtres des Eaux et Forêts, le Grand Louvetier et Officiers de Louveterie et les Intendants et commissaires.

Louis XVI, dans le dernier article de cet arrêt veut que « les Lieutenants, officiers, sergents, et gardes de la Louveterie jouissent de tous les privilèges, immunités et exemptions attribués à leurs offices par les anciens règlements. Ils sont donc exempts de la taille personnelle, de la collecte, de tutèle, curatèle et nomination à icelles, de la trésorerie des hôpitaux, de marguillier et autres charges d'église, du logement des gens de guerre, guet et garde, corvées, patrouilles, milice. » En terminant, le Roi leur accorde la faculté de porter et faire porter les couleurs royales.

Joseph-Louis-Bernard de Cleron, Comte d'Haussonville, succéda en 1782 au Comte de Flamarens dont il occupait d'ailleurs la charge de survivance dès l'année précédente.

Tout aussi nombreux étaient, alors, dans maintes autres contrées les malheurs causés par les loups et il semblerait que le Gouvernement eût dû prendre d'énergiques mesures pour les conjurer. Bien au contraire, sous de futiles prétextes d'économie et malgré les services considérables rendus depuis tant de siècles par la Louveterie, celle-ci, ainsi que tout ce qui s'y rapportait, fut supprimée par un règlement du 9 août 1787 ! Néanmoins, pendant presque toute l'année suivante, M. d'Haussonville prit sur lui de conserver quelques piqueurs et valets de chiens de son équipage ainsi qu'un certain nombre de chiens, supposant qu'un jour ou l'autre le Gouvernement reconnaîtrait la nécessité d'avoir toujours un moyen assuré pour la destruction des loups. Il se vit obligé de déclarer dans un mémoire de 1788, qu'il lui était impossible de continuer à faire plus longtemps des dépenses pour cet objet qu'il considérait cependant de la plus grande importance.

L'avenir donna raison au Comte d'Haussonville et, dix années après la suppression de la Louveterie, la loi du 19 Pluviôse an V venait faire pressentir son prochain rétablissement.

LA CHASSE AUX LOUPS

PENDANT LA RÉVOLUTION ET LE DIRECTOIRE

———

Avec tous les autres droits féodaux, l'attribution à la noblesse du privilège de la chasse fut abolie dans la nuit du 4 août 1789. Toutefois, un décret du 11 août suivant reconnut à tout propriétaire le droit de détruire et de faire détruire, sur ses terres, toute espèce de gibier, à la condition cependant de se conformer aux lois de police qui pourraient être édictées, par la suite, et relatives à la sûreté publique. Mais comme ces lois de police ne furent promulguées qu'au mois d'avril 1791, il se produisit de grands abus dans cet intervalle, et la chasse devint une source de désordres funestes aux travaux des champs et à la conservation des récoltes.

C'est ainsi que dès les premières semaines du mois d'août 1789, les habitants des environs de Compiègne, trompés par la délibération de l'Assemblée Nationale qui annonçait la suppression des Capitaineries, se crurent autorisés à chasser sur ce qu'on nommait alors les plaisirs du Roi.

Pareils faits se produisirent également dans les autres forêts royales ; aussi le Comte de Montmorin écrivait-il, le 24 octobre 1789, qu'avant même que le décret supprimant les Capitaineries eût été revêtu des formalités nécessaires, tous les particuliers habitant les alentours de la forêt de Fontainebleau s'étaient permis de ravager toutes les plaines avant que les grains eussent été coupés.

Les décrets des 28-30 avril 1790 défendirent à toutes personnes de chasser sur le terrain d'autrui, en quelque temps que ce fût.

En outre, les propriétaires ou possesseurs ne pouvaient chasser sur leurs terres « non closes », même en jachères, à compter du jour de la publication du présent décret jusqu'au premier septembre suivant, pour les terres qui étaient alors dépouillées ; pour les autres terres, il était ordonné d'attendre la récolte complète des fruits ; au surplus, chaque département fixerait, pour l'avenir, le temps pendant lequel la chasse serait ouverte.

Depuis la suppression des Commissions de Louvetiers, les campagnes étaient en proie aux ravages des loups et autres animaux nuisibles ; aussi l'Assemblée Nationale, dans le même décret, permit-elle aux propriétaires ou possesseurs, et même aux fermiers, de repousser avec des armes à feu, les bêtes fauves qui causaient des dégâts dans leurs récoltes.

Cette autorisation n'ayant vraisemblablement pas suffi, la loi des 28 septembre- 6 octobre 1791 enjoignit aux corps administratifs d'encourager, par des récompenses, les habitants des campagnes à procéder à la destruction des animaux malfaisants, qui pourraient ravager les troupeaux, et des animaux qui porteraient dommage aux récoltes.

Il est cependant à remarquer qu'il ne fut établi de tarif de primes que relativement aux loups.

Pendant quelques années, dit M. Petitbien dans son *Traité sur la Chasse et la Louveterie*, les chasseurs, malgré leur peu d'aptitude, suffirent à détruire ou plutôt à éloigner les loups, qui d'abord se retirèrent au fond des grandes forêts où ils n'étaient pas inquiétés; mais ils se multiplièrent et reparurent en si grand nombre que la Convention, par le décret du 11 Ventôse an III, dut accorder des primes considérables pour leur destruction : 360 livres pour une louve pleine, 250 pour une louve non pleine, 200 pour un loup et 100 pour un louveteau de la taille d'un renard.

Mais le nombre des loups s'accrut tellement que le Gouvernement considérant que son dernier arrêté, portant défense de chasser dans les forêts nationales ne devait mettre aucun obstacle aux règlements qui concernent la destruction des loups et autres animaux voraces et se basant sur les anciennes Ordonnances royales et les arrêts du Conseil des 6 février 1697 et 14 janvier 1698, rendit, le 19 Pluviôse an V (7 février 1797) un arrêté sur la chasse des animaux nuisibles.

Cet arrêté étant encore aujourd'hui un des textes fondamentaux de la matière qui nous occupe, nous le citerons entièrement :

« La prohibition de chasser dans les forêts nationales continuera d'être exécutée. Néanmoins il sera fait, dans les forêts nationales

et dans les campagnes, tous les trois mois et plus souvent, s'il est
nécessaire, des chasses et battues générales ou particulières aux
loups, renards, blaireaux et autres animaux nuisibles.

« Ces chasses et battues seront ordonnées par les administrations
centrales des départements, de concert avec les agents forestiers
de leur arrondissement sur la demande de ces derniers et sur celle
des administrations municipales des cantons. Les battues ordonnées
seront exécutées sous la direction et la surveillance des agents forestiers qui régleront, de concert avec les administrations municipales
les jours où elles se feront et le nombre d'hommes qui y seront
appelés. »

L'article 5 est à noter d'une façon toute particulière, car il est la
base de la Louveterie moderne.

Il est ainsi conçu : « Les corps administratifs sont autorisés à
permettre aux particuliers de leurs arrondissements qui ont des
équipages et autres moyens pour ces chasses de s'y livrer sous l'inspection et la surveillance des agents forestiers. »

Dans son ouvrage sur le *Droit de destruction des animaux nuisibles*,
Villequez explique les motifs qui firent adopter cet article par le
Directoire. « Les battues ordonnées par la loi de Pluviôse, dit-il, ne
pouvaient être faites toutes les fois que les loups étaient signalés
et les mesures administratives qu'il fallait prendre demandaient un
temps suffisant pour permettre aux animaux de changer de résidence. D'un autre côté, il faut, pour découvrir ces animaux et s'assurer de leur retraite, la science d'un veneur consommé, et avoir des
chiens propres à cette chasse, qu'on doit pouvoir faire immédiatement, le cas échéant. C'est pourquoi le Directoire songea très sage-
ment à utiliser les meutes qui se formaient à ce moment et à encourager les maîtres d'équipage. »

En raison des facilités que donnait la loi de Pluviôse an V pour
la destruction des loups, le tarif des primes fut diminué par une loi
suivante du 10 Messidor.

Cette loi de Messidor ajoutait aussi que le Directoire exécutif
était autorisé à laisser subsister ou même à *former*, s'il y avait lieu,
des établissements pour la destruction des loups.

Nous verrons plus loin que c'est de ces différents textes que s'est
formée la Louveterie telle qu'elle existe actuellement.

LA LOUVETERIE SOUS NAPOLÉON Ier

Napoléon Ier voulant donner à sa Cour l'éclat de celle de l'ancienne monarchie, s'entoura d'une foule de dignitaires auxquels il confia les grandes charges de la Couronne. Il ne donna pas cependant de charge de Grand Louvetier de France, mais il rétablit la Louveterie et la plaça sous la direction du Grand Veneur.

Le règlement du 8 Fructidor an XII (28 août 1804) détermine très nettement l'organisation de la nouvelle Louveterie et les fonctions des Louvetiers.

Il est signé par le Maréchal Berthier, Grand Veneur de la Couronne, qui remplissait aussi les fonctions du Grand Louvetier, sans en avoir le titre.

Sous ses ordres immédiats se trouvaient M. d'Hanneucourt, Capitaine-Commandant de la Vénerie et Messieurs de Bongars et de Cacqueray, Lieutenants de la Vénerie et s'occupant particulièrement de ce qui constituait la Louveterie ; vers le milieu de l'Empire ils furent remplacés par Messieurs de Girardin et Destillières, qui portèrent le titre de Lieutenants du Grand Louvetier. M. de Beauterne, descendant du sieur Antoine, le porte-arquebuse de Louis XV et le vainqueur de la bête du Gévaudan, fut nommé porte-arquebuse de Napoléon.

Parmi les Louvetiers nommés à cette époque, citons MM. le Compasseur de Courtivron, dans la Côte d'Or ; de Souzy, dans le Rhône ; Desbordes-Jansac, dans la Charente ; de Sinety et Boirot de Lacour, dans l'Allier ; de Mallerault, le Pelletier d'Aunay et de Pracomtal, dans la Nièvre ; de Caumont de la Force, dans l'Orne ; Greffulhe, de Grammont, de Laire et de Scey, dans la Haute-Saône ; de Solages, dans le Tarn ; de Gontaut-Biron, dans les Hautes-Pyrénées ; de Wendel, dans la Moselle ; Simons et de Brigode, dans le Nord ; de Montesquieu, de Songeons et de l'Aigle, dans l'Oise ; de Sigi, dans la Seine et Marne ; etc. Constatons, en passant, que la plupart des descendants de ces Capitaines et Lieutenants de Louveterie sont aujourd'hui les plus vaillants de nos veneurs et possèdent les meilleurs équipages de France.

LA LOUVETERIE SOUS LA RESTAURATION

LOUIS-PHILIPPE ET LE SECOND EMPIRE

Le 13 août 1814 fut rendue une ordonnance sur la Louveterie[1]. Elle ne diffère du règlement de Fructidor an XII que par la suppression des fonctions de Capitaine Général et de Capitaines de la Louveterie et par l'addition des articles concernant l'uniforme.

Le Maréchal Berthier, Prince de Neufchâtel et de Wagram, fut, pendant les premiers mois de la Restauration, chargé provisoirement de la Vénerie et de la Louveterie.

De 1816 à 1820, il n'y eut pas de Grand Veneur, mais seulement un Capitaine Commandant de la Vénerie, le Baron d'Hanneucourt; le Lieutenant-Général Comte de Girardin fut chargé spécialement de la Louveterie et prit le titre de Lieutenant du Grand Louvetier. Le Duc de Richelieu occupa la charge du Grand Veneur de 1820 à 1822, avec le Comte de Girardin comme premier Veneur.

En 1825, Charles X pourvut à la charge de Grand Veneur, vacante depuis deux ans, et la donna au Maréchal Marquis de Lauriston, qui la conserva jusqu'en 1828. Le Comte de Girardin continua à occuper la place de Premier Veneur jusqu'à la Révolution de 1830.

Les lois et règlements concernant la Louveterie furent fort négligemment observés au commencement du règne de Louis XVIII, de sorte que le nombre des bêtes fauves s'étant augmenté, non seulement les récoltes mais aussi les gens eurent à souffrir des ravages causés par les loups. Informé des nombreux accidents survenus dans les provinces, le Roi voulut qu'on s'occupât le plus promptement possible à remédier à cet état de choses et nomma une commission pour rechercher et discuter les mesures les plus propres à empêcher

---

1. Voir plus loin, lois, ordonnances, etc.., sur la Louveterie et la Chasse.

ou du moins à diminuer ces malheurs. Le 9 juillet 1818 parut une circulaire du Ministre de l'Intérieur adressée aux Préfets, dans laquelle il leur faisait part du résultat du travail de cette commission.

Sous Louis-Philippe, paraît l'Ordonnance du 16 octobre 1830 relative aux chasses dans les forêts et bois de l'Etat. Reproduisant les termes du Règlement du 1er Germinal an XII, elle rappelle aux personnes ayant obtenu des permissions de chasse dans ces forêts et bois qu'elles sont invitées à les employer à la destruction des animaux nuisibles et engage les individus auxquels il aura été délivré des autorisations de chasse à courre à travailler à la destruction des loups, renards, blaireaux et autres animaux malfaisants.

Quant à la Louveterie proprement dite, elle subsista sous ce règne. Dans l'Ordonnance du 18 août 1832, le Roi conserve aux Officiers de Louveterie tous les droits et attributions attachés à leurs Commissions. Toutefois leur droit de chasser à courre deux fois par mois, dans les forêts de l'Etat, pour tenir leurs chiens en haleine, est restreint à la chasse du *sanglier* qui ne pourra se faire seulement que dans le temps où la chasse est autorisée.

La loi du 3 mai 1844, une des plus importantes sur la chasse, ne modifia en rien les règlements qui existaient alors sur la Louveterie.

En 1852, parmi les officiers de la maison du Prince-Président, le colonel Edgard Ney figure comme Commandant de la Vénerie et le Marquis de Toulongeon, comme Commandant en second. L'année suivante Napoléon III institue le Maréchal Magnan, Grand Veneur; le Comte Ney, Premier Veneur; le Marquis de Toulongeon, Commandant des chasses à tir; le Baron Lambert et le Marquis de Latour-Maubourg, Lieutenants de Vénerie; et le Baron Delage, Lieutenant des chasses à tir. Le Maréchal Magnan, qui conserva ses fonctions de Grand Veneur jusqu'en 1864, fut remplacé, deux ans après, par le Prince de la Moskowa; celui-ci resta à la tête de la Vénerie Impériale jusqu'à la chute de l'Empire, avec le Marquis de Latour-Maubourg comme Capitaine des chasses et le Baron Lambert comme Capitaine des chasses à courre. En 1870, le Comte de Castelbajac remplaça le Marquis de Latour-Maubourg et le Comte de Beauregard fut nommé Lieutenant des chasses à tir.

Contrairement à ce qui avait lieu sous Napoléon et la Restauration, le Grand Veneur ne possédait, sous le second Empire, aucune attribution en matière de Louveterie. D'après le décret du 15 mars 1852 c'étaient les Préfets qui nommaient directement les Lieutenants de Louveterie, sans l'intervention du Gouvernement et sur la proposition des chefs de service. Ces chefs de service, selon un arrêté du 3 mai suivant, étaient les *Conservateurs* des Forêts qui donnaient également aux Préfets leur avis sur le nombre des emplois de Lieutenants de Louveterie, nombre toutefois ne pouvant excéder celui des arrondissements, à moins de circonstances exceptionnelles qui devaient être soumises à l'appréciation de l'Administration des Forêts.

Grand Louvetier
(Comte d'Haussonville, 1780).

ORGANISATION ACTUELLE
DE LA LOUVETERIE

DE LA DESTRUCTION DES ANIMAUX NUISIBLES
PAR LES LIEUTENANTS DE LOUVETERIE

Le législateur s'est préoccupé, dans un intérêt économique, d'édicter des mesures propres à prévenir ou à faire cesser les dégâts causés par les animaux nuisibles et à réduire le nombre ou à entraver la reproduction de ces animaux. Parmi ces mesures, les unes ont uniquement en vue la défense d'intérêts privés et sont laissées à l'initiative personnelle des intéressés ; ce sont celles relatives à la destruction des bêtes fauves et des animaux nuisibles par les propriétaires, possesseurs ou fermiers sur leurs terres ; la loi a abandonné leur réglementation aux Préfets.

Les autres ont pour objet, l'intérêt général, et revêtent un caractère officiel et administratif ; elles concernent la Louveterie et les battues administratives, et ont été arrêtées par le législateur.

Celles-ci font l'objet des présentes instructions, à l'exclusion des premières qui ne rentrent pas dans ce cadre.

La surveillance et la police de la chasse dans les forêts de l'Etat sont confiées à l'Administration des Eaux et Forêts, laquelle remplit à cet égard les fonctions de Grand Veneur (Ordonnance du 14 septembre 1830, art. 1er ; 24 juillet 1832, art. 6 ; 12 juillet 1845, art. 5).

La Louveterie est dans les attributions de cette Administration. (Ordonnance du 20 août 1814 ; 14 septembre 1830).

Des Officiers sont institués pour le service de la Louveterie, sous le titre de Lieutenants de Louveterie.

Les fonctions de Lieutenant de Louveterie sont honorifiques (Ordonnance du 20 août 1814, art. 2) néanmoins elles ne peuvent être confiées à un étranger (Décision min. jus. 27 avril 1877).

Les Lieutenants de Louveterie sont nommés par le Préfet sur l'avis du Conservateur des Eaux et Forêts (Déc. 25 mars 1852, art. 5). Les nominations sont portées immédiatement par les Préfets à la connaissance du Ministre de l'Agriculture (Arr. Min. 3 mai 1852).

Le nombre des emplois de Lieutenants de Louveterie et la composition des circonscriptions sont fixées par le Préfet, sur la proposition du Conservateur (Arr. Min. 15 janvier 1897); à moins de circonstances exceptionnelles, ce nombre ne doit pas excéder celui des arrondissements de sous-préfecture.

Les commissions sont renouvelables tous les ans (Ordonnance du 20 août 1814, art. 3). Elles sont personnelles et ne permettent pas aux titulaires de déléguer leurs pouvoirs ou de se faire remplacer.

Les Lieutenants de Louveterie et leurs piqueurs sont dispensés de se pourvoir d'un permis de chasse, lorsqu'ils se livrent exclusivement à la chasse des loups et autres animaux nuisibles, mais dans tous les autres cas ils sont tenus de se munir de ce permis (Déc. Min., 30 août 1823).

Afin de faire tenir leurs chiens en haleine, les Lieutenants de Louveterie ont le droit de chasser le sanglier à courre, deux fois par mois, dans les forêts de l'Etat faisant partie de leur circonscription. Ce droit ne peut être exercé que pendant le temps où la chasse à courre est ouverte. Ils ne peuvent tirer sur le sanglier que dans le cas où il tiendrait aux chiens (Ordon. 20 août 1814, art. 16 et 17 ; Ordonnance 20 juin 1845, art. 5).

Ils sont tenus de faire connaître chaque mois le nombre d'animaux qu'ils ont forcés (Ordon. 20 août 1814, art. 18).

Les Lieutenants de Louveterie doivent, à toute époque de l'année, faire rechercher avec soin les portées des louves (Ordon. 20 août 1814, art. 9) c'est-à-dire *quêter* ou *faire le bois*. Le Louvetier peut faire ces opérations lui-même ou les confier à son piqueur ou à d'autres gens de son équipage (Circ. A. nº 479 *bis*).

En toute saison, après que le loup a été détourné, le Lieutenant de Louveterie doit faire entourer l'enceinte avec les gardes forestiers et les gens de son équipage (Ordon. 20 août 1814, art. 8 et 9).

Il peut même s'adjoindre quelques auxiliaires volontaires, mais il n'a pas le droit d'appeler arbitrairement, de sa seule autorité et sans être de concert avec l'Administration des Eaux et Forêts, tel nombre d'auxiliaires qui lui plaît (Circ. 6 juillet 1861, Circ. A. nº 809). *Pendant la période de la chasse à courre*, le loup peut être attaqué avec l'équipage et tiré au lancé ; on découple les chiens si cela est jugé nécessaire (Ordon. 20 août 1814, art. 8).

Dans le temps où la chasse à courre n'est plus permise, le loup est attaqué à trait de limier, sans se servir de l'équipage qu'il est défendu de découpler. Dans le même temps, les Louvetiers doivent particu-

lièrement s'occuper de faire tendre les pièges avec les précautions
d'usage (Ordon. 20 août 1814 : Circ. n° 479 *bis*).

Le Lieutenant de Louveterie a, en vertu de sa commission, qualité pour effectuer ces opérations dans tous les endroits que fréquentent les loups, c'est-à-dire dans tous les bois de sa circonscription, *quels que soient les propriétaires.*

Les Lieutenants de Louveterie doivent, au mois de mai de chaque
année, faire parvenir au Conservateur des Eaux et Forêts l'état
(Série 8, n° 6) des animaux nuisibles qu'ils ont détruits pendant
l'année écoulée. Les imprimés nécessaires leur sont adressés par
l'Administration.

Les loups tués dans les chasses officielles dirigées par les Lieutenants de Louveterie appartiennent à ceux qui les ont abattus ; les
loups pris par les chiens, au maître d'équipage. La prime allouée
pour la mort du loup est toujours acquise à celui qui l'a porté bas.

Les Officiers de Louveterie ne peuvent se livrer à la chasse des
animaux nuisibles dans les bois de l'Etat que sous l'inspection et la
surveillance des agents des Eaux et Forêts (Cons. E. 19 juin 1847).

La conséquence du droit d'inspecter et de surveiller, est le droit,
pour l'Administration des Eaux et Forêts de s'opposer aux chasses
que les Lieutenants de Louveterie voudraient exercer à la seule
condition d'en donner avis aux agents (Cass. 6 juillet 1861. Circ.
anc. n° 809).

Les agents ne doivent pas s'opposer aux chasses particulières [1] dont
l'utilité serait justifiée, ni à l'admission des auxiliaires réellement
indispensables aux louvetiers pour en assurer le succès.

Les Conservateurs statuent pour les réclamations qui pourraient
êtres faites par les Lieutenants de Louveterie contre les oppositions
mises par les agents des Eaux et Forêts à l'exécution des chasses
projetées. En cette matière, le recours à l'autorité préfectorale ne
serait ouvert, qu'autant que les Louvetiers demanderaient à substituer une battue à une chasse particulière à laquelle les agents se
seraient opposés (Circ. an. n° 809).

La surveillance de l'Administration est obligatoire pour toute
chasse affermée :

1° En temps de clôture.

2° En tout temps, lorsque le Louvetier opère dans des bois où il
n'a pas le droit de chasse, sans l'assistance ou le consentement des
détenteurs de ce droit.

---

1. A prendre dans le sens de « chasses officielles ».

3º Lorsque, opérant en temps d'ouverture, soit dans un bois dont il a loué la chasse, soit dans un autre bois avec le consentement du locataire de la chasse, il veut s'adjoindre un nombre de chasseurs supérieur à celui fixé par le cahier des charges de la location de la chasse.

Pour la chasse aux loups, l'intervention des préposés est suffisante ; néanmoins, il ne suffit pas que le garde soit *prévenu* de l'intention du Louvetier, il faut qu'il soit présent à la chasse (Cons. E. 6 juillet 1861).

Chasse illustrec.

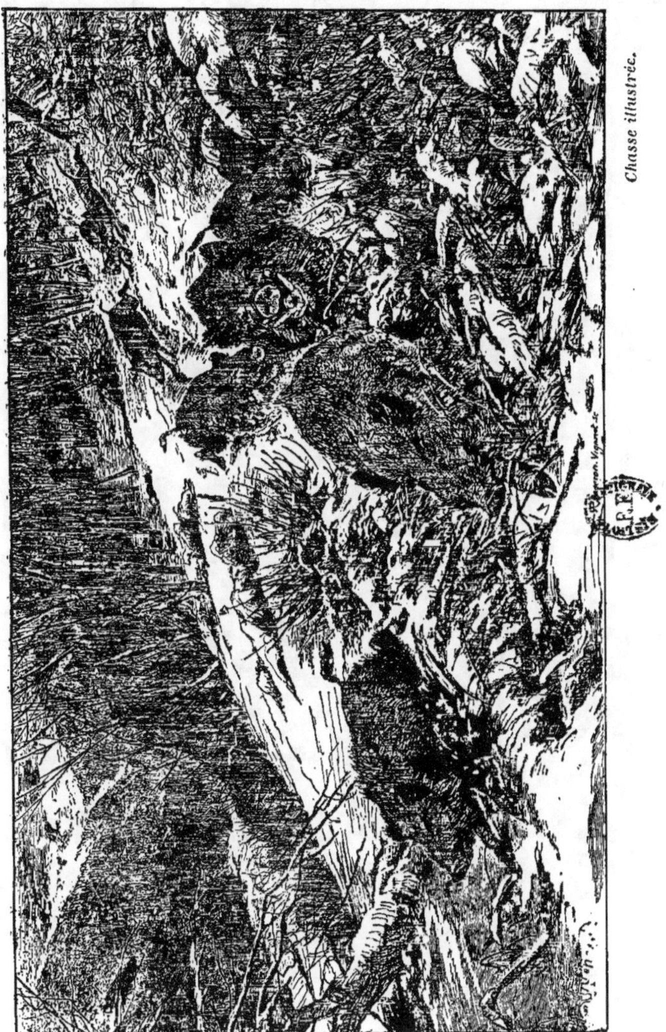

Chasse illustrée.

page 33.

DES BATTUES ADMINISTRATIVES

Il est fait dans les forêts domaniales et dans les campagnes, tous les trois mois, et plus souvent, s'il est nécessaire, des chasses ou battues générales ou particulières aux loups, renards, blaireaux et autres animaux nuisibles (Arr. du 19 Pluviôse an V, art. 2).

En matière de Louveterie et de destruction des animaux nuisibles, les chasses se distinguent des battues en ce que les premières s'effectuent à l'aide de chiens, les secondes à l'aide de traqueurs.

Les chasses ou battues sont ordonnées par les Préfets, sur la proposition des Lieutenants de Louveterie, des Conservateurs des Eaux et Forêts ou des maires (Arr. du 19 Pluviôse an V, art. 5. Ord. 1814, art. II).

La formalité préalable d'une proposition ou demande n'est cependant pas essentielle ; les Préfets peuvent ordonner d'office des battues, même dans les bois soumis au régime forestier, sauf à en donner avis aux agents des Eaux et Forêts et aux Lieutenants de Louveterie (Décr. Minis. Fin., 12 sept. 1850) (Circ. anc. n° 660. Circ. Minis. Int. 22 juillet 1851).

Les Sous-Préfets autorisent les battues pour la destruction des animaux nuisibles dans les bois des communes et des établissements publics (Déc. 13 avril 1861, art. 6 et 12). Ils ne peuvent les ordonner d'office.

Les agents des Eaux et Forêts ont non seulement le droit, mais aussi le devoir de proposer des battues ou chasses collectives quand le besoin s'en fait sentir dans leur circonscription ; ces propositions sont transmises par le Conservateur aux Préfets.

L'autorisation de faire une battue doit être donnée dans la forme habituelle des actes administratifs ; il y a là pour les particuliers, une garantie de la régularité de la mesure. Le Préfet est donc tenu de faire prendre un arrêté pour autoriser l'opération.

Les actes relatifs aux battues sont susceptibles d'être attaqués par les tiers dont ils lèsent les droits, les intérêts ou les convenances, mais le recours, même contentieux, n'empêche pas la décision préfectorale d'être exécutée tant qu'elle n'a pas été annulée (Cons. E. 1er avril 1881).

Les arrêtés autorisant les battues ne doivent jamais comprendre dans la nomenclature des animaux à détruire ceux qui ont le caractère de gibiers, à l'exception des sangliers, même quand ils auraient été rangés au nombre des espèces nuisibles par l'arrêté qui régit la police de la chasse dans les départements (Circ. Minis. Int. 4 déc. 1884).

Les cerfs, les biches et les lapins ne rentrent pas dans la catégorie des animaux nuisibles au sens de l'arrêté du 19 Pluviôse an V ; par suite le Préfet ne peut, sans excéder ses pouvoirs autoriser une battue pour la destruction de ces animaux (Cons. E. 1er avril 1881, 3 arrêts).

Quant au sanglier, s'il n'est pas un animal essentiellement nuisible, il peut le devenir par suite de circonstances particulières, notamment de sa trop grande multiplication dans un pays : par suite il appartient au Préfet, en se conformant aux prescriptions des art. 3, 4 et 5 de l'arrêté de Pluviôse et de l'Ordonnance de 1814, d'autoriser des battues pour la destruction des sangliers (Cons. E. 3 janvier 1864. Cons. E. 1er avril 1881).

Il n'est d'ailleurs pas nécessaire que l'animal dont les ravages motivent la battue figure dans la catégorie des animaux nuisibles déterminés par l'arrêté réglementaire sur la police de la chasse, il suffit de le désigner spécialement dans l'arrêté relatif à ladite battue (Circ. Minis. Int. 22 juillet 1851).

Le Préfet est également autorisé à ordonner des chasses ou des battues toutes les fois que cela lui semble nécessaire (Inst. Minis. Int. 9 juillet 1818). Il convient cependant d'apporter certains ménagements dans l'exécution de cette mesure.

Les autorisations de battues doivent faire l'objet d'arrêtés spéciaux. Les Préfets ne peuvent, par des arrêtés de principe, autoriser les Lieutenants de Louveterie à détruire les loups et autres animaux nuisibles, en tous temps et en tous lieux, sans être astreints de recourir chaque fois à l'autorisation administrative (Déc. Min. Int. 13 décembre 1860. Circ. anc. no 809. Circ. Minis. Int. 1er mars 1865).

Ils peuvent cependant prescrire par un même arrêté quelques battues seulement, trois ou quatre par exemple, à effectuer dans un délai déterminé (Cons. E. 21 janvier 1864).

Il est certain que les Préfets ont, d'après la jurisprudence, le droit de prescrire des battues dans les campagnes, c'est-à-dire tant dans les bois soumis au régime forestier, que sur les terres et dans les bois non clos des particuliers (Circ. Minist. Int. 22 juillet 1851).

Pour rendre les battues plus efficaces, il paraît à propos qu'elles aient lieu sur une grande étendue de territoire afin que les animaux qui échapperaient à un traque retombent dans un autre (Inst. Minist. Int. 9 juillet 1818).

L'exécution des battues n'est pas subordonnée au consentement des propriétaires des terrains sur lesquels elles sont prescrites. Cette autorisation n'est pas exigée par la loi et dans beaucoup de cas, le refus de l'accorder rendrait les battues impossibles. Il est cependant à désirer que les battues soient annoncées assez à l'avance et que les arrêtés à ce sujet reçoivent une publicité suffisante pour que les propriétaires, possesseurs ou fermiers puissent organiser des moyens de surveillance particuliers. Il importe, en effet, que, sous le prétexte de battues on ne puisse se livrer impunément et illégalement à l'exercice de la chasse (Circ. Minist. Int. 22 juillet 1851).

L'arrêté qui prescrit une battue doit mentionner le terrain sur lequel elle sera effectuée ; il désigne, soit une forêt, soit un domaine déterminé, soit le territoire d'une ou plusieurs communes.

Lorsqu'une forêt se trouve sur les confins de plusieurs départements, il arrive fréquemment que les chasseurs ayant atteint la limite du département où la battue a été ordonnée, se trouvent obligés d'arrêter leurs chiens sur voie sans avoir pris l'animal. Il paraît possible d'obvier à cet inconvénient au moyen d'une entente préalable des Préfets de la région. Il suffirait qu'après cette entente, ces fonctionnaires prennent simultanément un arrêté autorisant la battue déjà concertée avec les agents des Eaux et Forêts et les Officiers de Louveterie de leurs départements respectifs (Circ. Minist. Int. 31 juillet 1858).

Le Préfet, par l'arrêté fixant une battue, pourra donner tous les détails d'exécution et désigner le chef de l'opération, le jour où elle aura lieu, le nombre des traqueurs et de chasseurs appelés à y prendre part, ainsi que les modes de chasse à employer. Le plus souvent l'arrêté se bornera à déterminer le mode de destruction et laissera au Lieutenant de Louveterie le soin de se concerter avec l'agent des Eaux et Forêts et les maires pour fixer les autres détails d'exécution.

Aux termes de l'arrêté du 19 Pluviôse an V et de l'Ordonnance du 20 août 1814, les battues doivent être dirigées par les Lieutenants de Louveterie, sous la surveillance des agents des Eaux et Forêts, dont le concours en cette circonstance est indispensable (Circ. Minist. Int. 22 juillet 1851 et 1er mars 1865).

Si l'arrêté qui prescrit une battue est muet sur le commandement de la battue, ce commandement appartient de droit au Louvetier (Ordonnance de 1814) ; à son défaut à l'agent des Eaux et Forêts (Arr. Pl. an V).

La présence d'un agent des Eaux et Forêts a pour objet de vérifier si les conditions de l'arrêté préfectoral sont bien exécutées, la protection du droit des propriétaires ou détenteurs du droit de chasse et la conservation du gibier. Cette présence est exigée aussi pour les forêts domaniales (Cass. 18 janvier 1879, Cons. E. 12 mai 1882).

Lorsque l'arrêté prescrivant une battue désigne le Lieutenant de Louveterie qui doit la diriger, le Conservateur, dès la notification de cet arrêté se concerte immédiatement avec lui, comme le prescrit l'art. 2 de l'Ordon. du 20 août 1814.

Si l'arrêté ne désigne pas le Lieutenant de Louveterie, le Conservateur désigne pour diriger la battue un agent qui se concerte avec les maires, ainsi que le prescrit l'art. 4 de l'arrêté de Pluviôse an V (Circ. anc. n° 660).

Si, par suite de l'absence d'auxiliaires volontaires il est nécessaire de requérir des chasseurs et des traqueurs, le Lieutenant de Louveterie et l'agent des Eaux et Forêts se concertent avec les maires pour en fixer le nombre (Arr. 19 Pluviôse an V, art. 4). Les réquisitions nécessaires sont faites par les maires.

Les personnes appelées à participer aux battues n'ont pas besoin d'être munies d'un permis de chasse, puisqu'il ne s'agit pas d'une chasse, mais d'un fait de destruction (Circ. Minist. Int. 22 juillet 1851).

Les battues étant faites dans un intérêt public, tout administré doit obéir à la réquisition dont il est l'objet : les dispositions de l'arrêté du Conseil du 26 février 1697, aux termes duquel est puni d'une amende de 10 livres l'habitant qui ne s'est pas rendu sur les lieux, aux jours et heures indiqués, est encore en vigueur (Circ. Minist. Int. 22 juillet 1851. Cons. E. 13 brumaire an XI).

Par la raison que la mesure à laquelle il a concouru en cette circonstance est une mesure d'intérêt général, dont par conséquent il profite pour sa part, il ne lui est pas dû d'indemnité. La véritable indemnité est dans la sécurité qui est le but et, presque toujours, le résultat de la battue (Circ. Minist. Int. 22 juillet 1851).

Les propriétaires et les détenteurs du droit de chasse sur les terrains où la battue doit être effectuée ne sont obligés d'y participer que s'ils sont requis par le maire. Ils ne peuvent pas obliger qu'on les admette à y prendre part. Ils n'ont que le droit de suivre les opérations ou de les faire suivre par leurs gardes, pour que tout s'y passe correctement.

La situation des adjudicataires de la chasse dans les forêts domaniales est différente. L'article 4 de l'Ordonnance du 20 juin 1845 leur impose l'obligation de concourir aux chasses et battues ordonnées par le Préfet pour la destruction des animaux nuisibles ; cette obligation est confirmée par le cahier des charges. Le refus par l'adjudicataire de concourir à une battue prescrite par le Préfet l'expose à une condamnation pénale (la poursuite ne peut être intentée en vertu de l'article II de la loi du 3 mai 1844, cette loi étant spéciale à la chasse et non à la destruction des animaux nuisibles. La sanction est celle de l'art. 475, § 15° du C. P., amende de 1 à 5 francs, ou de l'arrêt du Conseil du 26 février 1697, amende de 10 francs).

De l'obligation pour l'adjudicataire de concourir aux battues administratives, résulte pour lui le devoir et le droit de prendre part à ces mesures de destruction et par suite d'imposer sa présence aux directeurs de la battue.

Les adjudicataires de la chasse dans les forêts communales n'ont, ni les mêmes devoirs, ni les mêmes droits.

Le Conservateur veille à ce que les battues soient exécutées avec toutes les formalités prescrites par les règlements. Il recommande notamment de dresser des procès-verbaux contre les individus appelés, qui abandonneraient les battues ou contre ceux qui se livreraient à la chasse du gibier (Circ. Int. 23 mars 1821, art. 62, Circ. an. n° 25).

Il est dressé procès-verbal de chaque battue, du nombre et de l'espèce des animaux qui ont été détruits (Arrêté de Pluviôse an V, art. 6). Le procès-verbal dressé par l'agent des Eaux et Forêts relate les incidents de l'opération ; il est transmis au Conservateur.

Les animaux nuisibles détruits dans les battues n'ayant pas le caractère de gibier peuvent être portés, colportés et vendus en toute saison. Il en est de même des sangliers (Circ. Minis. 16 juin 1881).

En cas d'accident, le chasseur maladroit est responsable de sa faute. Mais le directeur de la battue ne peut être inquiété en vertu de l'art 1384 du C. C. Il n'est pas, en effet, le commettant des personnes employées à l'opération ; il encourrait seulement une responsabilité civile, en vertu des art. 1382 et 1383 du C. C. s'il avait commis une faute ou une imprudence dans la disposition des tireurs et des traqueurs.

Toutes les personnes qui participent à une battue irrégulière peuvent être considérées comme co-auteurs ou complices d'un délit de chasse et punies comme telles. Mais, celles qui n'y ont pris part que sur une réquisition régulière du maire, ne peuvent être inquiétées ; elles restent cependant responsables des délits personnels qu'elles peuvent commettre.

Les tireurs doivent être tout prêts, en arrivant au bois à occuper le poste qui leur sera désigné. Le silence le plus absolu doit être gardé dès que l'on approche du bois, et surtout en entourant les enceintes. Il doit être défendu de fumer. Les tireurs sont postés les premiers, le visage contre le vent, de 30 à 50 pas les uns des autres, à un mètre dans le bois. On ne doit tirer que sous bois, devant ou derrière soi, mais jamais sur la ligne des chasseurs.

Autant que possible le chef de la battue reste à l'angle formé par la grande ligne des tireurs et à l'un des côtés de l'enceinte, l'agent surveillant à l'autre angle.

Les traqueurs qui ne doivent jamais être des enfants sont placés sous le commandement d'un chef ; ils doivent s'avancer sur une ligne parallèle à celle des tireurs, le vent au dos. Ils sont armés de bâtons pour frapper les cépées. Distants les uns des autres de quinze à vingt pas, ils se mettent en mouvement au signal du commandant et ne cessent de crier et de faire du bruit tant qu'ils ne sont pas arrivés sur la ligne des tireurs.

Une enceinte vidée, on ne doit pas entreprendre celle qui la touche immédiatement ; il faut recommencer plus loin. Lorsque la battue est finie, il faut rassembler les tireurs et les traqueurs, et faire un second appel.

DES PERMISSIONS INDIVIDUELLES SPÉCIALES
DE BATTUES AUX ANIMAUX NUISIBLES
ACCORDÉES AUX PARTICULIERS EN VERTU DE L'ARRÊTÉ DU 19 PLUVIÔSE AN V

Les Préfets peuvent permettre aux particuliers de leur département qui ont des équipages et autres moyens pour les chasses des animaux nuisibles de s'y livrer sous l'inspection et la surveillance des agents des Eaux et Forêts (Ar. Pluviôse an V, art. 5).

Lorsque ces autorisations sont accordées au détenteur du droit de chasse sur ses terres — c'est le cas le plus ordinaire — elles rentrent dans les mesures prises pour la défense d'intérêts privés et ont été étudiées dans la partie de la circulaire relative à la chasse.

Mais il résulte de la combinaison des articles 2 et 5 de l'arrêté de Pluviôse, que les permissionnaires peuvent être autorisés à chasser, non seulement sur leurs propres terres, mais sur les propriétés ouvertes d'autrui.

Il est recommandé que les Officiers de Louveterie en aient autant que possible la direction. Il peut se présenter toutefois des circonstances ou des autorisations exceptionnelles seraient accordées utilement à des propriétaires pour l'organisation des battues, dans les conditions réglementaires (Circ. Minist. Int. 11 avril 1865).

L'autorisation de procéder à une battue ne doit être accordée que dans les cas où la nécessité en serait bien démontrée, et sous la condition qu'elle soit exécutée sous la surveillance spéciale des agents des Eaux et Forêts (Circ. Minist. Int. 1er mars 1865).

ATTRIBUTIONS SPÉCIALES DES MAIRES
POUR LA DESTRUCTION DES ANIMAUX NUISIBLES

Loi du 5 Avril 1884 sur l'organisation municipale.

Art. 90. — Le maire est chargé sous le contrôle du Conseil municipal et la surveillance de l'autorité supérieure :

. . . .

9°. — De prendre, de concert avec les propriétaires ou les déten- eurs du droit de chasse, dans les bois, buissons ou forêts, toutes les mesures nécessaires à la destruction des animaux nuisibles désignés dans l'arrêté du Préfet, pris en vertu de l'art. 9 de la loi du 3 mai 1844 ; — de faire, pendant le temps de neige, à défaut des détenteurs du droit de chasse, à ce dûment invités, détourner les loups et sangliers remis sur le territoire ; — de requérir, à l'effet de les détruire, les habitants avec armes et chiens propres à la chasse de ces animaux ; — de sur- veiller et d'assurer l'exécution des mesures ci-dessus et d'en dresser procès-verbal.

En conséquence : une battue organisée par une municipalité ne peut dépasser les limites de son territoire ; les mesures que les maires peuvent prendre, ne sont applicables que pour la destruction des animaux nuisibles désignés dans l'arrêté préfectoral ; les maires doivent la surveiller, en dresser procès-verbal, transmettre aux Pré- fets leurs arrêtés d'autorisation, informer de leur côté, en temps utile, les agents de la surveillance des mesures prises, bien s'assurer que le consentement, soit des propriétaires, soit des détenteurs du droit de chasse, ne fait pas défaut, en un mot prendre telles précau- tions qu'ils soient en état de fournir la preuve que les opérations ont été régulièrement effectuées, ce que doit finalement constater un procès-verbal.

Sauf par temps de neige, le consentement des propriétaires ou des détenteurs du droit de chasse est *indispensable* pour organiser une battue dans les bois des particuliers. Les chasseurs ou les traqueurs qui prendraient part, à une battue irrégulièrement ordonnée par une municipalité seraient responsables du délit qu'ils auraient commis (Cass. 12 juin .1886).

Le maire qui prescrit, en temps de neige, une battue dans les bois d'un particulier, pour la destruction des loups et des sangliers, ne peut faire procéder à cette battue qu'après avoir mis le détenteur du droit de chasse en demeure de détourner les loups et sangliers remis dans ces bois (Cass. 12 juin 1886).

Les pouvoirs du maire sont strictement limités aux buissons, bois et forêts.

DROITS DES MAIRES

Lorsque la terre est couverte de neige, les loups et les sangliers se remettent parfois sur un étroit espace de terrain et leurs traces deviennent faciles à suivre.

Le législateur a voulu que cette circonstance fût mise à profit pour la destruction de ces espèces particulièrement malfaisantes et dangereuses. Il y a pour les maires non un droit, mais un devoir (Circ. Minist. Int. 4 décembre 1884).

L'expression détourner est ici synonyme de détruire, les auteurs et la jurisprudence sont d'accord sur ce point.

La loi impose au maire qui, en temps de neige, prescrit une battue pour la destruction des loups et des sangliers, l'obligation d'inviter les détenteurs du droit de chasse à détourner ces animaux ; ce n'est qu'à défaut par ces derniers de n'avoir pas satisfait à cette invitation que le maire est autorisé à requérir les habitants avec armes et chiens à l'effet de détruire les loups et les sangliers (Cass. 12 juin 1886).

Il suffit d'ailleurs que le maire adresse aux détenteurs du droit de chasse, sous une forme que la loi ne définit pas, mais qui ne laisse place à aucune incertitude, l'invitation de détourner les loups et les sangliers signalés sur leurs bois, et qu'il leur laisse le délai nécessaire pour y obtempérer.

Les chasses et battues aux loups et aux sangliers que le maire est chargé d'organiser en temps de neige peuvent être effectuées sur toutes les terres de la commune, à l'exception toutefois des propriétés closes.

L'habitant régulièrement requis par le maire ne peut se dispenser d'obéir à la réquisition, sauf motif de légitime excuse. S'il s'abstient, il est passible d'une peine de simple police. La réquisition doit être individuelle et précise ; une simple convocation à son de caisse ne suffirait pas.

Comme pour les battues ordonnées par le Préfet, l'habitant requis n'a droit à aucune indemnité.

La battue à laquelle le maire fait procéder, en dehors des conditions fixées par la loi et notamment sans mise en demeure préalable aux détenteurs du droit de chasse, constitue, non un acte administratif, mais un fait provenant du maire, dont il appartient d'apprécier la nature et les conséquences (Cass. 12 juin 1886).

Les habitants d'une commune qui ont pris part à une battue illégalement ordonnée, échappent à toute responsabilité, lorsqu'ils n'ont fait qu'obtempérer à une réquisition du maire, mais il n'en est pas de même lorsqu'ils se sont rendus à une simple invitation n'ayant pas le caractère d'une réquisition obligatoire (Cass. 12 juin 1886).

*
* *

Lorsqu'il ne s'agit plus de la destruction des loups et des sangliers, en temps de neige, les mesures de protection ordonnées par les maires doivent être prises de concert avec les propriétaires ou détenteurs du droit de chasse, mais uniquement dans les buissons, bois et forêts. D'où il résulte que l'opposition des intéressés peut empêcher les battues de cette espèce (Circ. Minist. 4 décembre 1884).

Par détenteurs du droit de chasse, il faut entendre tous ceux qui, à un titre quelconque, jouissent du droit de rechercher le gibier sur le terrain où la destruction doit avoir lieu. Lorsque la chasse à tir et la chasse à courre ont été louées séparément sur un même fonds, le maire ne peut agir qu'avec le consentement de tous les intéressés.

La loi n'indique pas dans quelle forme doivent être prises les mesures jugées nécessaires par les maires pour la destruction des animaux nuisibles ; il suffit que ces mesures aient été réellement prescrites, sans qu'il soit nécessaire qu'elles fassent l'objet d'un arrêté spécial (Cass. 12 juin 1886).

Aux termes de l'article 90 § 9° de la loi du 5 avril 1884, les maires ont le droit de prendre toutes les mesures nécessaires à la destruction des animaux nuisibles. Les termes dans lesquels cet article est rédigé sont généraux. La loi a donc voulu laisser aux maires toute latitude sur le choix des moyens à employer pour parvenir à ce résultat (Cass. 12 juin 1886).

Les procédés les plus communément employés pour cette opération sont les pièges, le poison et les armes à feu ; certains animaux peuvent être enfumés dans leurs terriers.

Enfin, quand les mesures individuelles prises par les propriétaires intéressés ne suffisent plus, la loi permet de recourir aux mesures d'ensemble connues sous le nom de battue (Circ. Minis. Int. 4 déc. 1884).

La loi dispose expressément que les mesures de destruction pouvant être ordonnées, le sont contre tous les animaux nuisibles ayant ou non un caractère de gibier, qui ont été désignés comme tels dans l'arrêté réglementaire pris par les Préfets en exécution de l'article 9 de la loi du 3 mai 1844. Quant aux animaux non compris dans la nomenclature préfectorale, les maires ne peuvent rien contre eux, encore qu'ils soient susceptibles, à raison de circonstances locales, de causer de graves dommages aux propriétaires.

Les mesures prévues par l'art. 90 § 9° de la loi municipale étant des mesures de destruction, peuvent être ordonnées par les maires en toute saison, en temps prohibé, comme en temps d'ouverture de la chasse. Mais le maire doit se borner à donner des autorisations spéciales dans chaque cas particulier ; il agirait contre l'esprit, sinon contre la lettre de la loi, en prenant des mesures générales et permanentes ou en donnant aux intéressés des permissions d'une durée indéterminée.

Les pouvoirs des maires sont limités quant aux terrains sur lesquels le recours à des mesures spéciales peut être admis. Ces terrains sont les buissons, bois et forêts. Les dispositions à prendre pour la destruction des animaux nuisibles sur les terrains non boisés restent dans les attributions des Préfets.

Les mesures de destruction sont limitées aux fonds dont l'intéressé a la jouissance comme propriétaire ou détenteur du droit de chasse. Le maire ne peut accorder une permission particulière sur le terrain d'autrui.

La compétence de chaque maire est en outre strictement limitée aux terrains de sa commune (Circ. Minist. Int. 4 décembre 1884).

Les mesures de destruction autorisées par le maire, soit en temps ordinaire, soit en temps de neige, demeurent placées sous sa surveillance : il lui appartient donc de veiller à ce qu'elles ne soient pas détournées de leur objet et ne servent pas de prétexte pour commettre des délits de chasse. Il prend soin que la direction des battues soit remise en bonnes mains, soit qu'il dirige lui-même les chasseurs chargés de conduire l'opération, soit qu'il en laisse le choix au propriétaire intéressé (Circ. Minist. Int. 4 décembre 1884).

Si la loi a chargé le maire de surveiller l'exécution des mesures prises par lui afin d'assurer la destruction des animaux nuisibles, elle n'exige pas qu'il assiste personnellement à l'opération. La loi ne prescrivant aucun mode spécial de surveillance, la validité de l'autorisation ne saurait être subordonnée à l'exécution effective de cette surveillance (Cass. 12 juin 1886).

En principe, l'Administration des Eaux et Forêts n'a aucun contrôle à exercer sur les destructions opérées en vertu d'une autorisation municipale. Elle n'a à intervenir que si les opérations sont exécutées dans les forêts soumises au régime forestier (Circ. Min. Int. 4 juin 1884).

Lorsqu'il s'agit de détourner les loups et les sangliers, en temps de neige, dans les forêts soumises au régime forestier, soit de détruire dans les forêts communales les animaux nuisibles, l'intervention de l'Administration peut se réduire à l'assistance effective à l'opération, d'un agent ou même d'un préposé, dont le rôle consiste uniquement à dresser procès-verbal des délits de chasse qui pourraient être commis.

Mais, lorsqu'il s'agit de détruire dans les forêts domaniales les animaux nuisibles, l'Administration intervient d'une façon plus directe. Elle a reçu en effet, de l'ordonnance du 14 septembre 1830, confirmée par celle du 18 août 1832, la mission de surveiller la chasse dans les bois domaniaux, même quand le droit de chasse y est affermé à des tiers.

Par application des dispositions qui précèdent, le cahier des charges pour la location des chasses stipule expressément que les adjudicataires ne peuvent procéder à la destruction des animaux nuisibles qu'avec l'assentiment et sous la surveillance de l'Administration.

Le fermier de la chasse est, en conséquence, tenu de s'assurer de l'assentiment de l'Administration aux mesures de destruction que le maire a arrêtées, de concert avec lui.

Toutefois les agents n'ont pas qualité pour s'opposer à une battue ordonnée par le maire, de concert avec l'adjudicataire de la chasse : ils n'ont que le droit, si la destruction a été faite sans l'assentiment de l'Administration, de poursuivre le fermier de la chasse pour infraction aux clauses du cahier des charges.

Il serait d'ailleurs excessif, d'exiger du fermier de la chasse, invité par le maire à détruire les loups et les sangliers en temps de neige, qu'il s'assurât de l'assentiment préalable de l'Administration. Il n'a dans ce cas qu'un bref délai pour agir et, faute par lui d'en profiter, le maire fait procéder d'office à l'opération.

DESTRUCTIONS
PRESCRITES PAR LES CONSERVATEURS

Par application d'une disposition du cahier des charges, pour la location des chasses dans les forêts domaniales, le Conservateur peut, dans le cas de surabondance de gibier, mettre les fermiers de la chasse en demeure de détruire un certain nombre d'animaux d'une espèce déterminée ; faute par le fermier de satisfaire à la mise en demeure, il est procédé d'office aux destructions par les soins du service des Eaux et Forêts, qui peut recourir à tous les moyens qu'autorisent la chasse et les règlements.

Il ne serait pas nécessaire de rappeler, s'il n'y avait eu des décisions prises en ce sens, que la faculté ainsi réservée par le cahier des charges, ne va pas jusqu'à permettre au Conservateur de prescrire des battues en temps prohibé, de sa propre autorité.

Il importe que l'arrêté de mise en demeure, mentionne expressément que l'exécution, par les fermiers de la chasse, des destructions à effectuer après la clôture, reste subordonnée à l'autorisation du Préfet, qu'il appartient à l'intéressé de se faire délivrer.

Les agents ne peuvent recourir, pour la destruction des animaux nuisibles, qu'aux moyens autorisés par la loi et les règlements ; ils doivent toujours provoquer l'autorisation préfectorale, pour l'exécution des mesures de destruction auxquelles ils ont à procéder.

LA LOUVETERIE ET L'ASSOCIATION
DES LIEUTENANTS DE LOUVETERIE DE FRANCE

Au Moyen Age et sous l'ancienne Monarchie, le Chef de l'Etat disposait à son gré, du droit de chasse, en faveur des seigneurs, à l'exclusion de tous autres.

Cependant à une époque où la guerre absorbait les gentilshommes et leurs sujets, où la Gaule était couverte de forêts les animaux nuisibles, et notamment les loups, se multipliaient en abondance telle que, non seulement les habitants des campagnes et leurs troupeaux étaient terrorisés par leurs incursions dangereuses, mais les citadins eux-mêmes étaient inquiétés.

Aussi, tout en organisant la poursuite des animaux nuisibles et favorisant les goûts de leur race conquérante, nos premiers Rois eurent-ils à sauvegarder les intérêts de l'agriculture.

Car l'on est amené à constater un développement parallèle de la Louveterie, des règlements qui régissent cette Institution et de l'agriculture, base de toute richesse des pays civilisés. Au fur et à mesure que la culture est rendue plus intensive et que, de ce fait, elle fait vivre un plus grand nombre de gens, il est nécessaire de protéger les récoltes contre les ravages des animaux nuisibles, de même que doit être assurée la sécurité des ruraux contre les animaux féroces, au fur et à mesure que les campagnes se peuplent. Aussi retrouvons-nous dans les temps modernes la même préoccupation qui nécessita la création de la Louveterie: destruction des animaux nuisibles pour la protection des récoltes, du gibier et des populations.

L'agriculture, comme la chasse, a subi ces dernières années une crise créée en partie par les hostilités. Les animaux nuisibles se sont réfugiés dans des régions qui avaient été déshabituées de les connaître; le laboureur a vu plusieurs fois ses champs retournés et les récoltes saccagées par les bêtes noires ; les loups eux-mêmes ont fait leur apparition dans des contrées d'où ils avaient disparu ; par suite de la multiplication des animaux de rapine, le gibier peu abondant a diminué rapidement.

Malgré les instances réitérées, les circulaires pressantes et les encouragements du Ministère de l'Agriculture les résultats obtenus en matière de protection du gibier ne paraissaient pas répondre aux espérances que l'on fondait sur ces tentatives.

Entre les agriculteurs et les chasseurs ayant souci de la protection des récoltes et du gibier — mais fortement découragés parce que dispersés — et les pouvoirs publics beaucoup trop distants pour eux, il devenait expédient d'envisager la création d'agents locaux dont les avis feraient autorité et seraient à ce titre acceptés.

Mais encore fallait-il que ces agents jouissent d'une assez grande indépendance pour ne pas être soumis aux diverses influences qui paralysent les meilleures initiatives.

Les Lieutenants de Louveterie, parmi lesquels nous relevons les noms des plus grands veneurs, et qui sont pour le plus grand nombre agriculteurs, paraissaient tout désignés pour servir de trait d'union entre les agriculteurs, les chasseurs et les pouvoirs publics, puisque d'un côté, ils possèdent au plus haut point les qualités cynégétiques, et que de l'autre on peut, en outre, être assuré de leur complet désintéressement, en raison de ce qu'ils ont accepté librement une situation qui comporte plus de charges que de profits, mais qu'ils remplissent par goût. Car les Lieutenants de Louveterie ne forment pas un service public, mais une institution honorifique, en même temps qu'un service d'utilité générale pour la destruction des animaux nuisibles.

Il était donc possible de constituer, avec le corps des Officiers de Louveterie, un organisme, qui loin de contrecarrer l'action des grandes associations de chasse ou des organisations agricoles, serait au contraire pour elles un appui précieux en leur fournissant des indications, et en se tenant en relations constantes avec les autorités auxquelles devaient être présentées les justes revendications.

Obtenir, dans cet ordre d'idées, les concours des Lieutenants de Louveterie, créer une association dont les membres seraient consultés et écoutés, et mieux encore, se mettraient à la disposition du Ministère pour formuler leur avis sur la destruction des animaux nuisibles, pour la protection de l'agriculture et du gibier, telles furent les suggestions qui présidèrent à la constitution de l'Association des Lieutenants de Louveterie de France.

Les adhésions et les encouragements qui parvinrent à M. du Blaisel d'Enquin, promoteur et fondateur de l'Association furent si nombreux et si enthousiastes que moins de six mois après une première consultation lancée dans la presse cynégétique, en décembre 1920, l'assemblée constitutive tenait ses assises à Paris le 18 juin 1921.

De multiples questions furent soumises aux membres de cette première réunion : relations entre les Officiers de Louveterie et l'Administration des Eaux et Forêts; autorisations de faire des battues pendant des périodes déterminées; gratuité de transport; subventions pour remplacement de chiens; organisation dans les départements, des Lieutenants de Louveterie, en un Conseil de la Chasse ayant voix consultative, auprès des Préfets, dans les grandes questions cynégétiques; destruction des animaux nuisibles et protection du gibier, et, dans ce but, demande du droit de verbaliser, en faveur des Officiers de Louveterie, afin de leur permettre de dresser procès-verbal en cas de délits de chasse, de braconnage, etc...

Cet ordre du jour bien chargé, devait être examiné cependant avec la plus grande attention, car l'empressement avec lequel la réalisation de cette tentative de groupement avait été acceptée montrait qu'elle arrivait à son heure, et la conviction que l'œuvre à laquelle ils appliquaient leur attention, était appelée à rendre d'utiles services, ne pouvait qu'inciter les fondateurs à parfaire la réalisation de son objet.

La bienveillance de la Direction des Eaux et Forêts qui s'intéressait à la formation de cette Association et avait ouvert ses cartons tout grands pour faciliter la tâche du recensement des Officiers de Louveterie, et écarté ainsi les premières pierres de la route, avec une amabilité parfaite, devait permettre une collaboration étroite et un travail fructueux.

On sait que le but de l'Association est de resserrer les liens de solidarité qui doivent unir tous les Officiers de Louveterie et d'améliorer les mesures destinées à assurer la destruction des animaux nuisibles : soit que les Officiers de Louveterie servent de trait d'union entre les cultivateurs, les Préfets, les maires et les Eaux et Forêts pour fixer le nombre et la date des battues administratives pour la destruction des loups, sangliers, renards, blaireaux et autres animaux nuisibles ; soit qu'ils se mettent à la disposition du Ministère de l'Agriculture, des Préfets et des maires pour organiser et surveiller ces battues, en vue de la protection des récoltes et du gibier.

A raison des services qu'elle rendait, l'Association obtenait le plus vif succès ; le nombre de ses membres passait de 170 à 400, en moins d'une année, et elle compte à ce jour, comme adhérents, plus des trois quarts des Lieutenants de Louveterie — notons en pas-

page 49.

sant qu'il existe 962 commissions d'Officiers de Louveterie sur tout le territoire.

Il n'est pas un département qui n'ait un représentant au moins au sein de ce groupement.

Afin de montrer le grand intérêt qui s'attache à l'avenir de l'Association dans son but d'intensification de destruction des animaux nuisibles aux cultures, les plus hautes personnalités ont bien voulu lui accorder leur patronage d'honneur :

M. le Ministre de l'Agriculture ; M. Capus, député, ancien Ministre de l'Agriculture ; M. H. Chéron, ancien Ministre de l'Agriculture, sénateur du Calvados ; M. Raynaud, ancien député, ancien Ministre de l'Agriculture, Président de la Commission Permanente de la Chasse ; M. Boret, député, aucien Ministre de l'Agriculture, Président de la Société d'Encouragement à l'Agriculture ; M. Fernand David, sénateur, ancien Ministre de l'Agriculture, Président de la Commission de l'Agriculture au Sénat ; M. Lefebvre du Preÿ, député, ancien Ministre de l'Agriculture ; M. Puis, député, ancien Sous-Secrétaire d'Etat au Ministère de l'Agriculture ; M. Ricard, ancien Ministre de l'Agriculture, Président d'honneur de la Confédération Nationale des Associations Agricoles ; le Marquis de Voguë, Président de la Société des Agriculteurs de France ; M. le Duc de Lesparre, ancien président de la Société Centrale canine ; le Baron Jaubert, Président de la Société Centrale canine ; S. A. le Prince Murat, Président de la Société de Vénérie ; M. Mortureux, Président du Syndicat des Agriculteurs de France ; M. Carrier, Conseiller d'Etat, Directeur Général des Eaux et Forêts au Ministère de l'Agriculture ; M. Lescuyer, Conservateur des Eaux et Forêts à Paris ; M. Lilette, Conservateur des Eaux et Forêts, à la Direction Générale des Eaux et Forêts au Ministère de l'Agriculture ; M. Elby, Directeur général des Mines de Bruay, sénateur ; le Comte de Bertier, sénateur de la Moselle ; M. Amann-Firmery, Président de la Fédération des chasseurs d'Alsace et de Lorraine.

M. de Girac, avocat à la Cour de Paris, assure les services du contentieux.

Le Comité de Direction qui préside aux destinées de l'Association est composé de MM. du Blaisel d'Enquin, Président ; Bachelier, Jouvanceau et Roger Guérin, Vice-Présidents ; Courbe, Secrétaire Général ; Deniau, Trésorier ; Périère, Directeur des Services administratifs ; Madame la Duchesse d'Uzès ; Comte de l'Aigle, Conseiller Général de l'Oise ; Baron de Baillet ; Narcisse Boulanger, député du

Pas-de-Calais ; Delanos, Conseiller Général de l'Eure ; Comte Horric de la Motte ; Névière, Conseiller Général de Vaucluse ; Laporte-Bisquit ; J. Menier ; Noel, conseiller d'arrondissement de la Moselle ; Philippoteau, député des Ardennes ; de Piedouë d'Héritot.

Des délégués départementaux et régionaux facilitent la tâche du Comité Central en étendant son action. Et à en juger par les résultats obtenus, l'influence de l'Association amènera une connaissance plus approfondie de la législation concernant la destruction des animaux nuisibles et, partant, une application plus adéquate des règlements qui régissent la Louveterie.

Il n'est pas sans importance de signaler que c'est à l'instigation de l'Association que les Préfets ont déjà été priés de vouloir bien compléter les cadres des Officiers de Louveterie ; ces derniers ont d'ailleurs reçu l'assurance qu'ils verraient leur commission indéfiniment renouvelée s'ils s'acquittaient de leurs fonctions.

Les Officiers de Louveterie peuvent aussi obtenir des Préfets des autorisations en nombre déterminé, réparties sur une période de temps, généralement deux mois, dans certains cas, mais sans indication de date précise, quant à l'exécution de la battue elle-même, de façon à leur permettre de répondre à première réquisition, aux demandes de destructions qui leur sont adressées.

Nous savons aussi que plusieurs Préfets s'inspirant d'un vœu émis par l'Association, ont consulté les Lieutenants de Louveterie sur l'état du gibier, pour la fixation des dates d'ouverture et de fermeture de la chasse ; il apparaîtra nettement combien ces consultations offrent d'intérêt, les Louvetiers étant, et chasseurs, et pour le plus grand nombre agriculteurs, et de ce fait doublement compétents.

Un insigne distinctif et officiel a été adressé aux adhérents qui ont manifesté le désir de le recevoir.

Pour déférer à la demande d'un grand nombre de Louvetiers la possibilité de moderniser l'ancienne tenue, qui date de 1814, a été examinée ; le projet comporte et tenue de chasse et tenue de cérémonie, les Lieutenants de Louveterie ayant émis le vœu de participer aux cérémonies officielles au même titre que les corps accrédités.

De plus, un grand nombre de Lieutenants de Louveterie se sont constitués à titre personnel et privé les promoteurs de la création de Sociétés de Chasse dont ils surveillent eux-mêmes le fonctionnement en assurant la direction des brigades mobiles que l'attribution de subventions leur ont permis d'organiser.

M. Philippoteau, député des Ardennes et plusieurs de ses collègues ont déposé sur le bureau de la Chambre une proposition de loi tendant à faire accorder le droit de verbaliser aux officiers de Louveterie. M. Chéron, ancien Ministre de l'Agriculture, et M. Colrat, ancien Garde des Sceaux, Ministre de la Justice, ont appuyé le projet de M. Philippoteau, tant il paraît nécessaire que cette indispensable attribution soit accordée aux Louvetiers, car s'il n'y a plus que peu ou point de loups, il en est une variété que définit le vieil adage « *homo homini lupus* », et c'est à la rendre impuissante sur le terrain de chasse que les Officiers de Louveterie voudraient consacrer leur bonne volonté et leur expérience.

Par suite de la multiplication des animaux de rapine le gibier a diminué si rapidement que déjà certaines espèces ne se voient plus dans notre pays. Tandis que les forêts se dépeuplent, que le lièvre et le chevreuil s'y font de plus en plus rares, dans les plaines la situation s'aggrave également, la perdrix, la caille, harcelées et traquées par des chasseurs imprévoyants ou par les braconniers, tendent à disparaître.

Si les peines édictées par la loi du 3 mai 1844 comportent quelques sévérités, elles ne frappent que rarement le braconnier, les agents chargés de la surveillance ne pouvant apporter à la justice répressive qu'un insuffisant concours, absorbés qu'ils sont par des obligations plus impérieuses.

D'ailleurs le braconnier est toujours propriétaire de quelque champ, ou même simplement mandataire d'un propriétaire ; dès lors profitant de l'aubaine, il ne connaît plus d'entraves pour sa coupable industrie, surtout dans les communes si nombreuses où le droit de chasser est demeuré banal, exempt de location ou de réglementation.

Enfin n'est-il pas des chasseurs qui au cours des battues administratives ne sont pas maîtres de leurs nerfs à la vue d'un gibier, lièvre ou chevreuil ?

C'est en considération de ces habitudes nouvelles qui s'introduisent dans nos moindres hameaux, que les Officiers de Louveterie ont demandé au Parlement de l'aider à concourir dans une plus large mesure à la défense des intérêts qu'a visés la loi du 3 mai 1844.

MM. les Louvetiers s'offrent comme auxiliaires pour remédier de leur mieux, à un état de choses défectueux et préjudiciable aux intérêts des chasseurs, comme à ceux du Trésor.

Le moindre garde particulier improvisé, dépourvu d'instruction, se transforme en officier de police judiciaire sur la simple production d'une attestation de bonnes vie et mœurs, signée du maire, et d'un certificat négatif du casier judiciaire après enquête sommaire de la gendarmerie.

Or personne ne contestera que l'on trouve dans le personnel de la Louveterie des garanties de moralité, d'expérience et d'instruction autrement sérieuses.

*
* *

La chasse constitue une des richesses nationales et crée pour le Trésor public une source de revenus qui lui sont apportés par la vente des poudres, la location des chasses, la délivrance du permis de chasse, dont le nombre ne tarderait pas à diminuer progressivement avec la disparition du gibier.

Le gibier lui-même constitue d'autre part, un élément précieux de l'alimentation publique, il y a donc lieu d'en modérer la destruction, d'en développer la production et de veiller à sa protection. Or, il est avéré qu'un grand nombre de personnes sûres de l'impunité se livrent à la chasse sans avoir acquitté le prix du permis, frustant ainsi le Trésor de sommes importantes ; que la gendarmerie et la police locales, absorbées le plus souvent par d'autres occupations ne peuvent surveiller efficacement tout le territoire confié à leur garde, ni intervenir en temps opportun lorsque les délits leur sont signalés ; en outre, les gendarmes et les gardes-forestiers, qui, en principe, doivent assister aux battues, ne peuvent, même s'ils sont présents, réprimer les délits sur toute l'étendue de la battue, ajoutons à cela que l'Administration des Forêts dont le nombre des gardes est parfois limité dans certains cantons, ne peut toujours prêter un concours efficace.

Aussi le désir unanime des Officiers de Louveterie est-il d'obtenir des attributions judiciaires qui leur permettent d'exercer la répression du braconnage dans tout leur arrondissement, et non seulement au cours des battues administratives, mais même en dehors et chaque fois qu'ils seront les témoins d'une infraction à la loi sur la chasse.

Si nous examinons les obligations auxquelles les Lieutenants de Louveterie sont soumis, en cette qualité, et les droits spéciaux dont ils jouissent, il apparaît que leurs fonctions sont de la plus haute importance, qu'elles leur confèrent une véritable autorité et sont l'occasion d'une influence sérieuse. C'est ce qui adviendra de ces Officiers qui s'emploient avec un zèle particulier à délivrer les populations d'incursions dommageables, surtout s'ils habitent des régions montagneuses et forestières, où les animaux nuisibles sont plus nombreux et plus difficiles à détruire.

Leur honorabilité et leur situation sociale les soustraient à toutes sollicitations extérieures, car les Officiers de Louveterie ne perçoivent ni indemnité ni rémunération, bien qu'ils assument dans l'intérêt général des charges lourdes parfois.

Aussi doivent-ils à la bienveillance de plusieurs Préfets l'attribution de subventions spéciales, pour les dédommager de leurs peines et soins.

Voilà pourquoi aussi, la demande de reconnaissance d'utilité publique est actuellement soumise à l'examen de l'Administration.

Puisque dans l'intérêt de l'agriculture et de la chasse, les Officiers de Louveterie offrent leur concours dévoué et gratuit, souhaitons qu'il soit accepté avec empressement.

Les Officiers de Louveterie ne revendiquent pas le privilège de se mettre à la tête du mouvement de la rénovation de la chasse en France ; « le Gouvernement exerce la surveillance et la police de la chasse dans l'intérêt général » ; mais il leur sera bien permis d'agir parallèlement, d'émettre des idées et de discuter les projets proposés. La compétence des Lieutenants de Louveterie, la haute compréhension des choses de la chasse et de la vénerie, ont créé à cette Association une place importante ; le succès a couronné ses débuts et en présence des résultats obtenus, l'avenir peut être envisagé avec la plus grande confiance.

Chasse illustrée.

DEUXIÈME PARTIE

DU DROIT DE DESTRUCTION
DES ANIMAUX NUISIBLES

Par M. Georges AMIAUD,

Président du Tribunal Civil de Lunéville.

PRÉFACE

La législation relative à la destruction des animaux nuisibles
est l'une des plus compliquées et, j'ose dire, l'une des plus
rébarbatives de notre droit. Empruntant ses éléments essen-
tiels à des textes de la période révolutionnaire, voire même
à des ordonnances de l'ancien régime, complétées ultérieurement par des dispositions éparses dans les lois modernes, elle
présente toutes les incertitudes et toutes les difficultés inhé-
rentes aux créations fragmentaires et discontinues.

M. le Président Amiaud, qui unit à la science du magistrat
l'expérience d'un chasseur consommé, a réussi à dégager de
cette matière touffue un corps de doctrine ordonné, bref et soli-
dement appuyé sur les décisions de la jurisprudence. Son travail rendra les plus grands services aux personnes appelées
par leurs fonctions à appliquer ces lois spéciales : Préfets,
maires, Lieutenants de Louveterie, Officiers des Eaux et Forêts,
qui, bien souvent, hésitent sur l'interprétation à donner à telle
ou telle disposition légale ou sur les mesures qu'il convient de
prendre dans un cas déterminé ; les propriétaires et les détenteurs du droit de chasse consulteront également avec fruit ces
pages qui les renseigneront d'une façon précise et complète sur
l'étendue de leurs droits. Répondant à un besoin réel, l'étude
de M. le Président Amiaud est le guide indispensable de tous
ceux qu'intéresse, à quelque titre que ce soit, la destruction
des animaux nuisibles.

G. GENEAU,
Inspecteur Général des Eaux et Forêts.

INTRODUCTION

Comment un magistrat, au repos dans une solitude de la montagne lozérienne, entouré d'antiques forêts de hêtres et de sapins, s'il aime la chasse et ne peut encore s'y livrer, pourrait-il trouver meilleur passe-temps qu'à feuilleter quelques livres de Louveterie, à observer les empreintes des sangliers, les dommages causés aux récoltes par ces animaux nuisibles et à noter les observations suggérées.

La législation réglant la destruction des bêtes fauves, des animaux malfaisants ou nuisibles, et spécialement celle relative à la Louveterie, est éparse en des textes si nombreux et si anciens (lois et règlements remontant à l'ancien régime ou à l'époque révolutionnaire, et ne correspondant pas à notre organisation moderne), que cette matière est fort complexe et présente assez souvent, dans la pratique, des difficultés sérieuses.

Je n'ai pas la prétention de me livrer ici, en vue d'une refonte de cette législation archaïque, à une étude approfondie de questions déjà savamment traitées par des auteurs tels que Dalloz, Puton, Villequez, Guyot, etc... Je ne veux que résumer, d'après ces juristes, aussi nettement qu'il me sera possible, une réglementation assez diffuse, que rappeler brièvement aux intéressés leurs droits de destruction des animaux malfaisants ou nuisibles, ainsi que les pouvoirs des Préfets, des maires, des Officiers de Louveterie, et des Officiers et préposés des Forêts, spécialement ceux conférés aux maires par le paragraphe 9 de l'article 90 de la loi du 5 avril 1884, que noter, en passant, quelques observations, suggérées par la lecture, par l'examen du sol et des récoltes.

G. A.

POUVOIRS DES MAIRES

(Article 90, § 9. Loi du 5 Avril 1884.)

Aux termes de l'article 90, § 9, alinéa 1er de la loi municipale de 1884, « Le maire est chargé, sous le contrôle du conseil municipal et la surveillance de l'Administration supérieure... de prendre, de concert avec les propriétaires ou les détenteurs du droit de chasse, dans les buissons, bois et forêts, toutes les mesures nécessaires à la destruction des animaux nuisibles[1] désignés dans l'arrêté du Préfet pris en vertu de l'article 9 de la loi du 3 mai 1844 ».

Il est chargé, aux termes du 2e alinéa... « de faire, pendant le temps de neige, à défaut des détenteurs du droit de chasse, à ce dûment invités, détourner les loups et sangliers remis sur le territoire; de requérir, à l'effet de les détruire, les habitants avec armes et chiens propres à la chasse de ces animaux ; de surveiller et d'assurer l'exécution des mesures ci-dessus et d'en dresser procès-verbal. »

Le § 9 de l'article 90 a été introduit par voie d'amendement et adopté sans discussion, sauf en ce qui concerne l'amendement de M. le sénateur Tenaille-Saligny. Aussi la nature et la portée du pouvoir nouveau confié aux maires pour la destruction des animaux malfaisants ou nuisibles présentent-elles quelque obscurité.

Il ressort de la discussion parlementaire, d'ailleurs très brève, qu'à la séance du 5 mars 1884, l'amendement de M. le sénateur Tenaille-Saligny, tendant à reporter à l'article 92 le § 9 de l'article 90, pour le motif que l'autorité du maire, en matière de chasse et destruction des animaux malfaisants ou nuisibles, se rattacherait à ses attributions d'agent du pouvoir central. fut rejeté, le Sénat ayant

---

1. Nuisibles est pris ici pour « malfaisants » au sens de la loi de 1844. C'est la liste des animaux malfaisants qu'aux termes de l'article 9 de la loi du 3 mai 1844, le Préfet a mission de dresser par voie d'arrêté.

considéré avec sa commission, contrairement à l'opinion de M. Tenaille-Saligny, que l'autorité du maire se rattachait, en cette matière, uniquement à l'intérêt communal, à la nécessité de protéger contre les animaux malfaisants ou nuisibles les propriétés situées sur le territoire de la commune [1].

C'est donc en vertu des pouvoirs de police et d'administration qui lui sont propres, et non comme agent du pouvoir central, par délégation du Préfet, que le premier magistrat de la commune peut prendre toutes les mesures de protection nécessaires.

Un arrêt de la chambre criminelle de la Cour de Cassation, en date du 12 juin 1886, a précisé la portée de notre texte, qui n'énumère pas les mesures pouvant être prises, du moins en ce qui concerne le pouvoir confié par l'alinéa premier.

Cet arrêt décide, en raison de la généralité des termes employés par le législateur, et conformément à une circulaire interprétative du Ministère de l'Intérieur, que les maires peuvent autoriser tous les procédés de destruction, sans en excepter aucun [2].

Il n'est donc pas douteux, aux termes du § 9, spécialement de son alinéa premier et de l'arrêt précité [3], que le législateur a conféré aux maires, dans l'intérêt privé ou public, un pouvoir nouveau qui n'a d'autres limites que celles tracées pour le respect du droit de propriété et a étendu aux maires, pour la destruction des animaux malfaisants ou nuisibles, des attributions jusqu'alors réservées aux Préfets.

Les maires peuvent prendre toutes les mesures nécessaires et, d'une façon générale, toutes les mesures pouvant être prises, en pareille matière, par l'autorité préfectorale, en vertu de l'arrêté du gouvernement du Directoire du 19 Pluviôse an V et de l'article 9 de la loi du 3 mai 1844, c'est-à-dire qu'ils peuvent autoriser ou prescrire des battues ou chasses collectives, accorder des permissions individuelles de chasses particulières [4], qu'ils peuvent permettre

1. *Journal officiel.* Sénat, 5 mars 1884.

2. Cass. crim. rej. 12 juin 1886. D. P. 1887. 1. 45 et note sous cet arrêt. — Dalloz. *Code forestier annoté*, p. 918, nᵒˢ 1 et suiv. — Dalloz et Vergé. *Code annoté des lois politiques et administratives*, t. I, p. 484, nᵒˢ 1.706 et suiv. — Dalloz. *Rép. suppl.*, Vᵒ chasse, p. 510, nᵒˢ 1.617 et suiv. — Puton. Les nouveaux pouvoirs confiés aux maires... en matière de destruction des animaux nuisibles (art. 90, § 9, loi de 1884); *Circul. Min. Int.*, 4 décembre 1884; *Bull. Min. Intérieur*, 1884, p. 505; Guyot. *Cours de droit forestier*, t. III, p. 691 et 719, nᵒˢ 2.388, 2.408 et suiv.

3. Nous n'avons trouvé, en consultant le bulletin des arrêts de la chambre criminelle de la Cour de cassation, aucun arrêt contraire à l'arrêt de principe de 1886.

4. Dalloz. *Code forestier annoté*, p. 915, nᵒˢ 1 et suiv. — Dalloz et Vergé. T. I, p. 485, nᵒˢ 1.724 et suivants.

l'emploi de tous procédés de chasse, de tous engins non prévus et autorisés par l'arrêté réglementaire, et de ceux même prohibés par la Loi sur la chasse, tels que panneaux, etc... (arrêt précité du 12 juin 1886) [1].

Il n'est pas nécessaire que les mesures de destruction soient autorisées ou prescrites par arrêtés. Il suffit d'une autorisation ou d'un ordre écrit, ou même verbal, pourvu que son existence ne soit pas contestée (Arrêt précité du 12 juin 1886 ; D. 87, I, 45).

Cette autorisation, ou cet ordre, peuvent être donnés en tout temps, aussi bien lorsque la chasse est close que lorsqu'elle est ouverte, en temps de neige, et même, en principe, de nuit [2]. Le permis de chasse n'est pas légalement nécessaire.

Le maire n'est pas tenu d'assurer en personne la surveillance de l'exécution des mesures qu'il autorise, ou prescrit, mais il doit choisir avec soin le chasseur, Lieutenant de Louveterie ou tout autre, qu'il délègue pour cette direction et cette surveillance [3].

La présence d'un préposé forestier n'est pas nécessaire (même arrêt du 12 juin 1886).

Alors que les mesures prises en vertu du premier alinéa du § 9, ne peuvent s'exercer que sur les terrains boisés, mais en tout temps, celles prévues par le second peuvent s'appliquer sur tout le territoire de la commune, sur les propriétés boisées ou non boisées, pourvu, toutefois, qu'il s'agisse de propriétés ouvertes, mais en temps de neige seulement. Elles ne sauraient s'étendre aux terrains clos [4].

Si la chasse ou battue doit avoir lieu sur une propriété soumise au régime forestier, l'assistance d'un préposé des Forêts devient nécessaire ou, plus exactement, l'Administration forestière doit être invitée à s'y faire représenter, mais, cette formalité remplie, en temps utile, auprès de l'Officier forestier local, à défaut d'un délégué forestier, l'opération de chasse s'effectue régulièrement [5].

L'autorisation de chasse ou battue, écrite ou verbale, doit toujours être spéciale, pour une ou quelques opérations seulement, ou pour une courte période déterminée. Elle ne saurait être perma-

---

1. Voir, cependant, Dalloz. *Rép. suppl.*, V° chasse, n° 131.

2. Dalloz. *Code forestier annoté*, p. 918, n° 16.

3. Arrêt cass. précité, 12 juin 1886 ; Cass., 10 janvier 1891 ; P. 1893, 1.249 ; — Guyot, t. III, p. 721, n° 2.409 ; — Contra, Puton. *Louveterie*, n° 37.

4. Dalloz. *Rép. suppl.*, V° chasse, p. 511, n° 1.638.

5. Dalloz et Vergé, t. I, p. 484, n°ᵉ 1.711 et 1.712.

nente, pas plus que ne peuvent l'être les permissions de battues ou de chasses collectives ou individuelles, données par les Préfets [1].

Enfin, aux termes de l'article 90 § 9, *in fine*, le maire, qui est tenu de surveiller et d'assurer, en personne ou par délégué, l'exécution de l'opération de chasse permise ou prescrite doit en dresser procès-verbal, afin de permettre au conseil municipal et à l'administration préfectorale d'exercer leur contrôle et surveillance.

Il est à remarquer que le § 9 de l'article 90 renferme deux dispositions absolument distinctes, la première relative, en dépit d'une terminologie défectueuse, aux animaux malfaisants, dont la liste est limitativement dressée par le Préfet dans son arrêté réglementaire, pris en vertu de l'article 9 de la loi de 1844 et fixant en outre les conditions d'exercice du droit de destruction, et la seconde, concernant seulement deux animaux nuisibles, les plus dangereux, il est vrai, le loup et le sanglier.

Ces deux dispositions doivent être examinées séparément.

1. Dalloz, p. 916, n⁰ˢ 36 et suiv.; — Puton. *Louveterie*, n⁰ 141; — Villequez. *Droit de destruction*, p. 324; — Guyot, t. 3, p. 713, n⁰ 2.403, note 5.

Chasse illustrée.

DESTRUCTION DES BÊTES FAUVES

ET

DES ANIMAUX MALFAISANTS OU NUISIBLES

———

Le droit de destruction des bêtes fauves, animaux malfaisants ou nuisibles, se rapproche beaucoup du droit de chasse, ou droit de recherche, poursuite et capture du gibier, c'est-à-dire des animaux sauvages vivant à l'état de liberté naturelle. Il s'en écarte, toutefois, à divers points de vue. Il est, comme lui, un accessoire du droit de propriété, en ce qu'il permet la protection des récoltes et des animaux utiles, y compris le gibier vivant sur les propriétés rurales.

Il constitue un droit spécial et distinct, en ce qu'il s'exerce, non seulement pour la protection des récoltes et des animaux utiles, mais encore, parfois, pour la défense des personnes, et en ce qu'il comporte, quant à la destruction des animaux nuisibles, de véritables mesures d'expropriation pour cause d'utilité publique.

Avant d'aborder l'examen du droit de destruction des animaux malfaisants, il est nécessaire de nous arrêter un moment auprès des bêtes fauves.

———

DESTRUCTION DES BÊTES FAUVES [1]

La loi de 1790 dispose, dans son article 15 : « Il est pareillement libre, en tout temps, aux propriétaires ou possesseurs, et même aux fermiers, de détruire..., comme aussi de repousser avec des armes à feu les bêtes fauves qui se répandraient dans lesdites récoltes. »

Or, la loi de 1844, qui n'abroge, en son article 31, les textes antérieurs sur la chasse qu'en « tout ce qui est contraire à ses dispositions », maintient expressément par son article 9 § 9, la disposition de l'article 15 susvisé relative aux bêtes fauves.

L'article 9 de la loi de 1844 est ainsi conçu : « Sans préjudice du droit appartenant au propriétaire, ou fermier, de repousser et de détruire, même avec des armes à feu, les bêtes fauves qui porteraient dommage à ses propriétés. »

Que signifie ce terme de « *bêtes fauves* » ? — Dans le silence de l'article 9 de la loi de 1844, la jurisprudence a décidé que bête fauve ne voulait pas dire gibier, c'est-à-dire bête sauvage vivant à l'état de liberté naturelle, mais bête sauvage susceptible, par sa nature, de causer un dommage aux productions de la terre ou aux animaux utiles. Il est à remarquer, en effet, que la loi de 1844 ne vise pas seulement, comme la loi de 1790, le dommage aux récoltes, mais le dommage aux propriétés, terme large, qui comprend même le gibier vivant sur les propriétés rurales.

La jurisprudence a déterminé peu à peu quelles bêtes sauvages pouvaient être considérées comme bêtes fauves. Ce sont, d'après elle, toutes espèces d'oiseaux étant écartées, le loup, le renard, le sanglier, le blaireau, la loutre, le cerf, la fouine, le putois et, d'après certains auteurs, l'ours, le furet et le chat sauvage [2].

1. Loi du 30 avril 1790, art. 15; — Loi du 3 mai 1844, art. 9, § 3.
2. Guyot, t. III, p. 679, n° 2.381.

Chasse illustrée.
page 65.

Les personnes auxquelles appartient le droit de destruction des
bêtes fauves sont, aux termes de l'article 9 de la loi de 1844, le propriétaire, ou fermier, en cas de dommages causés à ses propriétés.
La jurisprudence a interprété largement ce texte. Le propriétaire,
le possesseur, l'usufruitier, l'emphytéote, l'usager, le fermier et
même le locataire du droit de chasse, peuvent exercer le droit de
destruction. Le fermier de la chasse peut l'exercer, à défaut de sti-
pulations contraires, pour la protection du gibier, concurremment
avec le propriétaire et le fermier rural qui, de leur côté, ont à défendre
les récoltes et les animaux utiles [1].

Propriétaires et fermiers peuvent déléguer, par écrit ou verbale-
ment, leur droit de destruction à un tiers, garde, ou toute autre personne. Ils peuvent repousser et détruire les bêtes fauves, mais ne
sauraient évidemment les rechercher et les poursuivre, la loi ne
leur accordant pas le droit de chasse.

Pour que la destruction soit justifiée, il suffit d'un dommage actuel,
si minime soit-il, ou même d'un dommage imminent. La jurisprudence admet qu'il y a lieu à destruction du moment où la bête fauve
se trouve dans la propriété, au milieu des récoltes, qu'il n'est pas
nécessaire d'attendre qu'elles aient été saccagées, que sa seule présence suffit [2]. Cette jurisprudence est approuvée de la plupart des
auteurs [3]. M. Guyot estime, toutefois, que le droit de destruction
des bêtes fauves ne peut être exercé qu'en cas de dommage actuel
étant complété par le droit de destruction des animaux malfaisants
lequel a un caractère préventif, et s'exerce en dehors de tout dommage [4].

Le droit de destruction ne comportant, à la différence du droit
de chasse, ni la recherche ni la poursuite, il a été jugé que la recherche
ne peut être autorisée sous le prétexte que la présence de bêtes
fauves dans une propriété voisine constitue un dommage imminent
à cause des incursions possibles de ces animaux [5], que le droit de
repousser et de détruire les bêtes fauves n'entraîne pas celui de les
poursuivre sur le terrain d'autrui, afin d'éviter le renouvellement du
dommage causé [6].

---

1. Guyot, t. III, p. 682, n° 2.382; — Contra, Puton. *Louveterie*, p. 347; *Circul.
Min. Int.*, 22 juillet, 1851, § 7.

2. Cass., 28 avril 1883; P. 1885, 797; *Rep. For.*, 12, 20.

3. Villequez. *Destruction*, n° 69.

4. Guyot, t. III, n°ˢ 2.378 et 2.379.

5. Paris, 2 mars 1892; *Rép. For.*, 92, 79.

6. Cass., 28 août 1868; P. 1869, 444.

La destruction peut légalement être opérée sans permis de chasse, aussi bien par le destructeur que par ses aides ou auxiliaires. Elle peut avoir lieu en tout temps, durant la chasse comme après sa clôture, en temps de neige et, en principe, la nuit, même à l'affût.

La jurisprudence et la plupart des auteurs approuvent l'emploi de tous procédés quelconques de destruction [1].

Toutefois, le droit de destruction des bêtes fauves n'autorise pas l'emploi d'engins susceptibles de capturer le gibier. Par suite, doit être réprimé, en vertu de l'article 12, § 2, de la loi de 1844, le fait de placer des collets, *de nature à permettre la capture des chevreuils*, alors même que le prévenu prétendrait avoir eu l'intention de détruire des sangliers .

1. Puton. *Louveterie*, p. 348 ; — Contra, Guyot, t. III, n° 2.379.
2. Cass., 15 juillet 1910 ; *Gaz. Pal.*, 16 novembre 1910 ; — Guyot. t. III, p. 677.

Chasse illustrée.

DESTRUCTION DES ANIMAUX MALFAISANTS
OU NUISIBLES
AU SENS DE LA LOI DU 3 MAI 1844[1]

L'article 9 de la loi de 1844 ordonne aux Préfets de prendre des arrêtés pour déterminer : « 3º Les espèces d'animaux malfaisants ou nuisibles que le propriétaire, possesseur, ou fermier pourra, en tout temps, détruire sur ses terres, et les conditions d'exercice de ce droit. »

Le propriétaire peut donc, non seulement repousser et détruire sur ses terres les bêtes fauves, mais encore y détruire les animaux malfaisants énumérés par l'arrêté réglementaire, et ce dans les conditions fixées par ledit arrêté.

Les animaux malfaisants sont toutes les bêtes fauves, y compris les oiseaux dont la destruction est jugée nécessaire par le Préfet, en raison de leur nocivité. La liste en est forcément plus longue que celle des bêtes fauves. Elle est établie par le Préfet, après avis du Conseil Général, en toute liberté d'appréciation.

Après avoir déterminé les espèces d'animaux malfaisants, le Préfet doit régler les conditions d'exercice du droit de destruction[2]. Son pouvoir réglementaire est des plus étendus, il n'est point enfermé dans les limites tracées par la loi de 1844 pour l'exercice du droit de chasse et il peut élargir considérablement, ou restreindre, le droit de destruction accordé par la loi.

Le pouvoir du Préfet est limité, cependant, par le droit de des-

---

1. Loi du 3 mai 1844, art. 9, § 3 ; Loi du 5 avril 1884, art. 90, § 9, al. 1er ; Loi du 23 juillet 1907 (corbeaux et pies) ; Arrêtés réglementaires des Préfets ; Loi du 1er mai 1924.

2. Guyot, t. III, p. 685, nos 2.385 et suiv.

truction lui-même, tel qu'il est institué par le législateur. Si le Préfet dépassait les limites légales, son arrêté ne saurait empêcher les tribunaux de prononcer, le cas échéant, les condamnations encourues, c'est-à-dire, celles prévues par la loi de 1844. Ainsi, le Préfet ne pourrait permettre de transformer la destruction en une véritable chasse, en autorisant la recherche et la poursuite des animaux classés par lui comme malfaisants. Il ne peut, en principe, imposer aux propriétaires, l'obligation de se munir d'un permis de chasse[1]. Il ne pourrait défendre la destruction pendant une partie de l'année, quel que soit le prétexte de cette restriction, alors qu'elle est permise en tout temps par la loi.

Les propriétaires et autres ayants droit, peuvent donc détruire sur leurs terres les animaux malfaisants, ainsi que les bêtes fauves, en tout temps, sur la neige, et durant la nuit, même à l'affût, si l'arrêté réglementaire ne contient aucune clause prohibitive à ce sujet[2].

A la différence du droit de destruction des bêtes fauves, qui ne peut s'exercer qu'en cas de dommage actuel, ou tout au moins imminent, causé aux productions de la terre ou aux animaux utiles, le droit de destruction des animaux malfaisants s'exerce préventivement, en dehors de tout dommage.

L'article 9 de la loi de 1844 accorde le droit de destruction des animaux malfaisants aux personnes mêmes qui peuvent détruire les bêtes fauves, aux propriétaires, possesseurs ou fermiers. Il faut assimiler à ces ayants droit l'usufruitier, l'emphytéote, l'usager civil, et aussi le fermier du droit de chasse, dans les conditions fixées par le bail.

Ainsi que nous l'avons vu pour les bêtes fauves, la jurisprudence interprète largement l'article 9 de la loi de 1844, et reconnaît le droit de destruction des bêtes fauves, et, dans certains cas, des animaux malfaisants, pour la défense des propriétés, c'est-à-dire des productions de la terre et des animaux utiles, y compris le gibier.

D'autre part, pour les forêts domaniales, l'article 23 du cahier des charges de 1907 et les articles 18 et 24 du cahier des charges du 25 octobre 1919, reconnaissent aux adjudicataires de lots de chasse, le droit de destruction des animaux malfaisants ou nuisibles, sous la surveillance du service forestier.

---

1. Cependant, une Circulaire ministérielle, en date du 14 septembre 1915 (§ 22), apporte une dérogation à cette règle.

2. Cass., 9 août 1877 ; P. 1879, 557.

Enfin, l'article 90, § 9, al. premier, de la loi de 1884 charge le maire de prendre toutes les mesures nécessaires à la destruction des animaux malfaisants, de concert avec les propriétaires, ou « les détenteurs du droit de chasse ; et l'alinéa deuxième du même § 9 enjoint au maire de détruire, en temps de neige, les loups et sangliers, et de réquérir à cet effet les habitants de la commune, avec armes et chiens, mais seulement après invitation aux « détenteurs du droit de chasse » de les détruire eux-mêmes.

Le locataire de la chasse peut donc, en l'absence de conventions contraires, malgré la circulaire ministérielle du 22 juillet 1851 et quelques arrêts, participer à l'exercice du droit de destruction des animaux malfaisants, concurremment avec le propriétaire et le fermier rural [1].

Le propriétaire, ou autres ayants droit, peut déléguer valablement son droit de destruction, soit à un garde, soit à toute autre personne, par autorisation écrite, ou même verbale, pourvu qu'elle soit donnée avant l'acte de destruction [2].

Le maire n'intervient, en vertu du § 9, alinéa premier, de l'article 90 de la loi de 1884, que pour faciliter aux propriétaires, ou autres ayants droit, l'exercice de la faculté qu'ils tiennent de l'article 9 de la loi de 1844, de repousser et détruire sur leurs terres, en tout temps, les animaux malfaisants.

C'est par respect du droit de propriété que le législateur a décidé que le maire ne pourrait intervenir que « de concert avec les propriétaires ou détenteurs du droit de chasse. »

S'il est sollicité de prendre telle ou telle mesure de destruction, ou si son offre est agréée, le maire possède alors le pouvoir le plus large.

Il a le droit de recherche et de poursuite, que ne possède pas, en principe, le propriétaire, malgré la large interprétation jurisprudentielle de l'article 9, § 3 de la loi de 1844. Il peut donc autoriser une battue, une chasse collective ou individuelle ; il peut autoriser l'emploi de tout procédé de chasse, de tout engin, non prévu par l'arrêté réglementaire, et même prohibé par la loi sur la chasse [3], mais, si le propriétaire entend rester maître chez lui, il doit lui laisser

---

1. Voir toutefois, Guyot (t. III, p. 690, n° 2.387), qui est beaucoup moins affirmatif en ce qui concerne le droit de destruction du locataire de la chasse, pour les animaux malfaisants que pour les bêtes fauves ; — Voir aussi Amiens, 15 janvier 1887, *Rec. de la Cour d'Amiens*, 1887, p. 85.

2. Guyot, t. III, n° 2.387, note 4 ; Villequez, *Destruction*, p. 93.

3. Voir, cependant, Dalloz. *Rép. suppl.*, V° chasse, n° 1.631.

le soin de détruire les animaux malfaisants sur ses terres, par ses propres moyens, et sous sa responsabilité, pour le cas où ces animaux causeraient aux propriétés voisines des dommages qui lui seraient imputables [1]. Toute chasse ou battue exécutée contre la volonté du propriétaire ou détenteur du droit de chasse, serait illégale et donnerait ouverture, soit à des poursuites devant la juridiction correctionnelle, pour délit de chasse sur le terrain d'autrui, soit au recours pour excès de pouvoir devant le Conseil d'Etat.

Le maire ne saurait faire procéder, en temps de neige, à une opération de destruction concernant les loups ou sangliers, considérés à la fois comme animaux malfaisants et nuisibles, en vertu de la première disposition du § 9 de l'article 90, mais bien conformément à la disposition seconde de ce paragraphe.

Ainsi que nous l'avons exposé plus haut, en précisant, avec l'arrêt de la Cour de Cassation du 12 juin 1886, la portée du pouvoir nouveau confié aux maires par l'article 90, § 9 de la loi municipale, les mesures de destruction n'ont pas besoin d'être autorisées par voie d'arrêté ; une autorisation verbale suffit. L'autorisation de chasse ou de battue, doit, toutefois, être spéciale, jamais permanente, etc...

Il ne paraît pas à craindre qu'une atteinte sérieuse puisse être portée au droit de propriété, par les battues, chasses collectives ou individuelles autorisées par les maires, puisque ces mesures ne peuvent être prises, sous le contrôle du conseil municipal et sous la surveillance de l'autorité supérieure, que de concert avec les intéressés. Peut-être, cependant, l'assistance d'un préposé des Eaux et Forêts, d'un gendarme ou d'un Officier de Louveterie, aux opérations de destruction autorisées par les maires ne serait-elle pas inutile pour assurer le respect des prescriptions de la loi de 1844, sur la police de la chasse [2]. Il conviendrait, dans cette hypothèse, qu'avant de pouvoir ordonner ou autoriser toute mesure de destruction, les maires fussent tenus d'aviser, en temps utile, le préposé des Eaux et Forêts, le brigadier de gendarmerie, et même l'Officier de Louveterie, qui serait assermenté.

---

1. Voir Responsabilité des propriétaires ou locataires du droit de chasse, quant aux dommages causés aux propriétés voisines par les animaux échappés des bois et forêts (Observations générales).

2. Guyot, t. III, p. 691, nos 2.388 et suiv.

DESTRUCTION DES ANIMAUX NUISIBLES
AU SENS DE L'ARRÊTÉ DU 19 PLUVIOSE AN V [1]

Les propriétaires et détenteurs du droit de chasse ont le droit de
repousser et de détruire sur leur terrain, en tout temps, non seulement les bêtes fauves et les animaux malfaisants, mais encore les
animaux nuisibles [2].

Les animaux nuisibles sont des animaux sauvages, particulièrement malfaisants, pour la recherche, la poursuite et la destruction
desquels a été créée, dans l'intérêt public, la Louveterie, et ont été
confiés aux Préfets et aux maires des pouvoirs spéciaux.

La loi n'énumère que quelques animaux nuisibles : le loup, le
renard et le blaireau (arrêté-loi du 19 Pluviôse, an V, art. 2), la
loutre (édit du 18 janvier 1600), le sanglier (loi du 5 avril 1884,
art. 90), mais il en existe d'autres, tels que l'ours, le chat sauvage
ou chat haret, le gypaète barbu, l'aigle, etc., qui ne sont pas nommés par la loi.

---

1. Arrêté-Loi du 19 Pluviôse, an V, art. 2 et 3, sur la chasse des animaux nuisibles;
— Loi du 10 messidor, an V (base de l'organisation de la Louveterie); — Ordonnance
du 20 août 1814, art. 11 et 12 (prise en application de la loi de l'an V ; organisation
de la Louveterie); — Ord. de janvier 1583 (battues); — Édits de 1600 et de 1601 ; —
Arrêts du Conseil de 1697 et 1698 (relatifs à l'obligation d'assister aux battues), textes
rappelés dans le préambule de l'arrêté de l'an V; — Loi du 5 avril 1884, art. 90, § 9,
al. 2; — Ord. du 14 septembre 1830 (transférant à l'Administration des Eaux et Forêts
les attributions de la Grande Vénerie, supprimée en 1830); — Le Conservateur des
Eaux et Forêts remplace le Grand Veneur ; — Décret du 24 février 1897 donnant pouvoir
au Ministre de l'Agriculture, au lieu et place du Ministre de l'Intérieur, d'appliquer
la législation relative aux animaux nuisibles, et à l'Administration centrale des
Eaux et Forêts de proposer au Ministre les mesures nouvelles de destruction. Loi
du 1er mai 1924.

2. Parmi les animaux nuisibles, certains, tels que le loup et l'ours, sont dangereux
pour l'homme et peuvent être détruits partout, en tout temps, par tous moyens, et
en tous lieux, non seulement sur le terrain du destructeur, mais encore sur le terrain
d'autrui.

L'arrêté du 19 Pluviôse, an V, art. 2, après avoir énuméré le loup, le renard et le blaireau, énonce d'ailleurs... « et autres animaux nuisibles ».

Il appartient aux tribunaux et aussi aux Préfets, bien qu'aucun texte ne leur donne expressément ce pouvoir, de désigner les animaux nuisibles qui n'ont pas été indiqués par le législateur. Le Préfet doit procéder à cette désignation, soit d'une façon générale, soit pour chaque cas particulier, dans les arrêtés qu'il prend pour ordonner les battues à effectuer par les Lieutenants de Louveterie, ou dans les permissions spéciales de destruction qu'il accorde par application de l'arrêté de Pluviôse, an V, art. 5.

Lorsque les propriétaires, ou détenteurs du droit de chasse, veulent, non seulement repousser les animaux nuisibles, mais encore les rechercher et les poursuivre, ils doivent recourir soit directement, soit par l'intermédiaire des maires, aux Préfets, qui peuvent autoriser des battues, des chasses collectives ou individuelles, dans les conditions indiquées ci-dessus. Ils peuvent aussi s'adresser aux Sous-Préfets, qui sont également compétents (décret du 13 avril 1861), mais seulement pour les autoriser dans les bois des communes et des établissements de bienfaisance. (Ils ne peuvent les ordonner d'office.)

Ils peuvent même recourir aux maires, qui ont pouvoir de prescrire des battues ou chasses collectives, mais seulement en temps de neige et pour les loups et sangliers.

Les Officiers de Louveterie et les Officiers des Forêts peuvent, évidemment, s'adresser aux autorités administratives pour faire procéder à des chasses ou battues.

Les Préfets et maires peuvent, enfin, ordonner d'office ces opérations de destruction[1], mais, comme elles portent atteinte au droit de propriété, ils ne doivent le faire qu'avec prudence, et en cas de nécessité absolue. Suivant la première disposition du § 9 de l'art. 90, le maire intervient dans l'intérêt privé d'un ou plusieurs propriétaires de sa commune, et de concert avec eux; d'après la seconde, c'est dans l'intérêt public, pour assurer la sécurité de la collectivité toute entière. Il a donc le droit, le devoir même de poursuivre, et de détruire les animaux nuisibles (loups et sangliers), contre la volonté des propriétaires chez lesquels ils sont réunis, mais il ne peut le faire que pendant le temps de neige, après mise en demeure, ou invitation, même verbale, aux propriétaires ou déten-

---

1. Pour la description détaillée des chasses et battues, voir Puton, *Louveterie*, nᵒˢ 127, 142 ; — Villequez, *Destruction*, nᵒˢ 166 et suiv.

teurs du droit de chasse, de repousser et détruire eux-mêmes, et après délai suffisant pour y obtempérer [1].

L'invitation à « détourner » les animaux nuisibles qui, d'après l'alinéa deuxième, doit être adressée aux propriétaires ou détenteurs du droit de chasse, ne saurait s'entendre seulement de constater, d'après les traces, le lieu de la remise, mais bien de détruire ces animaux, le législateur n'ayant envisagé, en définitive, que des mesures de destruction.

Si les propriétaires, ou autres ayants droit n'obtempèrent pas à l'invitation du maire, il peut requérir les habitants de la commune, avec armes et chiens, à l'effet de procéder d'urgence à la destruction.

Si les habitants n'obéissent pas à la réquisition régulière, ils n'encourent pas l'application des arrêts du Conseil des 26 février 1697 et 14 janvier 1698, relatifs à la Louveterie, proprement dite, et rappelés dans le préambule de l'arrêté de l'an V, mais auxquels la loi municipale ne se réfère pas.

Ils sont passibles de la peine portée à l'article 475, § 12, du code pénal, c'est-à-dire l'amende de six à dix francs qu'encourent ceux. qui, le pouvant, ont refusé ou négligé de faire les travaux, le service, ou de porter le secours dont ils ont été requis dans les circonstances d'accidents, incendies, inondations ou autres calamités et événements graves nécessitant un secours urgent [2].

Au contraire, lorsqu'une battue a été ordonnée par le Préfet ou par le Sous-Préfet et qu'à défaut de volontaires, le maire, dans la commune duquel s'exécute cette battue, a requis les habitants d'y participer, la plupart des auteurs et la Cour suprême estiment que les habitants qui ne se sont pas rendus sur les lieux, aux jour et heure désignés par le maire encourent une amende de dix francs, en vertu des arrêts du conseil susvisés, toujours en vigueur. Une mesure de précaution, pour laquelle il faut recourir au Préfet, ne saurait, en effet, être assimilée à une calamité, dans le sens de l'article 475, § 12 du code pénal, c'est-à-dire à un événement produisant, comme un incendie ou une inondation, un danger actuel, qui ne comporte pas de retard dans le secours [3].

---

1. Dalloz. *Code forestier annoté*, p. 919, n°s 31 et suiv.; Dalloz et Vergé, t. I, p. 485, n°s 1.719 et suiv. ; — Cass. crim., 12 juin 1886 ; D. 1887, 1, 41. Rapport de M. le Conseiller Sallantin, et note sous cet arrêt ; — Guyot, t. III, p. 720, n° 2.409 ; — Voir Contra, Puton. Des nouveaux pouvoirs confiés aux Maires par l'art. 90 de la loi de 1884, — qui estime que la mise en demeure ne peut être verbale, et doit être notifiée sous forme d'arrêté.

2. Dalloz. *Rép. suppl.*, V° chasse, n° 1.644.

3. Puton. *Louveterie*, n° 151 ; — Villequez. *Destruction*, p. 177 ; — Guyot, t. III,

Lorsque la battue à laquelle ont participé les habitants est illégalement prescrite, ceux-ci ne peuvent être poursuivis pour délit de chasse que s'ils ont obéi à une simple invitation du maire, et non à une convocation constituant une réquisition régulière, par suite obligatoire [1].

Toutes les infractions aux lois qui réglementent la destruction, portant atteinte aux droits de propriété ou de chasse, sont réprimées par la loi de 1844 sur la police de la chasse.

L'intervention du maire, en vertu de la deuxième disposition, est restreinte aux loups et aux sangliers, durant le temps de neige.

S'il s'agissait de détruire d'autres animaux nuisibles, ou même des loups ou sangliers en dehors du temps de neige, le maire devrait faire appel au Préfet.

Toutefois, si les loups et sangliers ou autres animaux nuisibles, sont également classés comme animaux malfaisants par l'arrêté réglementaire, le maire pourra chasser et détruire, en vertu de la première disposition du § 9, de concert avec les propriétaires ou détenteurs du droit de chasse, sur toutes les propriétés boisées de sa commune, les loups et sangliers en dehors du temps de neige, et les autres animaux en tout temps.

Enfin, les seules mesures pouvant être prescrites sont la battue ou la chasse collective. Il ressort nettement des termes de l'alinéa deuxième que le maire ne peut donner de permission individuelle de chasse et destruction, en temps de neige, des loups et sangliers, ce qui paraît heureux, pour le respect de la propriété et de la loi sur la police de la chasse.

En résumé, l'intervention du maire pour la chasse et destruction des animaux nuisibles, en vertu de la deuxième disposition du § 9 de l'article 90 de la loi de 1884, ne peut se produire que dans des circonstances exceptionnelles, en cas d'urgence absolue et lorsque l'intérêt public est en jeu [2].

---

p. 717, note 6; — Dalloz. *Rép. suppl.*, V° chasse, n° 1.583; — Cass. crim., 13 brumaire, an XI; *Rép.*, n° 568.

1. Arrêt précité du 12 juin 1886; D. 1887, 1. 41.

2. Guyot, t. III, p. 719, n°ˢ 2.408 et suivants.

PRIMES DE DESTRUCTION

Il est à remarquer, que c'est seulement pour la destruction des loups que des primes sont obligatoirement accordées, en vertu des lois de 1882 et de 1903. Il avait été proposé, lors de la discussion de cette dernière loi, d'accorder, dans des conditions analogues, des primes pour la destruction des sangliers. Les dispositions votées par la Chambre des députés comportaient une prime de vingt francs par sanglier adulte et de dix francs par marcassin, mais elles ont été repoussées par le Sénat et l'article 28 de la loi de Finances du 30 décembre 1903, qui dispose que la destruction des sangliers dans les forêts domaniales, devra être organisée à partir du 1ᵉʳ janvier 1904, par les Officiers et préposés forestiers, se borne, par suite, à un vœu platonique de destruction de ces animaux, qui sont cependant, aujourd'hui, beaucoup plus nuisibles, en France, que les loups et causent dans nos départements forestiers, des dommages considérables aux récoltes.

Fort heureusement, la loi rurale du 6 octobre 1791 (Titre I, section 4, art. 20), toujours en vigueur, autorise l'allocation de gratifications aux personnes qui détruisent des animaux capables de ravager les troupeaux ou de nuire aux récoltes.

C'est aux Préfets qu'il appartient d'obtenir des Conseils Généraux les crédits permettant d'attribuer, dans chaque cas particulier, des primes de destruction pour toute espèce d'animaux malfaisants ou nuisibles, classés ou non comme tels dans les arrêtés préfectoraux.

Un arrêté ministériel du 11 septembre 1917 a, par application d'une loi du 4 août précédent, allouant les crédits nécessaires, accordé des primes pour la destruction des sangliers dans toute la France (cinquante francs pour un sanglier adulte, vingt et dix francs pour les marcassins). Ces primes ont été, depuis, supprimées dans certains départements où les sangliers causaient peu de dégâts.

L'arrêté du 4 août 1920 allouait, pour un sanglier de 3 à 10 kilogrammes une prime de 20 francs (rien au-dessus de 10 kilogrammes, en raison de la valeur de la bête abattue) et pour un marcassin de moins de 3 kilogrammes, une prime de 10 francs.

Pour l'animal qui a été tué dans une battue administrative, organisée par le maire ou par le Préfet, le destructeur n'a droit qu'à la moitié de la prime, l'autre moitié profite à la commune sur le territoire de laquelle a eu lieu la destruction ou au Lieutenant de Louveterie, s'il s'agit d'une battue ordonnée par le Préfet.

Un arrêté du 6 août 1921 a porté à 15 kilogrammes le poids des marcassins donnant droit à la prime de 20 francs, dans les 67 départements où les primes étaient maintenues [1].

Toutes ces primes ont été supprimées, à partir du 7 juillet 1923, pour raison d'économies budgétaires.

Les Conseils Généraux peuvent voter, à titre de dépenses facultatives, des crédits pour l'allocation de primes destinées à récompenser et encourager la destruction de certaines espèces d'animaux malfaisants ou nuisibles. Les conseils municipaux pourraient prendre aussi des mesures analogues.

1. Guyot, t. III, p. 698, n° 2.393.

OBSERVATIONS GÉNÉRALES
RELATIVES A LA DESTRUCTION DES ANIMAUX MALFAISANTS OU NUISIBLES ET SPÉCIALEMENT DU SANGLIER

1° L'examen de la législation désuète du droit de destruction, conduit à constater l'inutilité de la sous-distinction en bêtes fauves des animaux malfaisants ou nuisibles.

Le propriétaire de terres cultivables doit pouvoir repousser et détruire, sinon rechercher et poursuivre, en tout temps, par tous moyens, toutes les bêtes malfaisantes ou nuisibles venues de la forêt voisine, en dehors de tout dommage actuel, ou même imminent, dès qu'elles pénètrent sur son terrain.

En ce qui touche, d'ailleurs, les bêtes fauves considérées comme animaux malfaisants, telles que le sanglier, par exemple, la destruction peut s'opérer, abstraction faite de tout dommage.

Le législateur moderne ne doit pas voir un gibier précieux, dans un animal sauvage, tel que le sanglier, mais bien un animal des plus nuisibles, qu'il importe de détruire, dans l'intérêt des agriculteurs dont les récoltes sont saccagées, le droit de destruction des animaux nuisibles primant, dans l'intérêt public, le droit de chasse, simple attribut de la propriété privée.

Il est à remarquer que le législateur de 1884, contrairement à ceux de 1790 et de 1844, ne s'occupe pas des bêtes fauves, mais uniquement des animaux malfaisants ou nuisibles et qu'il classe le sanglier, parmi les animaux les plus nuisibles, aux côtés du loup.

2° Autre observation, en ce qui concerne les permissions individuelles de chasse particulières données par les Préfets, notamment aux Lieutenants de Louveterie.

Ces permissions, comme celles délivrées par les maires, de concert avec les intéressés, doivent être spéciales. Elles doivent préciser, non seulement l'animal à détruire, le lieu de la chasse ou battue, mais aussi la date approximative de l'opération permise. Ne devant jamais être permanentes, par respect du droit de propriété, elles ne peuvent être valables que pour une ou quelques opérations de chasse seulement, ou pour une courte période déterminée [1].

Or, par suite de la réduction progressive du droit accordé aux Officiers de Louveterie pour la destruction des animaux nuisibles [2] et de la multiplication rapide de certains de ces animaux dans diverses régions, les Préfets ont été contraints de prendre des arrêtés accordant irrégulièrement, bien que de façon fort utile, de véritables autorisations permanentes de chasse, pour la destruction des sangliers.

C'est ainsi qu'en Lozère, où les sangliers sont très nombreux et causent aux récoltes depuis la guerre de 1914, des dommages considérables, malgré les efforts faits pour les détruire, les Louvetiers ont été autorisés, par arrêté du 25 mars 1921, pris en vertu de l'article 5 de l'arrêté du 19 Pluviôse an V, à chasser et détruire les sangliers avec des auxiliaires armés, au fusil, dans les forêts domaniales non amodiées, et les forêts communales soumises au régime forestier, sous la surveillance des Officiers ou préposés des Forêts et ce « *pendant toute l'année* ».

Ne serait-il pas possible de modifier cette législation surannée en réorganisant la Louveterie, dont les Officiers n'ont plus de loups à détruire, et en étendant son droit de destruction aux autres animaux nuisibles plus répandus, spécialement aux sangliers, en permettant, par exemple, aux Officiers de Louveterie de dresser des procès-verbaux. Il serait, semble-t-il, assez facile de concilier, en la matière, la sécurité publique avec le respect de la loi et du droit de propriété.

3º La *Revue des Eaux et Forêts* de juillet 1922 (nº 7) publie un arrêt du Conseil d'Etat (section du contentieux) rendu sur conclu-

---

1. Guyot, t. III, p. 726, nº 2.413.

2. Les Louvetiers, qui pouvaient, jadis, chasser à courre, dans les forêts domaniales, durant toute l'année, non seulement le sanglier, mais encore le chevreuil-brocart et le lièvre, pour l'entraînement de leur meute, ne peuvent plus aujourd'hui, en dehors de la chasse au loup, devenue peu intéressante par la disparition presque complète de cette espèce dans notre pays, et en dehors du piégeage des animaux nuisibles, chasser à courre que le sanglier, et seulement durant la saison de chasse ; ils ne peuvent le tirer que lorsqu'il fait tête aux chiens (Guyot, t. III, p. 703, nᵒˢ 2.396 et suiv.).

sions conformes de M. le Commissaire du Gouvernement Corneille, à la date du 5 août 1921.

Cet arrêt, fort intéressant, commenté par M. le professeur Guyot, déclare qu'aucune disposition de l'arrêté du Directoire du 19 Pluviôse an V, seul texte réglementaire actuellement en vigueur pour les battues administratives ordonnées par les Préfets, sur avis des Conservateurs des Eaux et Forêts n'exige, en pareille matière, une mise en demeure préalable adressée aux propriétaires ou autres ayants droit.

M. Guyot fait remarquer, avec le Commissaire du Gouvernement qu'il est regrettable que les droits des propriétaires intéressés ne se trouvent pas pleinement garantis par un texte vraiment trop archaïque. Il serait bien désirable, en effet, que cette antique législation fût modifiée et mise en harmonie avec la loi de 1884, afin que le Préfet, comme le maire, ne pût ordonner, dans l'intérêt public, une chasse ou battue, sans mettre préalablement en demeure les propriétaires ou autres ayants droit, de détruire eux-mêmes les animaux nuisibles réunis sur leurs terres, étant bien entendu que si, dans un délai minimum, le propriétaire n'avait pas commencé la destruction, celle-ci devrait être effectuée par l'autorité administrative.

Il est inadmissible, à notre avis, que, lorsque le Préfet ordonne une opération de destruction, il ne soit tenu, ni de publier son arrêté, ni de le notifier au propriétaire, et que celui-ci n'ait d'autre droit que d'exiger la production de l'arrêté de ceux qui pénètrent chez lui pour procéder à son exécution.

4° S'il paraît nécessaire, en matière de destruction d'animaux nuisibles, ordonnée par le Préfet, de mettre les propriétaires préalablement en demeure de détruire eux-mêmes, tout comme pour les destructions prescrites par les maires, en vertu de la deuxième disposition du § 9 de l'article 90 de la loi de 1884, il semble qu'il ne serait pas moins utile, pour la sauvegarde du droit de propriété et le respect de la loi sur la chasse, d'exiger que les destructions autorisées ou prescrites par les maires, de même que celles ordonnées par les Préfets, soient effectuées sous la surveillance des Officiers ou préposés forestiers, ou, tout au moins, que les maires soient tenus d'avertir, en temps utile, l'Officier des Forêts local, au besoin télégraphiquement, pour qu'il puisse déléguer un ou plusieurs préposés et ce, non seulement pour les chasses ou battues effectuées dans les forêts soumises au régime forestier, mais pour toutes celles opérées sur toutes les propriétés, boisées ou non boisées, de la commune.

5° Il est attristant d'observer, dans certains départements français, notamment en Lozère, les dégâts causés aux récoltes par les sangliers. Ces animaux sauvages, dénommés animaux-gibier par les chasseurs, sont, en réalité, pour les agriculteurs, des animaux malfaisants que leur multiplication rapide, leur voracité, leur aptitude à parcourir rapidement de grandes distances, rendent des plus nuisibles. Ils ont, d'ailleurs, été qualifiés comme les loups, animaux nuisibles par le législateur clairvoyant de 1884.

J'ai observé, cette année encore, des pacages labourés, des champs de pommes de terre saccagés, des pièces de froment déjà bouleversées lors des semailles, montrant, à la moisson, de larges places herbeuses : j'ai vu les blés couchés et brisés, les épis, en grand nombre, coupés ou grignotés. Spectacle affligeant pour le promeneur et le citadin, combien plus triste pour le cultivateur !

J'ai recueilli les doléances d'un fermier dont la récolte de blé était en partie détruite. Il avait enclos de fils barbelés certaines terres cultivées et, ne pouvant enclore les autres, trop étendues, il avait construit, à proximité, des cabanes pour y loger la nuit des chiens courants. Il avait pu, de la sorte, préserver, à grand'peine, une partie de sa récolte. Il eut voulu réclamer au propriétaire des bois voisins, d'où étaient venus les sangliers, le remboursement des dépenses nécessitées par les incursions de ces animaux, qu'il avait, maintes fois, tenté vainement de repousser et détruire, et dont ne se souciait pas le propriétaire des bois voisins, mais il avait reculé devant les lenteurs, les frais et les aléas d'une instance en dommages.

En matière de dommages causés aux propriétés et aux récoltes des riverains par des sangliers, ou des animaux sédentaires, tels que les cervidés, il suffit, pour établir la responsabilité du propriétaire ou du locataire du droit de chasse, de constater le nombre excessif des animaux nuisibles et la négligence apportée par lesdits propriétaires ou locataires à leur destruction. La responsabilité du propriétaire ou du locataire est engagée dès qu'il est établi qu'il a, soit par son fait positif, attiré sur sa propriété des animaux nuisibles ou favorisé la multiplication d'animaux, de telle sorte qu'ils sont devenus nuisibles, soit par son fait négatif, négligé de prendre ou de faire prendre, les mesures protectrices nécessitées par la multiplication anormale et excessive des animaux sur sa propriété.

Cette négligence peut résulter de destructions insuffisantes, de la discontinuation de la clôture entourant la forêt, de la non participation des riverains aux chasses, de l'absence de démarches auprès

Chasse illustrée.

page 81.

de l'autorité, préfectorale pour provoquer l'organisation de battues, etc. [1].

En ce qui concerne le gibier de garenne ou de parc, spécialement les lapins de garenne, appartenant au maître du fonds, celui-ci est responsable par application de l'article 1.385 C.C., du dommage causé aux propriétés voisines [1].

Que faire ?... Repeupler de loups nos forêts domaniales pour détruire les portées de marcassins, puis empoisonner les loups ?... Je n'apprécie guère ce remède héroïque, bien que des esprits sérieux le croient capable de supprimer rapidement les sangliers. Les loups sont trop dangereux pour les troupeaux, et même pour l'homme, et leur destruction à peu près complète dans notre pays a exigé de trop longs efforts !

Les pièges et lacets, sinon le poison, peuvent être employés utilement contre le sanglier ; les moyens de destruction ne manquent pas : il suffit de vouloir s'en servir.

Depuis la Grande Guerre, les sangliers sont beaucoup plus nombreux dans les régions boisées de la France. Tous les propriétaires, les Préfets, les maires, les Louvetiers, les Officiers et préposés des Forêts devraient redoubler d'activité pour détruire ces bêtes nuisibles. Les maires devraient, en temps de neige, user largement du pouvoir que leur confère la loi de 1884. Les battues, peu nombreuses, entre gens du pays, devraient être organisées et surveillées très sérieusement : elles ne sont, trop souvent, que des parties de plaisir, ou de chasse au lièvre en temps prohibé.

-Les Officiers de Louveterie devraient être aussi nombreux qu'il est nécessaire et choisis avec le plus grand soin. Les gardes-forestiers devraient être encouragés à élever et dresser des chiens pour la chasse et la destruction des sangliers et les Officiers des Forêts devraient disposer de crédits à cet effet, etc. [3].

---

1. Cass. requ., 4 avril 1922 ; S. 1922, 1. 340 ; — Requ., 30 octobre 1922 ; S. 1922. 1. 341 ; — Art. 1382, 1383 c. c. ; Rép. Sirey, V° Destruction des animaux malfaisants ou nuisibles, n°° 306 et suiv., 310 et suiv., 432 et suiv. ; — Pand. Rép., V° animaux, n°° 141 et suiv. ; chasse, n° 2.684 et suiv., 2.693 et suiv., 2.725 et suiv., 2.748 et suiv.

2. N. C. C. A. D., art. 1.385, n°° 188 et suiv. ; — Cass. civ., 13 juillet 1903 ; D. 1903, 1. 368.

3. La loi de finances du 30 décembre 1903 (art. 28) prescrit d'organiser la destruction des sangliers par les gardes forestiers dans les forêts domaniales non amodiées, pendant toute l'année, par tous les procédés autorisés par les Préfets, y compris le fusil, avec des auxiliaires armés et munis de permis. Des crédits peuvent être alloués aux préposés, sur la demande du service local, pour l'achat de pièges et de munitions (Circulaire ministérielle du 14 septembre 1916).

En dehors de la prime allouée aux destructeurs par l'arrêté minis -
tériel du 6 août 1921, les Conseils Généraux pourraient voter des
crédits pour l'attribution de primes supplémentaires. Les conseils
municipaux des communes particulièrement éprouvées pourraient
voter également des primes. La part revenant à la commune sur le
prix du permis de chasse pourrait être employée, en tout ou en
partie, à payer des primes pour récompenser et encourager les destructeurs.

Des primes pourraient être allouées aux tueurs d'animaux nuisibles par les Offices départementaux agricoles, etc.

Pour clore ces observations insuffisantes d'un destructeur trop
inexpérimenté, qu'il me soit permis d'emprunter une dernière phrase
à M. le Professeur Guyot : « La législation du droit de destruction
est imparfaite ; elle présente des lacunes graves, prête à des interprétations délicates ; elle aurait grandement besoin d'être révisée
et complétée [1] ».

En attendant cette réforme, il faut détruire des sangliers.

Maison Forestière du Devès ·
(Lozère.)

1. Guyot. *Cours de droit forestier*, t. III, p. 670, n° 2.375.
Dalloz. Répertoire Pratique; v° Chasse, Louveterie; — Giraudeau, la Chasse
suivie de la Louveterie; — Leblond, Code de la Chasse et de la Louveterie.

TEXTE DES LOIS, ORDONNANCES, ARRÊTS, CIRCULAIRES

SUR

LA LOUVETERIE ET LA CHASSE

Lex Burgundionum. Titulus XLVI.
De his qui tensuras ad occidendum lupos posuerint.

Oportet ut ea quæ in populo nostro aut contentionem faciunt, aut hominibus periculum videntur inferre, interdicto legis rationabiliter corrigantur. Et idcirco jubemus, ut quicumque a præsenti tempore occidendorum luporum studio arcus posuerint, statim hoc ipsum vicinis suis eodem die vulgantes cognoscant, ita ut tres lineas ad praenoscenda positi arcus indicia diligenter extendant, ex quibus duæ superiores sint ; quæ si aut ab homine per ignorantiam veniente, aut ab animali domestico tactae fuerint, sine periculo sagittas arcus emittat. Quod si hoc modo provisa res fuerit, ut tensuræ factæ circum sistentibus innotescant, quicunque ingenuus incaute veniens casum mortis aut debilitatis incurrerit, nullam ex hoc calumniam is qui arcus posuerit, sustinebit, etc...

Capitulare de Villis Karoli Magni.

§ LXIX. — De lupis omni tempore nobis annuntient quantos unusquisque comprehenderit, et ipsas pelles nobis præsentare faciant. Et in mense maio illos lupellos perquirant et comprehendant tam cum pulvere [1] et hamis quam cum fossis et canibus.

Capitulare secundum anni DCCCXIII.

Çap. VIII. — Ut vicarii luparios habeant.

Ut vicarii luparios habeant unusquisque in suo ministerio duos. Et ipsi de hoste pergendi et de placito Comitis vel Vicarii ne custodiat, nisi clamor super eum veniat. Et ipsi vertare studeant de hoc ut perfectum exinde habeant et ipsæ pelles luporum ad nostrum opus dentur. Et unus quisque de illis qui in illo ministerio placitum custodiunt, detur eis modium unum de annona.

Ordonnance de Charles VI. du 28 mars 1395.

Art. 4

Quartement. — « Que toutes commissions données par nous à quelques
« personnes que ce soit, pour prendre loups en nostre dit royaume, cessent ;
« et voulons que ceux qui les ont, n'en usent plus d'oresnavant, ne prennent

---

1. Pulvis, batterie. Ducange, vᵒ Pulvis.

« aucun prouffit à cause ne soubz umbre d'icelles, lesquelles nous revocons
par ces présentes.

Art. 12.

« Semblablement que tous veneurs et fauconniers à qui que ilz soient et
« de qui qu'ilz se advoënt, soit de nous ou d'aultres, ne se logent d'oresnavant
« en aucun lieu ou plat païs ne ailleurs, fors es herbergeries ou l'en acoutumé
« herberger pour l'argent ; et que ilz ne prengnent aucune chose quele que
« elle soit pour le vivre d'eulx, de leurs varlès, chevaux, chiens et oiseaux
« ne autrement, sanz païer promptement ce qu'ilz prendront ; et se ilz font
« le contraire, nous voulons et mandons à tous les justiciers et officiers de
« nostre royaume sous quele juridiction ilz seront trouvez, que ilz les con-
« traignent à païer ce qu'ilz auront ainsi prins, et les punissent tellement
« que ce soit exemple aux autres ».

Ordonnance de Charles VI, du 10 janvier 1396.

Après avoir interdit aux non nobles, non privilégiés, bourgeois vivant de
leurs possessions ou rentes, la chasse et la tenue de chiens ou autres moyens
de s'y livrer, Charles VI ajoute :

« Toutes voïes au temps que les porcs ou autres bêtes sauvages vont aux
« champs pour mengier les blés, il nous plaist bien que les laboureurs puissent
« tenir chiens pour garder leurs diz blés et chacier les bestes d'iceulx sans
« que pour ce ilz doïent perdre iceulx chiens ne païer amende ; mais se en ce
« faisant, ilz prenaient aucune beste, ilz seront tenus la porter au seigneur
« ou la justice à qui il appartiendra ; ou se ce non, ilz rétabliront la dicte
« beste, et payeront l'amende ».

Ordonnance pour la police générale du royaume, rendue par Charles V
en conséquence de l'Assemblée des Notables, le 25 mai 1413.

Art. 241.

« Pour ce que plusieurs Louvetiers et Loutriers se sont efforcez et efforcent
« plusieurs fois d'empescher les bonnes gens de prendre et tuer les loups petis
« et grans, et de emplyer les termes de leurs commissions, et exiger sur le
« povre peuple par fraude et mauvais malice, grans sommes de deniers, pour
« cause desdits loups et loutres, en venant contre nos ordonnances sur ce
« faites, il nous plaist, voulons et permettons par ces présentes, que toutes
« personnes de quelque estat qu'elles soyent, puissent prendre, tuer et chasser
« sans fraude, tous loups et loutres, grans et petis, mais que ce ne soit au pré-
« judice des droits des garennes des seigneurs, et aussi que ce ne soit en la
« manière que les nobles ont accoustumé de chasser : et voulons et ordonnons
« que la somme accoustumée être payée à ceux qui prennent loups grans et
« petis, leur soit payée par nos trésoriers et les receveurs de nostre domaine,
« en la manière ancienne et accoustumée ; et avec ce défendons à tous Louve-
« tiers et loutriers, sur quant qu'ils se peuvent meffaire envers nous, et en
« peine d'en estre punis très grièfvement, que de prendre les dits loups et
« loutres, ils n'empeschent aucunement les dites personnes ou aucune d'icelles ;

« et aussi leur défendons sur lesdites peines, que ilz n'abusent aucunement
« des termes de leurs commissions et des ordonnances faites sur icelles, et
« que ilz ne travaillent ou molestent aucunement induement le peuple : et
« en outre commandons et enjoignons à tous nos juges ordinaires, que se ils
« sçavent par plaintes ou autrement, que iceux Louvetiers et Loutriers com-
« mettent aucunes fraudes en ce que dit est, ou abus, qu'ils les punissent
« ainsi qu'il appartiendra à faire par raison, et les contraignent à rendre et
« restituer tout ce que induement et contre la teneur de leurs commissions
« ils auraient exigé de nos sujets ou d'aucun d'eux comme de nos propres
« debtes. »

Dans l'article 242, Charles VI, reconnaissant que depuis quarante ans les
seigneurs ont créé des garennes au grand dommage des héritages voisins,
dévastés par le gibier, ordonne qu'elles soient détruites, et celles qui ont été
augmentées, ramenées à leurs anciennes limites. Il termine l'article par ces
mots :

« Toustesfois nous plaist-il et voulons que se les bestes sauvages viennent
« en leurs héristages hors garennes, ils (les laboureurs) les puissent prendre
« et tuer en leurs dits héritages sans pour ce encourir en aucun danger de
« justice. »

Ancienne coutume de Haynaut de 1534, touchant la vénerie et conduite des braconniers.

« Item, que nuls braconniers [1] ne s'avancent de prendre ou lever quelque
« chose de profit, pour prinses de loups sur les églises, leurs cours et maisons,
« laboureurs, ne sur leurs blanches bêtes, se n'est qu'ils ayent le leur, et que
« de ceste prinse ils aient lettres suffisantes de leurs maistres du lieu et place
« là où il aurait esté prins et du jour. Lequel louvier, si la prinse se fait, ne
« pourra pourchasser que une lieue à la ronde, du lieu là où il l'aurait prins,
« ne prendre au plus prochain foncq [2] de blanches bestes, que un mouton
« au plus, quelque nombre de chienesse, qu'il y puist avoir. Et le pourra le cen-
« sier racheter de vingt sols tournois, et sur chacun foncq de telles blanches
« bestes, ou en défeure [3], pourront prendre deux sols tournois, et non plus,
« sur encourre tous ceux qui feront au contraire, en l'amende de dix livres
« tournois, avec ce faire restitution à partie. »

Édit de Henry III sur les Eaux et Forests, janvier 1583.

ART. 19.

« Aussi pour le peu de soing que nos subjects habitans des villages et plats
« pays ont eu à l'occasion des guerres, qui, à nostre grand regret, ont duré
« pendant l'espace de vingt ans en cestuy nostre royaume, à l'extirpation

---

1. Conducteurs de chiens bracs.
2. Troupeau.
3. A défaut.

« des loups, qui sont accreuz et augmentez en tel nombre, qu'ils dévorent
« non seulement le bétail jusques ès basses courts et estables des maisons
« et fermes de nos pauvres subjects, mais encore sont les petits enfants en
« danger : enjoignons ausdits Grands-Maistres réformateurs, leurs Lieutenans,
« Maistres particuliers et autres, faire assembler un homme par feu de chaque
« paroisse de leur ressort, avec armes et chiens propres par la chasse. des
« dits loups trois fois l'année, en temps plus propre et commode qu'ils avise-
« ront pour le mieux. »

Ordonnance de Henry IV sur le fait des Eaux et Forests, mai 1597.

ART. 37.

« Et d'autant que le nombre des loups est infiniment accru et augmenté
« à l'occasion du peu de devoir que les sergents louvetiers de nos dites forêts
« font d'y chasser, bien qu'ils soient spécialement institués pour cet effet :
« nous leur avons enjoint de faire de trois mois en trois mois rapport par
« devant les Maistres particuliers et gruyers, des prises qu'ils auront faites
« des loups, sur peine de suspension des droits et privilèges attribuez à leurs
« dits offices pour la première fois, et de privation de leurs dits offices pour
« la seconde et sans que par nos dits officiers leur puisse être délivré aucun
« bois pour la confection des engins à prendre des loups, qu'il ne leur soit
« apparu desdits rapports. »

Édit général de Henry IV sur le fait des chasses, la Louveterie, etc., de janvier 1600.

ART. 6.

« Et d'autant que depuis les guerres dernières, le nombre des loups est telle-
« ment accreu et augmenté en ce royaume, qu'il apporte beaucoup de perte
« et dommage à tous nos pauvres subjects, nous admonestons tous nos sei-
« gneurs hauts-justiciers et seigneurs de fiefs, de faire assembler de trois mois
« en trois mois, ou plus souvent encore, selon le besoin qu'il en sera, aux
« temps et jours plus propres et commodes, leurs paysans et rentiers, et chasser
« au dedans de leurs terres, bois et buissons, avec chiens, arquebuzes et autres
« armes aux loups et renards, bléreaux, loutres et autres bêtes nuisibles, et
« de prendre acte et attestations du devoir qu'ils en auront faict par devant
« leurs officiers ou autres personnes publiques, et iceux envoyer incontinent
« après aux greffes des Maîtrises particulières des Eaux et Forêts du ressort
« où ils seront demeurans : révoquant par ce moyen toutes les permissions
« particulières que nous pourrions par importunité ou autrement avoir accor-
« dées et fait dépescher, de tirer de l'arquebuse à qui que ce soit, s'il n'est
« de ladite qualité, et en son fief sur les maraiz et terres qui en dépendent
« seulement. »

ART. 7.

« Enjoignons aux Maistres particuliers de nos dites Eaux et Forêts et Capi-

« taines des Chasses d'y tenir la main et de contraindre les sergents louvetiers

« par condamnations d'amendes, suspension et privation de leurs estats et
« charges, à chasser et tendre aux dits loups et renards et de faire rapport
« par devant eux de quinzaine en quinzaine ou de mois en mois du devoir
« ou des prises qu'ils auront faictes. »

Ces articles sont reproduits textuellement sous les mêmes numéros, dans
l'ordonnance de juin 1601, sur les chasses et la Louveterie, du même Prince.

Règlement pour les forêts de Rets, Laigue et Compiègne, fait à Villers-Coterets, du 1ᵉʳ novembre 1601.

Art. 10.

« Sur ce que le Procureur du Roy es forests de Rets, Laigue et Compiègne
« nous a remontré que les sergents louvetiers y establis font par chacun jour
« plusieurs entreprises les uns sur les autres, pour la lieuë et recouvrement
« des deniers et droits qui leur sont attribuez dont interviennent plusieurs
« débats et différends. Nous, pour y pourvoir avons ordonné que les Louvetiers
« jouiront des droits à eux attribuez, suivant les édits du Roy, deux lieuës à
« l'entour des forêts et buissons où ils sont créez et establis ainsi que leurs
« prédécesseurs ont accoustumé : avant néantmoins s'immiscer à la levée
« et collecte des dits droits hors l'estenduë de la juridiction, maistrises, forests
« et buissons où ils seront establis et instituez, seront tenus prendre attache
« des Maistres particuliers ou leur Lieutenant es dites forests : et où il inter-
« viendrait procez pour raison de ce, en connaîtront les maistres particuliers
« chacun en leur ressort et juridiction : sans que les dits Louvetiers puissent
« faire la dite levée, quant aux bourgs, villages et hameaux situez au dedans
« du corps des forests, et enclavez de toutes parts en icelles, sinon chacun
« en son destroit. »

Art. 11.

« Les Louvetiers seront tenus d'assister en personne à la chasse des loups,
« tenir registres des prinses qui seront par eux faites et en faire rapport par
« devant les Maistres particuliers des Eaux et Forests des lieux, ou leurs Lieu-
« tenans, desquels, ou des juges ordinaires, ils seront tenus prendre attesta-
« tion suffisante, ouïs les marguilliers des paroisses, ou aucuns des plus nota-
« bles habitants circonvoisins, où la prinse des loups aura esté faite avant
« que de faire la levée qui ne pourra estre que de deux deniers tournois, en
« pays de tournois, ou parisis en pays parisis pour loup et quatre deniers
« à deux lieuës des environs seulement, non compris les pauvres mandians
« et invalides et ceux qui assisteront à la chasse des loups, à jours ouvrables :
« et sans que les dits Louvetiers puissent chasser à autres bestes ou gibier
« deffendu par les ordonnances sur peines portées par icelles. »

Édit de Henry IV, sur le fait des chasses et la défense du port d'arquebuse. juillet 1607.

Le Roi, dans cet édit, défend à tous ceux à qui il n'en donnera pas l'autorisation à l'avenir, de chasser dans les forêts royales, et comme sanction de
sa prohibition, défend d'y porter des arquebuses.
Il excepte les Officiers de la Louveterie.

Art. 5.

« N'entendons comprendre aux rigueurs du présent nostre édict les Officiers
« de notre Louveterie pour le regard du port d'arquebuze aux assemblées
« qui se feront pour courre et prendre les loups en nos dites forests, bois et
« buissons en dépendans avec permission des Capitaines de nos dites chasses,
« ou de leurs Lieutenants, et assistez de l'un des gardes ordinaires des dites
« chasses. »

Arrêt de règlement pour les Louvetiers et pour la forme de procéder à la levée de leurs deniers, rendu à la Table de Marbre de Paris, le 27 octobre 1608.

« Les juges ordonnés par le Roi pour juger en dernier ressort et sans appel,
« en la Chambre des Eaux et Forêts au siège de la Table de Marbre du Palais
« de Paris, pour obvier aux abus et exactions qui se commettent par les ser-
« gen s louvetiers, en la levée des droits à eux attribués par le Roi, à la foule
« et oppression de ses suje·s, en procédant au jugement du procès criminel
« fait et instruit par le Maître particulier de Chaulnay à la requête du substitut
« du Procureur Général du Roi esdites Eaux et Forêts, et de Claude Levert,
« dénonciateur, contre Pierre Matras, Louvetier au baillage de Vermandois
« et ses complices, ont ordonné et arrêté le règlement qui ensuit :

« Que les Lieutenants ou commis du Grand-Louvetier, et d'autres sergents
« louvetiers, ne pourront exercer les dites charges et commissions, ni faire
« aucune levée de leurs prétendus droits, qu'au préalable leurs lettres n'aient
« été enregistrées au greffe de ladite Chambre, ouï le dit Procureur Général,
« et n'y aient prêté serment, à peine de nullité et d'amende arbitraire.

« Que les dits Louvetiers incontinent après la prise d'un loup ou louve,
« et dans les vingt-quatre heures au plus tard, seront tenus faire porter le
« dit loup ou louve en la plus prochaine justice de ville ou village, en la pré-
« sence du juge du lieu, procureur d'office et greffiers y appelés, les marguilliers
« ou autres plus notables habitants, jusques au nombre de trois pour le moins,
« par devant lesquels sera fait acte et procès-verbal, tant de la présentation
« que prise du loup ou louve, contenant l'endroit, forme et manière d'icelle,
« le nom de ceux qui auront assisté et la déclaration de tous les villages et
« paroisses enclavées dans les deux lieues à l'environ : lequel acte sera signé,
« tant par le dit Louvetier, marguilliers et habitants, que par les dits officiers,
« qui seront tenus à faire gratuitement et retenir la tête du loup ou louve,
« pour être attachée à quelque porte, dont sera fait mention au dit acte, qui
« demeurera au greffe de la dite justice, pour y avoir recours : du quel acte
« sera délivré au dit Louvetier une grosse en papier en bonne et authentique
« forme, signée du dit juge, procureur d'office et du greffier, sur laquelle le
« dit Louvetier, dans un an au plus tard, obtiendra commission du Maître
« particulier des Eaux et Forêts, au ressort duquel la bête aura été prises, sauf
« à prendre attache ou *pareatis* des autres maîtres particuliers, ayant pouvoir
« en l'étendue des dites deux lieues (si faire se doit) pour la levée du droit,
« lequel ne pourra excéder deux deniers parisis pour loup et quatre deniers
« parisis pour louve, à prendre sur les habitants des paroisses spécifiées en

« l'acte de ladite prise tant seulement. Et sera fait registre de la dite commis-
« sion par le greffier, qui retiendra par devers lui l'acte de la prise, pour être
« représenté quand besoin sera. »

« Les dits Louvetiers ayant obtenu leur commission, seront tenus, dans
« un mois après, la faire signifier aux marguilliers et collecteurs des dites
« paroisses étant en charge, avec commandement et injonction de les faire
« publier aux prônes, et faire, dans quinzaine, la cueillette du dit droit, à
« savoir, sur chaque ménage entier, pour le tout, et chaque demi-ménage,
« pour la moitié du dit droit tant seulement, sans y comprendre les mendiants
« et autres pauvres gens qui ne portent plus de cinq sols de taille ; autrement,
« et à faute de ce faire par les dits marguilliers et collecteurs, dans la dite
« quinzaine et icelle passée, seront chacun d'eux solidairement contraints
« en leur propre et privé nom, payer la somme que la dite paroisse devra
« porter, sauf leur recours ; et à cette fin les dits collecteurs tenus représenter
« le rôle de la taille, quand requis en seront, sans que les dits Louvetiers puissent
« faire aucune levée sinon en la forme susdite à peine de concussion.

« Ne pourront les dits Louvetiers faire aucune cession ou transport de leurs
« droits, ou de partie d'iceux, mêmement aux sergents, ni les dits sergents
« accepter les dits transports, à peine de faux, pour leur regard et quand aux
« dits Louvetiers, à peine de privation des dits droits et d'amende arbitraire.

« Les dits Louvetiers seront tenus, suivant les derniers édits et règlements,
« prendre permission des Capitaines des Chasses pour porter l'arquebuse et faire
« la huée et assemblée dans les forêts et garennes du Roi. »

Arrêt du Parlement d'Aix, du 16 septembre 1675, sur la manière de faire les battues.

Il s'agit des battues prescrites aux seigneurs, tous les trois mois sur leurs
terres et bois par les ordonnances que nous venons de citer.
Voici l'analyse de cet arrêt de règlement :

« Le Procureur fiscal de la justice seigneuriale, à l'expiration des trois mois
« devra requérir la battue à l'audience et le juge l'ordonner et enjoindre aux
« habitants de s'assembler à cet effet sous peine d'une amende qu'il déter-
« minait. Au jour indiqué le Procureur fiscal ou autre officier de la justice
« nommé par le juge, devait assister à la chasse, laquelle était commandée
« par le seigneur de la paroisse ou en son absence par un gentilhomme s'il
« s'en trouvait sur les lieux, sinon, par telle personne expérimentée qui serait
« nommée par le procureur fiscal ou l'officier présent.

« Lorsque les habitants sont au rendez-vous, le garde de la terre doit en
« faire l'appel et marquer sur son rôle les absents. Le Commandant doit ensuite
« séparer en deux bandes ceux qui sont présents, les batteurs d'un côté, les
« tireurs de l'autre. On envoie les batteurs avec le garde qui les range à leur
« poste, les tireurs sont rangés à l'opposé par le Commandant qui tire un coup
« de fusil ou de pistolet pour avertir les traqueurs d'entrer dans l'enceinte
« et les tireurs de se tenir sur leurs gardes. Les batteurs doivent autant que
« possible avoir le vent au dos ; les meilleurs tireurs doivent de préférence
« être placés dans les fonds et ravines qui sont le passage ordinaire des loups.

« Lorsque la battue est finie, on doit rassembler batteurs et tireurs, le garde
« fait un second appel. Si quelqu'un s'est absenté pendant la chasse, il doit
« être condamné à l'amende. »

Arrêt du Conseil du 16 janvier 1677.

Quelques particuliers se disant Lieutenants de Louveterie, ayant dans les
provinces de Picardie et de Champagne, commis des abus, le Roi rendit contre
eux, le 3 juin 1671, un arrêt en Conseil ordonnant certaines mesures qui furent
étendues à toute la France par un autre arrêt du Conseil du 16 janvier 1677,
dont voici la teneur :

« Le Roi ayant, par arrêt de son Conseil du 3 juin 1671, fait défense à tous
« Lieutenants de la Louveterie et autres qui se prétendent Officiers d'icelles
« dans les provinces de Picardie et de Champagne, de faire aucune publica-
« tion de chasse aux loups, que du consentement de deux gentilshommes de
« leurs départements qui seraient nommés par les commissaires départis
« es dites provinces, sous les peines portées par icelui, et Sa Majesté voulant
« que le dit arrêt soit exécuté tant es-dites provinces que dans les autres
« du royaume ; afin d'empêcher les exactions que l'on pourrait commettre
« sur les sujets de sa Majesté, sous prétexte des droits prétendus pour ladite
« chasse : Ouï le rapport du sieur Colbert, conseiller au Conseil royal, Con-
« trôleur général des finances ; Sa Majesté en son Conseil, a ordonné et ordonne
« que le dit arrêt du 3 juin 1671 sera exécuté selon sa forme et teneur ; et
« en conséquence, fait très expresses défenses à tous Lieutenants de la Louve-
« terie et autres qui se prétendent Officiers d'icelle, de faire aucunes publica-
« tions de chasse aux loups, que du consentement de deux gentilshommes
« de l'étendue de leur département qui seront nommés par les intendants
« et commissaires départis dans les provinces, les quels commissaires auront
« soin de voir si les habitants des lieux où les Officiers voudront faire la chasse,
« pourront y assister, sans quitter leur labeur, avant que de consentir à la
« dite publication, et lorsque les dits officiers auront tué quelques loups, ils
« seront tenus de les représenter aux dits gentilshommes, qui leur délivreront
« leurs certificats, sur les quels les dits intendants et commissaires départis
« feront la taxe des frais qu'ils auront faits pour la prise des dits loups, la
« quelle sera levée sur les villages des environs où ils auront été pris à raison
« de deux sols par paroisse et sans aucuns frais. Fait en outre Sa Majesté
« défenses aux dits Officiers de lever autres ni plus grands droits pour raison
« de ce, ni de donner aucune procuration pour porter des fusils, à peine de
« privation de leurs charges et d'être procédé contre eux et contre ceux qui
« se trouveront portant des fusils, en vertu de leur procuration, suivant la
« rigueur des ordonnances. »

Arrêt du Conseil du 26 février 1697.

« Le Roi s'étant fait représenter, en son Conseil, le règlement général des
« Eaux et Forêts fait par le roi Henry III, au mois de janvier 1583, par lequel,
« article 19, il est enjoint aux Grands-Maîtres et Maîtres particuliers des Eaux
« et Forêts, de faire assembler un homme par feu de chacune paroisse de leur

« ressort, avec armes et chiens propres pour la chasse aux loups, trois fois
« l'année, aux temps qu'ils jugeraient les plus propres et commodes ; comme
« aussi ceux faits par le Roi Henry IV, pour les Eaux et Forêts et la chasse
« au mois de mai 1597, et juin 1601, portant injonction aux Maîtres particu-
« liers et Capitaines des chasses, de faire de trois mois en trois mois, la chasse
« aux loups ; et étant informé qu'il y a quantité de loups dans les bois de la
« province du Berry, qui mangent les bestiaux des habitants et leur causent
« des pertes et dommages considérables, et qu'il n'y a point d'Officiers de
« Louveterie pour y faire des huées et chasses et voulant y pourvoir : ouï
« le rapport du sieur Phelipeaux, etc., Sa Majesté en son Conseil, a ordonné
« qu'il sera incessamment fait des huées et chasses aux loups aux lieux et
« endroits de la dite province de Berry qui seront jugés nécessaires par le
« sieur Begon, Grand-Maître des Eaux et Forêts du département du Berry,
« ou en son absence, par les Officiers des Maîtrises particulières de la dite pro-
« vince ; et qu'à cet effet, les habitants des villes et villages, situés es environs
« des dits lieux, seront tenus d'y assister et de se trouver aux jours, lieux
« et heures qui leur seront indiqués par le dit sieur Begon, ou les dits Officiers,
« à peine de dix livres d'amende, contre chacun des défaillants, sans que sous
« prétexte de la dite chasse aux loups aucun habitant puisse porter des armes
« aux jours qui ne leur seront pas indiqués, ni tirer sur aucun gibier de poil
« ou de plume, sur les peines portées par les ordonnances Enjoint Sa Majesté
« au dit sieur Begon, de tenir la main à l'exécution du présent arrêt, etc... »

Un arrêt du 14 janvier 1698 ordonne l'exécution de celui que nous venons
de transcrire.

Commission d'un Lieutenant de Louveterie
dans l'ancienne France.

Lettres de provisions de Lieutenant de Louveterie en Bourgogne, du 1er août 1709

« Michel Sublet, Marquis d'Heudicourt, Seigneur d'Heubécourt, Saint-
« Pierre, la Brosse, le Mesnil et autres lieux, Conseiller du Roi en ses Conseils
« et Grand-Louvetier de France ; sçavoir faisons, qu'ayant pouvoir de Sa Majesté
« de commettre et établir des Lieutenants de Louveterie dans l'étendue de son
« royaume, pays et terres de son obéissance, forêts, bois et buissons, et étant
« duëment informé des bonnes vies et mœurs du sieur Voslle Oreillard, écuyer,
« Conseiller du Roi, lieutenant de la connétablie et maréchaussée de France,
« et de la capacité, fidélité et affection au service de Sa Majesté et expérience
« au fait des chasses, et qu'il est besoin de commettre à la dite charge de Lieu-
« tenant de Louveterie, et qu'il nous aurait requis lui vouloir accorder nos
« lettres de provisions et en tant que besoin notre dit pouvoir : à ces causes,
« avons le dit sieur Oreillard nommé et établi, nommons et établissons en
« l'état de office de Lieutenant de la Louveterie, dans l'étendue de Châtillon-
« sur-Seine, en Bourgogne, présidial et baillage de la ville de montagne, où
« il fera sa résidence et es environs, forêts, bois et buissons, communes et dépen
« dances, avec pouvoir de faire porter les couleurs de Sa Majesté et de chasser
« aux loups, louveteaux, louves, louvettes et renards, loutres, bléreaux et
« autres bêtes nuisibles qui y fréquentent, à cors, cris, filets et autres engins
« propres et convenables, même avec force de chiens et toutes sortes d'armes,
« bâtons et piéges tant dedans que dehors les forêts, bois et buissons de Sa

« Majesté, que ceux des princes, gentilshommes, ecclésiastiques, communes
« et autres ses sujets, pour par lui en jouir aux honneurs, autoritez, préro-
« gatives, prééminences, franchises, libertez et exemptions, droits, profits
« revenus et émoluments appartenans y attribuez : Et pour ces effets, pourra
« le dit sieur Oreillard faire assembler un homme par feu de chaque paroisse
« de la dite étendue, jusqu'au nombre suffisant pour assister à la dite chasse :
« les quels seront tenus d'y aller ou envoyer sur peine d'amende ; et pour
« aucunement subvenir aux frais et dépenses qu'il conviendra faire pour ce
« regard, avons en vertu de notre dit pouvoir permis et permettons au sieur
« Oreillard de lever sur chacun habitant par feu, deux lieues à la ronde de
« finage en finage où la prise aura été faite, deux deniers parisis pour loups
« et louveteaux et quatre deniers pour louves et louvettes, en contraignant
« au paiement à ce faire ceux qui pour ce seront à contraindre par toutes
« voies dues et raisonnables, fors toutefois les écclésiastiques et mendians,
« à la charge que le dit sieur Oreillard sera tenu d'apporter de six mois en six
« mois certificat de la prise qu'il aura faite es dites étendues : et ou aucuns
« seraient refusans d'aller ou envoyer à la dite chasse, ou voudraient chasser
« sans permission, permettons au dit sieur Oreillard d'en dresser procès-verbal
« et d'en informer, même contre ceux qui seront trouvés en délits aux forêts,
« bois, buissons et communes de Sa Majesté, et de se saisir de leurs armes,
« filets, engins, pour sur les dites informations, faire assigner les délinquants
« aux sièges des Eaux et Forêts de la Table de Marbre du Palais, à Paris, pour
« y être jugez suivant les ordonnances, ou par devant les Maîtres des Eaux
« et Forêts des baillages des provinces, et pour ce faire prions et requérons
« tous juges, officiers et autres qu'il appartiendra, de donner confort, aide
« et assistance, si besoin est, au dit sieur Oreillard, pour l'exécution de ce que
« dessus et pouvoir à lui donné ; en témoin de quoi nous avons signé ces pré-
« sentes et à icelles fait apposer le cachet de nos armes, et fait contre signer
« par notre secrétaire. »

**Arrêt du Conseil du 17 mars 1731, rendu sur la requête
présentée par le Marquis d'Heudicourt, Grand Louvetier de France.**

« Vu la requête, etc., le Roi a ordonné et ordonne qu'à l'avenir tous les Offi-
« ciers de la Louveterie soient tenus d'envoyer tous les ans au Grand-Louvetier,
« dans le mois de décembre un certificat de leur vie et domicile, légalisé par
« le juge des lieux, sur lequel et non autrement, ils seront employez dans
« l'état qui sera présenté à Sa Majesté par le Grand Louvetier, pour être enre-
« gistré tous les ans à la Cour des Aydes de Paris, dont ils pourront se faire
« délivrer des extraits à la dite Cour des Aydes, si bon leur semble, pour leur
« servir ainsi que de raison. Et en cas que les dits Officiers obmettent pendant
« le dit état, veut Sa Majesté que leurs commissions demeurent nulles de
« plein droit et qu'il y soit pourvu en la manière accoutumée, comme si les
« dites commissions étaient vacantes ; et seront sur le présent arrêt toutes
« lettres nécessaires expédiées. »

**Arrêt du Conseil portant règlement pour les chasses
aux loups (Versailles, 15 janvier 1785).**

« Le Roi s'étant fait représenter, en son Conseil, les édits, ordonnances et
« règlements concernant les chasses aux loups et autres bêtes nuisibles ; les

« dites lois en date des mois de janvier 1583, 1587 et 1600 ; juin 1601, juillet 1607
« et août 1669 ; et les arrêts du Conseil des 3 juin 1671 et 16 janvier 1677 ;
« les provisions du Grand-Louvetier du 20 octobre 1602 et 9 décembre 1681 ;
« les arrêts du Conseil des 26 février 1697, 14 janvier 1698, et, notamment,
« celui du 28 février 1773 : et Sa Majesté étant informée que nonobstant ces
« règlements, il s'est encore élevé des difficultés et des conflits entre les sieurs
« Grands-Maîtres et Officiers des Eaux et Forêts, le Grand Louvetier et Officiers
« de la Louveterie, et les sieurs Intendants et commissaires départis. Et Sa
« Majesté désirant prévenir ces difficultés, et fixer invariablement les formes
« les plus convenables, pour qu'à l'avenir les huées et battues, pour la des-
« truction de ces animaux, soient faites de la manière la plus prompte, elle
« a résolu de faire connaître ses intentions à ce sujet : ouï le rapport, etc...

ART. 1. — Maintient S. M., son Grand Louvetier dans le droit et faculté
de chasser et faire chasser aux loups, louves, blaireaux, et autres bêtes nuisibles, par lui, ses Lieutenants, sergents louvetiers, et autres qu'il pourra commettre, à cor et à cri, force de chiens, et avec toutes sortes d'armes, bâtons
et pièges, filets et engins, tant dedans que dehors les bois, buissons, forêts,
en quelque lieu que ce soit du royaume ; soit dans les terres et domaines appartenant à S. M., soit dans celles appartenant aux ecclésiastiques, seigneurs
et communautés.

ART. 2. — Fait S. M., défenses à toutes autres personnes de quelque état
et condition qu'elles soient, de chasser aux loups, louves, blaireaux et autres
bêtes nuisibles, à l'exception des seigneurs hauts-justiciers, dans l'étendue
de leurs terres, fiefs et seigneuries, sous peine de perdre leur fusil, filets et
engins et de 500 livres d'amende.

ART. 3. — Ordonne S. M. que les dits Lieutenants, sergents louvetiers, et
autres que le Grand Louvetier jugera à propos de commettre, seront tenus de
faire présenter leurs provisions ou commissions au greffe de la maîtrise des
lieux pour lesquels ils auront été commis, pour y être enregistrées sans frais,
sur l'attache du Grand-Maître. sans que desdits enregistrement et attache
on puisse induire que les Officiers de la Louveterie soient subordonnés à la
juridiction des Maîtrises, pour l'exercice de leurs fonctions.

ART. 4. — Seront les Lieutenants, Officiers, sergents et gardes de la Louveterie,
tenus de faire autant de huées et battues pour la chasse aux loups, qu'il sera
jugé nécessaire, lesquelles huées et battues ne pourront être faites qu'il n'y
ait à la tête un ou plusieurs Officiers de la Louveterie.

ART. 5. — Ne pourront les dits Officiers de la Louveterie conformément à
l'arrêt du Conseil du 28 février 1773, qui à cet égard et en tout ce qui ne sera
pas contraire au présent arrêt, sera exécuté sous sa forme et teneur, obliger
les habitants des campagnes à marcher, ni les commander pour les huées
et battues aux loups, que sur une permission par écrit des sieurs Intendants
et commissaires départis, entre les mains desquels ils prêteront serment de
bien et fidélement exercer leurs commissions.

ART. 6. — Seront tenus lesdits Officiers de la Louveterie de prévenir les gardes
des Maîtrises des huées et battues aux loups dans les forêts du Roi, afin qu'ils
soient à portée de veiller à ce qu'il ne se commette aucun délit dans les bois
de S. M. et qu'ils puissent, en cas de contravention, en dresser leurs procès-
verbaux dans la forme ordinaire.

Art. 7. — Seront pareillement tenus lesdits Officiers de la Louveterie de faire avertir les gardes des seigneurs sur les terres desquels les battues devront être faites, afin qu'ils veillent à la conservation des bois et du gibier et qu'ils aident au surplus les Officiers de la Louveterie, de la connaissance du local.

Art. 8. — Les dits Lieutenants, Officiers, sergents et gardes de la Louveterie, veilleront exactement à ce que dans les dites chasses du loup, il ne se passe rien de contraire aux ordonnances et règlements. Leur fait défenses, S. M., de tirer ou faire tirer pendant les dites chasses, ou autrement détruire aucun gibier, à peine d'interdiction, et de plus grande peine s'il y échoit.

Art. 9. — Les habitants des campagnes, lorsqu'ils seront convoqués, seront tenus, conformément aux ordonnances, d'assister aux dites battues, sous les peines qui seront prononcées par les dits sieurs Intendants et Commissaires départis dans les provinces.

Art. 10. — Défend S. M., aux Officiers de la Louveterie, d'exiger aucune rétribution des habitants des campagnes, pour raison de leurs chasses ; S. M. autorisant les dits sieurs Intendants à accorder des gratifications à ceux qui auront justifié des prises de loup.

Art. 11. — Les dits Officiers de la Louveterie seront tenus de remettre, ou envoyer au Grand Louvetier, copie des permissions qu'ils auront obtenues pour faire les dites battues et huées, ou des ordres qui leur auront été donnés par les dits sieurs Intendants, ensemble les certificats par eux visés de leurs prises, le tout à peine, par lesdits Officiers de la Louveterie, de destitution de leurs commissions.

Art. 12. — Pourront les dits sieurs Intendants, lorsqu'ils le jugeront nécessaire, ordonner des battues générales ; et, à cet effet, commander une quantité suffisante d'hommes de chaque paroisse, pour, sous les ordres des Officiers de la Louveterie, faire les dites chasses générales. Permet S. M. aux dits sieurs Intendants d'accorder des ordonnances de gratifications à ceux qui s'en seront rendus susceptibles.

Art. 13. — Si les Officiers de la Louveterie d'une généralité ne suffisent pas en certaines circonstances l'Intendant de la province pourra appeler ceux des généralités limitrophes ; et, sur ses certificats, les Intendants de ces généralités limitrophes accorderont des ordonnancs de gratification aux Officiers de Louveterie de leurs provinces, et ainsi réciproquement.

Art. 14. — Si ces battues n'étaient pas encore suffisantes pour parvenir à la destruction des loups, le Grand Louvetier fera passer un détachement de l'équipage, étant à la suite de la Cour, pour seconder les Officiers de la Louveterie dans les provinces.

Art. 15. — Les Officiers de la Louveterie étant assimilés aux commensaux de notre maison, seront tenus de faire enregistrer, comme par le passé, à notre Cour des Aydes de Paris, leurs provisions.

Art. 16. — Enjoint S. M. à tous ses Officiers, justiciers et sujets, d'obéir aux dits Officiers de la Louveterie, dans leurs chasses du loup ; de leur prêter et donner confort, aide et assistance quand ils en seront requis.

Art. 17. — Veut S. M., que les Lieutenants, Officiers, sergents et gardes de la Louveterie, jouissent de tous les privilèges, immunités et exemptions attri-

LIEUTENANT DE LOUVETERIE.

(tenue 1814)   page 97.

bués à leurs offices, par les anciens règlements concernant la Louveterie, et notamment de l'exemption de la taille personnelle, de la collecte, de tutèle, curatèle et de nomination à icelles, de la trésorerie des hôpitaux, de marguillier et autres charges d'église, du logement des gens de guerre, guet et garde, patrouille, corvée, milice, avec faculté du port d'armes, de porter et faire porter les couleurs de S. M.

Art. 18. — Ordonne S. M., que le présent arrêt sera exécuté selon sa forme et teneur, dérogeant, en tant que de besoin, à tous édits, ordonnances, déclarations, arrêts et règlements ; annule tous les jugements, sentences et ordonnances à ce contraires ; ordonne que le présent arrêt sera enregistré au greffe de la Table de Marbre de Paris, à Paris, et à ceux des Maîtrises particulières du Royaume.

Loi des 22-30 avril 1790.

Art. 15.

« Il est pareillement libre en tout temps, au propriétaire et possesseur, et même au fermier, de détruire le gibier dans ses récoltes non closes, en se servant de filets ou autres engins qui ne puissent pas nuire aux fruits de la terre, comme aussi de repousser avec des armes à feu les bêtes fauves qui se répandraient dans les dites récoltes. »

Décret du 11 ventôse an III.

Article premier.

« Tout citoyen qui tuera une louve pleine recevra une prime de 300 livres ; une louve non pleine, 250 livres ; un loup 200 livres ; un louveteau au-dessous de la taille d'un renard, 100 livres. »

Arrêté du Directoire exécutif qui interdit la chasse dans les forêts domaniales. — 28 vendémiaire, an V (19 octobre 1796).

Le Directoire exécutif : sur le rapport du Ministre des Finances considérant que le port d'armes et la chasse sont prohibés dans les forêts nationales et des particuliers, par l'ordonnance de 1669 et par la loi des 22-30 avril 1790 :

Que l'article 4, tit. 30 de l'ordonnance de 1669 fait défense à toutes personnes de chasser à feu et d'entrer ou demeurer de nuit dans les forêts domaniales, ni même dans les bois des particuliers avec armes à feu, à peine de 100 livres d'amende et de punition corporelle, s'il y échoit ;

Que les articles 8 et 12 du même titre défendent d'y prendre aucune aire d'oiseaux et d'y détruire aucune espèce de gibier avec engins, tels que tirasses, traîneaux, tonnelles, etc... ; sous les mêmes peines ;

Que l'article 1 de la loi des 22-30 avril 1790 défend à toutes personnes de chasser en quelque temps et de quelque manière que ce soit, sur le terrain d'autrui, sans son consentement, à peine de 20 livres d'amende envers la commune du lieu et de 10 livres d'indemnité envers le propriétaire des fruits, sans préjudice de plus grands dommages intérêts, s'il y échoit ; arrête ce qui suit :

1. Abrogé en ce qui concerne le taux des primes,

Art. 1. — La chasse dans les forêts nationales est interdite à tout particulier, sans distinction.

Art. 2. — Les gardes sont tenus de dresser, contre les contrevenants des procès-verbaux dans la forme prescrite pour les autres délits forestiers et de les remettre à l'agent national près la ci-devant maîtrise de leur arrondissement.

Art. 3. — Les prévenus seront poursuivis en conformité de la loi du 3 brumaire an IV, relative aux délits et aux peines, et seront condamnés aux peines pécuniaires prononcées par les lois ci-dessus.

Cliché *Chasse illustrée*.

Arrêté du 19 Pluviôse, an V (7 février 1797), concernant la chasse des animaux nuisibles.

Le Directoire exécutif, sur le rapport du Ministre des Finances, considérant que son Arrêté du 28 vendémiaire dernier, portant défense de chasser dans les forêts nationales, ne doit mettre aucun obstacle à l'exécution des règlements qui concernent la destruction des loups et autres animaux voraces :

Que l'ordonnance de janvier 1583, article 13, enjoint aux agents forestiers de rassembler un homme par feu de leur arrondissement, avec armes et chiens propres à la chasse au loup, trois fois l'année aux temps les plus commodes ;

Que celle de 1600 et 1601, ainsi que les arrêts du ci-devant Conseil, des 6 février 1697 et 14 janvier 1698, leur enjoignant de contraindre les sergents louvetiers à chasser aux loups, renards et autres animaux nuisibles et de veiller à ce que cette chasse soit faite de trois mois en trois mois, ou plus souvent suivant qu'il en sera besoin, par ceux qui avaient le droit exclusif de chasse, dans leurs terres ;

Arrête ce qui suit :

Art. 1. — L'arrêté du 28 vendémiaire dernier, relatif à la prohibition de chasser dans les forêts nationales, continuera d'être exécuté.

Art. 2. — Néanmoins, il sera fait dans les forêts nationales et dans les campagnes, tous les trois mois, et plus souvent s'il est nécessaire, des chasses ou battues générales ou particulières aux loups, renards, blaireaux et autres animaux nuisibles.

Art. 3. — Les chasses et battues seront ordonnées par les administrations centrales des départements, de concert avec les agents forestiers de leur arrondissement, sur la demande de ces derniers et sur celle des administrations municipales du canton.

Art. 4. —, Les battues ordonnées seront exécutées sous la direction et la surveillance des agents forestiers [1], qui régleront, de concert avec les administrations municipales de canton, les jours où elles se feront et le nombre d'hommes qui y seront appelés.

Art. 5. — Les corps administratifs sont autorisés à permettre aux particuliers de leur arrondissement qui ont des équipages ou autres moyens pour ces chasses, de s'y livrer sous l'inspection et la surveillance des agents forestiers.

Art. 6. — Il sera dressé procès-verbal de chaque battue, du nombre et de l'espèce des animaux qui auront été détruits : un extrait en sera envoyé au Ministre des Finances.

Art. 7. — Il lui sera également envoyé un état des animaux détruits par les chasses particulières mentionnées en l'article 5, et même par les pièges tendus dans les campagnes par les habitants ; à l'effet d'être pourvu, s'il y a lieu, sur son rapport, au paiement des récompenses promises par l'article 20, section 4, du Code rural, et le décret du 11 ventôse an III.

Art. 8. — Le Ministre des Finances est chargé de l'exécution du présent arrêté, qui sera envoyé aux administrations centrales des départements.

1. Abrogé : Les battues sont dirigées par le Lieutenant de Louveterie.

Loi du 10 messidor, an **V**, relative à la destruction des loups[1].

Le Conseil des Anciens adoptant les motifs de la déclaration d'urgence qui précède la résolution ci après, approuve l'acte d'urgence.

Suit la teneur de la déclaration d'urgence et la résolution du 9 messidor :

Le Conseil des Cinq Cents après avoir entendu sa commission spéciale, nommée sur le message du Directoire exécutif du 11 brumaire,

Considérant que depuis plus d'une année, des plaintes multipliées arrivent des départements sur les dévastations que commettent les loups ; qu'il est intéressant d'atténuer autant que possible, un fléau aussi terrible pour les troupeaux que pour les habitants des campagnes ; voulant légitimer les mesures prises par le Ministre de l'Intérieur pour en arrêter le cours ; déclare qu'il y a urgence :

Le Conseil après avoir déclaré l'urgence, prend la résolution suivante :

Art. 1. — Les fonds accordés provisoirement aux administrations départementales pour la destruction des loups, par ordre du Ministre de l'Intérieur, seront alloués à ce Ministre, sauf par lui de justifier de l'emploi.

Art. 2. — La loi du 11 ventôse an III est abrogée, et, à l'avenir, par forme d'indemnité et d'encouragement, il sera accordé à tout citoyen, une prime de cinquante livres par chaque tête de louve pleine, quarante livres par chaque tête de loup, et vingt livres par chaque tête de louveteau.

Art. 3. — Lorsqu'il sera constaté qu'un loup, enragé ou non, s'est jeté sur des hommes ou des enfants, celui qui le tuera aura une prime de cent cinquante livres.

Art. 4. — Celui qui aura tué un de ces animaux et voudra toucher l'une des primes énoncées dans les deux articles précédents sera tenu de se présenter à l'agent municipal de la commune la plus voisine de son domicile et d'y faire constater la mort de l'animal, son âge et son sexe ; si c'est une louve, il sera dit si elle est pleine ou non.

Art. 5. — La tête de l'animal et le procès-verbal dressé par l'agent municipal, seront envoyés à l'administration départementale qui délivrera un mandat sur le receveur du département, sur les fonds qui seront, à cet effet, mis entre ses mains par ordre du Ministre de l'Intérieur.

Art. 6. — Le Directoire exécutif est autorisé à laisser subsister et même à former, s'il y a lieu, des établissements pour la destruction des loups.

Règlement du 1er germinal, an XIII[2].

La Louveterie est dans les attributions du Grand Veneur (décret du 8 fructidor an XII).

1. Abrogée par la loi du 3 août 1882.
2. Périmée.

Le Grand-Veneur donne des commissions honorifiques de Capitaine Général, de Capitaine et de Lieutenant de Louveterie, dont il détermine les fonctions et le nombre par Conservation forestière et par département, dans la proportion des bois qui s'y trouvent et des loups qui les fréquentent.

Ces commissions sont renouvelées tous les ans. Les dispositions qui peuvent être faites par suite des différents arrêtés concernant les animaux nuisibles appartiennent à ses attributions (attributions des Grands Officiers de la Couronne, art. 16 et 18 : du Grand Veneur).

Les Capitaines et Lieutenants de Louveterie reçoivent les instructions et les ordres du Grand Veneur pour tout ce qui concerne la chasse des loups.

Ils sont tenus d'entretenir à leurs frais un équipage de chasse composé au moins d'un piqueur, deux valets de limier, un valet de chiens, dix chiens courants et quatre limiers.

Ils seront tenus de se procurer les pièges nécessaires pour la destruction des loups, renards et autres animaux nuisibles dans la proportion des besoins.

Dans les endroits que fréquentent les loups, le travail principal de leur équipage doit être de les détourner, d'entourer les enceintes avec les gardes forestiers, et de les faire tirer au lancé. On découple si cela est jugé nécessaire, car on ne peut jamais penser détruire les loups en les forçant ; au surplus, ils doivent présenter toutes leurs idées pour parvenir à la destruction de ces animaux.

Dans le temps où la chasse à courre n'est plus permise, ils doivent particulièrement s'occuper à faire tendre les pièges avec les précautions d'usage, faire détourner les loups, et, après avoir entouré les enceintes de garde, les attaquer à traits de limier, sans se servir de l'équipage qu'il est défendu de découpler, enfin, faire rechercher avec le plus grand soin les portées de louves.

Ils feront connaître ceux qui auront découvert des portées de louveteaux. Il sera accordé pour chaque louveteau une gratification, qui sera double si on parvient à tuer la louve.

Quand les Capitaines, les Lieutenants de Louveterie ou les Conservateurs des Forêts, jugeront qu'il serait utile de faire des battues, ils en feront la demande au Préfet, qui pourra lui-même provoquer cette mesure. Ces chasses seront alors ordonnées par le Préfet, commandées et dirigées par le Capitaine et les Lieutenants de Louveterie qui, de concert avec lui et le Conservateur, fixeront le jour, détermineront les lieux et le nombre d'hommes. Le Préfet en préviendra le Ministre de l'Intérieur et le Capitaine de Louveterie.

Tous les habitants sont invités à tuer les loups sur leurs propriétés , ils en enverront les certificats aux Capitaines ou Lieutenants de Louveterie de la Conservation forestière, lesquels les feront passer au Grand Veneur, qui fera un rapport au Ministre de l'Intérieur, à l'effet de faire accorder des récompenses.

Les Capitaines et Lieutenants de Louveterie feront connaître journellement les loups tués dans leur arrondissement, et, tous les ans, enverront un état général des prises.

Tous les trois mois, ils feront parvenir au Grand Veneur un état des loups présumés fréquenter les forêts soumises à leur surveillance.

Les Préfets sont invités à envoyer les mêmes états d'après les renseignements particuliers qu'ils pourront avoir.

Attendu que la chasse du loup qui doit occuper principalement les Capitaines et Lieutenants de Louveterie, ne fournit pas toujours l'occasion de tenir les chiens en haleine, ils ont le droit de chasser à courre, deux fois par mois, dans les forêts impériales faisant partie de leur arrondissement, le chevreuil-brocard, le sanglier ou le lièvre suivant les localités. Sont exceptés les forêts et les bois du domaine impérial de leur arrondissement, dont la chasse est particulièrement donnée par l'Empereur aux Princes ou à toute autre personne.

Il leur est expressément défendu de tirer sur le chevreuil et le lièvre ; le sanglier est excepté de cette disposition, dans le cas seulement où il tiendrait aux chiens.

Ils seront tenus de faire connaître chaque mois le nombre d'animaux qu'ils auront forcés.

Les commissions de Capitaine et de Lieutenant de Louveterie seront renouvelées tous les ans ; elles seront retirées, dans le cas où les Capitaines et Lieutenants n'auraient pas justifié de la destruction des loups.

Tous les ans, au 1er prairial (21 juin), il sera fait, sur le nombre des loups tués dans l'année, un rapport général qui sera mis sous les yeux de l'Empereur.

L'uniforme sera déterminé par un règlement ultérieur.

.Le Grand Veneur,
Maréchal BERTHIER.

Circulaire du 18 Pluviôse, an X (7 février 1802).

On annonce qu'il y a un grand nombre de loups dont le développement fait des progrès effrayants, Il a été délivré par les autorités locales des commissions de Louvetiers à des citoyens qui ont offert de s'occuper de la chasse au loup et il a été accordé pour ce même motif, des permissions de chasse. Mais ces moyens n'ont servi qu'à la chasse ordinaire du gibier et l'arrêté du Directoire exécutif du 19 Pluviôse an V est resté sans exécution. Le moyen d'y remédier est, de la part des agents forestiers, de s'informer des cantons où se montrent les loups, renards, blaireaux et autres animaux nuisibles ; — de faire connaître aux porteurs de commissions de Louvetiers ou de permissions de chasse l'obligation où ils sont de les détruire ; — de s'employer à des battues générales et particulières et de nous rendre compte de ces chasses. Quoique des ordonnances qui ne sont pas abrogées donnent aux administrateurs forestiers le droit d'agir seuls dans les circonstances de ce genre, nous pensons que, pour arriver plus facilement au but que l'on se propose, il sera utile de se concerter, pour les battues, avec les Préfets et Sous-Préfets.

Circulaire ministérielle du 25 septembre 1807[1].

Cette circulaire réduit les primes accordées pour la destruction des loups par la loi du 10 messidor an V ;

« 18 francs pour louve pleine, 15 francs pour louve non pleine, 12 francs pour un loup, 3 francs pour un louveteau. Cette dernière a été portée à 6 francs par l'instruction du 9 juillet 1818, que l'on trouvera plus bas »

Du 28 novembre 1807.

L'article 7 du règlement relatif aux chasses, en date du 1er germinal an XIII, porte que tous les individus qui auront reçu des permissions de chasse seront

---

1. Abrogée en ce qui concerne le taux des primes.

tenus de faire connaître aux Conservateurs le nombre des animaux nuisibles, tels que loups, renards, blaireaux, qu'ils auront détruits et de lui envoyer la patte droite. Je vous prie de m'en transmettre un état.

Ordonnance du 15 août 1814.

Art. 1. — La surveillance et la police des chasses dans toutes les forêts de l'Etat, sont dans les attributions du Grand Veneur.

Art. 2. — La Louveterie fait partie des mêmes attributions.

Art. 3. — Les Conservateurs, les Inspecteurs et gardes forestiers, recevront les ordres du Grand Veneur pour tout ce qui a rapport aux chasses et à la Louveterie.

Chasse illustrée.

Ordonnance du 20 août 1814, portant règlement sur l'organisation de la Louveterie.

Art. 1. — La Louveterie est dans les attributions du Grand Veneur [1].

Art. 2. — Le Grand Veneur donne des commissions honorifiques de Lieutenants de Louveterie, dont il détermine les fonctions et le nombre par Conservation forestière et par départements, dans la proportion des bois qui s'y trouvent et des loups qui les fréquentent [2].

Art. 3. — Ces commissions sont renouvelées tous les ans.

Art. 4. — Les dispositions qui peuvent être faites par suite des différents arrêtés concernant les animaux nuisibles appartiennent à ses attributions.

Art. 5. — Les Lieutenants de Louveterie reçoivent les instructions et les ordres du Grand Veneur pour tout ce qui concerne la chasse des loups.

Art. 6. — Ils sont tenus d'entretenir à leurs frais, un équipage de chasse composé d'au moins un piqueur, deux valets de limier, un valet de chiens, dix chiens courants et quatre limiers.

Art. 7. — Ils sont tenus de se procurer les pièges nécessaires pour la destruction des loups, renards et autres animaux nuisibles, dans la proportion des besoins.

Art. 8. — Dans les endroits que fréquentent les loups, le travail principal de leur équipage doit être de les détourner, d'entourer les enceintes avec les gardes forestiers et de les faire tirer au lancé, on découple, si cela est jugé nécessaire ; car on ne peut jamais penser détruire les loups en les forçant. Au surplus, ils doivent présenter toutes leurs idées pour arriver à la destruction de ces animaux.

Art. 9. — Dans le temps où la chasse à courre n'est plus permise, ils doivent particulièrement s'occuper à faire tendre des pièges, avec les précautions d'usage, faire détourner les loups, et, après avoir entouré les enceintes de gardes, les attaquer à traits de limiers sans se servir de l'équipage, qu'il est défendu de découpler ; enfin, faire rechercher avec grand soin les portées de louves.

Art. 10. — Ils feront connaître ceux qui auront découvert des portées de louveteaux. Il sera accordé par chaque louveteau une gratification qui sera doublée, si l'on parvient à tuer la louve.

Art. 11. — Quand les Lieutenants de Louveterie ou les Conservateurs des Forêts jugeront qu'il sera utile de faire des battues, ils en feront la demande au Préfet qui pourra lui-même provoquer cette mesure. Ces chasses seront alors ordonnées par le Préfet, commandées et dirigées par les Lieutenants de Louveterie, qui, de concert avec lui et le Conservateur, fixeront le jour, déter-

1. Art. modifié par l'ordonnance du 14 septembre 1830.
2. Art. modifié par le décret du 25 mars 1852, art. 5.

mineront les lieux et le nombre d'hommes : le Préfet en préviendra le Ministre de l'Intérieur et le Grand Veneur.

Art. 12. — Tous les habitants sont invités à tuer les loups sur leurs propriétés; ils en enverront les certificats aux Lieutenants de Louveterie de la Conservation forestière, lesquels les feront passer au Grand Veneur, qui en fera un rapport au Ministre de l'Intérieur à l'effet de faire accorder des récompenses.

Art. 13. — Les Lieutenants de Louveterie feront connaître journellement les loups tués dans leur arrondissement, et, tous les ans, enverront un état général des prises.

Art. 14. — Tous les trois mois, ils feront parvenir au Grand Veneur un état des loups présumés fréquenter les forêts soumises à leur surveillance.

Art. 15. — Les Préfets sont invités à envoyer les mêmes états d'après les renseignements particuliers qu'ils pourraient avoir.

Art. 16[1]. — Attendu que la chasse au loup, qui doit occuper principalement les Lieutenants de Louveterie, ne fournit pas toujours l'occasion de tenir les chiens en haleine, ils ont le droit de chasser à courre deux fois par mois, dans les forêts de l'Etat, faisant partie de leur arrondissement, le chevreuil-brocard, le sanglier ou le lièvre, suivant les localités. Sont exceptés les forêts ou les bois de leur arrondissement, dont la chasse est particulièrement donnée par le Roi aux Princes ou à toute autre personne.

Art. 17[1]. — Il leur est expressément interdit de tirer sur le chevreuil ou le lièvre ; le sanglier est excepté de cette disposition, dans le cas seulement où il tiendrait aux chiens.

Art. 18. — Ils seront tenus de faire connaître chaque mois le nombre des animaux qu'ils auront forcés.

Art. 19. — Les commissions de Lieutenants de Louveterie seront renouvelées tous les ans ; elles seront retirées dans le cas où les Lieutenants n'auraient pas justifié de la destruction des loups.

Art. 20. — Tous les ans, au 1er mai, il sera fait sur le nombre des loups tués dans l'année, un rapport général qui sera mis sous les yeux du Roi.

Uniforme des Lieutenants de Louveterie[2].

Art. 21. — L'uniforme est déterminé comme il suit :

Habit bleu, droit, à la française, avec collet et parements de velours bleu pareil, galonné sur le devant et au collet ; poches à la française et en pointe, également galonnées ; parements en pointe, avec deux chevrons pour les Lieutenants.

Le galon sera en or et argent ;

Bouton de métal jaune sur lequel sera empreint un loup ;

Veste et culotte chamois ;

Chapeau retapé à la française avec ganse or et argent ;

Couteau de chasse en argent, avec un ceinturon en buffle jaune, galonné comme l'habit ;

Bottes à l'écuyère ;

Éperons plaqués en argent.

---

1. Modifié par ordonnance du 20 juin 1845, art. 5. — Voir p. 135.

2. Modifié par décret en date du 13 décembre 1923. — Voir p. 245.

Uniforme des piqueurs.

A*rt.* 22. — L'habit sera le même que celui des Officiers, excepté que le bouton sera en métal blanc, et que le galon sera un tiers d'or sur deux tiers d'argent

Harnachement du cheval.

A*rt.* 23. — Bride à la française, avec bossette, sur laquelle sera un loup ;
Bridon de cuir noir ;
Selle à la française en volaque blanc ou en velours cramoisi ;
Housse cramoisie, garnie en galons or et argent ;
Croupière noir unie, et la boucle plaquée ;
Étriers noirs vernis ;
Martingale noire unie ;
Sangles à la française.

A*rt.* 24. — Cet uniforme est permis, mais non obligatoire.

Chasse illustrée.

Circulaire du 24 octobre 1814.

Envoi aux Conservateurs des règlements du 20 août 1814 sur la Louveterie
et les permissions de chasse, en les invitant à veiller à ce que ces règlements
soient observés par les personnes munies de permissions de chasse et par les
Lieutenants de Louveterie commissionnés par M. le Prince de Wagram.

Instruction du Ministre de l'Intérieur, du 9 juillet 1818,
pour la destruction des loups.

Monsieur le Préfet, il paraît que le nombre des loups est augmenté en France
depuis quelques années. Parmi les causes qui ont pu y contribuer, on doit
compter comme une des principales, la négligence avec laquelle se sont exécutés,
dans ces derniers temps, les lois et règlements, concernant la destruction de
ces animaux. Le suite de cette négligence a été funeste ; des accidents nombreux
ont eu lieu ; non seulement l'agriculture, mais l'humanité a eu à gémir sur
les ravages causés par les loups, dont la hardiesse et la férocité se sont accrues,
et qui attaquent les hommes plus fréquemment que par le passé. Le Roi, à la
sollicitude de qui rien n'échappe, veut que l'on s'occupe promptement et avec
suite, de la destruction des loups, et il a chargé M. le Grand Veneur et moi des
mesures à prendre à cet effet.

Sur la demande officielle qui m'a été faite par M. le Grand Veneur, une commission présidée par lui, et composée de MM. Huzard et Bosc, de l'Académie
des sciences et de la Société Royale et Centrale d'Agriculture ; Fauchat, chef
de la première division de mon Ministère, membre de la même Société, et Bour-
nonville, chef du bureau d'agriculture, a été nommée pour rechercher et discuter ces mesures, indiquer celles qu'elle jugerait les plus efficaces, et rédiger
une instruction concernant leur emploi. Je vais vous faire part du résultat
de son travail. C'est vous spécialement, M. le Préfet, qui, en qualité de chef
de l'administration dans votre département, devez diriger la mise en exécution
des moyens à employer. Cette exécution exige de l'activité dans le principe-
de la persévérance dans l'application : notre but doit être, sinon de purger
entièrement le royaume de loups, ce que la position de la France ne perme
guère d'espérer, au moins d'en débarrasser entièrement le pays situé le long
des côtes ou dans l'intérieur, et d'en réduire le nombre dans les autres départ
tements limitrophes de l'étranger, à un tel point, qu'avec un peu de surveillance
on puisse les empêcher de pénétrer trop avant sur notre territoire. Je vous
ai fait connaître les intentions de Sa Majesté à cet égard ; vous vous empres-
serez de vous y conformer, et nous éprouverons, M. le Grand Veneur et moi,
beaucoup de plaisir à vous citer avantageusement dans le compte qui sera
rendu au Roi de l'accomplissement de ses ordres.

La destruction des loups a été l'objet de mesures générales, qu'il est à propos de rappeler ici, ainsi que les divers moyens dont on fait usage pour opérer cette destruction.

Les mesures générales sont :

1° L'établissement des Officiers de Louveterie ;

2° Celui des primes décernées à toute personne qui a tué un loup, suivant l'âge et le sexe de l'animal détruit.

3° Des chasses générales ou battues, ordonnées par MM. les Préfets, sur les rapports qui leur sont faits.

Les moyens de destruction sont les chasses à courre et à tir faites, soit isolément, soit en battues, les pièges, traquenards et trappes, et dans quelques lieux, l'empoisonnement.

Il s'agit d'examiner et d'apprécier le parti qu'on tire, et celui qu'on peut espérer obtenir de ces différents moyens.

Officiers de Louveterie. — Chasses particulières. — Chasses dites « officielles ».

M. le Grand Veneur, dans ses instructions adressées à MM. les Officiers de Louveterie, leur a souvent rappelé les devoirs auxquels les oblige le titre dont ils sont revêtus. Il ne leur a pas laissé ignorer que de leur zèle et de leur activité à remplir ces devoirs, dépendait la conservation de leurs commissions. Il s'est fait un plaisir de faire connaître au Roi ceux qui s'étaient distingués plus particulièrement par leurs efforts et par leurs succès, et plusieurs ont reçu des marques de la satisfaction de Sa Majesté.

Comme vous êtes dans le cas de correspondre avec M. le Grand Veneur, sur le résultat des chasses faites par ces Officiers, il est à propos qu'ils vous en rendent compte exactement. Il est également à propos que, dès qu'ils sont informés qu'il existe des animaux nuisibles dans le département, ils vous en préviennent, afin que vous prescriviez des mesures pour leur destruction. Lorsque des battues générales sont ordonnées, il est naturel de leur en confier la direction. Il est de leur devoir d'y coopérer de tous leurs moyens, comme aussi de déférer à toutes invitations que vous seriez dans le cas de leur faire pour le service dont ils se sont chargés.

On ne peut guère espérer de détruire beaucoup de loups par les chasses particulières. Cependant, suivant les états publiés, en dernier lieu, des animaux dont on s'est défait par ce moyen, il ne serait pas à négliger. Ainsi, vous exciterez l'émulation de MM. les Officiers de Louveterie, vous constaterez les succès obtenus par eux, et vous en informerez M. le Grand Veneur et moi.

Primes.

Les primes d'encouragement ont aussi produit quelques effets, mais pas autant qu'il y avait lieu de l'espérer ; ce qui, d'après les renseignements qui me sont parvenus, doit s'attribuer surtout à la négligence et à la lenteur avec lesquelles les primes méritées se règlent et s'acquittent.

Elles se prélèvent sur les fonds des dépenses imprévues ; et, par conséquent, il dépend de vous d'en améliorer le paiement ; il peut même s'effectuer de suite, si la prime demandée est conforme aux taux fixés par le Gouvernement (décision du 25 septembre 1807), sauf à m'en informer ensuite, afin que je régularise l'emploi des fonds.

Si la prime doit excéder le taux ordinaire, à cause des circonstances qui ont accompagné la destruction de l'animal, vous m'en soumettrez la demande, et ma réponse ne tardera jamais à parvenir.

Si quelque personne est blessée par des loups, qu'elle ait besoin de secours, vous pouvez lui faire toucher provisoirement un à-compte sur la somme que vous aurez jugée nécessaire, et vous me trouverez toujours disposé à approuver de pareilles dépenses.

Je suis convaincu, par l'expérience de beaucoup d'années, que cette exactitude à acquitter les primes contribuera à l'encouragement, plus que l'élévation de leurs taux, qui n'a jamais eu, à ma connaissance, d'effet sensible, pour la destruction d'un plus grand nombre de loups, et qui, ainsi que cela a déjà eu lieu, met l'administration dans l'impossibilité de tenir les promesses qu'elle a faites, ou surcharge le département d'une dépense trop forte, eu égard à ses ressources.

Voici les mesures dont je crois devoir vous recommander l'exécution, dans la vue de rendre à ce genre d'encouragement son efficacité sans en augmenter les frais.

Vous donnerez toute la publicité convenable au tarif fixé par le Gouvernement pour les primes, qui sont de :

18 francs par louve pleine ;

15 francs par louve non pleine ;

12 francs par loup ;

et 6 francs par louveteau.

La décision du 25 septembre 1807, ne portait qu'à 3 francs la prime pour un louveteau, j'ai cru convenable de la doubler, d'après les observations qui m'ont été faites à cet égard, par la commission. Cette nouvelle disposition recevra son exécution, à compter du 1er juillet courant.

Vous annoncerez en même temps que, dorénavant, et sauf les cas extraordinaires, ces primes seront payées régulièrement dans la quinzaine qui suivra la déclaration de la destruction de l'animal ; déclaration faite dans la forme voulue et avec les preuves d'usage.

A cet effet, vous voudrez bien prendre les arrangements nécessaires pour que les paiements dont il s'agit, s'effectuent dans le délai indiqué, et, autant qu'il sera possible, sans déplacement de la part de la partie intéressée.

Il me semble que la présentation du loup détruit devrait se faire au maire de la commune, qui en dresserait un procès-verbal, constatant le nom du destructeur, l'âge et le sexe de l'animal tué, et la qualité de la prime méritée Il joindrait à ce procès-verbal et au contrôle de l'animal détruit une quittance de la partie prenante, pour le montant de la prime.

Le tout serait envoyé par le maire au chef d'administration de l'arrondissement, qui délivrerait un mandat appuyé de la quittance de la partie prenante, payable à vue sur le fonds des dépenses imprévues. La somme payée serait transmise, par la voie de la correspondance administrative, au maire de la commune, et vous vous assureriez qu'elle aurait été remise à sa destination.

Cette partie de service devant, au reste, être réglée suivant les localités je m'en rapporte à vous pour l'organiser de la manière la plus convenable et la plus commode dans votre département.

Chasses générales ou battues [1].

Il est généralement reconnu que les battues bien combinées et bien conduites seraient un moyen très efficace pour opérer la destruction des loups ; mais il

---

1. Ordonnées en vertu de l'arrêté de Pluviôse an V.

est rare qu'elles réussissent complètement, et elles ne servent souvent qu'à déplacer ces animaux. Le désordre avec lequel elles s'opèrent, le peu d'habileté ou d'expérience des tireurs, quelquefois aussi des considérations particulières, sont les causes de ce défaut de succès. Il ne serait pas inutile de chercher les moyens de remédier à ces inconvénients et de rendre aussi les battues générales plus profitables pour l'intérêt commun. Je vous y invite, ainsi qu'à vous concerter, pour bien monter cette espèce de service public, avec MM. les Officiers des Forêts, de la Louveterie et de la gendarmerie.

D'après les ordonnances de 1600 et de 1601 et celle de 1669, qui n'ont pas été abrogées, il était prescrit de faire des battues au loup tous les trois mois, et plus souvent encore, suivant le besoin.

Ainsi, Monsieur le Préfet, vous êtes légalement autorisé à ordonner des chasses générales ou battues, toutes les fois que cela vous paraîtra nécessaire, et les habitants des communes que vous désignerez, et dont vous aurez soin de prévenir les maires à l'avance, sont tenus d'y assister. Votre prudence vous suggérera les ménagements à apporter dans l'exécution de cette mesure ; d'une part, pour que les battues ne soient pas tumultueuses, par le trop grand nombre d'hommes qui y seraient appelés ; et, de l'autre, afin de ne pas fatiguer vos administrés par des appels trop fréquents, qui leur feraient perdre inutilement un temps précieux pour l'agriculture.

Je suis porté à penser que, sauf les cas extraordinaires, les battues générales pourraient se faire habituellement à deux époques de l'année ; savoir : au mois de mars, avant que la terre soit couverte, et vers le mois de décembre, aux premières neiges.

Pour les rendre plus utiles, il paraîtrait à propos qu'elles se fissent en même temps sur une grande étendue de territoire, afin que les animaux qui échapperaient à une battue retombassent dans l'autre. Vous apprécierez jusqu'à quel point cette disposition serait applicable au département que vous administrez.

Pièges, traquenards, batteries, fosses, etc.

On est assez dans l'usage de tendre des pièges pour les loups : cet usage peut être continué avec quelque espoir de succès, s'il est dirigé par des hommes expérimentés ; mais il exige qu'il soit pris en même temps des précautions pour que les pièges et fosses qui seraient disposés ne deviennent pas préjudiciables aux hommes ou aux animaux domestiques.

Je pense que, dans les endroits ouverts, il ne doit être placé de pièges à loup, qu'après en avoir prévenu le maire de la commune, et avoir obtenu sa permission. Celui-ci, lorsqu'il le jugerait utile, pour la sûreté des habitants, ferait annoncer publiquement les lieux où devraient être tendus les pièges, afin qu'on pût les éviter.

Dans aucun cas, ils ne doivent être placés dans les chemins ou sentiers pratiqués.

Ces observations s'appliquent également, et, à plus forte raison, aux chausses ou trappes, et surtout aux batteries.

Les divers ouvrages qui ont traité de la destruction des loups et dont on donnera plus bas la notice, contiennent la description des embûches qu'on peut employer pour cet objet. Par exemple, il est fait mention, dans le Cours d'agriculture de M. l'abbé Rozier, d'un piège à loup qui n'aurait pas les inconvénients dont on vient de parler, et qui est usité dans certaines parties de la

France. Voici comment il est décrit par l'auteur, d'après d'autres écrivains qui l'ont précédé.

« On forme avec des pieux de cinq à six pieds de long, qu'on plante solide-
« ment en terre à la distance d'un demi-pied l'un de l'autre, une enceinte cir-
« culaire d'environ une toise de diamètre, et au milieu de laquelle on attache
« une brebis vivante, ayant une ou plusieurs sonnettes au cou. On plante
« ensuite d'autres pieux, également espacés de six pouces entre eux, pour
« former, extérieurement, une seconde enceinte, éloignée de la première d'en-
« viron deux pieds. On laisse à cette seconde enceinte une ouverture, avec
« une porte ouverte du côté gauche, qui permette au loup seulement d'entrer
« à droite. Une fois que l'animal est entré dans les deux enceintes, il va toujours
« en avant, comptant pouvoir saisir sa proie ; et quand il est parvenu à l'en-
« droit par lequel il était entré, ne pouvant se retourner, les mouvements qu'il
« fait pour aller en avant font fermer la porte. »

Il est aussi parlé de ce piège dans le nouveau Cours d'agriculture, en 13 vo-lumes, imprimé chez Déterville, en 1809.

Empoisonnement.

Après avoir fait mention des différentes méthodes usitées plus ou moins généralement pour la destruction des loups, et dont la bonne direction peut, en effet, remplir en partie l'objet demandé, il me reste à vous parler d'un dernier moyen qui a été jugé unanimement être préférable à tous les autres, en ce qu'il offre plusieurs avantages :

1° Parce qu'on peut s'en servir dans toutes les saisons de l'année;

2° Parce qu'il n'occasionne le déplacement de personne, et ne dérange en rien les travaux de la campagne;

3° Parce qu'il est peu dispendieux;

4° Parce qu'il peut, en conséquence, être employé simultanément dans tout le royaume, et être continué pendant le temps nécessaire sans causer d'em-barras.

Je veux parler de l'empoisonnement.

Il n'est pas aussi facile qu'on pourrait le croire d'empoisonner un loup. Quoique très vorace, il est aussi très méfiant ; il évente la moindre trace de l'homme, et il faut user de beaucoup de précautions dans la préparation de l'appât qu'on veut lui faire prendre ; d'ailleurs, tous les poisons ne sont pas également dangereux pour lui. Quelques-uns, par leur activité même, ne pro-duisent d'autre effet sur lui que de le faire vomir ; et l'animal, une fois manqué, est plus difficile à amorcer de nouveau. Par exemple, l'émétique et l'arsenic ne lui occasionnent que le vomissement. Le verre pilé n'est pas d'un effet cer-tain, même pour le chien.

Il paraît prouvé que la noix vomique est la substance qui opère le plus sûre-ment la destruction du loup. Son emploi avait été indiqué par différents auteurs, qui ont parlé aussi de plusieurs autres appâts. Il a été, en dernier lieu, recom-mandé, d'après ces mêmes auteurs, par M. l'abbé Rozier dans son *Cours d'agri-culture* (article *Loup*). Ce savant assure *avoir fait lui-même, et fait faire plusieurs fois l'expérience avec le plus grand succès.* Voici ce qu'il en dit :

« Prenez un ou plusieurs chiens, ou plusieurs vieilles brebis ou chèvres,
« que vous faites étrangler. Ayez de la noix vomique râpée fraîchement (on
« trouve cette préparation chez tous les apothicaires); faites une quinzaine

« ou une vingtaine de trous avec un couteau dans la chair, suivant la grosseur
« de l'animal, comme au râble, aux cuisses, aux épaules, etc. Dans chaque trou,
« vous mettez un quart d'once ou une demi-once de noix vomique, le plus avant
« qu'il sera possible. Vous boucherez ensuite l'ouverture avec quelque graisse,
« et encore mieux, vous rapprocherez, par une couture, les deux bords de la
« plaie, afin que la noix vomique ne puisse pas s'échapper. Liez ensuite l'animal
« par les quatre pattes avec un osier, et non avec des cordes, qui conservent
« trop longtemps l'odeur de l'homme. Enterrez l'animal ainsi préparé dans
« du fumier qui travaille. Il doit y rester, en hiver, pendant trois jours et trois
« nuits, suivant le degré de chaleur du fumier, et vingt-quatre heures pendant
« l'été. Attachez une corde à l'osier qui lie les pattes et traînez l'animal, par
« de très longs circuits, jusqu'à l'endroit le plus fréquenté par les loups : alors,
« suspendez-le à une branche d'arbre, et assez haut pour que le loup soit obligé
« d'attaquer le chien par le râble.

« Le loup est un animal vorace ; il mâche peu le morceau qu'il arrache ;
« il avale de suite et le poison ne tarde pas à faire son effet. On est sûr de le
« trouver mort le lendemain ; souvent il n'a pas le temps de gagner son repaire.

« Si on conseille de se servir d'un chien, ce n'est pas que cet animal attire
« les loups plus que les autres animaux ; mais, comme le chien ne mange pas
« la chair du chien, on ne craint pas que ceux du voisinage viennent dévorer
« l'appât, comme ils feraient, si on avait placé une brebis ou une chèvre.

« On peut mettre ce procédé en pratique dans toutes les saisons et tous les
« jours de l'année, dès qu'on est incommodé par le voisinage des loups ; cepen-
« dant, la meilleure saison, pour l'employer, c'est l'hiver, quand il gèle bien.

« L'argent que le gouvernement accorde pour chaque tête de loup, pourrait
« être employé à l'achat de la noix vomique. Chaque commune serait tenue
« de fournir les chiens ou les vieilles brebis, et les maires seraient chargés de
« faire exécuter l'opération et de la répéter plusieurs fois dans un même hiver.
« Je ne crains pas d'avancer que si l'opération était générale dans tout le
« royaume, et suivie avec soin et zèle, pendant plusieurs années consécutives,
« on ne vînt à bout d'anéantir tous les loups. »

Tel est le procédé dont la commission a cru devoir recommander l'usage
et que je désire voir pratiquer dans toute l'étendue du royaume. A cet effet,
vous prescrirez aux maires des communes, dont le territoire est fréquenté par
les loups, de faire préparer par le garde-chasse ou le garde-champêtre, chargé
de les placer, des appâts, tels qu'ils viennent d'être décrits. Les frais peu considérables qu'ils feront pour cela seront remboursés sur le fonds des dépenses
imprévues d'après les mémoires qu'ils en fourniront, et que vous réglerez.

Ce procédé devra être continué aussi longtemps que vous saurez qu'il existera
des loups dans votre département, et principalement dans les temps de neige
et de glace [1].

Vous recommanderez à MM. les maires de s'informer et de vous rendre
compte des faits concernant le plus ou moins d'efficacité de l'empoisonnement.
Il est facile de reconnaître si les loups ont approché des amorces et s'ils y ont
touché. D'après cela, on peut juger s'il faut déplacer ses amorces ou les renou-

---

1. Les gardes ne doivent pas ignorer que les vieux loups sont beaucoup plus
défiants que les jeunes ; qu'on ne peut guère espérer de les voir donner de prime
abord sur un appât, et qu'il faut attendre, pour placer cet appât, que le loup ait
donné au carnage.

Chasse illustrée.
page 113.

veler, ou même varier soit les amorces, soit les poisons. Car, quoique la préférence à donner à la noix vomique soit motivée sur des autorités recommandables, cependant les expériences à cet égard n'ont pas peut-être été encore assez multipliées, et il est possible que l'on ait dans le pays connaissance d'autres poisons, également propres à la destruction des loups et qui pourraient donner lieu à des essais. Dans ce cas, vous demanderez à être informé exactement de ces autres méthodes employées et de leurs résultats, et vous voudrez bien me transmettre ces renseignements.

Vous recommanderez aussi à MM. les maires de prendre toutes les précautions que la prudence commande, pour empêcher que l'emploi des appâts empoisonnés ne devienne fatal, soit aux chiens, soit aux bestiaux, si, par exemple, les appâts étaient préparés avec de vieilles brebis ou des chèvres, ou d'autres animaux que des chiens; il serait nécessaire que les habitants des communes fussent prévenus par publications et par affiches, des lieux où les appâts seraient placés, afin qu'ils prissent des mesures pour en préserver leurs chiens.

La présentation du contrôle des animaux détruits par l'empoisonnement donnera lieu à des primes, au profit de la commune, réglées, conformément au tarif adopté par le gouvernement, et dont il sera loisible à MM. les maires d'attribuer un quart ou moitié, suivant les circonstances, à la personne qui amènera un animal mort ; le reste sera appliqué à l'achat des matières propres à l'empoisonnement, et porté en déduction dans les mémoires de fournitures qui vous seront adressés par les maires.

Résumé.

En me résumant sur le contenu de la présente instruction, voici les points principaux, qu'en conformité des intentions du roi, je recommande à votre sollicitude :

1º La publicité des primes, promises pour la destruction des loups et des mesures que vous êtes chargé de prendre pour leur prompt paiement ;

2º Les battues générales à deux époques de chaque année, et une bonne organisation à donner à ces sortes de chasses ;

3º De l'activité dans les chasses particulières, pendant le temps où elles sont praticables ;

4º L'emploi, avec les précautions requises, des pièges, fosses, enceintes et batteries ;

5º Enfin, et surtout, l'empoisonnement, qui devra être continué tant qu'on aura connaissance de loups existant dans le pays.

Je vous invite expressément à faire concourir ces différents moyens à la destruction, aussi complète que possible, des loups dans votre département, et à donner de la suite à vos opérations jusqu'à ce que vous ayez obtenu des résultats dont l'humanité et l'agriculture aient à s'applaudir.

Vous voudrez bien m'accuser réception de la présente instruction ; aviser promptement aux mesures à prendre, pour en faire l'application, et établir avec moi une correspondance suivie sur ce qui en est l'objet.

Cette instruction a été concertée avec M. le Grand Veneur qui a approuvé le travail de la commission ; et il est convenu entre lui et moi, qu'il en donnera connaissance à tous les agents qui dépendent de lui, pour qu'ils concourent à assurer la plus complète exécution. Il sera donc à propos que vous instruisiez aussi M. le Grand Veneur des résultats qu'elle aura pu produire, afin que si elle ne remplit pas entièrement son objet, nous puissions, de concert, nous occuper des moyens à prendre, pour lui rendre, d'après vos observations et celles de MM. vos collègues, toute la perfection dont elle est susceptible.

Je crois devoir ajouter ici la note des ouvrages où l'on a traité plus particulièrement de la destruction des loups, et qui peuvent être consultés avec avantage :

La chasse du Loup, par J. Clamorgan ; Paris, 1576, in-4°, avec figures ; réimprimé plusieurs fois.

Nouvelle invention de chasse, pour prendre et ôter les loups de la France ; par L. Gruau (prêtre, curé de Sauge, diocèse du Mans), 1613, in-8° avec figures.

Mémoire sur l'utilité et la manière de détruire les loups dans le royaume, par Delisle de Moncel ; Paris, 1765, in-4°.

Méthodes et projets pour parvenir à la destruction des loups dans le royaume, par le même ; Paris, imprimerie royale, 1768, in-12.

Résultat d'expériences sur les moyens les plus efficaces et les moins onéreux au peuple, pour détruire dans le royaume l'espèce des bêtes voraces, par le même ; Paris, 1771, in-8°, avec figures.

Projet d'établissement de Louveteries Nationales, sans frais pour le Gouvernement, nécessaires et très peu coûteuses à l'agriculture, par les citoyens Tirebarde et Frémont ; Rouen, an IV, in-4°.

Moyens faciles de détruire les loups et les renards, par T. de C..., Lieutenant de la Louveterie de la Côte-d'Or; Paris, 1809.

Moyen à employer pour la destruction générale des loups en Europe, par M. de Maillet, ancien Louvetier; Paris, 1810.

En général, presque tous les ouvrages concernant la chasse traitent de la destruction des loups.

J'ai l'honneur, etc.

Le Ministre de l'Intérieur,
Laîné.

23 mars 1821. Instruction générale sur le service forestier approuvé par le Ministre des Finances.

Art. 61. — ... Il (le Conservateur) veillera à l'exécution de l'ordonnance du Roi du 15 août 1814 et des règlements relatifs à la police des chasses et de la Louveterie.

Il recevra pour cette partie du service les ordres du Grand Veneur. Si les permissions de chasse donnent lieu à quelques abus, il en référera au Grand Veneur.

Art. 62. — Lorsque les Préfets ordonneront des battues pour la destruction des loups, le Conservateur veillera à ce que toutes les formalités prescrites à cet égard par l'arrêté du 19 Pluviôse an V soient ponctuellement exécutées. Il recommandera de rapporter des procès-verbaux contre les individus appelés qui abandonneraient les battues pour se livrer à la chasse du gibier et il proposera la destitution des gardes qui auraient contrevenu aux dispositions des lois et règlements.

14 septembre 1830. Ordonnance sur la surveillance de la chasse et la Louveterie.

Louis-Philippe, etc.....,

Vu l'ordonnance du 15 août 1814 qui confie au Grand Veneur la surveillance et la police de la chasse dans les forêts de l'État, et le règlement du 20 du même mois qui détermine les fonctions à remplir à cet égard par le Grand Veneur, le devoir des agents forestiers et les obligations imposées aux personnes qui auront obtenu des permissions de chasse;

Voulant pourvoir immédiatement aux besoins de cette partie de l'administration publique ;

Sur le rapport de notre Ministre Secrétaire d'État des Finances ;

Nous avons ordonné :

ARTICLE PREMIER. — Provisoirement et jusqu'à ce que des mesures définitives aient pu être adoptées, la surveillance et la police des chasses dans les forêts de l'État sont confiées à l'Administration des Forêts, laquelle remplira à cet égard les fonctions attribuées au Grand Veneur.

ART. 2. — Les dispositions du règlement du 20 août 1814, relatif aux chasses dans les forêts et bois du domaine de l'État, continueront à être exécutées dans tout ce qui n'est pas contraire à la présente ordonnance.

5 septembre 1831. Sur le maintien de la Louveterie.

Monsieur le Conservateur, j'ai consulté M. le Ministre des finances sur l'utilité de conserver ou de supprimer l'institution des Officiers de Louveterie. Le Ministre m'a répondu que, dans les circonstances actuelles, il convenait de maintenir l'état de choses tel qu'il a été créé par l'Ordonnance du 14 septembre 1830. En conséquence, l'Administration délivrera des permissions de chasse d'après l'étendue des forêts et le gibier qui s'y trouve.

Par une conséquence des mesures adoptées au sujet de la chasse l'institution des Officiers de Louveterie est conservée. J'ai écrit à M. le Préfet pour me désigner les personnes les plus capables de remplir les fonctions de Lieutenant.

Circulaire aux Préfets. — A l'égard des propositions que vous devez adresser au Directeur général, vous consulterez sans doute les Conservateurs. — Quant au nombre des Officiers à instituer dans votre département, j'attendrai les propositions que vous croirez devoir me faire d'après l'étendue du service et les besoins des forêts. Dans tous les cas, ce nombre ne devra pas dépasser celui actuellement existant. La délivrance des commissions ne se fera pas attendre.

31 juillet 1832[1].

AUX PRÉFETS. — *Location des chasses dans les forêts de l'État. Envoi de l'ordonnance du 24 juillet 1832, rendue pour l'exécution de l'article 5 de la loi du 21 avril 1832.*

La destruction des animaux nuisibles étant une mesure d'intérêt général, l'ordonnance a voulu que non seulement le cahier renfermât toutes les dispo-

---

1. Modifiée par l'ordonnance du 20 juin 1845. — V. page 135.

sitions propres à atteindre ce but, mais elle a soumis les fermiers de la chasse
à l'obligation des chasses et battues que vous jugerez utile d'ordonner. —
L'institution des Lieutenants de Louveterie est maintenue ; on a considéré
qu'elle était utile et même indispensable dans beaucoup de localités. Mais leur
faculté de chasser dans les forêts de l'État a été réduite au sanglier. — Il faut
donc que les Lieutenants nommés par moi, sur votre présentation, reçoivent
de nouvelles commissions qui ne leur seront délivrées qu'autant qu'ils prou-
veront par des attestations en bonne forme, qu'ils possèdent l'équipage réglementaire.

22 juin 1840.

Les Conservateurs doivent, conformément à la lettre du 23 juillet 1839.
adresser, avant le 1er août, les états des animaux nuisibles détruits par les
Lieutenants. — Ceux-ci sont rappelés à l'exécution scrupuleuse des règlements
— La faculté qui leur est donnée de chasser deux fois par mois le sanglier dans
les forêts de l'État, ne doit s'entendre que de la saison des chasses, puisque
l'Ordonnance de 1814 porte qu'il est défendu de découpler hors de ce temps,
Leur nomination ne doit avoir pour but que la destruction des animaux nuisibles. Il serait contraire aux intérêts de l'État de chercher à en augmenter
le nombre sans utilité réelle.

Chasse illustrée.

Loi du 3 mai 1844 sur la Police de la Chasse,
modifiée par la loi du 1er mai 1924 et celle du 23 février 1926 [1].

SECTION I. — *De l'exercice du droit de chasse.*

ARTICLE PREMIER. — Nul ne pourra chasser, sauf les exceptions ci-après,
si la chasse n'est pas ouverte, et s'il ne lui a pas été délivré un permis de chasse
par l'autorité compétente.

Nul n'aura la faculté de chasser sur la propriété d'autrui sans le consentement
du propriétaire ou de ses ayants droit.

ART. 2. — Le propriétaire ou possesseur peut chasser ou faire chasser en
tout temps, sans permis de chasse, dans ses possessions attenant à une habitation et entourées d'une clôture continue faisant obstacle à toute communication avec les héritages voisins.

(L. 1er mai 1924). *Et empêchant complètement le passage de l'homme et celui
du gibier à poil.*

ART. 3. — (L. 1er mai 1924). *Les Préfets détermineront, par des arrêtés
publiés au moins dix jours à l'avance, les jours et heures des ouvertures et les
jours des clôtures des chasses, soit à tir, soit à courre, à cor et à cris, dans
chaque département.*

Ils pourront, dans le même délai, sur l'avis du Conseil Général, retarder la
date de l'ouverture et avancer la date de clôture de la chasse à l'égard
d'une espèce de gibier déterminée.

Ils pourront en outre, dans les mêmes conditions, retarder l'ouverture de la
chasse pour toute espèce de gibier, dans tout ou partie des bois et forêts classés
en vertu de l'article 4 de la présente loi en prévision de dangers d'incendie.

ART. 4. — Dans chaque département, il est interdit de mettre en vente, de
vendre, d'acheter, de transporter ou de colporter du gibier pendant le temps
où la chasse n'y est pas permise.

(L. 1er mai 1924.) *Il est également interdit, en toute saison, de mettre en
vente, de vendre, de transporter, de colporter ou même d'acheter sciemment le
gibier tué à l'aide d'engins ou d'instruments prohibés.*

En cas d'infraction à ces dispositions, le gibier sera saisi, et immédiatement
livré à l'établissement de bienfaisance le plus voisin, en vertu, soit d'une ordonnance du juge de paix, si la saisie a eu lieu au chef-lieu de canton, soit d'une
autorisation du maire, si le juge de paix est absent, ou si la saisie a été faite
dans une commune autre que celle du chef-lieu. Cette ordonnance ou cette
autorisation sera délivrée sur la requête des agents ou gardes qui auront opéré
la saisie, et sur la présentation du procès-verbal régulièrement dressé.

---

1. Les articles 2, 3, 4, 9, 11, 12, 14, 16 et 22 ont été modifiés et remplacés par les
textes de la loi du 1er mai 1924 et celle du 23 février 1926.

La recherche du gibier ne pourra être faite à domicile que chez les aubergistes, chez les marchands de comestibles et dans les lieux ouverts au public.

(L. 1ᵉʳ mai 1924). *Il est interdit, même en temps d'ouverture de la chasse, de transporter du gibier vivant sans permis de transport délivré par le Directeur Général des Eaux et Forêts ou par le Conservateur des Eaux et Forêts du lieu d'origine du gibier, ou par leurs délégués.*

Il est interdit, en temps de fermeture, d'enlever les nids, de prendre ou de détruire, de colporter ou de mettre en vente, de vendre ou acheter, de transporter ou d'exporter les œufs ou les couvées de perdrix, faisans, cailles et de tous autres oiseaux, ainsi que les portées ou petits de tous animaux qui n'auront pas été déclarés nuisibles par les arrêtés préfectoraux.

Les détenteurs du droit de chasse et leurs préposés auront le droit de recueillir, pour les faire couver, les œufs mis à découvert par la fauchaison ou l'enlèvement des récoltes.

Art. 5. — Les permis de chasse seront délivrés, sur l'avis du maire et du sous-préfet, par le Préfet du département dans lequel celui qui en aura fait la demande aura sa résidence ou son domicile. Les permis de chasse seront personnels.

La délivrance des permis de chasse donnera lieu, à partir du 1ᵉʳ juillet 1920, au paiement d'un droit de timbre de 80 francs, sans décimes, au profit de l'État, et d'une somme de 20 francs au profit de la commune dont le maire aura donné l'avis énoncé par la loi du 3 mai 1844, s'il s'agit d'un permis général valable pour tout le territoire.

Pour les permis départementaux utilisables seulement dans le département où le permis aura été délivré et dans les arrondissements limitrophes, le droit de timbre sera réduit à 20 francs ; la perception communale reste fixée à 20 francs.

Les permis de chasse, à quelque époque qu'ils soient délivrés, sont valables pour une année à dater du 1ᵉʳ juillet. Toutefois, les permis qui ont été délivrés à une date comprise entre le 1ᵉʳ juillet 1919 et le 13 janvier 1920 conserveront la validité de durée qu'ils avaient originairement.

Les permis délivrés postérieurement au 13 janvier 1920 ne seront utilisables comme permis général à partir du 1ᵉʳ juillet qu'autant que leurs titulaires auront acquitté, pour la période restant à courir, le complément des droits prévus à l'article précédent.

Un décret déterminera le mode de paiement de ce complément de droit.

Art. 6. — Le Préfet pourra refuser le permis de chasse :

1º A tout individu majeur qui ne sera point personnellement inscrit ou dont le père ou la mère ne serait pas inscrit au rôle des contributions ;

2º A tout individu qui, par une condamnation judiciaire, a été privé de l'un ou de plusieurs des droits énumérés dans l'article 42 du Code pénal, autre que le droit du port d'armes ;

3º A tout condamné à un emprisonnement de plus de six mois pour rébellion ou violence envers les agents de l'autorité publique ;

4º A tout condamné pour délit d'association illicite, de fabrication, débit, distribution de poudre, armes ou autres munitions de guerre ; de menaces écrites ou verbales avec ordre ou sous conditions ; d'entraves à la circulation des grains, de dévastation d'arbres ou de récoltes sur pied, de plants venus naturellement ou faits de mains d'homme ;

5º A ceux qui auront été condamnés pour vagabondage, mendicité, vol, escroquerie ou abus de confiance.

La faculté de refuser le permis de chasse aux condamnés dont il est question dans les paragraphes 3, 4 et 5, cessera cinq ans après l'expiration de la peine.

Art. 7. — Le permis de chasse ne sera pas délivré :

1º Aux mineurs qui n'auront pas seize ans accomplis ;

2º Aux mineurs de seize à vingt et un ans, à moins que le permis ne soit demandé pour eux par leur père, mère, tuteur ou curateur, porté au rôle des contributions ;

3º Aux interdits ;

4º Aux gardes champêtres ou forestiers des communes et établissements publics, ainsi qu'aux gardes forestiers de l'État et aux gardes-pêche.

Art. 8. — Le permis ne sera pas accordé :

1º A ceux qui, par suite de condamnations, sont privés du droit de port d'armes ;

2º A ceux qui n'auront pas exécuté les condamnations prononcées contre eux pour l'un des délits prévus par la présente loi ;

3º A tout condamné placé sous la surveillance de la Haute Police.

Art. 9. — Dans le temps où la chasse est ouverte, le permis donne à celui qui l'a obtenu le droit de chasser le jour, soit à tir, soit à courre, soit à cor et à cris, suivant les distinctions établies par les arrêtés préfectoraux, sur ses propres terres et les terres d'autrui, avec le consentement de celui à qui le droit de chasse appartient.

(L. 1er mai 1924). *Tous les autres moyens de chasse, y compris l'avion et l'automobile, même comme moyens de rabat, à l'exception des furets et des bourses destinés à prendre les lapins, sont formellement prohibés.*

Néanmoins, les Préfets des départements, sur l'avis des Conseils Généraux, prendront des arrêtés pour déterminer :

1º L'époque de la chasse des oiseaux de passage autres que la caille, la nomenclature des oiseaux et les modes et procédés de chasse pour les diverses espèces ;

2º Le temps pendant lequel il sera permis de chasser le gibier d'eau dans les marais, sur les étangs, fleuves ou rivières ;

3º Les espèces d'animaux malfaisants ou nuisibles que le propriétaire, possesseur ou fermier, pourra, en tout temps, détruire sur ses terres, et les conditions de l'exercice de ce droit, sans préjudice du droit appartenant au propriétaire ou fermier de repousser ou de détruire, même avec des armes à feu, les bêtes fauves qui porteraient dommage à ses propriétés.

Ils pourront également prendre des arrêtés :

1º Pour prévenir la destruction des oiseaux ou pour favoriser leur repeuplement ;

2º Pour autoriser l'emploi de chiens lévriers pour la destruction des animaux malfaisants ou nuisibles ;

3º Pour interdire la chasse pendant le temps de neige.

(L. 1er mai 1924). Ils pourront, en outre, autoriser individuellement les propriétaires ou leurs ayants droit à capturer, même en temps prohibé, avec des engins et dans les conditions déterminées, certaines espèces de gibier pour les conserver provisoirement et les relâcher ensuite dans un but de repeuplement.

Art. 10. — Des ordonnances détermineront les gratifications qui seront accordées aux gardes et gendarmes rédacteurs des procès-verbaux ayant pour objet de constater les délits.

Section II. — *Des peines.*

Art. 11. — (L. 1er mai 1924). *Seront punis d'une amende de 50 à 200 francs :*
1º Ceux qui auront chassé sans permis de chasse ;
2º Ceux qui auront chassé sur le terrain d'autrui sans le consentement du propriétaire.

L'amende pourra être portée au double, si le délit a été commis sur des terres non dépouillées de leurs fruits, ou s'il a été commis sur un terrain entouré d'une clôture continue faisant obstacle à toute communication avec les héritages voisins, mais non attenant à une habitation.

Pourra ne pas être considéré comme délit de chasse le fait du passage des chiens courants sur l'héritage d'autrui, lorsque ces chiens seront à la suite d'un gibier lancé sur la propriété de leurs maîtres, sauf l'action civile, s'il y a lieu, en cas de dommage.

3º Ceux qui auront contrevenu aux arrêtés des Préfets concernant les oiseaux de passage, le gibier d'eau, la chasse en temps de neige, l'emploi des chiens lévriers, ou aux arrêtés concernant la destruction des oiseaux et celle des animaux nuisibles ou malfaisants.

(L. 1er mai 1924). Ou encore aux arrêtés autorisant la reprise du gibier vivant dans un but de repeuplement.

4º Ceux qui, en temps de fermeture, auront, sans droit, enlevé des nids, pris ou détruit, colporté ou mis en vente, vendu ou acheté, transporté ou exporté les œufs ou les couvées de perdrix, faisans, cailles, et de tous oiseaux, ainsi que les portées ou petits de tous animaux qui n'auraient pas été déclarés nuisibles par les arrêtés préfectoraux.

5º Les fermiers de la chasse, soit dans les bois soumis au régime forestier, soit sur les propriétés dont la chasse est louée au profit des communes ou établissements publics, qui auront contrevenu aux clauses et conditions de leurs cahiers de charges relatives à la chasse.

6º *(L. 1er mai 1924). Ceux qui en temps d'ouverture auront transporté sans autorisation du gibier vivant.*

Art. 12. — (L. 1er mai 1924). *Seront punis d'une amende de 100 à 500 francs, et pourront, en outre, l'être d'un emprisonnement de six jours à deux mois :*
1º Ceux qui auront chassé en temps prohibé ;
2º Ceux qui auront chassé pendant la nuit ou à l'aide d'engins et instruments prohibés, ou par d'autres moyens que ceux qui sont autorisés par l'article 9 ;
3º Ceux qui seront détenteurs ou ceux qui seront trouvés porteurs ou munis, hors de leur domicile, de filets, engins ou autres instruments de chasse prohibés ;

4° (L. 1er mai 1924). *Ceux qui, en temps où la chasse est prohibée, auront mis en vente, vendu, acheté, transporté ou colporté du gibier ;*

Ou ceux qui, en toute saison, auront mis en vente, vendu, transporté, colporté, ou même acheté sciemment du gibier tué à l'aide d'engins ou d'instruments prohibés ;

5° Ceux qui auront employé des drogues ou appâts qui sont de nature à enivrer le gibier ou à le détruire ;

6° Ceux qui auront employé des appeaux, appelants ou chanterelles.

Les peines déterminées par le présent article pourront être portées au double contre ceux qui auront chassé la nuit sur le terrain d'autrui, et par l'un des moyens spécifiés au paragraphe 2, si les chasseurs étaient munis d'une arme apparente ou cachée.

Les peines déterminées par l'article 11 et par le présent article seront toujours portées au maximum, lorsque les délits auront été commis par les gardes champêtres ou forestiers des communes, ainsi que par les gardes forestiers de l'État et des établissements publics.

Art. 13. — Celui qui aura chassé sur le terrain d'autrui sans son consentement, si ce terrain est attenant à une maison habitée ou servant à l'habitation, et s'il est entouré d'une clôture continue faisant obstacle à toute communication avec les héritages voisins, sera puni d'une amende de 50 à 300 francs, et pourra l'être d'un emprisonnement de six jours à trois mois.

Si le délit a été commis pendant la nuit, le délinquant sera puni d'une amende de 100 à 1.000 francs, et pourra l'être d'un emprisonnement de trois mois à deux ans, sans préjudice, dans l'un et l'autre cas, s'il y a lieu, de plus fortes peines prononcées par le Code pénal.

Art. 14. — Les peines déterminées par les trois articles précédents pourront être portées au double si le délinquant était en état de récidive, et s'il était déguisé ou masqué, s'il a pris un faux nom, s'il a usé de violences envers les personnes, ou s'il a fait des menaces.

(L. 1er mai 1924). *S'il a fait usage d'un avion, d'une automobile ou de tout autre véhicule pour se rendre sur le lieu du délit ou pour s'en éloigner, sans préjudice, s'il y a lieu, de plus fortes peines prononcées par la loi.*

Lorsqu'il y aura récidive, dans les cas prévus en l'article 11, la peine de l'emprisonnement de six jours à trois mois pourra être appliquée, si le délinquant n'a pas satisfait aux condamnations précédentes.

Art. 15. — Il y a récidive lorsque, dans les douze mois qui ont précédé l'infraction, le délinquant a été condamné en vertu de la présente loi.

Art. 16. — (L. 1er mai 1924). *Tout jugement de condamnation prononcera, sous telle contrainte qu'il fixera, la confiscation des filets, engins et autres instruments de chasse, ainsi que des avions, automobiles ou autres véhicules utilisés par les délinquants. Il ordonnera, en outre, s'il y a lieu, la destruction des instruments de chasse prohibés.*

Il prononcera également la confiscation des armes, excepté dans le cas où le délit aura été commis par un individu muni d'un permis de chasse, dans le temps où la chasse est autorisée.

(L. 1er mai 1924). *Si les armes, filets, engins ou autres instruments de chasse ou moyens de transport n'ont pas été saisis, le délinquant sera condamné à les représenter ou à en payer la valeur, suivant la fixation qui en sera faite par le jugement, sans qu'elle puisse être au-dessous de deux cents francs.*

(L. 1er mai 1924). *Les objets énumérés au paragraphe précédent, abandonnés par les délinquants restés inconnus, seront saisis et déposés au greffe du tribunal compétent.*

La confiscation, et, s'il y a lieu, la destruction en seront ordonnées sur le vu du procès-verbal.

Dans tous les cas, la quotité des dommages-intérêts est laissée à l'appréciation des tribunaux.

Outre l'amende prévue à l'article 11, n° 1, ceux qui auront chassé sans permis valable seront condamnés à payer une somme égale au prix du permis de chasse général.

Le recouvrement du montant de cette condamnation, non sujette aux décimes, sera poursuivi nonobstant l'application du sursis prévu par la loi du 26 mars 1891.

La portion du prix du permis que la loi du 25 juin 1920 attribue aux communes sera versée à la commune sur le territoire de laquelle le délit aura été constaté.

Les dispositions ci-dessus seront également applicables à ceux qui auront chassé en temps prohibé, sans préjudice de l'amende prévue par l'article 12, n° 1.

Art. 17. — En cas de conviction de plusieurs délits prévus par la présente loi, par le Code pénal ordinaire ou par les lois spéciales, la peine la plus forte sera seule prononcée.

Les peines encourues pour des faits postérieurs à la déclaration du procès-verbal de contravention pourront être cumulées, s'il y a lieu, sans préjudice des peines de la récidive.

Art. 18. — En cas de condamnation pour délits prévus par la présente loi, les tribunaux pourront priver le délinquant du droit d'obtenir un permis de chasse pour un temps qui n'excédera pas cinq ans.

Art. 19. — La gratification mentionnée en l'article 10 sera prélevée sur le produit des amendes.

Le surplus des dites amendes sera attribué aux communes sur le territoire desquelles les infractions auront été commises.

Art. 20. — L'article 463 du Code pénal ne sera pas applicable aux délits prévus par la présente loi.

Section III. — *De la poursuite et du jugement.*

Art. 21. — Les délits prévus par la présente loi seront prouvés, soit par procès-verbaux ou rapports, soit par témoins, à défaut de rapports et procès-verbaux, ou à leur appui.

Art. 22. — (L. 1er mai 1924). « *Le Gouvernement exerce la surveillance et la police de la chasse, dans l'intérêt général.*

« *En conséquence, il pourra commissionner des gardes particuliers appartenant aux brigades mobiles de répression du braconnage, aux associations
cynégétiques ou aux fédérations de sociétés de chasse, pour exercer, sauf opposition des propriétaires en ce qui concerne leurs terrains, les fonctions de gardes
des Eaux et Forêts chargés spécialement de la police de la chassse dans l'étendue
des arrondissements pour lesquels ils auront été assermentés.* »

Les procès-verbaux des maires et adjoints, commissaires de police, officier,
maréchal des logis ou brigadier de gendarmerie, gendarmes, gardes forestiers,
gardes-pêche, gardes champêtres, ou gardes assermentés des particuliers,
(L. 23 février 1926), *Lieutenants de Louveterie*, assermentés devant le tribunal
ou l'un des tribunaux de l'arrondissement de leur circonscription, feront foi
jusqu'à preuve contraire.

A l'égard des brigadiers ou des gardes des Eaux et Forêts cette disposition
s'appliquera, en quelque lieu que les infractions soient commises, dans les
arrondissements des tribunaux près desquels ils sont assermentés.

Art. 23. — Les procès-verbaux des employés des contributions indirectes
et des octrois feront également foi jusqu'à preuve contraire, lorsque, dans la
limite de leurs attributions respectives, ces agents rechercheront et constateront les délits prévus par le paragraphe 1er de l'article 4.

Art. 24. — Dans les vingt-quatre heures du délit, les procès-verbaux des
gardes seront, à peine de nullité, affirmés par les rédacteurs devant le juge
de paix ou l'un de ses suppléants, ou devant le maire ou l'adjoint, soit de la
commune de leur résidence, soit de celle où le délit aura été commis.

Art. 25. — Les délinquants ne pourront être saisis ni désarmés ; néanmoins,
s'ils sont déguisés ou masqués, s'ils refusent de faire connaître leur nom, ou
s'ils n'ont pas de domicile connu, ils seront conduits immédiatement devant
le maire ou le juge de paix, lequel s'assurera de leur individualité.

Art. 26. — Tous les délits prévus par la présente loi seront poursuivis
d'office par le Ministère Public, sans préjudice du droit conféré aux parties
lésées par l'article 182 du Code d'instruction criminelle.

Néanmoins, dans le cas de chasse sur le terrain d'autrui sans le consentement
du propriétaire, la poursuite d'office ne pourra être exercée par le Ministère
Public sans une plainte de la partie intéressée, qu'autant que le délit aura été
commis dans un terrain clos, suivant les termes de l'article 2, et attenant à une
habitation, ou sur des terres non encore dépouillées de leurs fruits.

Art. 27. — Ceux qui auront commis conjointement les délits de chasse
seront condamnés solidairement aux amendes, dommages-intérêts et frais.

Art. 28. — Le père, la mère, le tuteur, les maîtres et commettants sont
civilement responsables des délits de chasse commis par leurs enfants mineurs
non mariés, pupilles demeurant avec eux, domestiques ou préposés, sauf tout
recours de droit.

Cette responsabilité sera réglée conformément à l'article 1384 du Code civil,
et ne s'appliquera qu'aux dommages-intérêts et frais, sans pouvoir toutefois
donner lieu à la contrainte par corps.

Art. 29. — (L. 1er mai 1924). *Toute action relative aux délits prévus par la présente loi sera prescrite par le laps d'un an, à compter du jour du délit.*

SECTION IV. — *Dispositions générales.*

Art. 30. — Les dispositions de la présente loi relatives à l'exercice du droit de chasse ne sont pas applicables aux propriétés de la Couronne. Ceux qui commettraient des délits de chasse dans ces propriétés seront poursuivis et punis conformément aux sections II et III.

Art. 31. — Le décret du 4 mai 1812 et la loi du 30 avril 1790 sont abrogés.
Sont et demeurent également abrogés les lois, arrêtés, décrets et ordonnances intervenus sur les matières réglées par la présente loi, en tout ce qui est contraire à ses dispositions.

Chasse illustrée.

Circulaire du 9 mai 1844, du Garde des Sceaux, Ministre de la Justice, aux Procureurs Généraux, concernant la mise à exécution de la loi sur la police de la chasse [1].

M. le Procureur général, l'opinion publique accusait depuis longtemps notre législation sur la chasse de faiblesse et d'insuffisance. Elle demandait contre le braconnage des moyens de répression plus sévères et plus efficaces. Le vœu qu'elle a exprimé a été entendu par le Gouvernement et les Chambres : la loi sur la police de la chasse a été rendue. Si cette loi est exécutée comme elle doit l'être, avec une sage fermeté, elle fera cesser les abus qui excitaient de si vives et de si justes réclamations. Elle sera un bienfait pour la propriété et l'agriculture qui regardent avec raison les braconniers comme l'un de leurs plus redoutables fléaux ; elle préservera le gibier de la destruction complète et prochaine dont il était menacé ; elle aura enfin un résultat moral qui doit l'agrandir et en relever l'importance aux yeux de tous les gens de bien : elle empêchera une classe nombreuse et intéressante de la société de se livrer à des habitudes d'oisiveté et de désordre qui conduisent trop souvent aux crimes. Les fonctions que vous remplissez vous mettent à même de reconnaître et d'apprécier mieux que personne les avantages incontestables de cette loi. Je viens vous prier d'en surveiller l'exécution et vous signaler celles de ses dispositions sur lesquelles votre attention me paraît devoir se fixer plus particulièrement.

La loi est divisée en quatre sections, dont la première renferme toutes les prescriptions relatives à l'exercice du droit de chasse. Cette première partie est celle qui contient les innovations les plus nombreuses et les plus importantes.

L'article premier établit en principe que nul ne pourra chasser, même sur sa propriété, si la chasse n'est pas ouverte, et s'il ne lui a pas été délivré un permis de chasse par l'autorité compétente. Il modifie l'ancienne législation, en ce qu'il exige, pour tous les procédés et moyens de chasse, le permis de l'autorité, qui n'était exigé par le décret du 4 mai 1812 que pour la chasse au fusil ; et afin de qualifier ce permis d'une manière qui en indique la portée, il lui donne le nom de permis de port d'armes de chasse, sous lequel le décret de 1812 le désignait. Pour être fidèle à la pensée de la loi, il faut entendre le mot chasse dans le sens le plus général, et l'appliquer sans distinction à la recherche, à la poursuite de tout animal sauvage ou de tout oiseau. C'est ainsi, au surplus, que ce mot a été entendu par la Cour de Cassation, même sous l'empire de la législation de 1790 et de 1812. Il en résulte que, quel que soit l'animal sauvage ou l'oiseau que l'on chasse, et s'il s'agit d'oiseaux de passage, quels que soient le moyen et le procédé de chasse dont on soit autorisé à se servir, un permis de chasse est nécessaire.

L'article 2 admet une exception au principe général posé dans l'article premier

____

1. Les articles 2, 3, 4, 9, 11, 12, 14, 16 et 22 ont été modifiés et complétés par les textes de la loi du 1er mai 1924 et celle du 23 février 1926. — V. Circulaire du 5 août 1924, p. 254.

il autorise le propriétaire ou possesseur à chasser ou faire chasser en tout temps dans ses possessions attenantes à une habitation et entourées d'une clôture continue faisant obstacle à toute communication avec les héritages voisins.

L'exception est beaucoup plus restreinte qu'elle ne l'était sous l'empire de la loi du 30 avril 1790. Cette dernière loi permettait au propriétaire ou possesseur de chasser en tout temps dans ses bois et dans celles de ses possessions qui étaient séparées des héritages voisins par des murs ou des haies vives, lors même qu'elles étaient éloignées d'une habitation. Dans certains départements, où presque tous les champs sont clos de haies, l'exception détruisait la règle ; d'un autre côté, on a reconnu que la chasse dans les bois à l'époque de la reproduction du gibier était aussi nuisible que la chasse en plaine. On a senti la nécessité de limiter l'exception, autant que possible ; elle n'est donc accordée que pour les possessions attenantes à une habitation, et il faudra encore que ces possessions soient entourées d'une clôture continue, formant obstacle à toutes communications avec les héritages voisins.

J'appelle votre attention sur les termes employés par l'article 2 pour désigner la clôture. Les expressions les plus fortes ont été choisies à dessein, pour bien faire comprendre qu'il ne s'agit pas ici d'une de ces clôtures incomplètes comme on en rencontre beaucoup dans les campagnes, mais d'une clôture non interrompue et tellement parfaite qu'il soit impossible de s'introduire par un moyen ordinaire dans la propriété qui en est entourée[1].

Les modes de clôture ne sont pas les mêmes dans toute la France. Ils sont très nombreux et varient à l'infini, suivant les localités. C'est pour ce motif qu'il a paru nécessaire de ne pas indiquer dans la loi un genre de clôture plutôt qu'un autre, et de se contenter d'une définition qui serve de règle aux tribunaux.

L'article 4 mérite une attention particulière, à cause des innovations graves qu'il introduit dans la législation, et des mesures efficaces qu'il prescrit pour prévenir et réprimer le braconnage.

Sous la législation antérieure, quoique la chasse fût interdite pendant une partie de l'année, le commerce du gibier était permis en tout temps ; les braconniers trouvant toujours à se défaire du produit de leurs délits, exerçaient leur coupable industrie dans toutes les saisons. Le paragraphe premier de l'article 4 détruira cette industrie. Il défend la mise en vente, la vente, l'achat. le transport et le colportage du gibier, dans chaque département, pendant le temps où la chasse n'y est pas permise. Ses termes sont impératifs, absolus. Ils s'appliquent au gibier vendu, acheté ou transporté, quelle qu'en soit l'origine.

Celui qui usera du droit exceptionnel de chasser en temps prohibé sur son terrain, attenant à une habitation et entouré d'une clôture continue, n'aura pas, plus que tout autre, la faculté de vendre ou de transporter son gibier. On a pensé que lui accorder cette faculté, ç'eût été donner à d'autres le moyen d'éluder la loi, ç'eût été rendre illusoire toutes les prohibitions contenues dans l'article 4.

Il est inutile de faire observer que le gibier d'eau et les oiseaux de passage pourront être vendus et transportés pendant le temps où la chasse en sera permise par les arrêtés des Préfets, lors même que la chasse, et conséquemment la vente et le transport du gibier ordinaire, seraient interdits.

Le paragraphe 2 de l'article 4, qui prescrit de saisir le gibier mis en vente, vendu, acheté, colporté ou transporté en temps prohibé et de le livrer immé-

---

1. Voir Circulaire du 5 août 1924, p. 234.

diatement à l'établissement de bienfaisance le plus voisin, a paru le complément nécessaire des dispositions du premier paragraphe de cet article.

La saisie ne présentera ni difficultés, ni inconvénients dans son exécution

La mise en vente, la vente, l'achat, le transport, le colportage du gibier pendant le temps où la chasse n'est pas permise, constituent toujours et nécessairement une infraction à la loi. L'excuse, même celle qui serait fondée sur la provenance légitime du gibier, ne sera jamais admissible.

Le paragraphe 3 de l'article 4 a limité les lieux où le gibier pourra être recherché, aux maisons des aubergistes, des marchands de comestibles, et aux lieux ouverts au public.

Le droit de recherche, ainsi limité, a pu être accordé sans danger aux fonctionnaires chargés de constater les infractions à l'article 4. En effet, le gibier qui sera découvert en temps prohibé, dans les lieux ouverts au public, ne pourra jamais s'y trouver que par suite d'un délit.

Le dernier paragraphe de l'article 4, en défendant de prendre ou de détruire sur le terrain d'autrui des œufs et des couvées de faisans, de perdrix et de cailles, a voulu porter remède à l'un des abus les plus nuisibles à la reproduction du gibier. Il importe que son exécution soit surveillée avec soin. Les articles 3, 5, 6, 7 et 8, règlent tout ce qui concerne l'ouverture, la clôture de la chasse et la délivrance des permis. Les Préfets qui sont chargés spécialement de les exécuter, recevront à ce sujet des instructions particulières de M. le Ministre de l'Intérieur.

L'article 9 prohibe d'une manière formelle tous les genres de chasses, à l'exception de la chasse de jour à tir et à courre, et de la chasse au lapin à l'aide de furets et de bourses. Sans faire une nomenclature qui aurait été impossible, il embrasse dans sa prohibition l'emploi des panneaux et des filets, avec lesquels on détruisait des volées entières de perdreaux, l'usage meurtrier des lacets, des collets, et, en un mot, de tous les instruments de destruction permis par l'ancienne législation, qui ne profitaient qu'aux braconniers.

Enfin, il interdit la plus dangereuse de toutes les chasses, la chasse de nuit qui a été la cause de tant de meurtres et de crimes contre les personnes.

Les dispositions prohibitives contenues dans les deux premiers paragraphes de l'article 9 ont dû recevoir quelques exceptions, sans lesquelles elles auraient été beaucoup trop rigoureuses. Aussi le même article prescrit aux Préfets de prendre des arrêtés pour déterminer : 1º l'époque de la chasse des oiseaux de passage autres que la caille, et les modes et procédés de cette chasse ; 2º le temps pendant lequel il sera permis de chasser le gibier d'eau dans les marais, sur les étangs, fleuves et rivières.

Ainsi les Préfets pourront autoriser la chasse des oiseaux de passage avec les instruments, les procédés usités dans le pays, même avec ceux dont l'usage est prohibé pour la chasse du gibier ordinaire.

La loi de 1790 donnait à tout propriétaire ou possesseur la faculté de chasser sur les lacs et étangs. La loi nouvelle ne lui permet cette chasse que pendant le temps qui sera déterminé par les Préfets. Cette différence entre les deux législations ne vous aura pas échappé.

L'article 15 de la loi de 1790 accordait aux propriétaires, possesseurs ou fermiers, le droit de repousser, même avec des armes à feu, les bêtes fauves qui se répandraient dans leurs récoltes, et celui de détruire le gibier dans leurs terres chargées de fruits en se servant de filets et engins. La loi nouvelle n'a pas voulu leur enlever un droit de légitime défense, commandé par l'intérêt de l'agriculture, et qu'il ne faut pas confondre avec l'exercice de la chasse, mais elle l'a réglé, afin d'empêcher de s'en servir comme d'un prétexte pour chasser dans toutes les saisons. Tel est l'objet de l'un des paragraphes de l'article 9.

Les trois derniers paragraphes de cet article donnent aux Préfets la faculté de prendre des arrêtés : 1º pour prévenir la destruction des oiseaux ; 2º pour autoriser l'emploi des chiens lévriers, pour la destruction des animaux malfaisants ou nuisibles ; 3º pour interdire la chasse pendant les temps de neige.

Les mesures qui ont pour effet de prévenir la destruction des oiseaux ne seront pas nécessaires dans tous les départements ; mais il en est plusieurs où elles seront réclamées dans l'intérêt de l'agriculture, afin d'arrêter la reproduction toujours croissante des insectes nuisibles aux fruits de la terre.

La loi, en prohibant l'usage des filets, a déjà fait beaucoup pour empêcher la destruction des oiseaux. Mais cette interdiction peut n'être pas toujours suffisante. Les Préfets sont autorisés à employer d'autres moyens. Ainsi, par exemple, ils pourront, s'ils le jugent nécessaire, étendre aux œufs et couvées d'oiseaux la défense que le dernier paragraphe de l'article 9 n'a prononcée qu'à l'égard des œufs et couvées de faisans, de perdrix et de cailles.

On aurait pu croire que l'emploi des chiens lévriers n'était pas compris dans les moyens de chasse prohibés. L'avant-dernier paragraphe de l'article 9 lève tout équivoque à cet égard. Il est bien entendu que l'usage des lévriers est interdit s'il n'existe pas un arrêté du Préfet qui l'autorise, et cet arrêté ne peut l'autoriser que pour la destruction des animaux malfaisants.

La chasse pendant les temps de neige, est tellement destructive, qu'il a paru utile de donner aux Préfets le pouvoir de la défendre par des arrêtés.

La seconde section de la loi détermine les peines applicables aux diverses infractions qui y sont énumérées. Ces peines sont : l'amende dans tous les cas, l'emprisonnement facultatif dans des cas spécifiés, la confiscation des instruments du délit et la privation facultative, pendant cinq ans au plus, du droit d'obtenir un permis de chasse. Une disposition formelle défend de modifier les peines par l'application de l'article 463 du Code pénal.

Tous les délits, à l'exception d'un seul qui, à raison de son importance, est l'objet d'un article spécial, sont divisés en deux grandes catégories, dont chacun renferme les faits qui, par leur nature, se rapprochent plus les uns des autres, et ont paru susceptibles d'être soumis à la même pénalité.

Les infractions passibles d'une amende de seize francs au moins et de cent francs au plus, sont rangées dans la première catégorie et forment l'article 11. Vous remarquerez que cet article ne prononce pas l'emprisonnement pour les délits qu'il prévoit. Cette peine ne leur deviendra applicable que dans le cas prévu par le dernier paragraphe de l'article 14. Il faudra que le délinquant soit en récidive et n'ait pas satisfait à une condamnation précédemment encourue.

L'article 12 comprend la seconde catégorie des infractions qui ont paru mériter une peine plus sévère que les délits de la première classe. Ces infractions sont punies d'une amende obligatoire de cinquante à deux cents francs, et d'un emprisonnement facultatif de six jours à deux mois.

Une seule disposition de cet article exige quelques explications ; c'est le paragraphe relatif à ceux qui seront détenteurs, et à ceux qui seront trouvés

Chasse illustrée.
page 129

munis ou porteurs, hors de leurs domiciles, de filets, engins, ou autres instruments de chasse prohibés.

La loi sur la pêche fluviale ne punit que les individus trouvés munis ou porteurs, hors de leurs domiciles, de filets et engins prohibés. La loi sur la chasse va plus loin. Elle punit ceux qui en sont possesseurs et les détiennent dans leurs domiciles. Il a été reconnu qu'une demi-mesure serait insuffisante ; que les braconniers qui font usage de ces immenses filets à l'aide desquels on détruit des compagnies entières de perdreaux, n'auraient jamais l'imprudence de se montrer porteurs, en plein jour, de ces instruments de délits, et que, pour atteindre sûrement le but que l'on devait se proposer, il était nécessaire de rechercher les filets et les engins prohibés jusque dans leurs domiciles. L'exécution de la disposition dont il s'agit ne peut faire craindre d'abus. Les visites domiciliaires, pour constater la détention des instruments de chasse prohibés ne devront avoir lieu, comme pour les délits ordinaires, que sur la réquisition du Ministère Public, et en vertu d'une ordonnance du juge d'instruction.

Le délit de chasse commis sur un terrain attenant à une maison habitée, et entourée d'une clôture telle qu'elle est définie par l'article 2, sort de la classe ordinaire des infractions de ce genre. Lorsqu'il est encore aggravé par la circonstance de la nuit, on doit le punir d'autant plus sévèrement qu'il annonce dans ses auteurs une audace qui ne reculera pas devant des actes de violence et même devant un meurtre. L'article 13, prononce à l'égard de ce délit, des peines qui pourront être portées, suivant les circonstances, jusqu'à mille francs d'amende et à deux ans d'emprisonnement.

L'article 16 a tracé les règles à suivre pour la confiscation des instruments de chasse, la destruction de ceux de ces instruments qui sont prohibés, et ne peuvent jamais servir que pour commettre des délits, et la représentation des armes, filets et engins qui n'ont pu être saisis.

Ses dispositions sont claires et complètes. Je ne ferai sur cet article qu'une seule observation. La peine de la confiscation qu'il prononce ne doit pas être une peine illusoire ; pour qu'elle soit efficace, il faut que les armes et les instruments du délit qui seront déposés au greffe, par suite de la confiscation, ne soient pas des fusils hors de service, des instruments qui n'ont pas pu être employés à commettre le délit. Les agents chargés de verbaliser, en matière de chasse, devront être invités à désigner aussi exactement que possible, les armes et les autres instruments dont les délinquants auront été trouvés porteurs et vos Substituts devront veiller à ce que les jugements qui auront ordonné la confiscation et le dépôt au greffe des objets décrits soient strictement exécutés.

L'examen des diverses pénalités portées dans la loi vous convaincra qu'elles sont graduées suivant le plus ou moins d'importance des faits auxquels elles s'appliquent. Les minimum ont été généralement fixés très bas, afin de laisser aux tribunaux une grande latitude, et de leur permettre de n'infliger qu'une peine légère à ceux qui commettront accidentellement des infractions sans gravité, et que les circonstances rendront excusables. D'après les articles 10 et 19 qui se lient l'un à l'autre, et que, par ces motifs, je n'ai pas séparés dans les observations auxquelles ils donnent lieu, les gratifications qui seront accordées aux gardes et gendarmes rédacteurs des procès-verbaux, seront déterminées par des ordonnances royales, et prélevées sur le produit des amendes.

La loi a voulu assurer le paiement de ces gratifications en attribuant aux gardes et gendarmes un prélèvement sur le produit des amendes qui auront été prononcées par suite de leurs procès-verbaux.

Des mesures seront prises pour que la loi reçoive sur ce point une prompte exécution. Une ordonnance. préparée par les soins de M. le Ministre des Finances règlera la quotité des gratifications et les moyens d'en effectuer le paiement dans le plus bref délai possible.

La troisième section de la loi, relative à la poursuite et au jugement, renferme deux articles que je recommande spécialement à votre attention.

L'article 23 porte que les procès-verbaux des employés des contributions indirectes et des octrois feront foi, jusqu'à la preuve contraire, lorsque, dans la limite de leurs attributions respectives, ces agents rechercheront et constateront les délits prévus par le paragraphe premier de l'article 4, c'est-à-dire la mise en vente, l'achat, le colportage et le transport du gibier en temps prohibé. Les motifs de cette disposition sont évidents. Les infractions dont il s'agit ici ne pourront presque jamais être constatées par les gardes et les gendarmes, appelés par la nature de leurs fonctions à rechercher plutôt les délits de chasse proprement dits qui se commettent au milieu des champs ; mais les préposés des octrois, placés à l'entrée des villes pour surveiller les objets qu'on veut y introduire ; les employés des contributions indirectes, obligés par état, de visiter les auberges et les lieux ouverts au public, pourront, tout en remplissant leur mission, constater sans peine le transport et la vente illicite du gibier. Leur concours était nécessaire à l'exécution d'une partie importante de la loi. Telle est la cause du nouveau pouvoir qui leur a été conféré.

Une remarque essentielle à faire sur l'article 23, c'est que, d'après ses termes, les fonctionnaires qu'il désigne ne pourront verbaliser valablement qu'autant qu'ils agiront dans les limites de leurs attributions ordinaires.

Ainsi, les employés des contributions indirectes, ne pouvant faire de visite chez les aubergistes qui se sont rachetés de l'exercice par un abonnement, n'auront pas le droit de s'y transporter pour y rechercher du gibier en temps prohibé.

L'article 26 contient une dérogation à l'ancienne législation, d'après laquelle les faits de chasse sur le terrain d'autrui ne pouvaient pas être poursuivis d'office par le Ministère Public sans une plainte formelle du propriétaire. A l'avenir, ils pourront l'être dans deux cas : lorsque le délit aura été commis dans un terrain clos, suivant les termes de l'article 2, et attenant à une maison d'habitation ou sur des terres non encore dépouillées de leurs fruits. Les faits de chasse sur le terrain d'autrui ne constituent un délit qu'autant qu'ils ont eu lieu sans le consentement du propriétaire ou de ses ayants-droit. Les Procureurs du Roi ne devront donc user de la nouvelle faculté qui leur est accordée qu'avec une sage réserve.

La quatrième et dernière section, intitulée Dispositions générales, donne lieu à une observation. L'article 30, en déclarant les dispositions de la loi sur l'exercice du droit de chasse non applicables aux propriétés de la Couronne, ordonne que les délits commis sur ces propriétés seront poursuivis et punis conformément aux sections 2 et 3. Avant la loi, il fallait recourir à l'ordonnance de 1669 pour réprimer les délits de chasse commis dans les forêts de la Couronne. Ces délits seront désormais soumis aux règles du droit commun. L'ordonnance de 1669 est abrogée.

Je termine ici les observations que j'avais à vous adresser sur quelques-unes des difficultés que l'interprétation de la nouvelle loi pourra présenter. La pratique fera sans doute naître beaucoup d'autres questions que je n'ai pas examinées. Je suis certain d'avance que, grâce à vos instructions et à la sagesse des tribunaux, ces questions recevront une solution conforme au vœu du législateur.

L'efficacité de la loi dépend surtout de la manière dont elle sera exécutée par les fonctionnaires chargés de constater les délits. Le nombre de ces fonctionnaires est augmenté. Les gendarmes et les gardes seront secondés par de nouveaux et utiles auxiliaires. Si tous ces agents de l'autorité font leur devoir, le but sera atteint.

Le zèle de vos Substituts n'a pas besoin d'être stimulé. Je suis convaincu qu'ils ne négligeront rien pour assurer, en ce qui les concerne, la bonne exécution de la loi, et qu'ils donneront aux fonctionnaires placés sous leurs ordres, qui doivent y concourir avec eux, une impulsion ferme et énergique.

Je vous prie de m'accuser réception de la présente circulaire dont je vous envoie des exemplaires en nombre suffisant pour que vous puissiez en adresser un à chacun de ces magistrats.

Recevez, etc...

Circulaire du 25 juin 1844 de l'Administration des Contributions Indirectes, relative à la constatation des délits de chasse.

D'après l'article 23 de la loi du 3 mai 1844, les employés des contributions indirectes et des octrois sont appelés à rechercher et à constater, dans la limite de leurs attributions respectives, les délits prévus par le § 1er de l'article 4, lequel défend de mettre en vente, de vendre, d'acheter, de transporter et de colporter du gibier pendant le temps où la chasse n'est pas permise.

Le deuxième § du même article 4 porte que, en cas d'infraction à ces dispositions, le gibier sera saisi et immédiatement livré à l'établissement de bienfaisance le plus voisin. Les rédacteurs du procès-verbal requerront à cet effet, soit une ordonnance du juge de paix, si la saisie a été opérée au chef-lieu de canton, soit une autorisation du maire, si le juge de paix est absent ou si la saisie a été déclarée dans une commune autre que celle du chef-lieu de canton.

La recherche du gibier ne pourra être faite à domicile que chez les aubergistes, chez les marchands de comestibles, dans les lieux ouverts au public ; mais les employés ne pourront y procéder, chez les marchands de comestibles et dans les lieux ouverts au public, que s'ils y sont appelés à exercer leurs fonctions pour une autre cause.

Dans l'instruction adressée à MM. les Procureurs Généraux, M. le Garde des Sceaux a fait remarquer que les agents désignés dans l'article 23 ne pouvant verbaliser qu'autant qu'ils agiront dans la limite de leurs attributions ordinaires, les employés des contributions indirectes n'auront pas le droit de se transporter chez les aubergistes abonnés, par le motif que ceux-ci ne sont pas soumis à leurs visites : cette observation a besoin de quelques explications pour être bien entendue et pour éviter toute fausse interprétation en ce qui concerne le cas où les visites sont permises.

Les débitants abonnés ou rédimés sont, en effet, affranchis des exercices, c'est-à-dire des visites journalières au moyen desquelles les employés de la régie suivent la consommation des boissons prises en charge ; mais ils n'en restent pas moins soumis à certaines vérifications, notamment lorsqu'il s'agit de reconnaître les boissons avant la décharge des acquits-à-caution ou de surveiller les cartes à jouer (art. 167 de la loi du 28 avril 1816). Toutefois, comme dans ces circonstances les employés ne doivent pas opérer de recherches dans le domicile du débitant, ils ne pourront pas non plus se livrer à la recherche du gibier, et ce sera seulement dans le cas où il s'en offrirait à leurs regards, sans qu'ils eussent procédé à des perquisitions, qu'ils seront en droit de saisir.

Je dois ajouter que l'affranchissement des exercices ne dispense pas les débitants abonnés ou rédimés de leur surveillance générale des employés : lorsque ces derniers soupçonnent quelque fraude chez ces débitants, ils peuvent avec l'assistance d'un commissaire de police, et après avoir obtenu d'ailleurs, à cet effet, l'autorisation du directeur ou celle d'un employé supérieur du grade de contrôleur au moins, se transporter chez eux afin de s'y livrer à des perquisitions. Or, s'il arrivait que ces perquisitions fissent découvrir du gibier en temps prohibé, il n'est pas douteux que les employés ne pussent également procéder à la saisie.

Le droit de saisir le gibier est incontestable toutes les fois que les employés agissent dans l'exercice de leurs fonctions et dans la limite de leurs attributions ; mais ces conditions étant essentielles pour valider les procès-verbaux qu'ils pourront être dans le cas de rapporter pour saisie de gibier chez les débitants rédimés ou abonnés, ils devront mentionner toujours avec précision l'objet de leur visite.

C'est assez dire que la régie n'entend pas, à l'occasion de la loi nouvelle, et pour mieux en assurer l'exécution, astreindre les débitants abonnés ou rédimés à des visites ou à des perquisitions plus multipliées que ne l'a exigé jusqu'à présent l'intérêt de la perception sur les boissons.

Ces explications ne vous laisseront aucune incertitude sur la nature des attributions déléguées aux employés de la régie par l'article 23 de la loi, pour l'exécution du 3e § de l'article 4.

Vous leur recommanderez aussi de s'assurer, lorsqu'ils assisteront au chargement ou au déchargement des voitures publiques, ou qu'ils les vérifieront aux relais et à l'entrée des villes, s'il ne s'y trouve pas de gibier en temps prohibé ; ils devront également saisir celui que, dans le cours ordinaire de leur surveillance, ils verront transporter (toujours en temps prohibé), mais seulement si le transport a lieu à découvert, et si le délit vient à leur connaissance sans qu'ils aient à fouiller ou à visiter les personnes.

Quant aux employés des octrois, leur action est clairement déterminée : leur fonction ayant principalement pour objet de veiller à ce qu'on n'introduise pas frauduleusement, dans les lieux sujets, des marchandises comprises au tarif de l'octroi, ils n'auront qu'à saisir le gibier lorsqu'ils en découvriront dans leurs vérifications à l'entrée des villes.

Si, pour pratiquer la saisie ou effectuer le transport du gibier à l'établissement de bienfaisance qui sera désigné les employés étaient obligés de faire quelques frais extraordinaires, ils en demanderaient le remboursement au receveur principal sur état certifié, dont vous autoriseriez le paiement et l'inscription au compte des avances provisoires.

Je vous ferai connaître ultérieurement comment ces frais seront remboursés à la recette principale et passés en dépense définitive, soit comme frais de justice, soit à tout autre titre s'il y a lieu.

Le Directeur général :
Signé : BOURSY.

Circulaire du 30 juin 1844 de l'Administration des Douanes, relative à la chasse. Délit, gibier étranger.

Ces propositions intéressantes résultent de la circulaire suivante :

L'article 4 de la loi du 3 mai 1844 sur la police de la chasse est ainsi conçu :

« Dans chaque département, il est interdit de mettre en vente, de vendre,

« d'acheter, de transporter et de colporter du gibier pendant le temps où la
« chasse n'est pas permise. »

La constatation des infractions à cette défense est spécialement confiée,
par les articles 22 et 23 de la loi précitée, aux maires et adjoints, commissaire de police, officier, maréchal des logis ou brigadier de gendarmerie, gendarmes, gardes forestiers, gardes-pêche, gardes champêtres, gardes assermentés des particuliers et employés des contributions indirectes et des octrois ;
les procès-verbaux de ces fonctionnaires et agents sont, pour les cas de l'espèce, seuls admis à faire foi en justice, jusqu'à preuve contraire.

Les préposés de l'Administration des Douanes sans être appelés à prendre
part à l'ensemble de l'exécution de la loi du 3 mai auront cependant à y concourir dans une circonstance importante.

L'interdiction absolue de vente, d'achat, de transport et de colportage de
gibier, dans toute l'étendue du royaume a, en effet, pour conséquence directe
et nécessaire de modifier le tarif des douanes et de constituer une prohibition
périodique et temporaire de l'importation du gibier étranger en France.

Le gibier devra donc suivre, à l'entrée en France, et à la circulation, dans
le rayon frontière, le régime du prohibé, pendant tout le temps où la chasse
ne sera pas permise ; lorsqu'il aura été déclaré au premier bureau d'entrée, la
douane se bornera à en refuser l'admission et à en assurer la réexportation
immédiate, conformément à l'article 4 du titre V de la loi du 22 août 1791.

Mais, à l'égard de tous ceux qui enfreindraient ou tenteraient d'enfreindre
la prohibition on appliquera suivant les cas, soit les dispositions des articles
premier du titre V de la même loi du 22 août 1791, et 10 du titre II de celle
du 4 germinal an II, soit celle des articles 38, 41 et suivants de la loi du 28 avril
1816 et 15 de celle du 27 mars 1817.

Le même principe de prohibition dont le gibier se trouvera frappé à l'entrée,
lui sera également applicable à la sortie ; ainsi s'il était présenté du gibier à la
sortie et si ce gibier était déclaré sous sa véritable dénomination pour l'exportation, dans le temps de la prohibition locale de la chasse, la disposition de
l'article 4 précité du titre V de la loi de 1791 ne permettrait pas aux employés
d'en opérer la saisie, en vertu de la loi générale des douanes ; mais alors ils
devraient faire immédiatement conduire le déclarant devant le maire, lequel
ferait procéder, s'il y avait lieu, contre celui-là, conformément aux prescriptions de la loi du 3 mai 1844.

Je fais observer, en terminant, que, toutes les fois que du gibier sera saisi,
par application de la loi des douanes la confiscation en sera poursuivie et
en devra être prononcée à la requête de l'administration, et que, par une conséquence du même principe la vente devra s'en effectuer à charge de réexportation, la disposition qui était l'objet du 2e § de la loi sur la police de chasse
ne pouvant pas ici, recevoir d'application ; s'il y a lieu à dépérissement de
l'objet, on procédera ainsi qu'il est réglé par le décret du 18 septembre 1811.

Le Directeur général :

Signé : GRETERIN.

**Circulaire de l'Administration des Forêts du 11 décembre 1844,
relative à la détention d'engins et de pièges par les Lieutenants
de Louveterie.**

Le Directeur Général porte à la connaissance des Conservateurs et des Lieutenants de Louveterie qu'il résulte des explications fournies par le Ministre de la
Justice que la loi du 3 mai 1844 n'a apporté aucune modification au service des
Lieutenants de Louveterie. Ces Officiers pourront être munis des engins et pièges
nécessaires pour prendre les bêtes fauves. Le délit ne commencerait pour eux
que s'ils s'en servaient pour se livrer à la chasse du gibier.

**Ordonnance du 21 décembre 1844-20 janvier 1845[1],
concernant la nomination des Lieutenants de Louveterie.**

Louis Philippe etc.....

Vu notre ordonnance du 14 septembre 1830 ;
Sur le rapport de notre Ministre Secrétaire d'État des Finances ;
Avons ordonné : etc...

ARTICLE PREMIER. — A l'avenir, les Lieutenants de Louveterie seront nommés
par Nous, sur la présentation de notre Ministre des Finances.

**Ordonnance du 20 juin-12 juillet 1845, relative à la chasse
dans les forêts domaniales.**

Louis Philippe, etc...

ARTICLE PREMIER. — A l'avenir le droit de chasse dans les forêts domaniales
sera affermé, soit par adjudication aux enchères et à l'extinction des feux, soit
par adjudication au rabais, soit enfin sur soumissions cachetées, suivant que
les circonstances l'exigeront.

ART. 2. — Les baux pourront être consentis pour une durée de neuf années.

ART. 3. — Un cahier des charges approuvé par notre Ministre des Finances,
réglera les conditions auxquelles les fermiers seront assujettis. — Il devra contenir les dispositions nécessaires à l'effet d'assurer la destruction des animaux
nuisibles tant dans l'intérêt de la conservation des forêts qu'en vue de préserver
de tous dommages les propriétés particulières.

ART. 4. — *Les fermiers de la chasse, ainsi que leurs associés, seront tenus de
concourir aux chasses et battues qui seront ordonnées par les Préfets pour la destruction des animaux nuisibles.*

ART. 5. — Notre ordonnance du 14 septembre 1830, sur la surveillance de
la police des chasses dans les forêts de l'Etat, continuera à recevoir son exécu-

1. Abrogée. Remplacée par l'Arrêté du 3 mai 1852.

tion. — Néanmoins, *le droit de chasse à courre, attribué dans ces forêts aux Lieutenants de Louveterie, sera restreint à la chasse du sanglier et ne pourra être exercé que pendant le temps où la chasse est permise.*

Ordonnance du 20 juin-12 juillet 1847, relative à la destruction des animaux nuisibles dans les forêts domaniales.

Ordonnance du Roi relative à la chasse dans les forêts domaniales, maintenant les prescriptions de l'ordonnance des 24 juillet-18 août 1832, sur la destruction des animaux nuisibles dans les forêts domaniales affermées.

Circulaire du 11 octobre 1850, relative aux battues dans les bois soumis au régime forestier.

Le Ministre des Finances, interprétant le règlement sur la destruction des animaux nuisibles, a décidé, le 12 septembre 1850, que les Préfets peuvent ordonner d'office des battues aux loups, même dans les bois soumis au régime forestier, sauf à en donner avis aux agents forestiers et aux Lieutenants de Louveterie. Lors donc qu'un arrêté aura été notifié au Conservateur, si cet arrêté désigne le Lieutenant, vous aurez à vous concerter avec lui, comme le prescrit l'article 11 de l'ordonnance du 20 août 1814. Si cet arrêté ne désigne pas le Lieutenant de Louveterie, vous aurez à faire diriger la battue par un agent forestier qui se concertera avec les maires, comme le prescrit l'article 4 de l'arrêté du 19 Pluviôse an V. — Si l'arrêté était notifié directement au chef de service local, celui-ci devrait considérer cette notification comme régulière et se conformer aux dispositions ci-dessus, sauf à rendre compte des mesures qu'il aurait prises.

25 mars 1852. Décret sur la décentralisation administrative et relatif à la nomination des Lieutenants de Louveterie.

Art. 5. — Les Préfets nomment directement, sans l'intervention du gouvernement et sur la présentation des divers chefs de service, aux fonctions et emplois suivants :

... 17° les Lieutenants de Louveterie.

Art. 6. — ... Ceux de ces actes qui donneraient lieu aux réclamations des parties intéressées pourront être annulés ou réformés par les Ministres compétents.

3 mai 1852. Arrêté du Ministre des Finances pour l'exécution du décret précédent.

Article premier. — La nomination des Lieutenants de Louveterie a lieu sur l'avis du Conservateur des Eaux et Forêts.

Art. 2. — Le nombre des emplois de Lieutenants de Louveterie est fixé par le Préfet, sur la proposition du Conservateur. Toutefois, ce nombre ne pourra excéder celui des arrondissements de sous-préfecture, à moins de circonstances exceptionnelles qui seront soumises à l'appréciation du Directeur Général des Forêts.

Art. 7. — Les nominations des Lieutenants de Louveterie sont portées immédiatement par les Préfets à la connaissance du Ministre des Finances.

Décret du 13 avril 1861, sur la décentralisation administrative.

Les Sous-Préfets statueront désormais, soit directement, soit par délégation des Préfets, sur les affaires qui, jusqu'à ce jour, exigeaient la décision préfectorale et dont la nomenclature suit :

12° Autorisation des battues pour la destruction des animaux nuisibles dans les bois des communes et des établissements de bienfaisance.

Circulaire du Directeur Général des Forêts, du 18 novembre 1861, à la suite de l'arrêt rendu dans l'affaire Duplessis concernant les « chasses officielles » des Lieutenants de Louveterie.

Monsieur le Conservateur,

Un arrêt de la Cour de Cassation du 6 juillet dernier, vient de fixer la jurisprudence sur la portée des dispositions de l'ordonnance royale du 14 septembre 1830, qui confère à l'Administration des Forêts la surveillance et la police de la chasse et de la Louveterie dans les bois appartenant à l'État.

Il s'agissait de savoir si les Lieutenants de Louveterie ont le droit : 1° de procéder dans ces bois à des chasses *particulières* [1] aux loups et autres animaux nuisibles, malgré l'opposition des agents forestiers locaux, à la seule condition d'informer ces agents des jours où les chasses projetées auraient lieu ; — 2° d'appeler à ces chasses, de leur seule autorité, des auxiliaires en tel nombre qu'ils jugent convenable, en sus du piqueur et des valets compris dans l'équipage qu'ils doivent entretenir.

Contrairement à la décision du tribunal correctionnel de Rennes, la Cour Impériale de la même ville s'était prononcée pour l'affirmative par un arrêt du 15 février 1861. — Sur le pourvoi de l'Administration des Forêts, la Cour de Cassation (ch. crim.) a cassé cet arrêt. La Cour d'Angers, saisie de l'affaire sur le renvoi de la Cour de Cassation, a, par un arrêt du 27 septembre dernier, donné une nouvelle consécration à ces principes qui devront servir à l'avenir de règle dans les rapports entre les agents forestiers et les Lieutenants de Louveterie.

L'Administration ne pourrait agir autrement sans provoquer des réclamations de la part des adjudicataires du droit de chasse dans les forêts domaniales, qui sont généralement portés à considérer comme une atteinte à leur droit toute chasse particulière aux animaux nuisibles, exécutée par les Officiers de Louveterie en dehors des cas de nécessité dûment reconnue. — L'Administration, M. le Conservateur, apprécie les services rendus par les Lieutenants de Louveterie, elle n'entend nullement restreindre leurs prérogatives, elle ne veut que les maintenir dans les limites tracées par les règlements et par le

---

1. A prendre dans le sens « Chasse officielle ».

respect du droit des tiers. Les agents forestiers ne devront donc s'opposer, ni aux chasses particulières[1] dont l'utilité serait justifiée, ni à l'admission des auxiliaires réellement indispensables aux Louvetiers pour en assurer le succès. Quant au jour où les chasses auront lieu, ils devront être fixés de manière à ce que le service forestier n'ait point à en souffrir.

Il vous appartient, M. le Conservateur, de statuer sur les réclamations qui pourraient être formées par les Officiers de Louveterie contre les oppositions mises par les agents forestiers locaux à l'exécution des chasses projetées. — En cette matière, le recours à l'autorité préfectorale ne serait ouvert qu'autant que les Louvetiers demanderaient à substituer une battue à une chasse particulière à laquelle les agents forestiers se seraient opposés. Par une circulaire du 11 octobre 1850, n° 660, l'Administration vous a donné des instructions au sujet des battues ordonnées dans les bois soumis au régime forestier. Les règlements rappelés dans cette circulaire ont été modifiés par un décret du 13 avril 1861, qui confère aux Sous-Préfets le droit de statuer soit directement, soit par délégation du Préfet sur les autorisations de battues pour la destruction des animaux nuisibles dans les bois des communes et des établissements publics.

Il n'est rien innové en ce qui concerne les battues dans les bois de l'État. MM. les Préfets ont seuls qualité pour les autoriser par application de l'article 3 de l'arrêté du 19 Pluviôse an V et du paragraphe 11 du règlement du 20 août 1814. Les autorisations de cette espèce devront faire l'objet d'arrêtés spéciaux. Il résulte en effet des instructions consignées dans une lettre de Son Excellence le Ministre de l'Intérieur du 13 décembre 1860, que MM. les Préfets ne peuvent par des arrêtés de principe, autoriser les Lieutenants de Louveterie à détruire les loups et autres animaux nuisibles en tout temps et en tous lieux sans être astreints à recourir chaque fois à l'autorisation administrative.

VICAIRE.

Circulaire du 15 avril 1862, du Ministre de l'Intérieur, relative à la vente et au colportage des animaux nuisibles[2].

Un certain nombre de chasseurs m'ont soumis des observations au sujet des conséquences excessives que leur paraît pouvoir entraîner le silence gardé par quelques Préfets, dans leurs arrêtés réglementaires, en ce qui touche le transport des animaux malfaisants ou nuisibles détruits dans les traques ou battues, ou dans les conditions spécialement autorisées.

Ainsi que vous le savez, Monsieur le Préfet, la Cour de Cassation a décidé, par un arrêt du 23 juillet 1858, que la prohibition de transport, colportage ou vente ne doit s'appliquer qu'aux animaux malfaisants ou nuisibles, ayant le caractère de gibier et pouvant être livrés à la consommation. Il résulte naturellement de cette distinction que les autres animaux tels, par exemple, que les loups renards, etc., ne sont point atteints par la prohibition qui frappe les premiers.

Quant aux animaux ayant le caractère de gibier, ils ne sauraient, il est vrai, aux termes de la loi, être colportés ni vendus ; mais il est de jurisprudence administrative de ne point empêcher qu'ils soient transportés pour y être consommés au domicile des chasseurs qui ont pris part à la traque ou battue

---

1. A prendre dans le sens de « Chasses officielles ».

2. Abrogée. — V. *infra*, p. 180.

dans laquelle ces animaux ont été détruits. Vous pourrez donc, Monsieur le Préfet, chaque fois que vous prendrez un arrêté pour ordonner une battue, y introduire une disposition spéciale relative à la manière dont pourront être utilisés les animaux détruits.

En ce qui touche spécialement les lapins de garenne[1], ces animaux ayant été reconnus essentiellement malfaisants ou nuisibles, et leur nombre en faisant dans certaines contrées un véritable fléau, il a été décidé, entre M. le Garde des Sceaux et moi, que le colportage et la vente des lapins pourraient être exceptionnellement autorisés dans les départements où cette mesure paraîtrait nécessaire.

Dans le cas où vous jugeriez opportun, Monsieur le Préfet, de réclamer pour votre département, comme l'ont fait déjà plusieurs de vos collègues, l'application de la même exception, vous auriez, après avoir pris l'avis du Conseil Général, à m'adresser des propositions motivées auxquelles il serait donné ultérieurement telles suites qu'il conviendrait.

Recevez, etc...

Circulaire du Ministre de l'Intérieur, du 1ᵉʳ mars 1865, relative aux chasses et battues faites aux animaux nuisibles.

Monsieur le Préfet,

L'attention de l'Administration a plusieurs fois été appelée sur les abus auxquels donnent lieu les autorisations permanentes ou temporaires de procéder à des chasses ou battues qui ne sont pas suffisamment motivées et qui ont lieu à l'aide du fusil, avec ou sans chien. On s'est plaint de ce que ces autorisations, même lorsqu'il s'agit de la destruction des lapins, couvrent souvent un véritable privilège en faveur de quelques chasseurs qui en profitent pour détruire des lièvres, des chevreuils ou toute espèce de gibier. On a signalé d'autre part, les inconvénients qui résultent de l'emploi du fusil et des chiens pendant l'époque de la reproduction, le bruit du fusil trouble les nichées de perdrix ou de faisans et éloigne les couveuses de leur nid, et effarouche éga· lement les chevreuils et les lièvres. Les chiens ne se bornent pas à inquiéter le gibier, ils en détruisent une grande quantité. Il est à peu près certain, d'après les renseignements que j'ai recueillis, qu'il faut attribuer à ces chasses autoririsées hors de saison la destruction progressive du gros gibier dans les départements réputés naguère pour être les plus giboyeux de la France.

Les diverses réclamations qui m'ont été adressées au sujet des abus commis sous prétexte de destruction des animaux nuisibles, me déterminent à rappeler à votre attention, Monsieur le Préfet, les règles qui doivent être observées en cette matière.

L'article 9 de la loi du 3 mai 1844 permet au propriétaire, possesseur ou fermier, de détruire sur ses terres et par les moyens autorisés dans l'arrêté réglementaire en vigueur dans chaque département, les espèces d'animaux malfaisants ou nuisibles désignés dans cet arrêté ; ce même article autorise également le propriétaire, possesseur ou fermier à repousser et à détruire, même avec les armes à feu, les bêtes fauves qui porteraient dommage à ses propriétés. D'un autre côté, l'arrêté du 19 Pluviôse an V permet aux autorités départementales d'autoriser et de prescrire au besoin des chasses ou des battues,

1. Abrogée par circulaire du 16 décembre 1922 — Transport libre : Voir *infra*, p. 238.

lorsque la présence des loups ou autres animaux nuisibles est dangereuse pour les terres et les biens dans lesquels ces animaux se sont multipliés.

Le législateur a donc voulu, d'une part, réserver au propriétaire un droit de légitime défense commandé par l'intérêt de l'agriculture et de sa propre sécurité : il a voulu, d'autre part, faciliter les moyens de destruction des animaux nuisibles, répandus dans toute une contrée. Mais il ne faut pas perdre de vue les conditions que la loi a posées afin d'éviter que le droit de destruction ne pût servir de prétexte pour chasser dans toutes les saisons, et c'est aux administrations départementales qu'il appartient surtout de veiller à ce que l'esprit de la législation ne soit point faussé à cet égard.

Je vous prie, en conséquence, Monsieur le Préfet, de supprimer s'il y a lieu, dans votre département, les autorisations permanentes ou temporaires qui pourraient avoir été concédées, et de ne plus accorder à l'avenir d'autorisations de procéder à des chasses ou battues que dans le cas où la nécessité en serait bien démontrée, et sous la condition que ces chasses seront dirigées par un Officier de Louveterie et opérées, ainsi que les battues, sous la surveillance spéciale de l'Administration des Forêts.

Si dans votre département la destruction des lapins était autorisée d'une manière permanente, au moyen du fusil, vous voudriez bien rapporter la disposition qui aurait admis cette tolérance et limiter les moyens de destruction des lapins à l'emploi des bourses et des furets, l'usage du fusil devant être réservé pour les chasses ou battues autorisées exceptionnellement sous les conditions indiquées plus haut.

En résumé, je vous invite, Monsieur le Préfet, à réviser vos arrêtés relatifs à la police de la chasse de manière à assurer aux propriétaires, possesseurs ou fermiers, la protection que la loi a consacrée à leur profit, mais en écartant de ces arrêtés toutes dispositions qui seraient de nature à perpétuer les abus que je viens de vous signaler.

Vous voudrez bien me rendre compte de la suite que vous auriez jugé convenable de donner aux instructions qui précèdent.

Recevez, etc...

Boudet.

Circulaire du Ministre de l'Intérieur, du 11 avril 1865,
sur le même sujet.

Monsieur le Préfet,

La circulaire du 1er mars dernier, relative à la police de la chasse, ayant donné lieu à certaines observations, de nature à faire supposer que les instructions qu'elle renferme ont été interprétées dans un sens trop restrictif, il m'a paru nécessaire de vous adresser à cet égard quelques observations complémentaires.

En vous recommandant de supprimer les autorisations permanentes ou temporaires qui auraient été concédées dans votre département, dans le but de détruire, au moyen du fusil, les animaux malfaisants ou nuisibles, l'administration a voulu seulement prévenir les abus auxquels donnait trop souvent lieu le droit de destruction par les armes à feu, accordé d'une manière permanente ou pour une période de temps qui rendrait toute surveillance impossible à exercer. Mais elle n'a point entendu, surtout en ce qui concerne la destruction des lapins, enlever complètement aux Préfets la faculté d'autoriser l'emploi du fusil pendant un ou plusieurs jours successifs, du moment que la surveillance serait confiée à un agent de l'Administration des Forêts ou à tout autre agent de l'autorité.

Les permissions spéciales que vous croiriez devoir aussi délivrer dans l'intérêt de l'agriculture, pourraient même, lorsque la multiplication des lapins vous aurait paru l'exiger, avoir une durée de huit jours et pourraient en outre être renouvelées si la nécessité vous en était démontrée.

Enfin, quant aux chasses spéciales, ayant pour but la destruction des gros animaux malfaisants ou nuisibles, il est recommandé que les Officiers de Louveterie en aient autant que possible la direction. Il peut se présenter toutefois des circonstances ou des autorisations exceptionnelles seraient accordées utilement à des propriétaires, possesseurs ou fermiers, pour l'organisation particulière de chasses aussi bien que de battues, et les unes après les autres dans les conditions réglementaires.

Il résulte, Monsieur le Préfet, des explications qui précèdent, qu'en cessant d'user de la faculté d'autoriser la destruction permanente par le fusil, faculté qui a donné naissance à des abus contre lesquels se sont élevées de nombreuses réclamations, vous conservez néanmoins le moyen de satisfaire à toutes les demandes qui vous paraîtront justifiées au point de vue des intérêts généraux ou particuliers.

Recevez, etc...

Le Ministre de l'Intérieur,
LAVALETTE.

Circulaire du 30 janvier 1874, du Ministre de l'Intérieur, relative à la loi du 22 janvier 1874, modifiant les articles 3 et 9 de la loi du 3 mai 1844, sur la police de chasse.

Monsieur le Préfet,

Le 22 janvier courant, l'Assemblée Nationale a voté un projet de loi modifiant les articles 3 et 9 de la loi du 3 mai 1844.

Je rappellerai succinctement les motifs qui ont déterminé mon Département à provoquer ces modifications.

L'article 3 de la loi de 1844 avait conféré aux Préfets le droit de déterminer l'époque de l'ouverture et celle de la clôture de la chasse dans chaque département, et l'Administration avait considéré cette disposition comme impliquant pour les Préfets la faculté de prolonger, après la clôture de la chasse à tir, l'exercice de la chasse à courre, à cor et à cris. Mais la Cour de Cassation, dans un arrêt du 16 mars 1872 n'a pas admis cette interprétation. La nouvelle rédaction de l'article 3 a eu pour objet de conférer aux Préfets le droit de distinguer entre les différentes ouvertures et fermetures de la chasse, soit à tir, soit à courre, à cor et à cris. Vous pourrez en conséquence, à l'avenir, ne prononcer que la clôture de la chasse à tir, en laissant la chasse à courre ouverte pendant le temps qui sera jugé nécessaire.

Je ferai remarquer à ce sujet que, bien que la loi n'exige pas le concours du Conseil Général pour la décision que vous aurez à prendre, il me paraîtrait utile cependant de le consulter préalablement, lorsque vous jugerez à propos de prolonger la chasse à courre au-delà du terme fixé pour la clôture de la chasse à tir ; et c'est sous la réserve que cette assemblée n'aurait point émis de vote contraire à cette prolongation que je vous autorise à prendre cette année, un arrêté spécial prorogeant l'ouverture de la chasse à courre, à cor et à cris, pour le cas où la clôture générale prononcée par votre récent arrêté ne serait pas déjà effectuée, lorsque vous recevrez la présente instruction ; sinon il s'agirait d'une ouverture spéciale, qui ne pourrait légalement être prononcée que par un arrêté publié au moins dix jours à l'avance. Vous aurez soin de me tenir informé de votre détermination sur ce point.

En ce qui touche l'article 9 de la loi du 3 mai 1844, la loi des 22-24 de ce mois y a fait subir deux modifications. La première est la conséquence du système des ouvertures et des clôtures de chasse distinctes, soit à tir, soit à courre, à cor et à cris, que le nouvel article 3 permet de fixer à des époques différentes, contrairement à la jurisprudence de la Cour de Cassation. La deuxième modification a eu pour but d'attribuer aux Préfets le droit de dresser la nomenclature des espèces d'oiseaux de passage qu'il permettra de chasser au moyen de modes et procédés exceptionnels. Cette addition à la loi de 1844 était nécessitée par l'interprétation que la Cour de Cassation a donnée à l'ancien texte de l'article 9, par son arrêt du 22 février 1868, qualifiant d'illégale l'énumération limitative des espèces d'oiseaux dont il s'agit. L'Assemblée Nationale a reconnu que les Préfets étant appelés par la loi de 1844 à déterminer l'époque de la chasse des oiseaux de passage, autres que la caille, et les modes et procédés de cette chasse, qui varient selon les espèces, il y avait lieu de faire disparaître toute équivoque à ce sujet, et elle a consacré une faculté qui n'avait jamais été l'objet d'un doute pendant vingt-quatre ans.

Vous remarquerez d'ailleurs, et j'insiste sur ce point, que l'esprit de la rédaction nouvelle de l'article 9, concernant la chasse exceptionnelle des oiseaux de passage, est en complète harmonie avec l'autre disposition du même article qui autorise les Préfets à prendre des arrêtés « pour prévenir la destruction des oiseaux », L'Assemblée Nationale en maintenant cette dernière disposition dans la loi nouvelle, l'a corroborée en y ajoutant ces mots : « ou pour favoriser leur repeuplement ».

Vous ne perdrez pas de vue, Monsieur le Préfet, que, lorsqu'il s'agit d'autoriser l'emploi d'engins spéciaux pour la chasse des oiseaux de passage, votre action est limitée d'un côté par le vote du Conseil Général, que comporte ce même article de la loi, et, de l'autre, par la nomenclature des espèces reconnues oiseaux de passage dans un travail du Museum, nomenclature qui fait l'objet des instructions du Ministre de l'Intérieur, en date du 28 août 1861.

Lorsqu'il s'agit, au contraire, de protéger des oiseaux utiles à l'agriculture ou de favoriser leur repeuplement, vous n'avez à prendre conseil que de vous-même, et vous êtes autorisé, aux termes du paragraphe précité de l'article 9, à ne permettre que la chasse à tir et à courre, et, en outre, à défendre, même en temps de chasse ouverte, la destruction de telle ou telle espèce d'oiseaux reconnue essentiellement insectivores.

Je vous recommande, Monsieur le Préfet, de vous bien pénétrer des principes que je viens de rappeler, afin d'éviter que les pouvoirs qui vous ont été confiés par la loi nouvelle, en ce qui concerne les chasses exceptionnelles, ne favorisent la destruction des oiseaux utiles à l'agriculture. Vous voudrez bien, d'ailleurs, me soumettre comme par le passé, toutes propositions tendant à modifier la réglementation permanente qui régit la police de la chasse dans votre département.

Recevez, etc....

Circulaire du 21 mars 1874, du Ministre de la Justice, aux Procureurs Généraux, relative à la vente et au transport des sangliers[1].

Monsieur le Procureur Général, par une circulaire du 7 de ce mois, M. le Ministre de l'Intérieur a fait connaître aux Préfets que, pour répondre aux vœux de l'agriculture et du commerce, il autorisait à l'avenir, pendant la fermeture de la chasse, le transport, la vente et le colportage des sangliers tués dans les battues régulièrement effectuées, pourvu que chaque envoi soit accompagné d'un certificat de provenance et d'une autorisation de transport délivrée par le Préfet du département ou les Sous-Préfets des arrondissements où les battues auraient eu lieu.

Préalablement consulté par mon collègue, j'ai donné mon adhésion à cette décision. Je vous prie, en conséquence, de vouloir bien inviter vos Substituts à ne pas donner suite aux procès-verbaux qui auraient pu être dressés par erreur en cette matière.

Je vous prie de bien vouloir m'accuser réception de la présente circulaire.

Recevez, etc...

Les fonctions de Lieutenant de Louveterie ne peuvent être conférées à un étranger.

Paris, le 1er juin 1877.

Monsieur le Conservateur, la lettre suivante, adressée, à la date du 27 avril 1877, par M. le Garde des Sceaux, Ministre de la Justice et des Cultes, à M. le Ministre des Finances, résout une question qui avait donné lieu jusqu'à ce jour à de nombreuses controverses.

Elle établit que, sans être des fonctions publiques proprement dites, les fonctions de Lieutenant de Louveterie se rattachent néanmoins à un service public, qu'elles constituent par cela même, au profit de ceux qui les exercent, un véritable droit politique, et qu'elles ne peuvent dès lors être conférées à un étranger.

Ce principe devra vous servir de règle chaque fois que vous aurez à adresser des propositions aux Préfets en exécution de l'article premier de l'arrêté ministériel du 3 mai 1852.

« M. le Ministre, et cher Collègue, par votre lettre du 4 janvier dernier, vous m'avez fait l'honneur de me consulter sur le point de savoir si les fonctions de Lieutenant de Louveterie peuvent être exercées par un étranger. »

Les doutes qui s'élèvent sur cette question proviennent de la nature toute spéciale de ces fonctions. Il est certain, en effet, que les Lieutenants de Louveterie ne sont pas délégataires d'une portion importante de la puissance publique. C'est ce que la Cour de Cassation a reconnu en décidant, par un arrêt rendu le 21 janvier 1837, que l'article 75 de la Constitution de l'an VIII n'était pas

---

1. Abrogée par circulaire 16 juin 1881, p. 145.

applicable à ces agents et qu'ils pouvaient être poursuivis sans l'autorisation du Conseil d'État. Toutefois, il ne faut pas étendre la portée de cette décision judiciaire ancienne au delà des limites de la question même qu'elle a pour but de résoudre.

Il convient d'examiner à quelles obligations les Lieutenants de Louveterie sont soumis en cette qualité et de quels droits spéciaux ils jouissent.

Lorsque les battues sont ordonnées pour la destruction des animaux nuisibles, ce sont eux qui fixent le jour et le lieu où elles seront faites ; c'est à eux qu'il appartient de les diriger, ils ont le droit de suivre les chasses organisées même dans les propriétés privées et sur les terres arables ; enfin pour maintenir leurs équipages en haleine, ils ont le droit de chasser deux fois par mois le sanglier dans les forêts domaniales.

Ce rôle déjà important par lui-même, peut encore le devenir davantage dans certaines circonstances. Il a été jugé par un arrêt du 21 janvier 1864 que les Préfets peuvent autoriser d'une façon générale un certain nombre de battues ; c'est alors le Lieutenant de Louveterie qui organise lui-même ces battues, sans avoir à demander une permission spéciale pour chacune d'elles.

En dehors même de ce cas, ce sont en général les Lieutenants de Louveterie qui provoquent les arrêtés d'autorisation ; c'est donc à eux que s'adressent le plus souvent, les autorités municipales et les particuliers dont les récoltes sont ravagées par les animaux nuisibles. Il peut arriver ainsi que l'exercice des fonctions de Louvetier confère une véritable autorité et soit l'occasion d'une influence sérieuse.

C'est ce qui adviendra pour ceux de ces Officiers qui s'emploient avec un zèle particulier, à délivrer les populations d'incursions dommageables, surtout s'ils habitent les régions montagneuses et forestières où les animaux nuisibles et dangereux sont plus nombreux et plus difficiles à détruire.

La Louveterie constitue donc un véritable service public ; les Lieutenants de Louveterie, sous le contrôle des Préfets et des agents forestiers, sont préposés à la destruction des animaux nuisibles et sont investis, à cet effet, de privilèges particuliers tels que le droit fort important de chasser sur les propriétés privées, ce qui ne peut se concevoir qu'à raison de l'intérêt général au nom duquel ils agissent ; ce sont des agents auxiliaires investis d'un pouvoir restreint, mais réel, et ayant une mission d'ordre public.

Or, il est de principe que les Français seuls peuvent être chargés d'une fonction se rattachant à un service public, je ne crois donc pas qu'il soit légalement possible, en l'absence d'un texte dérogeant formellement à cette règle en faveur des Lieutenants de Louveterie, de conférer ces fonctions à un étranger : si l'admission de l'étranger au domicile en France peut lui faire acquérir les droits civils, elle ne saurait lui attribuer un droit politique, et c'est un véritable droit politique que celui de participer, même dans une mesure restreinte, à un service public. »

Agréez, Monsieur le Ministre et cher collègue, etc...

Le Garde des Sceaux,
Ministre de la Justice et des Cultes,

Signé : L. MARTEL.

Recevez, Monsieur le Conservateur, etc...

  Le Directeur Général,

   Signé : FARÉ.

page 145.

Circulaire du 16 juin 1881, du Ministre de l'Intérieur, relative à la vente et au colportage libres du sanglier.

Par une circulaire du 7 mars 1874, un de mes prédécesseurs vous a fait connaître que, sur l'avis favorable de M. le Ministre de la Justice, il avait décidé que le transport, la vente, et le colportage des sangliers pourraient s'effectuer pendant la fermeture de la chasse, sous la condition que chaque envoi serait accompagné d'un certificat de provenance et d'une autorisation de transport délivrée par vous ou par MM. les Sous-Préfets. En admettant ce tempérament à la rigueur du principe posé dans l'article 4 de la loi du 3 mai 1844, l'Administration avait en vue de créer une ressource au commerce et à l'alimentation ; ses prévisions se sont réalisées.

La tolérance dont il s'agit n'ayant donné lieu à aucun inconvénient, j'ai cru devoir, après m'être concerté avec M. le Ministre de la Justice, décider qu'elle s'appliquera à l'avenir au transport, à la vente et au colportage des sangliers tués comme animaux nuisibles soit dans une battue, soit isolément, sans qu'il soit nécessaire de se pourvoir d'un certificat de provenance ni d'une autorisation de transport. Je n'ai pas besoin d'ajouter que cette tolérance doit *à fortiori* s'appliquer au cas où le sanglier proviendrait de l'étranger et que nulle difficulté ne devra être opposée à son introduction sur notre territoire.

Loi des 3-4 août 1882, relative à la destruction des loups. — Primes.

ARTICLE PREMIER [1]. — Les primes pour la destruction des loups sont fixées de la manière suivante :

    100 francs par tête de loup ou de louve non pleine ;
    150 francs par tête de louve pleine ;
    40 francs par tête de louveteau.

Est considéré comme louveteau l'animal dont le poids est inférieur à 8 kilogrammes.

Lorsqu'il sera prouvé qu'un loup s'est jeté sur des êtres humains celui qui le tuera aura droit à une prime de 200 francs.

ART. 2. — Le paiement des primes pour la destruction des loups est à la charge de l'État.

Un crédit spécial est ouvert à cet effet au budget du Ministère de l'Agriculture.

ART. 3. — L'abatage sera constaté par le maire de la commune sur le territoire de laquelle le loup aura été abattu.

ART. 4. — La prime sera payée au plus tard le quinzième jour qui suivra la constatation de l'abatage.

ART. 5. — Un règlement d'administration publique déterminera les formalités à remplir pour la constatation de l'abatage par l'autorité municipale, ainsi que pour le paiement des primes.

ART. 6. — La loi du 10 messidor an V est et demeure abrogée.

Décret du 28-29 novembre 1882, portant règlement d'administration publique, pour l'exécution de la loi du 3 août 1882, relative à la destruction des loups.

Le Président de la République Française,
Sur le rapport du Ministre de l'Agriculture ;

1. Art. modifié par la loi de finances du 31 mars 1903. — Voir *infra*, p. 161.

Vu la loi du 3 août 1882, et notamment l'article 5 ainsi conçu :

« Un règlement d'administration publique déterminera les formalités à remplir pour la constatation de l'abatage par l'autorité municipale ainsi que le paiement de la prime ». Vu la loi du 28 septembre 1791, 6 octobre 1791, tit. 2, art. 13 ;

Le Conseil d'État entendu, décrète :

Article premier. — Quiconque a détruit un loup, une louve ou un louveteau et réclame l'une des primes mentionnées dans l'article 3 de la loi du 3 août 1882, doit dans les vingt-quatre heures qui suivent la destruction de l'animal en faire la déclaration au maire de la commune sur le territoire de laquelle il a été détruit. La demande de prime doit être faite sur papier timbré.

Le réclamant doit, en même temps représenter le corps entier de l'animal couvert de sa peau et le déposer au lieu désigné par le maire pour faire les vérifications nécessaires.

Art. 2. — Le maire procède immédiatement aux constatations et en dresse le procès-verbal.

Art. 3. — Le procès verbal mentionne :

1º La date et le lieu de l'abatage ou, en cas d'empoisonnement, le jour et le lieu où l'animal a été trouvé ;

2º Le nom et le domicile de celui qui a tué ou empoisonné le fauve.

3º Le poids lorsqu'il s'agit d'un louveteau ;

4º Le sexe et le nombre des petits composant la portée, si c'est une louve pleine ;

5º Les preuves, s'il y a lieu, que l'animal s'est jeté sur des êtres humains.

Le procès-verbal indique en outre que l'animal a été présenté, couvert de sa peau.

Art. 4. — Après la constatation, celui qui a détruit l'animal est tenu de le dépouiller ou faire dépouiller ; il peut réclamer la peau, la tête et les pattes.

Par ordre et sous la surveillance du maire ou de son suppléant, le corps du fauve dépouillé est ensuite enfoui dans une fosse ayant au moins 1m35 de profondeur.

Toutefois, s'il existe dans la commune ou dans un rayon de 4 kilomètres un atelier d'équarrissage autorisé, l'animal peut y être transporté.

Le procès-verbal mentionne ces diverses circonstances et opérations.

Les frais d'enfouissement sont à la charge de la commune.

Art. 5. — Dans les vingt-quatre heures, le maire adresse au Préfet du département son procès-verbal auquel il joint la demande de la prime faite par l'intéressé.

En outre, il délivre gratuitement à ce dernier un certificat constatant la remise de la demande de la prime et l'accomplissement des formalités prescrites par le présent règlement.

Art. 6 [1]. — Sur le vu des pièces, le Préfet délivre à l'intéressé un mandat du montant de la prime due.

Après l'accomplissement de cette formalité, le Préfet transmet au Ministère de l'Agriculture le dossier de l'affaire.

1. Art. modifié par décret du 16 juin 1898. — Voir p. 157.

Loi du 5 avril 1884 (Art. 90, § 9), relative aux pouvoirs des maires quant à la destruction des animaux nuisibles.

Art. 90. — Le maire est chargé, sous le contrôle du conseil municipal et la surveillance de l'Administration supérieure.

§. 9. — De prendre, de concert avec les propriétaires ou les détenteurs du droit de chasse dans les buissons, bois et forêts toutes les mesures nécessaires à la destruction des animaux nuisibles désignés dans l'arrêté du Préfet, pris en vertu de l'art. 9 de la loi du 3 mai 1844 ; de faire, pendant le temps de neige à défaut des détenteurs du droit de chasse, à ce dûment invités, détourner les loups et sangliers réunis sur le territoire; de requérir à l'effet de les détruire, les habitants avec armes et chiens propres à la chasse de ces animaux ; de surveiller et d'assurer l'exécution des mesures ci-dessus et d'en dresser procès-verbal.

Art. 99. — Les pouvoirs qui appartiennent au maire, en vertu de l'article 91, ne font pas obstacle au droit du Préfet de prendre, pour toutes les communes du département ou plusieurs d'entre elles, et dans tous les cas où il n'y aurait pas été pourvu par les autorités municipales, toutes mesures relatives au maintien de la salubrité, de la sûreté et de la tranquillité publiques.

Ce droit ne pourra être exercé par le Préfet à l'égard d'une seule commune qu'après une mise en demeure du maire restée sans résultat.

Circulaire du 4 décembre 1884, du Ministre de l'Intérieur aux Préfets.

Monsieur le Préfet,

L'article 90, paragraphe 9, de la loi du 5 avril 1884 porte que le maire est « chargé sous le contrôle du conseil municipal et la surveillance de l'Administration supérieure, de prendre, de concert avec les propriétaires ou les détenteurs du droit de chasse dans les buissons, bois et forêts, toutes les mesures « nécessaires à la destruction des animaux nuisibles désignés dans l'arrêté « du Préfet pris en vertu de l'article 9 de la loi du 3 mai 1844. »

Des maires ayant, en raison de cette disposition, autorisé des battues dans leur commune, on s'est demandé si ce texte donne à l'autorité municipale le droit de prendre ces mesures de destruction.

Ce paragraphe 9 de l'article 90 a été introduit sans débat, sous forme d'amendement, au projet primitif. Il n'a été ultérieurement ni discuté, ni modifié et l'on ne peut, pour résoudre la question posée, que se reporter au texte lui-même.

La loi des 16-24 août 1790 confiait à l'autorité des corps municipaux « le soin d'obvier aux événements fâcheux qui pourraient être occasionnés par la divagation des animaux malfaisants ou féroces. » La loi du 5 avril 1884, en conservant l'esprit et presque la lettre de ce texte (art. 97, § 8) y a ajouté (art. 90) la disposition qui charge les maires de prendre « toutes les mesures nécessaires à la destruction des animaux nuisibles. »

Les procédés les plus communément usités pour cette opération sont les pièges, le poison, et les armes à feu. Certains animaux peuvent être enfumés dans leur terrier. Enfin, quand les mesures individuelles qui peuvent être prises par les soins des propriétaires intéressés ne suffisent pas, la loi permet de recourir aux mesures d'ensemble connues sous le nom de battues. Il n'est pas douteux qu'en chargeant les maires de se concerter avec les propriétaires pour prendre « toutes les mesures nécessaires » le législateur n'ait visé tous les procédés de destruction sans en excepter un seul.

La loi du 5 avril 1884 autorise donc les maires à organiser les battues.

Le décret du 19 Pluviôse an V n'ayant pas été abrogé par la nouvelle loi, il en résulte que ces sortes de moyens de destruction peuvent être ordonnés, suivant les cas, par les Préfets et par les maires. Des premiers relèvent naturellement les battues qui portent sur le territoire de plusieurs communes ; des derniers celles qui ne dépassent pas les limites d'une circonscription communale.

Rien n'est changé à la réglementation des battues ordonnées en vertu du décret du 19 Pluviôse an V. Conformément à la jurisprudence adoptée par le Conseil d'État, au sujet de laquelle vous avez reçu les instructions nécessaires, vous continuerez, avant de statuer sur les demandes, de vous concerter avec l'Administration forestière, sous la surveillance de laquelle les battues doivent être placées, et vous aurez soin de ne jamais comprendre dans la nomenclature des animaux à détruire, ceux qui ont le caractère de gibier à l'exception des sangliers ; même quand ils auraient été rangés au nombre des espèces nuisibles par l'arrêté qui régit la police de la chasse dans votre département.

Les mesures de destruction ordonnées par l'autorité municipale ne sont pas soumises à ces diverses conditions, l'Administration forestière n'aurait à intervenir que si elles étaient exécutées dans les forêts soumises à son régime, et l'article 90, paragraphe 9 de la loi du 5 avril 1884 dispose expressément qu'elles peuvent être dirigées contre tous les animaux nuisibles ayant ou non le caractère de gibier qui ont été désignés comme tels dans l'arrêté réglementaire pris par le Préfet en vertu de cet article.

L'exercice de ce droit a d'ailleurs été soumis à des conditions qui paraissent suffisantes pour prévenir les abus. Les mesures de protection ordonnées par les maires doivent en effet être prises « de concert avec les propriétaires ou les détenteurs du droit de chasse dans les buissons, bois et forêts » D'où il résulte que l'opposition des parties intéressées peut empêcher les battues de cette espèce. Ces mesures sont soumises d'ailleurs au contrôle du conseil municipal et à « la surveillance de l'Administration supérieure » dont vous êtes le représentant dans votre département et dont il vous appartient, en toutes circonstances, de sauvegarder les droits.

L'article 90 de la loi du 5 avril 1884 charge encore le maire de « faire pendant « le temps de neige, à défaut des détenteurs du droit de chasse à ce dûment « invités, détourner les loups et sangliers remis sur le territoire, et requérir « à l'effet de détruire ces animaux, les habitants, avec armes et chiens propres « à les chasser ». Lorsque la terre est couverte de neige, les animaux dont il s'agit se remettent parfois sur un étroit espace de terrain et leurs traces deviennent faciles à suivre. Le législateur a voulu que cette circonstance fût mise à profit pour la destruction d'espèces particulièrement malfaisantes et dangereuses. Il y a là pour les maires non seulement un droit, mais un devoir.

Les battues ordonnées par le maire, soit en temps ordinaire, soit en temps de neige, demeurent naturellement placées sous sa surveillance. Il lui appartient donc de veiller à ce qu'elles ne soient pas détournées de leur objet, et ne servent pas de prétexte pour commettre des délits de chasse. Il prendra soin que la direction en soit remise en bonnes mains, soit qu'il désigne lui-même le chasseur chargé de conduire les opérations, soit qu'il en laisse le choix au propriétaire intéressé.

Vous remarquerez d'ailleurs que la nouvelle loi laisse intact le droit reconnu par la loi du 3 mai 1844 au propriétaire, possesseur ou fermier, de détruire sur ses terres, en tout temps et sans permis, dans les conditions fixées par votre arrêté, tous les animaux classés dans la catégorie de nuisibles, ainsi que le droit de repousser ou de détruire même avec des armes à feu, les bêtes fauves qui porteraient dommage à ses propriétés.

Dans le cas où l'arrêté permanent qui régit la police de la chasse dans votre département contiendrait des dispositions contraires aux présentes instructions, il y aurait lieu de les modifier suivant ces indications.

En raison des dispositions nouvelles introduites par la loi du 5 avril 1884, il sera nécessaire d'adresser aux maires de votre département des instructions spéciales sur l'application du paragraphe 9 de l'article 90 pour leur faire connaître les droits que cette législation leur confère et les devoirs qu'elle leur impose.

Je vous prie de vouloir bien m'accuser réception de la présente circulaire. Recevez...

Cliché *Chasse illustrée.*

Loi du 12 avril 1892, relative aux arrêtés administratifs
agréant des gardes particuliers.

Article premier. — Les Préfets pourront, par décision motivée, le propriétaire et le garde entendus ou dûment appelés, rapporter les arrêtés agréant les gardes particuliers.

Art. 2. — La demande tendant à faire agréer les gardes particuliers sera déposée à la préfecture. Il en sera donné récépissé. Après l'expiration du délai d'un mois, le propriétaire qui n'aura pas obtenu de réponse pourra se pourvoir devant le Ministre.

Dans un avis émis le 4 juillet 1892, le Conseil d'État s'est prononcé en faveur de la compétence des Sous-Préfets, la loi du 12 avril 1892 n'a pas abrogé le décret du 20 messidor an III, ni la loi du 28 Fluviôse an VIII.

Circulaire du 12 février 1893, du Ministre de l'Intérieur
aux Préfets. — Agrément des gardes particuliers[1].

Monsieur le Préfet, la promulgation de la loi relative au retrait des arrêtés administratifs agréant les gardes particuliers remonte au 12 avril dernier.

J'ai cru devoir attendre avant de vous transmettre des instructions au sujet de l'application de cette loi, la solution de certaines difficultés auxquelles pouvait donner lieu l'interprétation du texte adopté par les Chambres.

Une fois l'agrément donné à la nomination des gardes particuliers, l'ancienne législation laissait l'Administration désarmée vis-à-vis de ces agents. Bien que son intervention investit les gardes particuliers de la qualité d'officier de police judiciaire et d'agent de la force publique, elle demeurait impuissante à réprimer les abus qu'ils pouvaient commettre dans l'exercice de leurs fonctions, de même que les écarts de conduite de nature à compromettre le caractère officiel dont ils sont revêtus.

Les pouvoirs conférés à l'autorité judiciaire par les articles 17, 279 et 281 du Code d'instruction criminelle, d'ailleurs restreints aux actes se rapportant à la qualité d'officier de police judiciaire ne faisaient qu'atténuer les inconvénients de cette situation.

Seuls de tous les fonctionnaires et agents investis d'une part de la puissance publique, les gardes particuliers étaient ainsi sous l'entière dépendance d'un simple particulier, échappant complètement à l'action des représentants de cette puissance dont ils détenaient leurs pouvoirs.

La loi du 12 avril 1892 a mis un terme à un état de choses manifestement contraire aux principes de notre droit public et aux intérêts d'une bonne administration, en donnant à l'autorité administrative les pouvoirs de contrôle qui lui faisaient défaut jusque-là.

1. Circulaire complétée par celle du 1er mars 1922. — Voir p. 226.

L'article premier vous confère le droit de rapporter l'agrément donné à la nomination des gardes particuliers. Ce droit vous est personnellement réservé, conformément à ce qui a lieu pour les gardes champêtres communaux dont la révocation ne peut être prononcée que par le Préfet.

Vous remarquerez cependant qu'il ne s'agit pas là d'une véritable révocation. Il ne saurait appartenir à l'autorité administrative de mettre fin à un mandat qui, s'il ne peut produire d'effet que par suite de l'intervention des pouvoirs publics reste subordonné à la volonté du propriétaire.

Dans les arrêtés que vous serez appelé à prendre, vous aurez soin de tenir compte de cette distinction. Mais, en fait, le retrait de l'agrément entraînera les mêmes conséquences que la révocation si elle était formellement prononcée : le garde, privé de son caractère officiel, n'étant plus après cette mesure que le mandataire d'un particulier sans aucun des pouvoirs nécessaires pour l'exercice de ses fonctions.

Le droit qui vous est conféré est soumis à l'accomplissement de certaines formalités constituant des garanties pour les intéressés.

L'arrêté doit être motivé ; en second lieu, il est indispensable que le garde et le propriétaire soient entendus, dans leurs explications ou, tout au moins, qu'ils soient dûment invités à les fournir.

Je signale d'une manière toute particulière à votre attention ces prescriptions dont l'inobservation serait de nature à vicier l'arrêté.

Il ne suffirait pas de déclarer d'une manière générale que le garde n'est plus digne de conserver ces fonctions : il faut pour répondre au vœu de la loi que des faits précis soient relevés à sa charge.

Sur ce point il ne me semble pas qu'il puisse s'élever de difficultés, l'accomplissement de cette formalité devant être votre œuvre directe.

En ce qui concerne l'avis à donner aux parties, il convient de retenir que la convocation doit être adressée simultanément au garde et au propriétaire, la loi reconnaissant à chacun d'eux le droit de présenter ses observations. La convocation indiquera sommairement les faits sur lesquels ils auront à s'expliquer. Faute de cette indication, les intéressés pourraient se retrancher derrière leur ignorance pour se prétendre dans l'impossibilité de répondre aux reproches qui leur seraient adressés, et leur comparution risquerait de demeurer sans résultat. Il est d'ailleurs de toute évidence que le délai entre la réception de l'avis et le jour où ils seront appelés à se présenter devant l'autorité administrative doit être suffisant pour leur permettre de préparer leurs moyens de défense.

Toutefois, si la loi exige que les parties soient entendues, elle ne prescrit pas leur comparution personnelle devant le Préfet. J'estime donc que les observations écrites qu'elles pourraient vous faire parvenir doivent être considérées comme suffisantes et que, de votre côté, vous conserverez la faculté de vous faire suppléer, pour l'audition des parties, par un des fonctionnaires qui ont qualité pour vous représenter.

Tout moyen de transmission de nature à fournir la preuve que les intéressés ont été avisés, peut être employé ; mais le plus pratique est assurément de procéder, comme pour la notification d'un acte administratif, par l'intermédiaire d'un agent de l'administration qui fera signer un récépissé au propriétaire et au garde ou constatera, par un procès-verbal, le refus de signer ou le dépôt de l'avis à leur domicile en cas d'absence.

Bien que la loi du 12 avril ne contienne aucune disposition à cet égard, il semblait que le droit de rapporter l'agrément dût avoir pour conséquence le droit d'en suspendre les effets. Cette faculté eut donné à l'Administration des facilités pour proportionner la répression à la faute commise, et ne pas laisser impunis des manquements pour lesquels le retrait de l'agrément constituerait une mesure excessive. Le Conseil d'État s'est cependant prononcé en sens contraire. Il a considéré que les gardes particuliers ne pouvaient être assimilés à des fonctionnaires au point de vue de la surveillance et de la discipline, les Préfets ne sauraient exercer vis-à-vis d'eux que les droits qui leur sont expressément conférés par la loi.

L'importance de la seule mesure qu'il vous appartient de prendre, exige que vous vous entouriez des renseignements les plus complets avant d'user de votre pouvoir ; mais vous ne devez pas hésiter à faire application de la loi lorsque l'intérêt public et le respect des lois des particuliers vous paraîtront s'opposer à ce qu'un garde continue ses fonctions.

L'article 2 de la loi du 12 avril, qui a trait aux conditions dans lesquelles est donné l'agrément à la nomination des gardes particuliers, a soulevé une difficulté dont la solution ne laissait pas d'être fort délicate.

Aux termes de cet article, la demande tendant à faire agréer un garde est déposée à la préfecture. On s'est demandé si cette disposition avait pour conséquence d'enlever aux Sous-Préfets le pouvoir d'agréer qui résultait pour ces fonctionnaires du décret du 20 messidor an III et la loi du 28 pluviôse, an VIII. Des doutes très sérieux se sont manifestés à cet égard. L'obligation imposée au propriétaire d'effectuer le dépôt de sa demande à la préfecture paraissait se concilier difficilement avec le pouvoir propre de décision reconnu aux Sous-Préfets. D'un autre côté, la loi ne prononçant d'aucune façon ni explicitement, ni implicitement, l'abrogation du décret de messidor et de la loi de pluviôse, il était contraire aux règles de l'interprétation des lois de décider que les dispositions dont il s'agit avaient cessé d'être en vigueur.

Les travaux préparatoires de la discussion de la loi ne fournissant aucun éclaircissement de nature à fixer la portée exacte du nouveau texte et à déterminer l'intention du législateur, j'ai cru devoir soumettre la question au Conseil d'État.

Par avis adopté dans sa séance du 4 juillet 1892, cette haute assemblée s'est prononcée en faveur du maintien de la compétence des Sous-Préfets.

Il appartient donc, comme par le passé, aux Sous-Préfets de donner l'agrément à la nomination des gardes particuliers dans les arrondissements autres que l'arrondissement chef-lieu.

De ce que les Sous-Préfets conservent le droit d'agréer, il faut conclure que la demande peut être utilement déposée à la sous-préfecture. Il est en principe, en effet, que l'autorité investie du droit de statuer sur une demande a, par cela même, qualité pour la recevoir. S'il en était autrement, le Sous-Préfet devrait retourner la demande à l'intéressé ou la transmettre lui-même à la préfecture, qui la lui renverrait pour la décision à intervenir. Cette manière de procéder occasionnerait une perte de temps et constituerait une complication inutile, les intéressés ne devant pas y trouver un complément de garantie. Ce n'est là du reste, qu'une faculté laissée au propriétaire qui pourra toujours s'en tenir à la lettre même de la loi.

Le dépôt de la demande est constaté par un récépissé. Il peut se faire que le propriétaire ne songe pas sur le moment à réclamer ce récépissé ; je ne puis que vous inviter à en prescrire la remise d'office. Le retard apporté à l'ac-complissement de cette formalité ne pourrait que nuire à la rapide expédition des affaires, la délivrance du récépissé pouvant toujours être demandée ulté-rieurement. Il serait, d'ailleurs, contraire à l'esprit de la loi qui a entendu garantir le propriétaire contre le refus implicite résultant du silence de l'administration en fixant le délai dans lequel celle-ci doit faire connaître sa réponse.

La décision doit être rendue dans le mois de la délivrance du récépissé. Passé ce délai, la demande est considérée comme rejetée et le propriétaire peut se pourvoir directement devant le ministre.

Quoique la loi ne s'explique pas sur ce point, il faut certainement reconnaître le même droit au propriétaire dont la demande est l'objet d'une décision de rejet. Car, si l'on décidait que, dans ce dernier cas, l'appel a lieu au Préfet comme sous l'empire de l'ancienne législation, on se trouverait en présence de deux procédures différentes pour la même nature d'affaires. On ne s'expli-querait pas du reste comment le silence d'un fonctionnaire pourrait modifier la compétence de l'autorité chargée de statuer en dernier ressort sur la décision qu'il était appelé à rendre.

C'est là un recours spécial organisé, par dérogation à la règle d'après laquelle l'appel a lieu du Sous-Préfet au Préfet, en vue d'assurer au propriétaire le moyen d'arriver plus rapidement à une solution définitive.

Quoiqu'il en soit, le recours hiérarchique n'en reste pas moins ouvert aux intéressés, tant en vertu des articles généraux que de l'article 117 du Code forestier qui prévoit le recours au Préfet contre le refus d'agréer opposé par le Sous-Préfet. Le propriétaire pourrait donc l'exercer de préférence au recours direct sans préjudice de droit d'appel au Ministre existant contre toutes les décisions préfectorales.

Le candidat proposé pour l'emploi de garde particulier ayant un intérêt égal à celui du propriétaire il ne paraît pas douteux qu'il ait, comme ce dernier, le droit de se pourvoir contre la décision du Sous-Préfet.

Il n'y a pas lieu, pour l'application de la loi de distinguer entre les gardes champêtres particuliers créés par le décret de messidor an III, et les gardes forestiers particuliers, établis par la loi du 3 brumaire an IV, l'institution de ces deux catégories d'agents étant soumise aux mêmes règles et ne comportant de différences qu'en ce qui touche l'autorité chargée de recevoir le serment qui est, pour les premiers, le juge de paix, pour les seconds, le tribunal de pre-mière instance.

En dehors des prescriptions spéciales qui en font l'objet, les nouvelles dis-positions législatives ne modifient pas la législation antérieure laquelle con-tinue d'être applicable sur les autres points. Les conditions pour l'admission à l'emploi de garde particulier, restent les mêmes ; l'administration demeure juge des candidats et elle n'est pas tenue d'indiquer les motifs de son refus d'agréer.

Sa décision se rattachant à l'exercice du pouvoir discrétionnaire ne saurait donner lieu à un recours contentieux ; la jurisprudence est constante à cet égard. Seul, le recours pour excès de pouvoirs admis contre toutes les décisions des autorités administratives pourrait être exercé.

Je me borne à ces observations générales sur les conséquences de la loi du

12 avril 1892 vous laissant le soin de consulter mon administration sur les difficultés particulières qui viendraient à se présenter au sujet de son application.

Je vous prie de m'accuser réception de la présente circulaire, dont je vous transmets un nombre d'exemplaires suffisant pour qu'il en soit remis un à chacun des Sous-Préfets de votre département.

Recevez, etc...

Comment faire assermenter un garde-chasse.

Formalités de nomination. — La procédure de nomination d'un garde particulier est assez longue à suivre et l'Administration se montre généralement très stricte quant à la production des pièces à joindre à la demande ou au contexte de celle-ci ; d'autre part, en ce qui concerne spécialement la nomination des gardes particuliers des propriétés boisées, des formalités supplémentaires sont prescrites qui nécessitent un délai plus long ; aussi ne saurions-nous trop recommander aux propriétaires, surtout à ceux qui n'habitent pas dans une préfecture ou une sous-préfecture, de s'y prendre longtemps à l'avance (un mois et demi au minimum pourrait être évalué comme délai normal) et de suivre exactement les indications détaillées que nous donnons ci-dessous.

Rédaction de la demande. — La demande doit être rédigée sur une feuille de timbre à 3 fr. 60 ; rappelons en passant que sur le papier timbré les grattages et les surcharges sont formellement interdits ; en cas d'erreur, il faut, rayer d'une façon très nette les mots qui ne doivent pas compter, indiquer au bas de l'acte le nombre de lignes et de mots rayés comme nuls et apposer son paraphe au-dessous ; en cas de renvoi en marge ne pas omettre de même de parapher le renvoi.

Il faut indiquer très lisiblement les nom et prénoms du propriétaire et ceux du garde, surtout ceux du garde, car ils seront vérifiés par ceux du casier judiciaire et de l'extrait de naissance et s'il n'y avait pas concordance absolue dans le nombre des prénoms, leur ordre ou leur orthographe, ainsi que dans l'orthographe du nom de famille, le dossier serait retourné.

Voici le modèle de demande généralement suivi :

« Je soussigné (nom, prénoms), propriétaire à (adresse), déclare par le présent commissionner M. (nom, prénoms, profession de l'aspirant garde), demeurant à (adresse), comme garde particulier des propriétés en nature de (terre, pré, forêt, bois, étang, vigne, landes, rivière, etc.), sises dans l'arrondissement de.......... canton de.......... et notamment dans les communes de.......... (indiquer ici sommairement les parcelles, bois et forêt), dont j'ai ou j'aurai jouissance en qualité de propriétaire, locataire ou à tout autre titre.

« En conséquence, j'ai l'honneur de soumettre cette commission à l'agrément de Monsieur le Préfet (ou Sous-Préfet).

« Fait à .... le ....

Signature. »

Extrait de naissance. — La première pièce à se procurer pour joindre à la demande de commission est tout d'abord un extrait sous forme d'expédition de l'acte de naissance du candidat garde. Cette pièce est délivrée par la mairie de la commune de son lieu de naissance ; elle doit être établie sur timbre et est délivrée moyennant un droit fixe. Si le garde doit être commissionné en dehors du département dans lequel il est né, l'expédition ne sera valable que si la signature du maire est légalisée, le plus souvent par le juge de paix du canton. Le coût de cette légalisation doit être compté en plus et versé au secrétaire de la mairie du lieu de naissance du candidat.

Certificat de bonnes vie et mœurs. — Cette pièce est délivrée à titre gratuit sur papier blanc par le maire de la résidence du candidat. Si celui-ci est installé depuis peu dans la commune où il sera commissionné, le maire ne le connaît pas suffisamment pour lui délivrer ce certificat de son propre chef ; il devra alors s'adresser à la mairie du précédent domicile pour obtenir tous renseignements concernant la conduite et la moralité de son nouvel administré avant de lui délivrer certificat de bonnes vies et mœurs.

Extrait du casier judiciaire n° 2. — Sera demandé directement par le Préfet ou le Sous-Préfet.

Enregistrement de la demande. — Lorsque les pièces mentionnées ci-dessus sont réunies et qu'il est à présumer que le candidat sera agréé par l'Administration, son maître fera enregistrer la demande au bureau d'enregistrement le plus proche et versera les droits qui lui seront réclamés.

Envoi de la demande à l'Administration. — Le dossier est alors adressé au Préfet, lorsqu'on se trouve dans l'arrondissement chef-lieu, ou au Sous-Préfet pour les autres arrondissements en l'accompagnant d'une lettre d'envoi conçue de la façon suivante :

« Monsieur le Préfet (ou le Sous-Préfet),

« J'ai l'honneur de vous adresser ci-joint une demande de commission de garde particulier en vous priant de vouloir bien lui réserver bon accueil. Je joins à l'appui de cette demande (énoncer les pièces qui accompagnent la demande et annexer en timbres-poste le montant du coût de l'extrait du casier judiciaire du garde).

« Avec mes remerciements anticipés, je vous prie d'agréer, Monsieur le Préfet (ou Sous-Préfet) l'assurance de mes sentiments les plus distingués. »

Si le propriétaire habite au chef-lieu d'arrondissement, il n'aura qu'à remettre directement le dossier au secrétariat de la préfecture ou sous-préfecture. Il recevra, dans ce cas, un récipissé.

Agrément du garde par l'Administration. — Si le candidat est agréé, le propriétaire paiera au secrétariat de la préfecture ou sous-préfecture une certaine somme pour le timbre de l'arrêté, les frais d'expédition, le timbre pour le certificat de bonne vie et mœurs, l'extrait du casier judiciaire n° 2, et la correspondance.

Prestation de serment. — Lorsque le garde est préposé à la surveillance de terrains non boisés, le juge de paix du canton où il doit exercer cette surveillance est qualifié pour recevoir son serment ; si, au contraire, les propriétés à surveiller contiennent des bois et forêts, le serment doit être prêté devant le Tribunal Civil. Nous verrons d'ailleurs plus loin le cas particulier du garde à commissionner pour une propriété boisée.

Le propriétaire, en possession de la commission délivrée par la préfecture ou la sous-préfecture, s'adresse au greffier de la justice de paix ou du Tribunal

Civil suivant le cas et s'entend avec ce dernier pour la fixation du jour et de l'heure de l'audience à laquelle le garde devra se présenter.

Au jour fixé, au début de l'audience, l'huissier de service appelle le garde à la barre et remet la commission au magistrat qui occupe le siège du Ministère Public, lequel, après réquisition, la remet au greffier qui en donne lecture. Le garde est ensuite invité par le Président à prêter serment ; il se rend enfin au greffe pour signer le procès-verbal, acquitter les frais et recevoir sa commission.

Le coût de l'acte au greffe est un peu plus élevé lorsque le serment est reçu par le Tribunal Civil.

Cas particuliers concernant les gardes des propriétés boisées. — Lorsque les propriétés relevant de la compétence du futur garde comprennent des bois et forêts, l'indication de ces parties boisées doit être donnée aussi exactement que possible dans la demande et notamment si le propriétaire est adjudicataire de lots de chasse dans les forêts domaniales, il doit indiquer les numéros des lots d'après le cahier des charges.

D'autre part, le propriétaire ne pourra obtenir l'agrément de l'Administration sans joindre, au préalable, à son dossier, l'agrément de l'Administration des Eaux et Fôrets. Pour cela, il devra envoyer au Conservateur des Eaux et Fôrets une demande sur papier timbré à 3 fr. 60, rédigée sous forme de lettre et dans laquelle il lui exposera qu'il a l'intention de commissionner M. X... (nom, prénoms, profession), habitant à tel endroit, qu'il le prie en conséquence de vouloir bien approuver cette commission et qu'il joint à l'appui de sa demande les pièces ci-après :

1° Un extrait du casier judiciaire n° 3 du candidat. (Cette pièce s'obtient en faisant écrire le futur garde au greffier du Tribunal Civil de l'arrondissement dans lequel est situé son lieu de naissance, en lui indiquant la commune et la date de naissance, et en joignant à sa demande, en mandat ou timbres-poste, le coût de l'extrait.)

Signalons qu'il est question ici de l'extrait n° 3, lequel ne pourra pas servir pour la demande de commission à adresser au Préfet ou au Sous-Préfet ; pour cette demande, en effet, c'est l'extrait n° 2 qui est alors exigé.

2° Un certificat de bonne vie et mœurs semblable à celui dont nous avons parlé plus haut et qui, s'il est retourné, pourra servir pour la demande envoyée au Préfet ou au Sous-Préfet.

3° Une note sur les états de services militaires du candidat (mention de l'obtention du certificat de bonne conduite, grade actuel, régiment, campagnes, citations, décorations, durée du service, etc...).

Décret du 24 février 1897, transférant au Ministère de l'Agriculture les attributions exercées par le Ministre de l'Intérieur, en ce qui concerne la police de la chasse.

Le Président de la République Française,

Vu la loi du 3 mai 1844 sur la police de la chasse ; — Vu l'arrêté du Directoire du 19 Pluviôse an V, concernant la chasse des animaux nuisibles ; vu le rapport du Président du Conseil, Ministre de l'Agriculture, tendant à transférer au Ministère de l'Agriculture les attributions exercées par celui de l'Intérieur dans les matières qui font l'objet des lois et arrêtés sus-visés ; vu l'adhésion donnée au dit rapport par le Ministre de l'Intérieur ;

Décrète :

ARTICLE PREMIER. — Les attributions exercées par le Ministre de l'Intérieur dans l'application de la loi du 3 mai 1844, sur la police de la chasse, et l'arrêté du 19 Pluviôse an V, relatif à la chasse des animaux nuisibles, sont transférées au Ministère de l'Agriculture.

ART. 2. — Dans chaque département, le Préfet continuera, comme par le passé, de veiller, sous l'autorité du Ministre de l'Agriculture, à l'exécution de la loi du 3 mai 1844.

ART. 3. — Le Président du Conseil, Ministre de l'Agriculture et le Ministre de l'Intérieur sont chargés, etc..

Décret des 16 juin 1898-22 février 1899, relatif à la destruction des loups et modifiant l'article 6 du décret du 28 novembre 1882.

Le Président de la République Française,

Sur le rapport du Président du Conseil, Ministre de l'Agriculture ; vu la loi du 3 août 1882, relative à la destruction des loups ; le Conseil d'État entendu ;

Décrète :

ARTICLE PREMIER. — Les dispositions de l'article 6 du décret du 28 novembre 1882 sont abrogées et remplacées par les suivantes :

Sur le vu des pièces, qui lui sont transmises par le Préfet, le Conservateur des Eaux et Forêts délivre, au nom de l'intéressé, un mandat du montant de la prime due.

Après l'accomplissement de cette formalité, le Conservateur transmet au Ministre de l'Agriculture le dossier de l'affaire.

ART. 2. — Le Ministre de l'Agriculture est chargé, etc.

Loi sur le code rural du 21 juin 1898 (Art. 16), relatif au droit des maires, en ce qui concerne les chiens errants.

ART. 16. — Les maires prennent toutes les mesures propres à empêcher la divagation des chiens ; ils peuvent ordonner que les chiens seront tenus en laisse ou muselés. Ils prescrivent que les chiens errants et tous ceux qui seraient trouvés sur la voie publique ou dans les champs non munis d'un collier portant le nom et le domicile de leur maître seront conduits à la fourrière et abattus après un délai de quarante-huit heures s'ils n'ont point été réclamés et si le propriétaire reste inconnu.

Le délai est porté à huit jours francs pour les chiens avec collier ou portant la marque de leur maître.

Les propriétaires, fermiers ou métayers ont le droit de saisir ou de faire saisir par le garde champêtre ou tout autre agent de la force publique, les chiens que leurs maîtres laissent divaguer dans les bois, les vignes ou les récoltes. Les chiens saisis sont conduits au lieu de dépôt désigné par l'autorité communale, et si, dans les délais ci-dessus fixés, ces chiens n'ont point été réclamés et si les dommages et les autres frais ne sont point payés, ils peuvent être abattus sur l'ordre du maire.

Loi du 19 avril 1901, relative à la réparation des dommages causés aux récoltes par le gibier.

ARTICLE PREMIER. — Les juges de paix connaissent toutes les demandes en réparation du dommage causé aux récoltes par le gibier, en dernier ressort si la demande n'est pas supérieure à 300 francs, à charge d'appel si elle excède ce chiffre, quel qu'en soit le montant ou si elle est indéterminée.

S'il est formé une demande reconventionnelle en dommages-intérêts, il sera statué sur le tout sans appel, si la demande principale est de la compétence du juge de paix en dernier ressort.

ART. 2. — Lorsque plusieurs intéressés forment leurs demandes par le même exploit, il est statué en premier ou en dernier ressort à l'égard de chacun des demandeurs, d'après le montant des dommages-intérêts individuellement demandés.

ART. 3. — Nonobstant toute exception préjudicielle, le juge de paix compétent sur le fond peut ordonner des mesures d'instruction.

ART. 4. — Les jugements ordonnant des mesures d'instruction peuvent être déclarés exécutoires par provision et sous caution, nonobstant opposition ou appel.

ART. 5. — Les actions en réparation du dommage causé aux récoltes par le gibier se prescrivent par six mois à partir du jour où les dégâts ont été commis.

Circulaire du 15 janvier 1903, du Ministre de l'Agriculture aux Préfets, relative à la communalisation des chasses[1].

Monsieur le Préfet,

La France, avec la grande variété et la richesse de ses cultures, avec ses forêts, ses plaines et ses coteaux bien répartis, avec la grande étendue de ses côtes et l'heureuse distribution de ses cours d'eau, est un pays merveilleusement doué pour la chasse et pour la pêche. Cependant nous payons chaque année à l'étranger, malgré cette situation privilégiée, un tribut de plus de 20 millions de francs pour le gibier et le poisson que nous importons.

Je ne me préoccuperai aujourd'hui que de la chasse, et il importe que je rappelle que le gibier, qui possède en France une qualité supérieure, y était autrefois très abondant.

A cette heure les forêts se dépeuplent, le lièvre et le chevreuil s'y font de plus en plus rares. La situation s'aggrave également dans les plaines : la perdrix, la caille, le lièvre, etc., harcelés, traqués par des chasseurs imprévoyants, tendent à disparaître. Déjà certaines espèces de gibier ne se voient plus dans notre pays et 'd'autres n'existeraient bientôt plus. On peut affirmer, sans

1. Voir circulaire du 15 avril 1904, p. 163.

crainte d'être taxé d'un pessimisme exagéré, que, à la façon dont vont les choses, la chasse, dans moins d'un demi-siècle, ne serait plus possible en France. On ne trouverait plus de gibier que dans quelques rares parties de notre territoire, où la chasse resterait le privilège des favorisés de la fortune.

La chasse n'existant plus dans notre pays, ce serait la disparition d'un exercice sain, hygiénique, parfois même utile pour assurer ou maintenir la vigueur et la souplesse de notre race ; ce serait l'augmentation du tribut des importations étrangères : ce serait, en outre, pour le budget de l'État et des communes, la suppression de ressources importantes provenant de la location des terrains de chasse, du produit de l'impôt sur les permis de chasse, sur la poudre, sur les chiens, etc.. Il ne faut pas oublier que ces ressources financières assurées par le contribuable, quoique importantes, sont, en somme, légères à supporter, puisqu'elles constituent pour lui des charges volontaires.

Quelle atteinte ne serait pas portée aux commerces, aux industries, aux professions et aux métiers qui vivent ou profitent de la chasse dans une large mesure ? Que deviendraient les industries de la fabrication des armes, des munitions, des équipements et des habillements de chasse ? Quel serait le sort des éleveurs de gibier, des marchands de chiens, des gardes-chasses, des rabatteurs, etc. ? Quelle répercussion la suppression de la chasse n'aurait-elle pas sur les industries des transports, les chemins de fer, les voituriers, etc., et aussi à l'égard des hôteliers et des aubergistes ?

Aussi ai-je résolu de chercher à parer à cet état de choses, car en faisant des efforts pour la reconstitution de nos chasses, j'ai la ferme conviction de faire œuvre utile en servant les intérêts de tous et en particulier ceux des modestes chasseurs de nos campagnes.

Je ne veux pas m'étendre sur les avantages que produira la reconstitution de nos chasses ; j'entends par là, bien entendu, la propagation des espèces de gibier qui ne sont pas nuisibles à l'agriculture. Ce n'est pas seulement le budget de l'État qui y trouvera son compte, c'est aussi celui des communes rurales, et j'en pourrais citer des exemples montrant que, par le fait de la location des chasses, les recettes communales se sont trouvées doublées. C'est un plus grand élément de prospérité assuré aux industries qui se rattachent à la chasse. C'est le petit chasseur rural qui, aujourd'hui, bat en vain des plaines désertes, qui trouvera agrément et profit à chasser sur des territoires giboyeux.

Pour arriver au résultat cherché, il faut d'abord organiser la chasse, en concevoir l'aménagement, faire ensuite du repeuplement et assurer la garde du gibier.

Je ne songe pas, pour l'organisation des chasses, à recourir à des mesures législatives empruntées à des nations voisines qui ont produit, sans doute, d'excellents résultats, mais qui sont parfois bien sévères et qui ne sont pas en harmonie complète avec nos mœurs démocratiques.

J'estime que, pour arriver au but, il suffira de démontrer que l'intérêt général et l'intérêt des particuliers sont en parfaite concordance. C'est aussi en vulgarisant et en développant l'esprit d'initiative, qui a déjà donné pour la chasse de si heureux résultats, qu'on assurera la réussite d'une œuvre qui, profitant à tous, conservera un caractère franchement libéral.

Je crois devoir vous donner quelques explications sur la façon dont les chasses de plaine sont constituées dans certains pays.

Parfois, tous les propriétaires font abandon du droit de chasse au profit

de la commune ; celle-ci met directement en adjudication la chasse et le produit tombe dans la caisse municipale, diminuant d'autant les charges des communes. Le prix, quand le bail est consenti pour une assez longue durée, sert
quelquefois à gager l'emprunt d'une somme affectée à l'exécution de travaux
communaux urgents, auxquels on ne pouvait satisfaire à l'aide de ressources
ordinaires.

Dans d'autres cas, le produit des chasses est versé entre les mains du receveur municipal qui l'affecte au paiement des impôts des propriétaires fonciers
au prorata de leurs droits sur les terrains loués.

La commune, dans d'autres régions, n'apparaît pas ; les propriétaires des
terrains constituent entre eux une sorte d'association qui leur donne les moyens
de tirer un parti avantageux de parcelles qui, considérées isolément, sont sans
valeur, et qui, groupées, donnent un terrain de chasse se louant parfois
très cher.

J'appelle votre attention sur l'intérêt qu'il y a, pour augmenter le prix de
location des chasses, à avoir des baux d'une assez longue durée. C'est surtout
quand les chasseurs sont assurés de recueillir le fruit des efforts tentés pour
le repeuplement des chasses, qu'ils consentent à payer un prix plus rémuné-
rateur.

Il est aussi un autre procédé qui consiste, après avoir formé une chasse,
à l'exploiter au moyen d'actions, de parts ou de cartes ; mais j'estime que ce
procédé n'est pas à recommander ; il tend, en effet, bien plus à la destruction
du gibier qu'à sa conservation, et les ressources que les communes peuvent
en retirer sont aléatoires et toujours limitées.

L'application des deux premiers systèmes donne au contraire de bons résultats, et le succès est bien plus grand encore quand on peut s'assurer le concours
des chasseurs les plus modestes de la localité. C'est ce qu'obtiennent les sociétés
de chasse qui, s'inspirant de sentiments démocratiques et égalitaires, et ayant
la notion bien comprise de leurs propres intérêts, réservent une portion de la
chasse qui reste terrain banal. Cette chasse banale est ouverte à tous les chasseurs du pays, et il est inutile de présenter tous ses avantages, dont le principal
est de profiter du voisinage d'une chasse bien entretenue et bien surveillée
et de devenir bien vite très giboyeuse.

Je ne saurais donc trop attirer votre attention sur l'intérêt que mérite avant
toute autre cette dernière combinaison.

Par ces moyens d'organisation, on assurera sûrement la reconstitution des
chasses, car elle sera le résultat des efforts communs des propriétaires, contribuables, chasseurs fortunés ou de condition modeste, ayant tous des intérêts
communs et coopérant à la même œuvre.

Le braconnier lui-même, commettant ses larcins au préjudice de la commu-
nauté, sera mieux surveillé et ses méfaits seront rendus plus difficiles.

Je me réserve aussi de donner de plus grandes facilités pour l'introduction
du gibier venant de l'étranger, destiné au repeuplement des chasses.

Enfin, le gibier se vendra moins cher. Pourquoi, en effet, le temps ne vien-
drait-il pas où le prix du gibier en France serait diminué de moitié, comme
dans les pays voisins, notamment en Allemagne, en Alsace, etc., où la
reconstitution des chasses, telle que je la préconise, a été appliquée depuis
un certain nombre d'années ?

Pour mener à bien mes projets, je considère que les premiers et les plus sûrs

Chasse illustrée.
page 161.

collaborateurs sont MM. les Maires et les Conseillers municipaux de nos communes rurales. Par leur situation, par leur autorité, par l'estime dont ils jouissent parmi leurs concitoyens, ils pourront, avec le plus de chance de succès, faire ressortir les avantages du groupement des intérêts, prendre l'initiative de la communalisation de la chasse sur leurs territoires, soit au profit de la commune, soit au profit des propriétaires.

Vous êtes vous-même, Monsieur le Préfet, non seulement le représentant légal du Ministre de l'Agriculture, mais aussi le mandataire tout particulièrement autorisé pour intervenir auprès des Maires qui connaissent la sollicitude avec laquelle vous savez les guider dans la défense et la propagation de leurs intérêts, et qui aiment à recourir à vos conseils.

Je serai, au surplus, très heureux de récompenser, par des distinctions honorifiques et les autres moyens en mon pouvoir, tous ceux qui, dans la poursuite du but que je cherche à atteindre, m'auront donné des témoignages de leur initiative, de leur zèle et de leur dévouement.

Les agents et préposés des Eaux et Forêts, les professeurs d'agriculture qui jouissent parmi nos populations rurales d'une confiance si légitimement acquise sauront, comme je les y invite, aider à l'organisation de la communalisation des chasses par une propagande active, par des conseils ou par des conférences.

C'est avec confiance, Monsieur le Préfet, que je fais appel à votre dévouée collaboration pour seconder mes efforts dans cette œuvre utile, féconde et démocratique, que je tente d'accomplir : la chasse pour tous et par tous.

Agréez, Monsieur le Préfet, l'assurance de ma considération très distinguée.

Le Ministre de l'Agriculture,
Léon MOUGEOT.

Loi de finances du 31 mars 1903.
Réduction des primes pour la destruction des loups.

ART. 83. — Par dérogation à l'article premier de la loi du 3 août 1882, relative à la destruction des loups, les primes pour la destruction de ces animaux sont fixées aux taux ci-après :

Cinquante francs (50 fr.) par tête de loup ou de louve non pleine ;

Soixante-quinze francs (75 fr.) par tête de louve pleine :

Vingt francs (20 fr.) par tête de louveteau.

Est considéré comme louveteau l'animal dont le poids est inférieur à 8 kilogrammes.

Lorsqu'il sera prouvé qu'un loup s'est jeté sur des êtres humains, celui qui le tuera aura droit à une prime de cent francs (100 fr.).

Loi de finances des 30-31 décembre 1903.
Destruction des sangliers dans les forêts domaniales.

ART. 28. — A partir du 1er janvier 1904, la destruction des sangliers sera organisée dans les forêts domaniales, notamment par les agents forestiers.

Le corps de l'animal abattu sera la propriété de celui qui l'a tué.

Nota. — Lors de la discussion du budget de l'Agriculture de 1906, l'intitulé du chapitre 60 (ancien art. 62), relatif aux primes, a subi des modifications successives : à la suite de différentes motions présentées par certains députés, notamment par MM. Maurice Viollette et Paul Coutant (Marne), qui voulaient voir les cerfs et les biches classés, d'une manière générale, parmi les animaux nuisibles, le libellé, qui, tout d'abord, ne mentionnait que les loups, sangliers et corbeaux, fut finalement ainsi rédigé : « Primes pour la destruction des loups, des renards, des sangliers, des cerfs, des biches, des corbeaux et des pies, 26.000 fr. », et cette rédaction fut adoptée par la Chambre (2e séance du 5 février, *Off.* 1906, p. 486 et suiv.) ; toutefois, M. le Président fit remarquer que l'état A, que l'on votait, n'avait pas, dans le libellé de ses chapitres, une vertu législative, et qu'il n'était qu'indicatif. Puis lors de la discussion au Sénat (séance du 10 avril, *Off.* 1906, p. 492), M. le rapporteur Denoix observa qu'étant donné en France le nombre des sortes d'animaux mentionnés, le crédit serait tout à fait insuffisant, et proposa de modifier ainsi le libellé : « Primes pour la destruction des loups. — Destruction des renards, des sangliers, des cerfs, des biches, des corbeaux et des pies. » M. le Ministre de l'Agriculture s'associa à l'observation du rapporteur, ajoutant d'ailleurs qu'on ne pouvait, en vertu de la loi, donner de primes que pour la destruction des loups ; quant aux autres animaux nuisibles, y compris les renards, on ne peut qu'encourager leur destruction dans les terrains de l'État, et c'est ainsi qu'on donne de la poudre aux gardes pour la destruction des corbeaux au moment de la nidification, et de la strychnine pour les renards. Enfin, M. Le Cour-Grandmaison demanda alors que la seconde partie de l'intitulé portât simplement « destruction des animaux nuisibles à l'agriculture », sans énumérer les renards, les sangliers, etc. Le rapporteur, ayant accepté cette rédaction sous le bénéfice toutefois de « cette réserve, que, quand on arrive à l'énumération des animaux nuisibles, les opinions diffèrent essentiellement », le Sénat vota l'intitulé définitif qui suit : « Primes pour la destruction des loups. — Destruction des animaux nuisibles à l'agriculture, 26.000 fr. » Dans la séance du 13 avril, la Chambre des Députés, sur le rapport conforme de sa commission, accepta à son tour cette dernière rédaction (*Off.* 1906, p. 1801).

Chasse illustrée.

Circulaire du 15 avril 1904, du Ministre de l'Agriculture aux Préfets, sur la communalisation des chasses.

Le Ministre de l'Agriculture à Monsieur le Préfet de....

J'ai signalé à votre attention particulière, par une circulaire du 15 janvier 1903[1], les avantages à retirer de la communalisation des chasses.

J'ai eu la satisfaction de constater, que grâce au dévoué concours de l'autorité préfectorale, des municipalités, des agents de mon administration et de tous ceux que la mesure intéresse, d'importants résultats avaient déjà été obtenus. Il convient donc de persévérer dans les efforts tentés pour arriver à la généralisation de cette œuvre si utile et si démocratique.

A cet effet, je crois devoir compléter les indications que je vous ai données pour faire le groupement des parcelles destinées à former le terrain de chasse. Des faits récents ont appelé mon attention sur la légalité des moyens divers par lesquels ce groupement peut être régulièrement effectué.

On n'a jamais douté de la légalité des sociétés civiles constituées en vue de l'exploitation ou de l'amélioration du droit de chasse sur des propriétés contiguës. Les syndicats ainsi formés s'administrent librement et selon les conventions faites entre leurs membres. Généralement l'un des propriétaires syndiqués est chargé de percevoir les loyers ou les cotisations et de répartir le montant des sommes encaissées entre les intéressés au prorata de l'étendue de leurs propriétés respectives.

Les sociétés ainsi constituées sont naturellement en droit d'interdire la chasse sur les terrains mis en commun à toute personne autre que les locataires et les permissionnaires.

Moins fréquent, et cependant d'une généralisation plus facile, est un autre procédé dont les effets n'ont pas toujours été aperçus avec une suffisante clarté et dont la régularité (bien que certaine en droit sous la réserve de l'observation de conditions de forme à définir), a pu être méconnue. Ce procédé consiste dans l'abandon du droit de chasse fait à la commune par les propriétaires. Le produit des locations de la chasse, perçu par l'administration municipale, est restitué directement aux cédants sous forme de réduction de la part communale de leur impôt foncier, ou bien il leur profite indirectement par le fait d'un accroissement des ressources communales qui diminue d'autant les charges des contribuables.

La légalité des accords aux fins ci-dessus énoncées entre les propriétaires ruraux et les communes où leurs propriétés sont situées ne saurait être contestée.

L'amodiation du droit de chasse sur les territoires ainsi constitués donnera donc aux locataires le droit exclusif d'y chasser, c'est-à-dire le droit de prohiber la chasse à toute autre personne et même aux propriétaires cédants. La seule question qui puisse se poser est celle des formes et conditions auxquelles les

---

1. V. *supra*, p. 158.

lois et règlements administratifs subordonnent l'intervention en cette matière de l'administration municipale.

C'est sur la solution de cette question que je vous prie d'appeler spécialement l'attention des municipalités.

Il a été maintes fois reconnu tout d'abord que le consentement tacite ou même l'aquiescement certain, mais non formel, des propriétaires ne saurait suffire pour permettre aux maires, soit d'affermer pour le profit commun le droit de chasse sur les propriétés privées de leurs communes, soit d'en interdire l'exercice aux étrangers, soit enfin de le réserver aux chasseurs qui prennent leurs permis de chasse dans la commune.

De telles décisions sont illégales et seraient annulées par le Conseil d'État si les Préfets ne prenaient eux-mêmes l'initiative de leur annulation, conformément aux articles 63, 65 et 95 de la loi du 5 avril 1884.

Mais dès lors que le consentement formel des propriétaires est acquis, l'expression de ce consentement n'est soumise à aucune solennité ; son efficacité n'est subordonnée à aucune condition autre que son acceptation par le conseil municipal, pouvoir délibérant de la commune.

C'est à tort, notamment, qu'on prétendrait exiger par l'abandon, même gratuit, fait par les propriétaires aux communes, du droit d'amodier la chasse sur leurs terres, l'accomplissement des formalités auxquelles la loi civile subordonne les libéralités.

Il n'y a pas libéralité sans intention généreuse ; l'abandon fait par les propriétaires d'un avantage dont ils ne peuvent profiter, en vue d'augmenter les ressources de la commune, ce qui aboutit indirectement à une réduction de leurs charges, est une opération qui ne les appauvrit pas et à laquelle on ne saurait reconnaître le caractère d'une donation.

On pourrait invoquer ici l'analogie entre cet acte et les offres de concours pour l'exécution des travaux publics. On n'a jamais considéré comme des libéralités les subventions que des particuliers intéressés à l'accomplissement d'un travail public, offrent à l'Administration qui prend à sa charge l'exécution dudit travail.

Au surplus, l'Administration de l'enregistrement elle-même n'a jamais tenu pour des libéralités l'abandon gratuit du droit de chasse fait par les propriétaires à leur commune. Il suffit de rappeler ici la solution donnée à cette question par le Ministre des Finances à la date du 2 mai 1826 et rappelée dans une circulaire de l'Administration de l'enregistrement du 30 mars 1844 : « On a élevé, lisons-nous dans cette circulaire, la question de savoir si... plusieurs droits devaient être perçus sur l'acte par lequel des propriétaires, en renonçant à l'exercice personnel du droit de chasse sur leurs propriétés donnent leur consentement à ce que ce droit soit affermé dans l'intérêt de la commune. On a représenté que, dans l'affirmative, le montant des droits d'enregistrement pourrait souvent égaler et même excéder le prix de location du droit de chasse.

Il résulte d'une solution du 12 mars courant, conforme à une décision de M. le Ministre des Finances du 2 mai 1826, que les actes dont il s'agit ne sont « sujets qu'à *un seul droit fixe de 2 francs* (actuellement 3 fr.) quel que soit le « nombre des propriétaires qui y concourent. En effet les propriétaires ont « ici un intérêt et un but communs : c'est d'utiliser au profit de la commune « le droit de chasse, qui, pour chacun d'eux individuellement, est à peu près « improductif. Ce but ne peut évidemment être atteint que par le concours

« d'un certain nombre de propriétaires qui se réunissent pour donner leur
« consentement à ce que la chasse sur leurs propriétés soit affermée pour le
« compte de la commune. L'acte qui constate ce consentement collectif ne
« contient donc qu'une seule et même disposition. »

Mon Collègue, M. le Ministre des Finances, vient récemment de me faire
connaître que la jurisprudence fiscale à laquelle il est fait allusion n'a jamais
été abrogée et que les principes qu'elle consacre sont toujours en vigueur.

On peut donc tenir pour certain que les tribunaux feraient une application
inexacte du droit civil si pour reconnaître la validité des cessions faites aux
communes et des locations qui doivent s'ensuivre, ils exigeaient l'accomplissement des règles des libéralités.

Nous n'insisterons pas sur la solution que nous venons de condamner pour
reconnaître aux accords faits entre les propriétaires et les communes le caractère de contrats synallagmatiques à titre onéreux, puisque les propriétaires
cédants et les communes cessionnaires y sont également intéressés.

On a prétendu, d'autre part, exiger, pour la preuve de l'existence de ces contrats, l'observation des articles 1325 et suivants du Code Civil. Cette exigence
n'est pas plus justifiable. Elle ne s'explique que par l'oubli des conditions
dans lesquelles les communes peuvent contracter et notamment du caractère
d'authenticité reconnue aux actes administratifs par la loi des 28 octobre-
4 novembre 1790.

Il suffit, en effet, pour que l'abandon consenti formellement par les propriétaires soit officiellement établi, qu'il ait été accepté par délibération du conseil
municipal, et constaté soit sur le registre des délibérations, soit par un arrêté
spécial.

C'est ce dernier mode de constatation qui semble le plus favorable et le plus
exempt de toute critique.

Une autre difficulté peut s'élever encore : les baux qui seront passés par les
communes pour l'amodiation des droits de chasse qui leur auront été concédés
sont-ils astreints à des conditions particulières de forme ou d'homologation ?

Les baux des biens des communes, pour une durée n'excédant pas dix-huit
années, sont passés par les maires, aux conditions déterminées par les conseils municipaux.

Il en est de même de la ferme des droits de chasse dans les bois communaux :
a fortiori cette solution est-elle applicable aux baux de chasse consentis pour
les droits dont les communes sont cessionnaires.

Le plus souvent les baux des biens communaux, lorsque l'objet de la location
a une certaine valeur, sont faits aux enchères, après établissement d'un cahier
des charges.

Mais aucune disposition de loi ou de règlement ne l'exige. Il appartient au
conseil municipal, en tenant compte des circonstances locales, de décider de
la procédure à laquelle le maire devra recourir pour affermer les droits de chasse
mis à la disposition de la commune.

L'essentiel est que les contrats ainsi faits, rédigés en forme d'arrêtés et pourvus de la sorte du caractère authentique, ne puissent être récusés par ceux
à qui les gardes-chasses auront l'occasion de les opposer.

Il est encore un point sur lequel il convient d'appeler l'attention de MM. les
Maires. Il y a lieu en effet de leur faire remarquer que si le *consentement unanime* des propriétaires n'est pas absolument nécessaire pour permettre la cons-

titution d'une chasse susceptible d'être exploitée, il est bon de leur conseiller de faire tous leurs efforts pour obtenir sinon l'unanimité du moins la presque unanimité. Car, afin d'éviter des difficultés dans la commune, j'estime qu'il sera utile de ne louer les chasses que lorsque le nombre des parcelles exclues des amodiations ne sera pas tel que l'exercice de la chasse soit en fait rendu impossible.

Vous voudrez donc bien, Monsieur le Préfet, porter à la connaissance de MM. les maires les indications ci-après qui sont le résumé et la conclusion des considérations ci-dessus énoncées.

I. — Aucune loi ne s'oppose à ce que les communes acceptent la cession pure et simple ou conditionnelle à elles faite par les propriétaires ruraux des droits de chasse sur leurs terres.

II. — Ces cessions seront à l'abri de toute critique lorsque, faites sous signatures privées par les propriétaires capables ou leurs représentants légaux, elles auront été acceptées par les conseils municipaux et par arrêté du maire.

III. — Les conditions de ferme des baux de chasse consentis à la suite de ces contrats seront déterminées par délibération des conseils municipaux. Autant que possible et si la valeur des droits mis en ferme le comporte, la forme de l'adjudication publique doit être préférée.

IV. — Il n'y aurait aucun obstacle légal à ce qu'en vue de l'exploitation collective des droits de chasse, plusieurs communes voisines formassent des syndicats dans les conditions prévues par la loi du 22 mars 1890.

Je vous demanderai de publier *in extenso* la présente circulaire, avec ses annexes, dans le Recueil des actes administratifs de votre département.

Léon Mougeot.

Chasse illustrée.

Annexes à la circulaire du 15 février 1904, sur la communalisation des chasses.

NOMS DES CÉDANTS	QUALITÉ DES CÉDANTS	DÉSIGNATION DES TERRITOIRES		SIGNATURES
		SITUATION	DIMENSION	

DÉPARTEMENT

d .

COMMUNE

d .

RÉPUBLIQUE FRANÇAiSE

LIBERTÉ. — ÉGALITÉ. — FRATERNITÉ

*Communalisation de la chasse par abandon collectif sur le territoire
de la commune d*

Les propriétaires soussignés déclarent, par le présent acte, faire à la commune d   abandon de leurs droits de chasse sur les terrains ci-dessous énoncés.

Cet abandon est consenti pour une période de (nombre de saisons) commençant à l'ouverture de la chasse de l'année pour prendre fin à la clôture de la chasse de l'année .

La location de la chasse sur le territoire constitué par cet abandon collectif sera faite par les soins de l'autorité municipale. Les loyers seront perçus au profit de la commune (jusqu'à concurrence de   . Le surplus sera réparti en fin d'exercice entre les propriétaires existants, en proportion de l'étendue de leurs propriétés) [1].

---

[1]. La phrase entre parenthèse sera supprimée si l'abandon est fait gratuitement.

FORMULE

*recommandée aux Conseils municipaux pour la délibération relative
à la communalisation du droit de chasse.*

Le Conseil municipal de la commune de

Vu l'acte collectif par lequel   propriétaires ont déclaré faire abandon de leurs droits de chasse à la commune pour une durée de commençant le

Délibère :

Art. premier. — M. le maire de la commune de   est autorisé à accepter au nom de la commune l'abandon collectif susvisé, aux conditions mentionnées dans l'acte.

Art. 2. — Le droit de chasse sur le territoire collectif ainsi constitué sera
(1) mis en adjudication
(ou) affermé de gré à gré au mieux des intérêts de la commune.

Délibéré en séance publique le...

FORMULE D'ARRÊTÉ

recommandée à MM. les Maires pour réaliser la communalisation de la chasse.

Le Maire de la commune de

Vu les articles 82 et 90 de la loi du 5 avril 1884 ;

Vu la circulaire de M. le Ministre de l'Agriculture en date du 15 février 1904 ;

Vu la déclaration d'abandon faite par   propriétaires et visée pour légalisation des signatures le

Vu la délibération du conseil municipal en date du

Arrête :

Art. premier. — La cession faite aux conditions énoncées dans l'acte ci-dessous rapporté est acceptée.

Art. 2. — La location de la chasse sur le territoire ainsi constitué sera faite ¹.

Art. 3. — La chasse affermée en exécution du présent arrêté *sera spéciale-ment gardée par le garde champêtre de la commune de*   sans préjudice de la surveillance que les locataires y pourront faire exercer par leurs gardes particuliers.

Fait à   , le

Signature.

----

1. Par adjudication, aux enchères publiques, à une date qui sera fixée par le maire.   *ou*
         de gré à gré.

REPRODUCTION DE L'ACTE DE CESSION

Description du territoire de chasse communalisé.

Le territoire de chasse mis en location par la commune de
est limité comme il suit :

Sont exceptés de la location les terrains ci-après désignés, non compris dans
la cession collective, et sur lesquels le droit de chasse n'est pas réservé aux
locataires de la commune.

Terrains exceptés :

  Nom des propriétaires.   *Désignation des terrains,*

PROCÈS-VERBAL

d'adjudication des chasses communalisées pour la commune

Vu la délibération du Conseil municipal en date
Vu l'arrêté du maire de   par lequel est accepté l'abandon
fait à la commune, par   propriétaires, du droit de chasser sur
leurs terres.
Vu l'arrêté du   par lequel M. le maire détermine
la composition du bureau d'adjudication ainsi qu'il suit : M.
président ; MM.   et
assesseurs ; M. le receveur municipal (ou percepteur) étant présent :

Il a été procédé, le   à heure en la salle
de   , à l'adjudication du droit de chasse sur les territoires
décrits à l'arrêté du   , pour une période de années
qui commenceront à courir à partir du
L'offre la plus élevée a été faite par M.
En conséquence, M.   est déclaré adjudicataire
du droit de chasse sur les territoires de chasse cédés à la commune de
par l'acte susrappelé ; la location lui en sera faite pour la durée de
au prix de   par année payable à la date du   entre les
mains de M. le receveur municipal.

       Le Président du bureau d'adjudication,

Signature des assesseurs :

Vu : *Le receveur municipal.*

BAIL DE CHASSE APRÈS ADJUDICATION

Le maire de la commune de

Vu l'acte par lequel   propriétaires ont déclaré faire à la commune abandon du droit de chasse sur leurs propriétés ;

Vu la délibération du conseil municipal en date du   autorisant l'Administration municipale à accepter ledit abandon et à mettre en adjudication les chasses communalisées ;

Vu le procès-verbal d'adjudication en date du

Vu la quittance du loyer de la chasse délivrée par M. le receveur municipal à M.

Arrête :

ART. PREMIER. — M.   adjudicataire, aura seul le droit de chasser ou faire chasser sur les territoires décrits dans les actes susvisés, pendant les saisons de chasse des années   .

ART. 2. — Le garde-champêtre de   est chargé de veiller à l'observation du présent arrêté.

Fait à   , le

Le Maire,

MODÈLE DE BAIL A PASSER DE GRÉ A GRÉ

Entre les soussignés :

maire de   agissant au nom de la commune en vertu d'une délibération du conseil municipal en date du   d'une part ; et   d'autre part ;

Ont été faites les conventions suivantes :

ART. 1er. — Le droit de chasse sur les territoires décrits en l'arrêté municipal du   est réservé exclusivement à M.   et à ses ayants cause pendant les saisons de chasse

ART. 2. — M.   s'engage à payer à la date du entre les mains de M. le receveur municipal (percepteur) la somme de .... pour loyer dudit droit de chasse. La remise du présent acte ne sera faite au locataire que sur le vu de la quittance délivrée par M. le receveur,

ART. 3. — Il est entendu que le garde-champêtre de la commune de   , conformément à l'arrêté du   recevra des ordres à l'effet de surveiller l'exacte observation par le tiers des défenses de chasser qui seront établies par les soins du locataire.

Fait double à   . le

Le Maire,

Signature du locataire,

Enregistrement.

PROJET DE LOI CRÉANT DES ASSOCIATIONS SYNDICALES POUR L'EXERCICE DU DROIT DE CHASSE

TITRE I

ARTICLE PREMIER. — Peut faire l'objet d'une Association syndicale autorisée entre propriétaires intéressés, l'exploitation de la chasse par groupement des parcelles sur le territoire d'une même commune. Les Associations syndicales constituées sur des communes différentes peuvent se grouper.

Ces Associations sont régies par les lois des 21 juin 1865 et 22 décembre 1888, pour toutes les dispositions auxquelles ne déroge pas expressément la présente loi.

ART. 2. — Le maire peut sur sa propre initiative, ou doit sur un vote du conseil municipal ou sur la demande qui lui en est faite par écrit par cinq intéressés au moins, propriétaires ensemble de 1/30e au moins du territoire communal, convoquer individuellement tous les intéressés. Il les invite à délibérer sur l'utilité du groupement de toutes les parcelles de la commune en vue de la location du droit de chasse. Le maire recueille les suffrages, constate par procès-verbal le vote des personnes qui ne savent pas signer et y mentionne les adhésions envoyées par écrit.

ART. 3. — Restent en dehors de ces groupements et ne comptent pas en conséquence dans le calcul des majorités :

— Les forêts de l'Etat ou celles où l'Etat a une part indivise de propriété ;
— Les emprises de chemin de fer ;
— Les terrains attenant à une maison habitée ou ceux entièrement clos ; la clôture devra être permanente, continue et empêcher le passage de l'homme et des animaux domestiques ;
— Les cultures maraîchères permanentes;
— Les vergers, parcs, jardins d'agrément ou potagers.

ART. 4. — Peuvent également rester en dehors de ces groupements, sur la demande écrite de leur propriétaire ou ayant droit et signifiée au Maire par lettre recommandée avec accusé de réception et, dans ce cas, ne compteront pas dans le calcul des majorités :

Les immeubles de plus de 25 Ha, d'un seul tenant, cette contenance minima étant réduite à 10 Ha. quand il s'agit d'un bois et à 5 Ha. s'il s'agit d'étangs ou de marais ;

Les terrains sur lesquels par voie de regroupement du droit de chasse, en vertu d'actes ayant acquis date certaine avant l'ouverture de la procédure instituée par l'article 2, il a été constitué une chasse sur un ensemble de parcelles de plus de 25 Ha. d'un seul tenant.

Lorsque la demande de retrait n'émane pas du propriétaire et si le bail de chasse doit venir à échéance avant la date d'expiration de l'Association syndicale, le propriétaire pourra entrer dans le calcul de la majorité sur sa demande pour faire ultérieurement partie de l'Association.

Sera considéré comme étant d'un seul tenant tout territoire .

1° même coupé par des chemins de fer, par des routes ou par des cours d'eau ;.

2° même situé sur plusieurs communes limitrophes et n'ayant sur aucune d'elles, la contenance minima exigée pourvu que l'ensemble ait le minimum obligatoire.

Art. 5. — Si les 3/4 des propriétaires représentant plus des 2/3 de la superficie de la commune et payant plus des 2/3 de l'impôt foncier afférent aux immeubles non bâtis, consentent à la mise en commun et à l'exploitation du droit de chasse, l'Association est constituée.

Les propriétaires intéressés qui, dûment convoqués et avertis des conséquences de leur abstention, ne formuleraient pas leur opposition par écrit ou, omettraient de répondre à la convocation du maire et de voter à l'Assemblée générale, seront considérés comme ayant adhéré à l'Association.

Le droit de chasse ne sera mis en adjudication que si l'Association syndicale ne s'entend pas à l'amiable avec une Association de chasseurs, propriétaires ou domiciliés dans la commune sur un prix approuvé par le Préfet.

Art. 6. — Le maire représentant la commune pour les immeubles communaux compte, pour le vote, au même degré qu'un propriétaire particulier.

Si la commune s'est réservée par application de l'article 4 la libre disposition des biens communaux, elle devra les mettre en adjudication.

Si une commune possède des terrains sur le territoire d'une autre commune. elle doit être considérée dans cette dernière comme un particulier ; elle est soumise aux mêmes obligations lors de la mise en commun du droit de chasse,

Art. 7. — Le maire dresse un procès-verbal et constate la formation de l'Association qui aura une durée de 6 années et transmet son avis au Préfet avec celui du conseil municipal. Le Préfet, après avoir constaté l'exécution des formalités exigées par la loi, autorise l'Association s'il y a lieu.

Art. 8. — Le produit de la location de la chasse sera réparti entre les propriétaires ou ayants-droit au prorata de la contenance des terrains qu'ils apportent à l'Association.

Art. 9. — Au cas où une parcelle de moins de 10 Ha. serait enclavée dans un immeuble réservé défini à l'article 4, ou dans une forêt dont l'Etat est propriétaire pour le tout ou à titre indivis, elle sera détachée du lot commun et attribuée en location au détenteur du droit de chasse sur l'immeuble enclavant, moyennant versement par lui d'une redevance fixée comme il est dit à l'article 8, cette location ayant nécessairement même durée que celle de l'ensemble des lots de chasse mis en commun.

Les dispositions n'auront d'effet que si le maire a été saisi par les intéressés vingt-quatre heures au moins avant l'adjudication, de leur intention d'user de cette faculté.

TITRE II

Art. 10. — A titre transitoire, tous les baux de chasse concernant des terrains qui ne rentrent pas dans les cas prévus aux articles 3 et 4 et enregistrés avant la date de promulgation de la présente loi, devront être déposés à la mairie dans le délai de 3 mois à partir de la date d'ouverture de la procédure prévue à l'article 2.

Seuls ces baux seront opposables à l'Association syndicale, les autres seront considérés comme étant sans effet juridique.

Art. 11. — S'il existe des baux de chasse concernant des terrains qui ne rentrent pas dans les cas prévus aux articles 3 et 4 et enregistrés après la promulgation de la dite loi, mais avant la date d'ouverture de la procédure prévue à l'article 2, l'association syndicale pourra proposer d'assigner aux locataires de la chasse, au lieu et place des parcelles antérieurement louées, un lot d'un seul tenant d'une superficie et d'une valeur égales.

En cas de contestation sur la valeur du lot de chasse attribué en échange, le Juge de Paix, saisi par la Commission syndicale, nomme sur requête un expert pour en faire l'estimation et procéder, sur le rapport de cet expert, au lotissement.

Art. 12. — Les propriétaires des immeubles ayant fait l'objet des baux opposables à l'Association ne pourront entrer dans le calcul des majorités que si les baux doivent venir à échéance avant la date de dissolution de celle-ci.

Art. 13. — Les baux opposables dans les conditions qui précèdent ne pourront être renouvelés pendant la durée de l'Association ; à l'expiration de ces baux, l'exploitation du droit de chasse tombera sous le régime de la présente loi.

Art. 14. — Un règlement d'Administration publique déterminera les mesures nécessaires à l'application de la présente loi.

Chasse illustrée.

Circulaire du 16 juin 1904, du Ministre de l'Agriculture,
relative à la répression de la divagation des chiens dans les campagnes.

Monsieur le Préfet, je vous ai signalé à plusieurs reprises et notamment par ma lettre circulaire du 11 juillet 1903, l'intérêt que j'attache à ce que la divagation des chiens dans nos campagnes soit empêchée d'une façon complète.

Il m'est revenu que les prescriptions de votre arrêté sur la divagation des chiens ne seraient pas partout strictement suivies et que, dans certaines régions on aurait encore à se plaindre des méfaits des chiens errants.

Je ne saurais trop appeler votre attention sur la question. L'interdiction de la divagation des chiens est en effet une mesure qui s'impose au point de vue de l'intérêt public ; sans elle, tous les efforts tentés seraient vains, en vue d'empêcher, tant sur les personnes humaines que sur les troupeaux la propagation de la rage dont les chiens errants sont l'habituel véhicule.

La loi du 21 juin 1898, article 16, donne aux maires, et à leur défaut, aux Préfets le pouvoir de prendre des dispositions utiles contre la divagation des chiens, dispositions qui figurent également aux articles 51 et suivants du décret réglementaire du 22 juin 1882 sur la police sanitaire des animaux.

Des procédés de répression analogues ont été employés avec succès dans les pays voisins de la France, en Allemagne, en Angleterre, où, grâce à l'application rigoureuse qui en a été faite, les cas de rage ont complètement disparu. Il résulte notamment des statistiques dressées annuellement que dans le Royaume de la Grande Bretagne, où il avait été constaté 217 cas de rage dans 28 comtés en 1887, 321 dans 20 comtés en 1889, ces chiffres sont tombés successivement à un cas en 1901 et à 0 en 1903.

D'autre part, je vous ai précédemment rappelé que les intérêts de l'agriculture étaient étroitement liés à la conservation des oiseaux utiles, dont les chiens errants détruisent de la façon la plus regrettable les nids et les couvées.

J'insiste donc auprès de vous pour que vous preniez les mesures nécessaires afin de rendre efficaces les dispositions de votre arrêté et d'arriver à une disparition complète de ce fléau. Je vous demande notamment d'adresser de nouvelles et pressantes instructions aux autorités chargées d'assurer l'exécution de votre arrêté, spécialement à MM. les maires ainsi qu'aux agents de surveillance : gardes champêtres, etc., pour que les dispositions édictées contre les chiens errants soient strictement appliquées. Je renouvelle de mon côté les instructions déjà transmises à cet égard au personnel des Eaux et Forêts.

Je compte sur votre concours actif et dévoué pour obtenir sur l'importante question dont il s'agit des résultats appréciables au sujet desquels je vous serai obligé de me faire parvenir des renseignements détaillés avant la fin de l'année.

Circulaire du 18 avril 1905, du Ministre de l'Agriculture aux Préfets
dans le but d'unifier les arrêtés réglementant la police de la chasse

La loi du 3 mai 1844 a conféré aux Préfets le pouvoir de prendre des arrêtés pour réglementer la police de la chasse. La rédaction de ces documents, sur lesquels le contrôle du Ministre de l'Agriculture doit s'exercer, présente de grandes divergences ; la plupart des dispositions adoptées varient sans raison apparente d'un département à un autre.

Les inconvénients de cette disparité sont évidents. Ils ont été signalés à plusieurs reprises par les chasseurs dont les déplacements deviennent de plus en plus fréquents et qui ont été ainsi facilement frappés des différences qui résultaient de l'interprétation d'arrêtés pris dans deux départements, fussent-ils contigus.

La revision des arrêtés, dans le but d'uniformiser leurs dispositions, paraît donc s'imposer. Il est indispensable que ces documents soient établis sur le même type, suivant le même format, qu'ils contiennent le même nombre de titres, de chapitres et d'articles, de telle façon que, si des divergences, d'ailleurs inévitables, existent entre les uns et les autres, elles puissent se distinguer rapidement à la simple lecture. Cette méthode aura de plus l'avantage de faciliter la rédaction de l'arrêté dans vos bureaux et la vérification qui en est faite par mon Département.

Afin d'arriver à ce résultat, j'ai fait préparer un projet qui contient, sous une forme simplifiée, les prescriptions communes à tous les départements et dont la disposition typographique devra être, autant que possible, adoptée.

Je vous transmets ci-joint, cet arrêté-type en vous priant de vouloir bien l'examiner, et après avoir consulté le Conseil Général, me faire part des observations auxquelles il aura donné lieu.

S'il vous paraissait nécessaire d'y insérer des dispositions particulières tenant aux circonstances locales, à l'emploi exceptionnel de certains engins, à la chasse de certains animaux qui n'existent pas dans d'autres régions, comme les oiseaux de mer, le gibier de montagne, etc., vous devriez les rattacher comme paragraphes à l'un des articles figurant au modèle ci-joint.

Je ne saurais trop appeler votre attention sur l'importance de cette réforme ; elle est vivement souhaitée par les plus modestes chasseurs de nos campagnes qui ont un intérêt évident à ce que la clarté et l'uniformité des prescriptions contenues dans les divers arrêtés à consulter leur évitent les difficultés d'inprétation, causes parfois de procès-verbaux involontairement encourus.

Cette mesure répond donc à une nécessité et constituera un véritable progrès qu'il est urgent de réaliser. Je compte sur votre entier concours pour en assurer la prompte exécution et je vous prie de m'adresser, le plus tôt possible, vos propositions définitives, de façon à ce que l'application de ces dispositions puisse être faite dès l'année 1905.

Loi du 23 juillet 1907, assurant la destruction des corbeaux et des pies dans les contrées où le trop grand nombre de ces animaux occasionne des dommages aux ensemencements et aux récoltes.

ARTICLE PREMIER. — Après avoir pris l'avis du Conseil général, le Préfet du département, où des ravages seraient occasionnés aux récoltes par des corbeaux ou des pies aura le droit d'ordonner la destruction des nids de ces oiseaux nuisibles.

ART. 2. — Cette destruction sera faite par tout propriétaire, fermier, locataire, métayer, usufruitier, ou usager des terrains où sont les arbres portant les nids et suivant les conditions imposées par la loi du 24 décembre 1888 concernant la destruction des insectes cryptogames, et autres végétaux nuisibles à l'agriculture [1].

Art. 3. — Dans chaque département, la destruction au fusil des pies et des corbeaux sera réglementée par le Préfet dans son arrêté sur la police de la chasse, après avis du Conseil Général.

Circulaire du 14 septembre 1915, du Ministre de l'Agriculture aux Préfets, au sujet de la protection de l'agriculture contre les animaux nuisibles et le gibier surabondant [2].

La chasse étant restée fermée l'an dernier et les mesures de police consécutives à l'état de siège n'ayant permis qu'un emploi restreint du fusil pour la destruction des animaux nuisibles, le nombre de ces animaux s'est notablement accru malgré les mesures prises pour les détruire.

En raison de la prolongation de la guerre qui s'oppose à l'ouverture de la chasse, la situation va s'aggravant. La multiplication des animaux nuisibles et de certains gibiers est devenue sur beaucoup de points un grand danger pour l'agriculture et il y a lieu de se préoccuper de prendre de nouvelles mesures pour y remédier.

I. — Animaux nuisibles

1º Dispositions légales

Il convient tout d'abord de rappeler les principales dispositions légales concernant la destruction des animaux nuisibles.

Le droit de destruction de ces animaux se distingue à beaucoup d'égards du droit de chasse. Tandis que la chasse est un attribut de la propriété, le droit de destruction constitue un moyen de défense des personnes ou des produits de la terre. Il en résulte des différences caractéristiques : d'abord l'exercice de ces droits peut ne pas appartenir aux mêmes personnes ; ensuite les animaux qu'il s'agit de détruire ne sont pas nécessairement tous ceux qui rentrent dans la définition du gibier auquel s'applique la chasse ; enfin beaucoup de moyens de destruction diffèrent de ceux qu'autorise la chasse proprement dite.

Comme conséquence, l'exercice du droit de destruction est soumis à des règles de police qui dérogent sur divers points aux dispositions légales ou réglementaires concernant la chasse.

Les mesures prévues par la loi pour l'exercice de ce droit de destruction peuvent être classées en deux catégories : les unes sont laissées à l'initiative individuelle des intéressés agissant chacun sur son terrain, sans intervention de l'Administration ; les autres, au contraire, nécessitent une action administrative ayant un caractère d'utilité publique et peuvent, en conséquence, sous certaines réserves, s'étendre sur tous les terrains à l'exception des propriétés closes.

Mesures individuelles.

Les mesures individuelles sont de deux sortes :

A. — Droit de repousser les fauves. — Par une extension du droit de légitime défense, le propriétaire ou fermier a le droit de repousser ou de détruire en tout

1. Voir texte de cette loi p. 237. — 2. *J. O.* 22 septembre 1915.

LIEUTENANT DE LOUVETERIE.
(Tenue de Chasse).

page 177.

temps, même avec des armes à feu et pendant la nuit, les bêtes fauves qui porteraient dommage à ses propriétés (art. 9 de la loi du 3 mai 1844). Ce droit qui, en temps normal, échappe à toute réglementation est rappelé dans tous les arrêtés réglementaires des Préfets sur la police de la chasse.

B. — Droit pour les propriétaires, possesseurs ou fermiers de détruire les animaux classés comme malfaisants ou nuisibles par les arrêtés pris par les Préfets sur l'avis des Conseils Généraux, en application de l'article 9 de la loi de 1844 qui autorise les Préfets à réglementer ce droit. Les autorisations d'ordre individuel accordées par les Préfets en vertu de ces arrêtés peuvent néanmoins donner lieu à des destructions collectives en battues.

Mesures administratives.

Les mesures administratives se classent en trois groupes :

a) Battues administratives ordonnées par les Préfets pour la destruction, dans l'intérêt public, des animaux nuisibles visés par l'arrêté du 19 Pluviôse an V (sangliers, loups, renards, blaireaux).

Les battues administratives qui ont lieu en tout temps et sur tous terrains sont dirigées en principe par les Lieutenants de Louveterie sous la surveillance des agents forestiers. En cas d'empêchement du Lieutenant de Louveterie, le Préfet peut, dans son arrêté prescrivant une battue, motiver par un considérant spécial le remplacement accidentel de l'Officier de Louveterie par le maire ou par la gendarmerie des localités menacées par la présence des animaux dangereux (circulaire du Ministre de l'Intérieur aux Préfets en date du 7 décembre 1875).

b) Permissions spéciales accordées par les Préfets pour détruire, sous la surveillance des agents forestiers, les animaux visés par l'arrêté du 19 Pluviôse an V aux personnes qui ont des équipages ou autres moyens pour effectuer ces destructions.

c) Battues municipales organisées par les maires qui peuvent en vertu de l'article 90, paragraphe 9 de la loi municipale du 5 avril 1884 :

1° Prendre, de concert avec les propriétaires ou les détenteurs du droit de chasse dans les buissons, bois et forêts sis sur le territoire de leur commune, toutes les mesures nécessaires à la destruction des animaux nuisibles classés comme tels par l'arrêté réglementaire permanent pris par le Préfet.

2° Faire en temps de neige, à défaut des détenteurs du droit de chasse à ce dûment invités, détruire les loups et sangliers remis sur leur territoire et requérir, à l'effet de les détruire, les habitants avec armes et chiens propres à la chasse de ces animaux.

2° Application des dispositions légales.

L'application de ces différentes dispositions donne lieu dans la pratique aux observations suivantes d'ordre général, qui se rattachent naturellement à chacune des catégories de mesures énumérées ci-dessus.

Mesures individuelles[1].

Comme il est interdit, en raison de l'état de siège, de sortir muni d'une arme, les propriétaires, possesseurs ou fermiers ne peuvent actuellement utiliser le fusil ni pour repousser ou détruire les fauves, ainsi que la loi leur en donne le droit, ni pour détruire les animaux nuisibles même lorsque les arrêtés préfec-

---

1. Mesures temporaires abrogées.   *12*

toraux réglementant ces destructions prévoient l'emploi des armes à feu. Ils ont le droit, pour les fauves, de se servir de tous moyens autres que le fusil, et, pour les animaux nuisibles, des moyens autorisés par les arrêtés préfectoraux exception faite également de l'emploi du fusil.

Il appartient aux Préfets des départements pour lesquels les arrêtés réglementaires actuellement en vigueur ne prévoient pas de procédés suffisamment efficaces eu égard aux dégâts commis par certains animaux nuisibles, de modifier leurs arrêtés de manière à permettre l'emploi de moyens plus énergiques tels que, par exemple, pour les lapins, les bourses et furets, les panneaux, les trous à lapins et, s'il y a lieu, les chiens (les lacets ou collets ne doivent en aucun cas être autorisés).

Si la gravité des dommages causés justifie l'emploi du fusil soit pour repousser les fauves, soit pour détruire certaines espèces d'animaux nuisibles, les Préfets des départements situés en dehors de la zone des armées peuvent autoriser cet emploi en vertu des pouvoirs conférés à cet effet en 1914 par le Ministre de la Guerre aux généraux commandant les régions et placés actuellement entre les mains de l'autorité préfectorale [1].

Le Ministre de la Guerre a précisé à cette époque que l'usage du fusil n'aurait lieu, autant que possible, qu'à jours fixes afin de faciliter la surveillance par les gendarmes et préposés forestiers. Pour rendre cette surveillance plus efficace et éviter le danger de braconnage, il est bon de spécifier, dans les autorisations individuelles, que les destructions ne pourront être faites que collectivement en battues avec rabatteurs ou avec chiens, le bénéficiaire de l'autorisation ayant le droit de se faire accompagner par un certain nombre de tireurs, variable suivant l'étendue de la propriété à défendre contre les animaux nuisibles. Les noms des tireurs figureront sur l'autorisation ou seront laissés au choix du permissionnaire. Dans ce dernier cas, il pourra être stipulé que les noms des tireurs devant prendre part aux destructions devront être remis avant chaque battue, à la mairie ou à la gendarmerie [2].

Ces autorisations sont données, en principe, aux propriétaires, possesseurs ou fermiers, pour leur permettre d'exercer le droit de destruction des animaux nuisibles qui leur est reconnu par la loi. Toutefois les détenteurs du droit de chasse ont toujours été considérés comme pouvant bénéficier de ces autorisations et les arrêtés règlementaires les visent spécialement. Au surplus il y a intérêt à leur permettre de détruire les animaux susceptibles de causer des dommages aux cultures, afin de modifier le moins possible leur situation juridique en ce qui concerne la responsabilité des dégâts. Les Préfets sont libres de fixer les conditions dans lesquelles ces autorisations seront délivrées. C'est ainsi qu'ils peuvent imposer l'obligation d'être muni d'un permis de chasse, comme le prévoient d'ailleurs leurs arrêtés réglementaires, même pour la période de clôture de la chasse. Il serait intéressant pour les finances de l'État et des communes d'exiger le permis pour les détenteurs du droit de chasse dans les départements où cette mesure ne serait pas de nature à entraver les destructions reconnues nécessaires. Au contraire pour les propriétaires, possesseurs ou fermiers, qui exercent un droit attribué par la loi, aucune mesure ayant un caractère fiscal, telle que l'obligation du permis de chasse, ne saurait être imposée.

1. Les dispositions qui précèdent constituant des mesures temporaires, sont abrogées.

2. Des instructions furent données ultérieurement pour l'emploi du fusil dans la zone des armées.

Il est bien entendu qu'aucune autorisation individuelle ne pourra être accordée à d'autres personnes qu'aux propriétaires, possesseurs ou fermiers ou à leurs délégués et aux détenteurs du droit de chasse ainsi qu'à leurs préposés.

Pour faciliter le contrôle et la surveillance les jours de destruction (un, deux ou trois par semaine) seront fixés par l'arrêté d'autorisation et devront être les mêmes pour l'ensemble des communes de chaque arrondissement ou de chaque canton ou même de tout le département, si aucune circonstance spéciale ne motive des destructions plus nombreuses dans certaines régions que dans d'autres. Des exceptions pourront toutefois être faites, si elles sont reconnues nécessaires, pour la destruction des sangliers.

Enfin les gardes particuliers assermentés seront utilement autorisés à détruire au fusil tous les animaux nuisibles et les Préfets pourront, s'ils le jugent convenable, prendre une mesure générale à ce sujet [1].

Mesures administratives.

Les arrêtés relatifs aux battues administratives devront mentionner le territoire des communes où elles auront lieu, le nombre des battues à effectuer, les espèces d'animaux à détruire et les moyens dont l'emploi est autorisé (battues avec rabatteurs, avec chiens, etc.). L'indication des noms des personnes chargées d'appliquer l'arrêté n'est pas indipensable ; il suffit d'indiquer leur qualité (Lieutenant de Louveterie ou son remplaçant : maire, brigadier de gendarmerie). La fixation du nombre des tireurs ou rabatteurs et l'indication des jours et heures paraissent devoir être laissées aux agents d'exécution ; il a été constaté, en effet, que les battues ordonnées à jour fixe par les Préfets étaient souvent inefficaces, les animaux à détruire, notamment les sangliers qui sont nomades, ayant disparu de la région le jour indiqué pour la battue. L'arrêté préfectoral pourrait se borner à fixer le délai (un mois par exemple), pendant lequel les battues ordonnées devront être effectuées.

Les mêmes observations s'appliquent aux battues municipales pour lesquelles des instructions spéciales ont été données aux Préfets dans une circulaire du Ministre de l'Intérieur, en date du 4 décembre 1884 à laquelle il y a lieu de se reporter.

En raison de l'état de siège le maire devra, au préalable, obtenir de l'autorité préfectorale l'autorisation d'employer le fusil.

Il va de soi que, pour ces battues effectuées par mesure administrative, le permis de chasse ne peut être exigé des tireurs, qui doivent simplement être choisis par les organisateurs de ces destructions parmi les personnes présentant les garanties nécessaires.

En ce qui concerne les permissions spéciales prévues à l'article 5 de l'arrêté du 19 Pluviôse an V, pour la destruction des sangliers, loups, renards et blaireaux, il est recommandé de n'en délivrer que sur les points où les détenteurs du droit de chasse auraient négligé de procéder aux destructions malgré les réclamations des cultivateurs et où l'étendue des massifs boisés ne justifierait pas l'organisation d'une battue administrative.

Transport, colportage et vente.

Les animaux détruits par mesure administrative ou en vertu, soit du droit de défense contre les fauves, soit d'autorisations individuelles données aux pro-

---

1. Mesures temporaires abrogées.

priétaires et aux détenteurs du droit de chasse, sont la propriété de ceux qui les ont abattus, par application du principe général que le gibier et les animaux sauvages sont « res nullius » et appartiennent au premier occupant.

Toutefois leur vente et leur colportage demeurent interdits, à moins de stipulation contraire insérée dans les arrêtés réglementaires comme cela-existe en général pour le lapin, le sanglier, le cerf et la biche. En effet, à l'exception de quelques rares départements du Sud-Est pour lesquels cette mesure n'a pas encore été adoptée, le transport et la vente des sangliers et des lapins de garenne morts, sont libres, en tout temps, sur tout le territoire. Il est aussi prévu dans beaucoup d'arrêtés préfectoraux des départements où les cerfs et biches sont classés comme nuisibles, que ces animaux régulièrement détruits pourront être transportés et vendus au vu d'un certificat d'origine délivré par le maire (ou le service forestier dans le cas où la destruction a eu lieu dans une forêt domaniale).

Les facilités de transport rendent possible l'envoi des animaux tués aux hôpitaux, ambulances ou établissements de bienfaisance et, dans les quelques départements où elles n'existeraient pas, il appartiendra aux Préfets d'accorder les permis de transport nécessaires.

Il y a lieu de remarquer qu'on ne saurait imposer cet envoi aux hôpitaux, car en dehors du droit des destructeurs sur les animaux tués par eux, il y a intérêt à leur permettre d'en tirer profit. Si, en effet, on estime qu'il est indispensable d'encourager la destruction de certains animaux nuisibles, il est rationnel de ne pas apporter d'entraves indirectes à cette destruction. Il importe, en outre, en ce qui concerne les locataires du droit de chasse, de troubler le moins possible l'exercice des droits qu'ils détiennent de leurs baux, afin d'éviter de modifier leur situation juridique vis-à-vis de leurs bailleurs.

II. — Gibier proprement dit

En dehors des animaux nuisibles, les faisans et les lièvres ont été signalés sur certains points comme ayant causé des dommages importants et il est nécessaire de prévoir les moyens qui peuvent être employés pour les empêcher de pulluler.

1° Faisans.

A la différence des autres gibiers, le faisan est en France essentiellement un gibier d'élevage.

Tant en raison de ce caractère spécial que des facilités prévues par l'article 9 de la loi du 3 mai 1844 pour favoriser le repeuplement des oiseaux, les Préfets ont pu autoriser la reprise des faisans à la mue, soit dans un but d'élevage, soit sur les points où ils abondaient, en vue de leur lâcher ultérieur dans les contrées où il était intéressant de les introduire. En raison d'autre part de la non ouverture de la chasse, les coqs sont restés beaucoup trop nombreux pour que la reproduction s'opère dans de bonnes conditions.

Il y aura donc lieu d'accorder des autorisations de reprise à la mue du 15 septembre au 31 décembre et de faciliter dans toute la mesure du possible les envois de faisans vivants dans les régions où l'élevage de cet oiseau-gibier pourrait être tenté par des sociétés de chasse ou des particuliers.

D'autre part, les reprises de faisans ne pourront être effectuées qu'à 150 mètres au moins des chasses voisines et les autorisations de reprise ne devront être données, dans la forme indiquée l'an dernier, qu'à des personnes d'une parfaite honorabilité et après enquête constatant qu'elles se livrent à l'élevage des faisans.

2° Lièvres.

Extrait de la circulaire du 4 septembre 1916, du Ministre de l'Agriculture aux Préfets[2].

Le Gouvernement a été saisi, dans ces derniers temps de nombreuses demandes tendant les unes à l'ouverture de la chasse, les autres au maintien de l'interdiction de chasser pendant la durée des hostilités.

Il n'a pas semblé possible, dans les circonstances actuelles, d'ouvrir la chasse cette année : mais j'ai estimé qu'il était nécessaire de prescrire des mesures énergiques pour assurer, d'une manière efficace, la protection des récoltes contre les animaux nuisibles et le gibier surabondant et de prendre toutes dispositions utiles pour permettre de tirer, au point de vue de l'alimentation publique, le meilleur parti possible du gibier détruit.

Les instructions données à ce sujet l'an dernier indiquaient les différentes mesures qui, en vertu des dispositions légales, pouvaient être prises pour protéger l'agriculture ; mais il a paru qu'en raison de la prolongation de la guerre, ces mesures n'étaient plus suffisantes pour assurer les destructions nécessaires ni pour en faire profiter l'alimentation publique.

L'expérience des deux années de fermeture permet aujourd'hui de compléter ces instructions et d'édicter avec avantage des règles générales nouvelles.

Me référant à la circulaire du 14 septembre 1915 publiée au *Journal officiel* du 22 du même mois, je vous rappelle qu'il convient de faire une distinction entre les animaux nuisibles proprement dits dont la destruction est à beaucoup de points de vue indépendante du droit de chasse et le gibier devenu par sa surabondance nuisible à l'agriculture.

Pour chaque partie de cette circulaire, je vous signalerai certaines de ces prescriptions qui semblent avoir été perdues de vue ou mal interprétées et je vous indiquerai ensuite les nouvelles dispositions à adopter.

1. Mesures spéciales à l'état de guerre. Abrogées.
2. Voir *J. O.* du 5 septembre 1916.

I. — Animaux nuisibles.

1° Mesures administratives.

Battues administratives ordonnées par le Préfet en vertu de l'arrêté du 19 Pluviôse An V (sangliers, loups, renards et blaireaux).

Le Préfet peut dans son arrêté ordonnant une battue, motiver par un considérant spécial le remplacement accidentel du Lieutenant de Louveterie par le maire ou par la gendarmerie. Cette manière de procéder n'a pas, en général, été appliquée, et certains Préfets se sont bornés à prescrire aux maires d'effectuer des battues. Il y a lieu de remarquer que, dans ce cas, le maire ne pouvait organiser qu'une battue municipale aux animaux nuisibles par application de l'article 90 paragraphe 9 de la loi municipale du 5 avril 1884, c'est-à-dire *de concert* avec les propriétaires ou locataires de chasses et en la limitant au territoire de sa commune, tandis qu'en vertu d'un arrêté préfectoral visant l'arrêté du 19 Pluviôse An V et désignant nominativement un maire comme remplaçant du Lieutenant de Louveterie empêché, la battue ordonnée peut être effectuée d'office par ce maire dans toutes les propriétés non closes du territoire des communes qui figurent sur l'arrêté. La loi municipale ne permet aux maires d'agir sans concert avec les propriétaires ou locataires de chasses que pour la destruction des loups et sangliers en temps de neige.

Pour éviter des accidents dus à l'inexpérience des tireurs, les arrêtés autorisant les battues administratives devront toujours spécifier que le choix de ces tireurs est laissé au directeur de la battue, qui pourra en outre, à tout moment, interdire à ceux d'entre eux qui se seraient montrés imprudents ou indisciplinés, de continuer à prendre part à la battue.

L'organisation de ces battues a souvent été défectueuse et leurs résultats médiocres en raison des conditions imposées par les arrêtés (fixation des dates des battues, limitation du nombre de tireurs, etc.), qui, aux termes de la circulaire du 14 septembre 1915, doivent être fixés par les agents d'exécution.

2° Mesures individuelles.

Malgré la recommandation faite au sujet des modifications à introduire dans les arrêtés réglementaires permanents pour permettre l'emploi de moyens de destruction plus énergiques contre certains animaux nuisibles qui causent des dégâts importants, beaucoup de Préfets n'ont pas modifié ou ont modifié d'une façon insuffisante les arrêtés réglementaires, notamment en ce qui concerne les lapins pour lesquels j'avais cependant insisté d'une façon pressante à ce sujet dans une circulaire du 7 décembre 1915 adressée aux Préfets de tous les départements où ces animaux se sont multipliés. Il en est résulté pour l'agriculture de graves dommages dont il importe d'éviter le renouvellement au cours de la saison prochaine.

Des renseignements qui m'ont été fournis il apparaît que les dommages, ont, en général, été causés par trois catégories d'animaux nuisibles pour lesquelles il convient d'insérer dans les arrêtés réglementaires des dispositions spéciales.

1° *Lapins.* — C'est l'animal le plus dangereux pour les récoltes et, sur tous les points où il abonde, il y a lieu de poursuivre activement sa destruction.

En conséquence dans tous les départements où il a occasionné à la dernière récolte des dégâts importants les Préfets devront insérer dans leur arrêté réglementaire, en dehors des dispositions générales qui s'appliquent au lapin comme à tous les animaux nuisibles, un article mentionnant que « les propriétaires, possesseurs ou fermiers et leurs délégués ainsi que les détenteurs du droit de chasse et leurs préposés sont autorisés à capturer les lapins en tous temps et par tous moyens autres que les collets ou lacets » et que « par dérogation à la régle générale, limitant à 2 ou 3 jours par semaine les destructions au fusil, ils pourront après enquête, obtenir des autorisations individuelles d'emploi du fusil valables pour la destruction des lapins tous les jours pendant une période déterminée ». Cette période, qui sera fixée pour chaque autorisation, ne devra pas, en général, excéder un mois et il devra être stipulé que ces autorisations qui pourront être prorogées, s'il est reconnu nécessaire, seront retirées immédiatement en cas d'abus constatés.

Au cas où les dégâts de lapins n'auraient été signalés que dans une partie du département, on pourra spécifier dans l'article en question, qu'il ne sera applicable que dans certains arrondissements ou cantons limitativement désignés.

2º *Sangliers, renards et blaireaux, cerfs et biches.* — En dehors des battues, la destruction de ces animaux, qui sont des fauves, peut être pratiquée à l'affût et lorsqu'ils causent des dégâts, il y a lieu de rendre aux propriétaires (exploitants ou non) et aux fermiers, au moyen d'autorisations individuelles accordées après enquête, l'exercice du droit de repousser et détruire au fusil en tout temps et même la nuit, les bêtes fauves (sangliers, loups, renards, blaireaux, loutres, cerfs et biches, fouines et putois), qui porteraient dommage à leurs propriétés.

Dans certaines communes particulièrement exposées aux ravages des sangliers, les comités d'action agricole ont organisé cet été, à la lisière des massifs forestiers, un service de garde des récoltes pendant la nuit par les cultivateurs autorisés, sur la demande des maires, à faire usage du fusil pour repousser les fauves. Ces mesures de protection qui sont très efficaces sont à généraliser, notamment dans les vignobles situés à proximité des bois et je compte sur votre initiative pour obtenir ce résultat.

Dans les départements où les sangliers se sont multipliés, au point de devenir un véritable fléau pour l'agriculture, les Préfets devront insérer dans leur arrêté réglementaire une disposition analogue à celle qui vient d'être indiquée pour les lapins afin de pouvoir accorder des autorisations individuelles d'emploi du fusil pour la destruction des sangliers, valables tous les jours pendant une période déterminée.

3º *Oiseaux nuisibles : corbeaux. pies, geais, etc.* — Sur beaucoup de points, les récoltes ont été gravement endommagées par ces oiseaux. En ce qui concerne les corbeaux et pies qui sont les plus nuisibles, la loi du 23 juillet 1907 autorise les Préfets à « ordonner » leur destruction au moment de la nidification, mais bien que les dispositions de cette loi aient été rappelées par la circulaire du 8 avril 1915, elles n'ont pas été appliquées et les Préfets se sont, en général, bornés à accueillir les demandes d'emploi du fusil qui leur sont parvenues quand les oiseaux, dont ils avaient négligé d'ordonner la destruction, ont causé des dégâts.

Je crois, en conséquence, devoir appeler d'une façon particulière votre attention sur la nécessité de prescrire à l'avenir la destruction des oiseaux classés comme nuisibles au printemps au moment de la reproduction, c'est-à-dire à l'époque la plus favorable pour opérer ces destructions.

Dans les régions où les oiseaux dont il s'agit se sont multipliés cette année au point de causer de graves dommages, il est indispensable, comme leur destruction en battue n'est pas possible, de prévoir la délivrance d'autorisations individuelles d'emploi du fusil aux propriétaires, possesseurs ou fermiers, afin de leur permettre de défendre efficacement leurs récoltes. Ces autorisations, accordées après enquête, pour une durée strictement limitée à la période pendant laquelle il y a lieu de protéger la récolte, seront valables tous les jours de la semaine : mais elles devront toujours, pour éviter de favoriser le braconnage, spécifier que l'emploi du fusil n'est permis que pour repousser et détruire lesdits oiseaux sur les champs portant les récoltes à défendre.

Il devra en être de même pour les autorisations que vous auriez à accorder concernant les oiseaux dont la destruction au fusil est prévue par les arrêtés règlementaires de certains départements pour le cas où ces oiseaux, non classés comme nuisibles, le seraient devenu momentanément en raison de leur surabondance résultant de la prolongation anormale de la période d'interdiction de la chasse. Tels sont, par exemple, les étourneaux causant des dégâts dans les vignobles ou dans les olivettes dont il importe de sauvegarder la production en temps utile.

Les dispositions de votre arrêté règlementaire relatives à l'emploi du fusil pour la destruction des oiseaux devront être mises en concordance avec les présentes instructions.

Facilités données aux destructeurs.

Les destructions collectives en battue ont été souvent entravées soit par l'obligation de la présence d'un gendarme ou d'un préposé forestier, soit par la fixation à un chiffre trop élevé du nombre minimum de tireurs exigé pour que la battue puisse avoir lieu, soit au contraire par la limitation du nombre de fusils à un chiffre trop faible, soit enfin par l'obligation de faire figurer les noms des tireurs sur l'autorisation ou à défaut de remettre avant chaque battue, ces noms à la gendarmerie parfois très éloignée.

Il importe d'ailleurs de donner des facilités aux ayants droit pour détruire les animaux susceptibles de causer des dommages aux cultures afin de modifier le moins possible leur situation juridique en ce qui concerne la responsabilité des dégâts.

Leur devoir est de faire tout leur possible pour détruire les animaux nuisibles ou les gibiers surabondants qui se sont multipliés sur leurs terres ou dans leurs bois en raison de la non-ouverture de la chasse et il y a lieu de leur faire remarquer qu'en dehors de la responsabilité morale qui leur incomberait à ce point de vue en cas de mauvais vouloir ou de négligence, ils pourraient encourir aussi une responsabilité pécuniaire en vertu des dispositions de la loi du 19 avril 1901 relative à la réparation des dommages causés aux récoltes par le gibier.

Je ne saurais trop insister pour que votre Administration intervienne ainsi, toutes les fois qu'il sera nécessaire. Si certains des intéressés vous répondaient qu'ils ne se refusent pas à indemniser les cultivateurs, il conviendrait de leur faire observer qu'en raison de l'intérêt national qu'il y a actuellement à maintenir la production agricole aussi élevée que possible, c'est le champ de blé lui-même qu'il faut sauvegarder, car il représente pour la France une valeur bien supérieure à l'indemnité qui pourrait être allouée au cultivateur si la récolte était détruite par le gibier.

L'expérience faite depuis deux ans a démontré que les battues administratives étaient beaucoup moins efficaces que celles organisées par les particuliers et il n'y a lieu, en général, de ne procéder aux premières que sur les terrains dont les propriétaires ou leurs ayants droit ont négligé d'effectuer eux-mêmes des destructions.

Obligation du permis pour les destructions au fusil.

Pour éviter toute atteinte à la sécurité publique, pour ne pas favoriser le braconnage et dans le but de sauvegarder à la fois les intérêts du Trésor et ceux des communes, nul ne pourra se livrer, à l'aide du fusil, à la destruction des animaux nuisibles par leur caractère propre ou leur surabondance, s'il n'a, au préalable, acquitté les droits afférents au permis et obtenu de l'autorité préfectorale la pièce prévue par les articles 1 et 5 de la loi du 3 mai 1844.

La délivrance de cette pièce ne comporte d'ailleurs par elle-même aucun droit de procéder à des destructions. Ceux qui en seront munis auront seulement le droit de procéder ou de prendre part aux destructions au fusil lorsqu'elles auront été régulièrement autorisées par les préfets aux conditions prévues par leur arrêté. Toutefois le permis ne sera pas exigé des destructeurs employant le fusil : 1° dans les battues administratives, 2° pour l'exercice par les propriétaires ou fermiers du droit de repousser et de détruire les bêtes *fauves* qui porteraient dommages à leurs propriétés.

En seront également dispensés les permissionnaires de la zone des armées pour lesquels le titre de permission tiendra lieu de permis.

Pour simplifier les formalités et hâter la délivrance des autorisations individuelles d'emploi du fusil, il ne sera pas nécessaire de recourir à un arrêté pour chaque demande et les autorisations pourront être données sous forme de lettres.

Extrait de la circulaire du 24 novembre 1916, du Ministre de l'Agriculture à MM. les Préfets, relative à la destruction des sangliers.

. . . .

Il n'est rien innové pour la destruction des animaux classés comme nuisibles, qui reste possible au delà du 1er janvier.

En ce qui concerne spécialement les sangliers, je vous recommande d'accorder toutes facilités pour leur destruction soit par les particuliers, soit en battues municipales organisées de concert avec les détenteurs du droit de chasse (ou même d'office en temps de neige).

Je saisis cette occasion de vous rappeler que, conformément à la circulaire du 14 septembre 1915, il importe, comme il s'agit d'animaux nomades, de ne pas fixer à l'avance les jours de destruction, mais de se borner à indiquer la période pendant laquelle ces destructions pourront être effectuées.

Le Ministre de l'Agriculture,

Signé : MÉLINE.

Extrait de la circulaire du 6 décembre 1916, du Ministre de l'Agriculture à MM. les Préfets, relative à la destruction des corbeaux.

. . . .

Des vols considérables de corbeaux s'étant abattus dans certaines régions, plusieurs Préfets m'ont signalé la difficulté de recruter des tireurs munis de permis de chasse pour protéger les ensemencements contre ces oiseaux, et ont proposé de dispenser de l'obligation de ce permis les propriétaires ou fermiers autorisés à détruire au fusil les corbeaux sur les champs portant les récoltes à défendre.

J'ai l'honneur de vous faire connaître que ces demandes ont été accueillies favorablement et qu'il en sera de même de celles qui pourraient être présentées dans les mêmes conditions, mais je vous recommande de ne formuler des propositions à ce sujet, qu'après enquête justifiant cette dérogation au principe de l'obligation du permis de chasse pour les destructions individuelles au fusil posé par ma circulaire du 4 septembre dernier. Il convient, en effet, d'éviter que les demandes d'emploi du fusil contre les corbeaux ne servent de prétexte à des destructions de gibier sans permis.

Vous trouverez au *Journal officiel* du 29 novembre dernier la réponse à une question écrite n° 12.759, posée par M. Lavoinne, député, au sujet de la destruction des corbeaux et corneilles. Les renseignements donnés peuvent également s'appliquer aux pies dans les régions où ces oiseaux se sont multipliés au point de causer, au moment des semailles, de graves dommages à l'agriculture ; mais la dispense du permis ne peut, en aucun cas, être étendue aux destructeurs de pigeons ramiers, car il s'agit d'oiseaux qui sont des gibiers.

Le Ministre de l'Agriculture,
Signé : MÉLINE.

Circulaire du 30 décembre 1916 relative aux mesures à prendre pour la protection de l'agriculture contre les animaux nuisibles.

Adressée à Messieurs les Préfets par le Ministre du Commerce, de l'Industrie, de l'Agriculture, du Travail, des Postes et des Télégraphes.

Il m'a été signalé de divers côtés que, malgré les mesures prises en vue de la destruction des animaux nuisibles et du gibier surabondant, la protection des ensemencements avait été insuffisante et que des dégâts étaient constatés dans certaines régions. C'est ainsi que les corbeaux et les lapins causent en ce moment de graves dommages aux emblavures d'automne. Or, la situation économique est actuellement telle que nous nous trouvons dans la nécessité impérieuse d'assurer efficacement la protection des champs de blé en vue de sauvegarder la prochaine récolte qui représente pour la France une valeur inestimable et dont l'intérêt national commande de ne laisser perdre la moindre partie.

J'appelle de la façon la plus pressante votre attention sur ce point et je vous invite à subordonner dorénavant à cette considération les mesures que vous aurez à prendre en matière de destruction d'animaux nuisibles à l'agriculture.

Il ne doit plus être question, par exemple, de procéder, lorsque des dégâts sont signalés, à des enquêtes pour rechercher si les demandes d'autorisation ne sont pas formulées par des chasseurs désireux de se livrer à leur sport favori ou si les personnes qui sollicitent des autorisations sont bien fondées en droit pour cela.

A ce sujet, il y a lieu de remarquer, en effet, que les autorisations ne sont accordées qu'au point de vue de la police générale de la chasse et de l'état de siège et que, par conséquent, elles sont données sous réserves des droits des tiers.

Il importe avant tout d'aboutir rapidement pour enrayer les dommages en temps utile et les cultivateurs, notamment, doivent être mis à même de défendre leur récolte ou de la faire défendre sans que des formalités compliquées viennent retarder la délivrance des autorisations. Il m'a été signalé, en particulier, que, malgré la surabondance des animaux nuisibles, des personnes fort honorables s'étaient vu refuser des autorisations sous le prétexte qu'elles n'étaient ni des propriétaires, ni des fermiers, ni des détenteurs du droit de chasse et qu'elles ne présentaient pas, au préalable, une délégation régulière émanant de propriétaires ou de locataires de chasse. Ailleurs on rejette en bloc toutes les demandes émanant de propriétaires ou fermiers qui ne possèdent pas un certain nombre d'hectares de terrains, sans même se rendre compte de l'importance des dommages occasionnés par des animaux nuisibles.

De tels errements sont inadmissibles dans les circonstances présentes et je vous prie de veiller personnellement à ce que des faits de ce genre ne se produisent pas dans votre département et à ce que toute diligence soit faite pour la délivrance des autorisations. On doit s'efforcer, en effet, d'intervenir partout où les animaux nuisibles sont signalés, sans attendre que les dégâts causés par eux soient devenus graves.

D'autre part, l'obligation du permis de chasse, imposée aux destructeurs au fusil par la circulaire du 4 septembre dernier, m'a paru, à l'époque actuelle où les destructions de gibier proprement dit sont terminées et où les battues sont moins productives, de nature à entraver les destructions d'animaux nuisibles. J'ai décidé, en conséquence, que le permis ne serait plus exigé pour la destruction des animaux classés comme nuisibles, à effectuer du 1er janvier prochain à la fin de la période de destruction en cours [1].

Les animaux dont il y a lieu de stimuler principalement la destruction sont les corbeaux, les lapins et les sangliers.

Corbeaux. — Les corbeaux étant très nuisibles aux ensemencements, il convient de donner les plus grandes facilités pour leur destruction. Je vous autorise, à cet effet, si vous n'y voyez pas d'inconvénient au point de vue de la sécurité publique, à déléguer aux maires des communes *où des vols importants de corbeaux seront signalés*, le pouvoir d'autoriser les cultivateurs ou leurs représentants à faire temporairement emploi du fusil pour repousser et détruire les corbeaux sur les champs portant les récoltes à défendre. Des instructions spéciales vous seront données pour que la destruction des nids de ces oiseaux soit effectuée au printemps, de la manière la plus radicale.

Lapins. — Il est nécessaire de prendre d'urgence des mesures énergiques pour enrayer les ravages causés par les lapins. Je vous rappelle qu'aux termes

1. Mesure temporaire, rapportée ultérieurement.

des instructions déjà données à ce sujet vous devez faire savoir aux propriétaires ou locataires de chasse, qui négligeraient de procéder aux destructions, que la protection des cultures est, dans les circonstances actuelles d'un intérêt essentiel et que leur devoir est, en conséquence, de détruire les lapins qui se sont multipliés sur leurs terrains ou dans leurs bois. Au cas où ces avertissements resteraient sans résultat, vous voudrez bien inviter les maires à organiser des battues municipales, en vertu de l'article 90, paragraphe 9, de la loi du 5 avril 1884. En raison des difficultés qu'ils peuvent rencontrer pour se mettre d'accord avec les détenteurs du droit de chasse, et en vue d'éviter tout retard, les maires pourront se borner à faire connaître, par un avis publié dans la commune, que ces battues auront lieu sur tous les terrains non clos dont les propriétaires ou locataires du droit de chasse n'auront pas déclaré par écrit, s'opposer à ce qu'elles soient effectuées sur leur terrain. Cet avis devra rappeler aux intéressés que les cultivateurs peuvent les actionner en réparation des dommages causés aux récoltes par le gibier (loi du 19 avril 1901), et qu'en formulant une opposition ils aggraveraient la responsabilité qui pourrait leur incomber du fait d'avoir négligé d'effectuer les destructions nécessaires.

Dans les communes où les lapins causent des dommages, il conviendra, en outre, d'inviter les maires à informer les cultivateurs qu'ils peuvent détruire ou faire détruire en tout temps les lapins à l'aide de bourses et furets, de panneaux, de trous à lapins et de pièges, principalement de pièges à palette, qui sont très pratiques pour la capture de ces rongeurs.

Dans ces communes, les autorisations d'emploi du fusil devront, bien entendu, être valables tous les jours et sans limitation du nombre des tireurs admis à accompagner le bénéficiaire de l'autorisation.

Sangliers. — En ce qui concerne les sangliers, je vous signale l'intérêt qu'il y a à profiter de l'hiver, notamment des chutes de neige, pour détruire ces animaux dans les forêts où ils se réfugient. Vous voudrez bien vous concerter à cet effet avec le Conservateur des Eaux et Forêts et avec les Lieutenants de Louveterie et accorder d'urgence aux maires ainsi qu'aux particuliers qui vous en feront la demande, les autorisations nécessaires, en ayant soin de leur laisser la faculté de fixer les jours où les destructions auront lieu.

Je vous serais obligé de me rendre compte à la fin du mois de janvier prochain des conditions dans lesquelles les présentes instructions auront été appliquées dans votre département et de veiller personnellement à ce qu'elles ne soient pas perdues de vue par les fonctionnaires des divers services intéressés.

Le Ministre de l'Agriculture,
Signé : CLÉMENTEL.

Circulaire du 15 janvier 1917, relative aux mesures à prendre pour la destruction des corbeaux, adressée à MM. les Préfets, par le Ministre du Commerce, de l'Industrie, de l'Agriculture, du Travail, des Postes et des Télégraphes.

Je vous ai recommandé, dans ma circulaire du 30 décembre 1916, de donner les plus grandes facilités pour la destruction des corbeaux et je vous ai autorisé à déléguer aux maires le pouvoir d'autoriser temporairement les cultivateurs ou leurs représentants à faire emploi du fusil pour repousser et détruire les corbeaux sur les champs portant les récoltes à défendre.

Des vols considérables de corbeaux étant signalés dans un grand nombre de départements et ces oiseaux causant actuellement de graves dégâts aux ensemencements, je crois devoir compléter mes instructions du 30 décembre 1916, en vous rappelant les principales mesures à prendre.

1º *Mesures individuelles.* — La délégation donnée d'avance aux maires leur permettra d'accorder aux cultivateurs le droit de défendre leurs ensemencements au moyen de fusil dès l'apparition des corbeaux. La destruction pourra être effectuée non seulement pendant le jour, mais aussi à la tombée de la nuit sur les arbres bordant les emblavures ainsi que dans les bois et boquetaux du voisinage où les corbeaux ont l'habitude de se réfugier.

Outre le fusil, les particuliers pourront avantageusement employer les pièges, les filets et les cornets à glu.

2ᶜ *Mesures administratives.* — Lorsque les vols de corbeaux sont importants, les destructions individuelles risquent d'être insuffisantes et il peut être nécessaire de recourir à des mesures administratives.

Dans ce cas, à moins que les propriétaires ne s'y opposent formellement, les maires devront organiser, par application de l'article 90 de la loi municipale du 5 avril 1884, des destructions de corbeaux au fusil sur tous les points du territoire de leur commune fréquentés par ces oiseaux. Vous les autoriserez, à l'avenir, à faire emploi du fusil pour ces destructions, qui pourront également être effectuées à l'aide de pièges et de cornets à glu ou au moyen du poison. Toutefois, l'emploi du poison étant dangereux, ne pourra être autorisé qu'après avoir été réglementé par vous. Je vous rappelle à ce sujet qu'en cas d'emploi de grains empoisonnés à la noix vomique ou aux arséniates, les grains doivent être teints en vert, en bleu ou en noir, comme l'exige l'article 12 du décret du 14 septembre 1916 inséré au *Journal officiel* des 19 et 20 du même mois).

Enfin, la lutte contre les corbeaux pourra être rendue plus active par l'allocation de primes en argent instituées par le département ou par les communes.

En dehors de ces mesures, qui peuvent être appliquées dès à présent, j'appelle votre attention sur la nécessité de procéder au printemps à la destruction générale des nids de corbeaux dans les conditions prévues par la loi du 23 juillet 1907. A cet effet vous aurez à prendre en temps utile un arrêté spécial ordonnant la destruction de ces nids pendant les mois d'avril, mai et juin 1917 et autorisant les maires à permettre l'emploi du fusil pour les destructions des nids et des oiseaux aux abords des nids, ainsi que le prescrit la circulaire du 19 avril 1915.

Toutefois lorsque, en raison des circonstances et notamment de la mobilisation d'un grand nombre de propriétaires ou fermiers, les destructions ordonnées paraîtront devoir être insuffisantes, les maires pourront organiser des destructions municipales, qui porteront sur tous les terrains dont les propriétaires ne s'y opposeront pas, sauf à appliquer rigoureusement à ceux qui s'opposeraient les sanctions de la loi du 24 décembre 1888.

En ce qui concerne les forêts domaniales, je mettrai à la disposition des Conservateurs des Eaux et Forêts des crédits suffisants pour procéder aux destructions nécessaires.

Vous voudrez bien m'adresser, dès leur publication, un exemplaire des arrêtés que vous serez appelé à prendre.

Le Ministre de l'Agriculture,
Signé : CLÉMENTEL.

Circulaire du 6 avril 1917, du Ministre de l'Agriculture
à MM. les Préfets, relative à la destruction des animaux nuisibles[1].

Mon prédécesseur vous a adressé à la date des 30 décembre 1916 et 15 janvier 1917, des instructions en vue d'intensifier les destructions des animaux nuisibles sur tous les points où ces animaux étaient susceptibles de causer des dégâts aux cultures.

Au moment où la période normale de destruction va prendre fin dans la plupart des départements, je crois devoir appeler votre attention sur la nécessité qu'il peut y avoir à prolonger cette période dans certaines régions où cette mesure est justifiée par l'intérêt de l'agriculture. Il importe, en effet, d'assurer une protection efficace des ensemencements de printemps et de ne pas attendre, pour permettre aux cultivateurs de défendre leurs récoltes que les animaux nuisibles y aient occasionné de graves dommages.

La destruction des sangliers et des lapins dans les bois au voisinage desquels ces animaux causent des ravages, peut en général être utilement poursuivie jusqu'à la pousse des feuilles, et celle des oiseaux nuisibles doit être autorisée au moment des semailles.

D'autre part, dans toutes les régions où les bêtes fauves causent des dégâts soit aux cultures (sangliers, cerfs et biches), soit aux basses-cours (renards, fouines et putois), il conviendra, à moins que vous n'y voyez un inconvénient au point de vue de la sécurité publique, de rendre, par mesure générale, aux propriétaires ou fermiers la faculté de faire usage du fusil pour exercer le droit de défense contre ces animaux qui leur est reconnu par l'article 9 paragraphe 3 de la loi du 3 mai 1844 et qui leur a été retiré par l'état de siège. Dans la zone des armées où une mesure générale de ce genre ne pourrait être prise, il y aura lieu, après entente avec l'autorité militaire, d'accorder dans le même but, aux cultivateurs, des permis individuels d'emploi du fusil dans la plus large mesure possible, en vue de l'exercice du droit précité.

Je vous rappelle que les gardes particuliers assermentés doivent être autorisés à détruire en tout temps les animaux classés comme nuisibles et qu'ils n'ont plus, depuis le 1er janvier dernier, besoin d'être munis d'un permis de chasse pour procéder à ces destructions à l'aide du fusil.

Le Ministre de l'Agriculture
Signé : Fernand DAVID.

Circulaire du 13 avril 1917, de M. le Ministre de l'Agriculture à MM. les Préfets, relative aux mesures à prendre pour la destruction des nids de corbeaux et de pies.

Comme suite à la circulaire relative à la destruction des nids de corbeaux et de pies en date du 15 janvier dernier et insérée au *Journal officiel* du 17 du même mois, j'ai l'honneur de vous rappeler qu'il convient, si vous ne l'avez déjà fait, de prendre un arrêté ordonnant cette destruction pendant les mois d'avril et de mai, à moins que ces oiseaux ne soient pas assez nombreux dans votre département pour motiver une mesure générale de ce genre.

1. Mesures spéciales à l'état de guerre. Abrogées.

Pour éviter de favoriser le braconnage, l'emploi du fusil ne devra, comme le prévoit la circulaire du 8 avril 1915, être autorisé pour la destruction des nids qu'à jours fixes : le dimanche ou le dimanche et le jeudi, si un seul jour par semaine paraît insuffisant.

Ce n'est qu'exceptionnellement pour certaines régions où la nidification se fait tardivement que les destructions de nids au fusil pourront être autorisées en juin.

La loi du 23 juillet 1907 n'a fait aucune distinction au sujet des espèces de corbeaux dont les nids doivent être détruits.

Je crois devoir toutefois vous signaler que certains corbeaux sont surtout insectivores et par suite ne causent pas de dégâts aux cultures lorsqu'ils ne se sont pas multipliés d'une façon excessive. C'est ainsi que les « Freux », reconnaissables à leur bec long et pointu, dont le tour est généralement dénudé et blanchâtre, ne sont nuisibles que lorsqu'ils sont en grandes bandes. D'autre part, les « Choucas » ou corbeaux de clochers et les corbeaux des Alpes à pieds rouges (« Chocart alpin » à bec jaune et « Crave » à bec rouge) ne sont pas nuisibles.

Le Ministre de l'Agriculture,
Signé : Fernand DAVID.

Circulaire du 11 septembre 1917, du Ministre de l'Agriculture à MM. les Préfets, au sujet des primes allouées pour la destruction des sangliers[1].

J'ai l'honneur d'appeler votre attention sur un arrêté, en date de ce jour, qui établit des primes pour la destruction des sangliers.

Je vous prie de donner la plus grande publicité possible à cet arrêté dans les régions où les sangliers causent des dégâts aux cultures.

Ainsi que vous le remarquerez, la prime a été fixée à 50 francs pour un animal adulte, car une prime destinée à encourager la destruction d'un animal dont la valeur est, en général, de 50 à 100 francs, n'aurait pas d'effet si elle était faible.

Vous remarquerez également que, pour les animaux tués dans des battues générales ou municipales, la moitié seulement de la prime a été attribuée à la personne qui a tué l'animal : le tireur dont il s'agit a, dans ce cas, bénéficié d'une préparation et d'une organisation effectuées par le Lieutenant de Louveterie ou par la commune et dont il n'a pas eu à supporter les frais.

D'autre part, le Lieutenant de Louveterie, qui est appelé à diriger un grand nombre de battues et qui agit en vertu de fonctions gratuites, conférées sur sa demande et comportant des privilèges, ne pourra prétendre annuellement à des parts de primes supérieures au montant de certaines dépenses supportées par lui, mais cette réserve ne s'applique pas à la personne (maire, agent ou préposé forestier, officier ou brigadier de gendarmerie), désignée spécialement par votre arrêté pour remplacer le Lieutenant de Louveterie empêché.

Il conviendra, dans vos arrêtés ordonnant des battues générales, de tenir compte des prescriptions contenues dans la circulaire du 4 septembre 1916 (§ 7 à 10), mais l'arrêté relatif à l'ouverture de la chasse permettant l'emploi du fusil dans les battues municipales, les maires des communes situées dans les zones dans lesquelles la chasse est ouverte, n'auront plus à vous demander

---

1. Abrogée.

l'autorisation d'organiser des battues aux animaux nuisibles sur le territoire de leur commune.

Il y aura lieu pour activer la destruction des sangliers, de compléter les cadres des Lieutenants de Louveterie qui doivent être au nombre d'au moins un par arrondissement et dont la présentation doit vous être faite par le Conservateur des Eaux et Forêts (application des arrêtés ministériels des 3 mai 1852 et 15 janvier-24 février 1897).

> *Le Ministre de l'Agriculture,*
> Signé : Fernand DAVID.

Le Ministre de l'Agriculture,

Vu la loi du 4 août 1917 ouvrant sur le chapitre 104 du budget du Ministère de l'Agriculture un crédit additionnel pour allocation de primes pour la destruction des sangliers,

Arrête :

ARTICLE PREMIER. — A partir de la publication du présent arrêté au *Journal officiel* des primes seront allouées par l'État pour la destruction des sangliers.

Ces primes seront fixées de la manière suivante :

50 francs par sanglier pesant plus de 30 kilogrammes ;
20 francs par marcassin pesant de 3 à 30 kilogrammes :
10 francs par petit marcassin pesant moins de 3 kilogrammes.

ART. 2. — Quiconque, en dehors d'une battue générale ordonnée par le Préfet ou d'une battue municipale organisée par le maire, détruit un sanglier ou un marcassin et réclame l'une des primes indiquées ci-dessus, doit en faire la déclaration au maire de la commune sur le territoire de laquelle l'animal a été détruit. Cette déclaration dont il est donné récépissé par le maire, doit être faite par écrit sur papier timbré, dans les vingt-quatre heures qui suivent la destruction. Ce délai pourra exceptionnellement être porté à quarante-huit heures en cas d'empêchement motivé, mentionné dans la déclaration et reconnu valable par le maire.

ART. 3. — Le déclarant devra spécifier qu'il sollicite l'allocation de la prime et qu'il a bien détruit en dehors d'une battue générale ou municipale l'animal dont il s'agit, vivant à l'état sauvage. Il devra indiquer ses nom, prénoms et domicile, le lieu où l'animal a été détruit, les circonstances dans lesquelles il a été tué et capturé (chasse ou battue particulière, affût, piège, poison, etc.), son sexe et son poids. Il devra présenter au maire le sanglier détruit (plein ou vide) et, en sa présence, brûler les soies des oreilles.

S'il veut éviter de présenter l'animal entier, il devra : 1° faire compléter sa demande de prime par une attestation signée de deux personnes ayant assisté à la destruction, ou en ayant eu connaissance, et certifiant le poids de l'animal ; 2° présenter les deux oreilles munies de leurs soies qui devront être brûlées en présence du maire.

Dans les régions où il existe des cochons noirs vivant à l'état demi-sauvage l'animal entier devra être présenté au maire.

En ce qui concerne les petits marcassins de moins de 3 kilogrammes, ils devront toujours être présentés en entier et les oreilles ainsi que la queue seront coupées en présence du maire.

Chasse illustrée.
page 193.

Art. 4. — Le maire procède le plus tôt possible aux constatations et en dresse procès-verbal.

Ce procès-verbal mentionne :

1° La date et le lieu de l'abatage où, en cas d'empoisonnement ou de capture, le lieu où l'animal a été trouvé ou pris ;

2° Le nom et le domicile de celui qui a tué, empoisonné ou capturé le sanglier ;

3° Le sexe et le poids de l'animal détruit.

Le procès-verbal indique en outre si l'animal a été présenté en entier couvert de sa peau ou s'il n'a été présenté que les oreilles. Il spécifie enfin qu'en présence du maire les soies des oreilles ont été brûlées (ou, s'il s'agit d'un petit marcassin, que les oreilles et la queue ont été coupées), de manière à rendre impossible toute présentation ultérieure.

Lorsque les énonciations de la déclaration du destructeur auront été reconnues exactes, le maire pourra s'y référer dans son procès-verbal et ne faire figurer *in extenso* dans le dit procès-verbal que les constatations et assertions supplémentaires prévues ci-dessus.

Art. 5. — Dans les vingt-quatre heures suivantes, le maire adresse au Préfet le procès-verbal ainsi établi, auquel il joint la déclaration de l'intéressé.

Art. 6. — Sur le vu des pièces qui lui sont transmises par le Préfet, le Conservateur des Eaux et Forêts délivre, au nom du déclarant, un mandat du montant des primes dues.

Art. 7. — Dans le cas où plusieurs animaux ont été détruits par la même personne, ils peuvent être compris dans une même déclaration et donner lieu à un seul mandat.

Art. 8. — Lorsqu'il s'agira de destructions de sangliers effectuées dans des battues municipales organisées par les maires ou dans des battues générales ordonnées par le Préfet et dirigées par le Lieutenant de Louveterie, ou de son remplaçant s'il est empêché, la prime sera partagée par moitié entre la personne qui aura abattu l'animal et la commune, en cas de battue municipale, et entre cette personne et le Lieutenant de Louveterie, ou son remplaçant, en cas de battue générale.

Toutefois en ce qui concerne le Lieutenant de Louveterie, les parts de primes auxquelles il pourra prétendre ne pourront dépasser annuellement le montant des dépenses faites par lui pour les frais de transport de son équipage et pour le recrutement de rabatteurs non réquisitionnés.   .

Il justifiera du montant de ces frais par état fourni au Conservateur des Eaux et Forêts.

Une déclaration globale sera faite par le directeur de la battue à la suite de chaque battue, il fournira les déclarations et justifications prévues pour les déclarations particulières.

Cette déclaration, qui spécifiera pour chaque animal tué le nom, prénoms et domicile du tireur qui l'a abattu, sera soumise aux formalités prévues aux articles 3 à 6 ci-dessus.

Lorsque la battue aura lieu sur le territoire de plusieurs communes, la déclaration des sangliers tués pourra être faite au maire de l'une de ces communes.

Paris, le 11 septembre 1917.

Le Ministre de l'Agriculture,
Signé : Fernand DAVID.

Circulaire du 14 septembre 1917, du Ministre de l'Agriculture à MM. les Préfets de la zone des armées au sujet de la destruction des animaux nuisibles et du gibier surabondant.

J'ai l'honneur de vous faire connaître que M. le Général Commandant en Chef et M. le Ministre de la Guerre, s'opposant à ce que la chasse soit ouverte dans la zone des armées, il y aura lieu de procéder, après entente avec l'autorité militaire, à des destructions d'animaux nuisibles comme le prévoit la circulaire du 4 septembre 1916.

Animaux nuisibles. — En dehors des battues générales ordonnées par vous, par application de l'arrêté du 19 Pluviôse An V, pour la destruction des sangliers, renards et blaireaux, sous la direction des Lieutenants de Louveterie et des battues municipales organisées par les maires pour la destruction de tous les animaux classés comme nuisibles, il conviendra de délivrer des autorisations individuelles, valables pour une période déterminée tous les jours de la semaine, pour la destruction de tous les animaux (quadrupèdes et oiseaux) classés comme nuisibles par votre arrêté réglementaire permanent sur la police de la chasse, et comportant l'emploi du fusil pour le titulaire de l'autorisation ainsi que, le cas échéant, pour un certain nombre de tireurs désignés nominalement sur sa demande comme devant participer à des battues particulières organisées par lui. Le permis de chasse devra être exigé des tireurs prenant part à ces destructions particulières dans les conditions indiquées par la circulaire du 4 septembre 1916.

Gibier proprement dit. — Des destructions de certains gibiers surabondants ont déjà été effectuées l'an dernier sur des points de la zone des armées situés en dehors de la zone avancée.

J'estime que, pour assurer la protection des récoltes et tirer profit du gibier pour l'alimentation publique, il y aura lieu, cette année, d'autoriser la destruction de toutes espèces de gibiers, sédentaires ou de passage, lorsque ces gibiers seront suffisamment abondants pour justifier cette mesure.

Les autorisations de destructions, à effectuer en battues, devront être données pour une période déterminée aux détenteurs du droit de chasse et comporter l'autorisation du fusil pour un certain nombre de personnes, comme il est indiqué ci-dessus pour les battues particulières aux animaux nuisibles, sous réserve que les battues, qui seront faites à l'aide de rabatteurs ou de chiens devront toujours être effectuées par au moins quatre tireurs, les dimanches et jeudis, et exceptionnellement un troisième jour de la semaine.

Toutefois les destructions de canards sauvages et autres oiseaux d'eau migrateurs pourront avoir lieu dans les conditions fixées par les circulaires des 5 janvier et 3 mars 1917, c'est-à-dire tous les jours de la semaine, soit en battue, soit au poste ou encore au chien d'arrêt, mais seulement sur le rivage de la mer, dans les marais et à moins de 30 mètres des rives des étangs et des rivières.

Pour permettre de tirer le meilleur parti possible du gibier ainsi détruit, il pourra être transporté et vendu librement sous la seule réserve que les compagnies de chemins de fer n'en effectueront l'expédition qu'au vu de l'autorisation de destruction.

Etant donné que les destructions devront être, sauf en ce qui concerne le gibier d'eau, effectuées en battues, je vous recommande de ne délivrer des autorisations de destructions de gibier proprement dit qu'aux personnes qui soit en raison du droit de chasse qu'elles possèdent ou des accords conclus avec les détenteurs du droit de chasse sur les terrains voisins, peuvent agir sur une superficie suffisante pour permettre de procéder aux destructions par voie de battues. Il importe, en effet, que des braconniers ayant le droit de chasse sur quelques parcelles de terrain n'obtiennent pas une autorisation de destruction qui leur donnerait le droit de faire des expéditions de gibier tué en délit.

Le permis de chasse sera, bien entendu, exigé pour ces destructions de gibier, comme il est prévu par la circulaire du 4 septembre 1916, dont les dispositions générales restent applicables. Toutefois la délivrance de permis de chasse aux étrangers ne pourra avoir lieu que dans les conditions indiquées par l'avis publié au *Journal officiel* du 11 août dernier auquel vous voudrez bien vous reporter.

Je vous prie de vous concerter d'urgence avec l'autorité militaire pour l'exécution des prescriptions de la présente circulaire et de me saisir sans retard des difficultés que vous pourriez rencontrer pour la mise en vigueur de mes instructions.

Le Ministre de l'Agriculture,
Signé : Fernand DAVID.

Extrait de la circulaire du 15 novembre 1917, du Ministre de l'Agriculture à MM. les Préfets, relative à la destruction des animaux nuisibles.

. . . .

Quant aux animaux nuisibles, il conviendra de mentionner que leur destruction continuera à être réglée par l'arrêté permanent, complété, le cas échéant, par les dispositions particulières introduites dans votre arrêté d'ouverture générale.

Dans les départements où les sangliers causent des dommages aux cultures, il y aura lieu de rappeler, dans un article spécial, que les propriétaires, possesseurs ou fermiers et leurs délégués, ont la faculté de détruire ces animaux par tous moyens et en tout temps, et d'étendre ces dispositions aux détenteurs du droit de chasse et à leurs préposés.

Il est bien entendu, toutefois, que le poison ne pourra être employé pour la destruction du sanglier qu'en vertu des autorisations préfectorales déterminant les précautions à prendre pour éviter les accidents.

En vue d'intensifier la destruction des sangliers vous devrez également, dans les régions où les sangliers sont nombreux, autoriser, d'une façon générale, les Maires à organiser, en vertu de l'article 90 de la loi du 5 avril 1884, des battues municipales comportant l'emploi du fusil.

D'autre part, lorsque vous ordonnerez, par arrêté, des battues générales à effectuer sous la direction du Lieutenant de Louveterie ou de son remplaçant, vous aurez soin de laisser toute latitude au directeur des battues pour en fixer les dates dans la période prévue par le dit arrêté pour l'exécution des battues.

Le Conseiller d'Etat, Directeur Général des Eaux et Forêts,
Signé : DABAT.

Circulaire du 9 avril 1918, du Ministre de l'Agriculture et du Ravitaillement à MM. les Préfets, au sujet de la destruction des animaux nuisibles à l'agriculture et notament des sangliers.

Au moment où la période normale de destruction des animaux nuisibles vient de prendre fin, je vous rappelle les instructions qui vous ont été données en vue de prolonger cette période dans les régions où ces animaux et notamment les sangliers, causent des dégâts aux ensemencements. Il importe, en effet, de sauvegarder la prochaine récolte dont on ne peut laisser perdre la moindre partie dans les circonstances actuelles.

La circulaire du 15 novembre 1917 vous prescrivait de mentionner dans votre arrêté de clôture, que la destruction des animaux nuisibles continuerait à être réglée par l'arrêté permanent relatif à la police de la chasse, complété par un certain nombre de dispositions particulières introduites dans votre arrêté d'ouverture générale, en exécution des instructions ministérielles du 23 juillet 1917.

. Dans les départements où les sangliers causent des dommages aux cultures, la circulaire précitée du 15 novembre, recommandait notamment d'insérer dans l'arrêté de clôture un article spécial permettant aux propriétaires ou fermiers ainsi qu'aux détenteurs du droit de chasse de détruire ou de faire détruire ces animaux en tout temps, même la nuit à l'affût, et par tous moyens, sauf le poison pour lequel une autorisation préfectorale doit être exigée en raison de la nécessité de réglementer ce mode de destruction au point de vue de la sécurité publique.

Il vous était également prescrit dans le but d'intensifier la destruction des sangliers, d'autoriser d'une façon générale, les maires à organiser, en vertu de l'article 90 de la loi du 5 avril 1884, des battues municipales comportant l'emploi du fusil (après entente avec l'autorité militaire s'il s'agit de la zone des armées) sauf à appliquer au besoin les dispositions de la circulaire du 30 décembre 1916, relatives au cas d'opposition des détenteurs du droit de chasse.

Or, j'ai constaté que les prescriptions des circulaires rappelées ci-dessus n'avaient pas été mises en vigueur dans certaines régions où cependant les animaux nuisibles sont nombreux. Dans beaucoup de départements on se borne à appliquer l'arrêté réglementaire d'avant-guerre sans tenir compte des instructions ministérielles.

C'est ainsi qu'on exige des formalités (arrêtés d'autorisations sur papier timbré à 1 fr. 80), même pour les sangliers, et qu'on interdit, d'une manière générale, leur destruction à l'aide de pièges à loups ou de collets en vertu de dispositions réglementaires prises au point de vue de la police de la chasse alors que le droit de défense contre les « bêtes fauves » qui est formellement reconnu aux propriétaires et fermiers par l'article 9 de la loi du 3 mai 1844 ne peut être réglementé qu'au point de vue de la sécurité publique.

De nombreuses plaintes me sont parvenues à ce sujet.

J'ai l'honneur de vous prier, au cas où vous ne l'auriez déjà fait, de prendre d'urgence les mesures nécessaires pour assurer la protection des cultures contre les animaux nuisibles, dont les dégâts vous ont été signalés, et de me rendre compte pour le 20 avril 1918 des dispositions que vous aurez arrêtées à cet effet, ainsi que de la publicité que vous aurez donnée à ces dispositions.

Dans le même ordre d'idées, j'appelle votre attention sur l'intérêt qu'il y a à donner la plus grande publicité aux conditions dans lesquelles des primes sont allouées aux destructeurs de sangliers, en vertu de l'arrêté du 11 septembre 1917[1].

Le Ministre de l'Agriculture,
Signé : Victor BORET.

Circulaire du 19 avril 1918, du Directeur Général des Eaux et Forêts à MM. les Conservateurs, relative à l'application de la circulaire du 9 avril 1918.

Monsieur le Conservateur est prié de porter à la connaissance des agents et préposés de son arrondissement la circulaire ministérielle du 9 avril courant relative à la destruction des animaux nuisibles, qui a été publiée au *Journal officiel* du 9 avril et de prendre, en ce qui le concerne, toutes les mesures nécessaires pour assurer la destruction de ces animaux dans les forêts soumises au régime forestier.

Les préposés forestiers devront, notamment, être incités à détruire les sangliers. Si certains adjudicataires du droit de chasse refusaient de les autoriser à procéder à ces destructions, il y aurait lieu d'en rendre compte à l'Administration.

Le Conseiller d'État, Directeur Général des Eaux et Forêts,
Signé : DABAT.

Circulaire du 20 avril 1918, du Ministre de l'Agriculture et du Ravitaillement à MM. les Préfets, relative à la destruction des corbeaux, pies et geais, à l'aide de grains empoisonnés.

Mon attention a été appelée sur les dégâts causés aux récoltes, et notamment aux semis, par les corbeaux, pies et geais, et sur les inconvénients que présente l'emploi du fusil pour la destruction de ces oiseaux nuisibles.

Ce procédé est devenu fort coûteux en raison de l'augmentation du prix des munitions et il favorise le braconnage. Il est, en outre, peu efficace lorsque les oiseaux à détruire sont nombreux.

C'est pour ce motif que les circulaires des 15 janvier et 13 avril 1917, rappelées par mes instructions du 9 avril courant, préconisent surtout la destruction des nids au printemps et l'emploi des cornets à glu ou des grains empoisonnés sur les points où ces oiseaux causent de sérieux dégâts à l'agriculture.

Un produit spécial, le « Pica Corvicide », préparé par M. Mérigonde, Lieutenant de Louveterie à Souillac (Lot), et composé de grains de maïs empoisonnés à

---

1. Les dispositions de ce paragraphe sont abrogées.

la strychnine, a été employé avec succès dans un certain nombre de départements, notamment dans le Lot où l'on a procédé à l'empoisonnement général
des oiseaux nuisibles pendant une période déterminée, à l'aide de crédits votés
à cet effet par le Conseil général.

Ces expériences ont été très satisfaisantes et aucun accident ne s'est produit
mais il y a lieu, bien entendu, de prescrire pour l'emploi des grains empoisonnés
certaines précautions indiquées par M. Mérigonde.

Au cas où les oiseaux dont il s'agit occasionneraient des dommages aux
récoltes dans votre département, vous pourriez signaler au Conseil général
l'efficacité des grains empoisonnés pour les détruire, et demander à cette
Assemblée de voter les crédits nécessaires pour procéder à ces destructions
comme il a été fait dans le Lot. Votre collègue à Cahors pourra, à ce sujet, vous
donner tous renseignements utiles.

Pour le Ministre et par autorisation :

Le Conseiller d'Etat, Directeur Général des Eaux et Forêts,

L. DABAT.

Instruction relative à la destruction des corbeaux
par les appâts empoisonnés.

« Pica Corvicide. »

Utilisation des appâts.

Dans chaque commune où la destruction des corbeaux aura été prescrite
par la municipalité, les propriétaires et fermiers devront indiquer au maire,
par l'intermédiaire de leurs délégués et deux jours au moins à l'avance, les lieux
où devront être placés les appâts empoisonnés.

Les corbeaux habitant surtout les lieux boisés de peu d'étendue, les bouquets
de bois placés au milieu des champs cultivés, la lisière des petits bois, les parcs,
c'est donc à proximité de ces lieux que le poison sera déposé, à la condition toutefois que ces emplacements ne se trouvent pas compris dans la zone d'interdiction indiquée par l'article 4 de l'arrêté préfectoral.

Ces lieux, une fois désignés, seront portés à la connaissance du public par
voie d'affiche et de publication à son de caisse deux jours de suite.

Les appâts empoisonnés seront mélangés à de petits tas de fumier frais (de
préférence fumier de cheval), disposés dans des endroits bien en vue à 50 mètres
environ des refuges habituels des oiseaux.

Des fumerons d'un volume de 7 à 10 litres seront répartis de préférence sur
les champs récemment labourés.

Les petits tas de fumier seront déposés dans la soirée et, immédiatement
après, un ou plusieurs ouvriers seront chargés de répandre les appâts empoisonnés, à raison d'une poignée par tas ; à l'aide d'un bâton, ils seront mélangés
à la couche superficielle de fumier, de façon à être recouverts presque complètement. Les pièges étant ainsi préparés, il sera rigoureusement interdit de pénétrer sur les champs, sauf tous les matins de 9 heures à 11 heures pour procéder
au ramassage des oiseaux morts, *lesquels devront être enfouis immédiatement
à une profondeur d'au moins 50 centimètres.*

Si les appâts sont en boîte (Pica Corvicide), celles-ci seront ouvertes sur place et les appâts entièrement distribués le jour même de leur ouverture.

Il sera interdit aux ouvriers de fumer pendant la répartition des appâts.

Afin d'éviter tout danger d'empoisonnement des hommes et des animaux domestiques, les boîtes seront réunies et enfouies immédiatement à 50 centimètres de profondeur au minimum ; cet enfouissement aura lieu dans un endroit écarté et de préférence dans un bois ; les bâtons ayant servi au mélange des appâts et du fumier seront brûlés en plein champ, immédiatement après l'opération.

Les ouvriers ayant réparti les appâts devront se nettoyer convenablement les ongles et se laver très soigneusement les mains dès que le travail sera terminé.

A l'expiration du délai fixé par l'arrêté municipal, les fumerons sur lesquels les appâts auront été déposés seront enfouis sur place et recouverts d'une couche de terre de 20 centimètres d'épaisseur.

Précautions à prendre pour les oiseaux de basse-cour et les animaux domestiques.

Afin d'éviter l'empoisonnement des oiseaux de basse-cour et des animaux domestiques, les volailles, pigeons, et les chiens seront maintenus enfermés pendant les trois jours où les grains empoisonnés seront exposés sur les tas de fumier.

Durant cette période, il est formellement interdit de conduire les moutons et les porcs sur les champs où seront déposés les grains empoisonnés.

Recommandation importante.

Sont recommandés, d'une part, les appâts empoisonnés à *base de viande* (déchets d'abattoirs) ; d'autre part, le Pica Corvicide, grains de maïs empoisonnés à la strychnine, par un procédé spécial qui augmente l'adhérence du poison au grain et en masque l'amertume.

Ce produit a permis d'obtenir de bons résultats dans les départements où il a été employé, par application des dispositions de la circulaire ministérielle du 20 avril 1918.

L'emploi des grains de blé empoisonnés est interdit, pour éviter la destruction du gibier et des petits oiseaux.

Nota. — La période la plus favorable aux empoisonnements est l'hiver, de préférence par un froid sec ou un temps de neige.

Circulaire du 20 juillet 1918, du Ministre de l'Agriculture et du Ravitaillement à MM. les Préfets, relative à la destruction des sangliers.

Des dégâts importants étant actuellement causés aux récoltes par les sangliers, j'appelle de nouveau votre attention sur la nécessité de prendre d'urgence des mesures énergiques pour assurer la destruction de ces animaux.

La saison actuelle n'est pas favorable aux battues, mais les sangliers peuvent être détruits par des chasseurs opérant individuellement (chasse à l'affût, à la bauge ou à l'aide de pièges). A cet effet, il y a lieu de rappeler aux propriétaires ou fermiers, ainsi qu'aux détenteurs du droit de chasse, qu'en vertu des dispositions que vous avez dû prendre, par application de mes circulaires des 15 novembre 1917 et 9 avril 1918, ils sont autorisés « à détruire ou à faire détruire les sangliers en tout temps, *même la nuit à l'affût*, et par tous moyens (fosses à loup, pièges, collets, etc...), sauf par le poison, pour lequel une autorisation préfectorale est exigée en raison de la nécessité d'en réglementer l'emploi au point de vue de la sécurité publique ».

Au cas où votre département serait compris dans la zone des armées, il conviendrait d'indiquer, le cas échéant, les formalités exigées par l'autorité militaire pour l'emploi du fusil ; mais vous devrez vous efforcer d'obtenir que, sauf dans la zone voisine du front, ces formalités soient aussi simples que possible. Si vous rencontriez des difficultés pour arriver à ce résultat, vous auriez à m'en saisir sans retard.

Enfin, je vous signale spécialement l'intérêt qu'il y aurait à appliquer, dans les communes particulièrement exposées aux ravages des sangliers, les dispositions du paragraphe 15 de la circulaire ministérielle du 5 septembre 1916, relatives à l'organisation d'un service de garde des récoltes pendant la nuit. L'allocation des primes pour destruction de sangliers paraît devoir faciliter cette organisation, qui a donné de bons résultats sur les points où elle a été appliquée.

Je vous serai obligé de vouloir bien, en m'accusant réception de la présente circulaire, me rendre compte des mesures que vous aurez prises pour assurer efficacement, dans votre département, la protection des récoltes contre les sangliers.

Le Ministre de l'Agriculture,
Victor BORET.

Circulaire du 29 mars 1919, du Ministre de l'Agriculture à MM. les Préfets, relative à la destruction des animaux nuisibles.

La période réglementaire de destruction des animaux nuisibles prenant fin le 31 mars dans la plupart des départements, j'appelle votre attention sur la nécessité de prolonger cette période dans les régions où cette mesure est justifiée par l'intérêt de l'agriculture.

Les battues aux sangliers doivent notamment être intensivement effectuées jusqu'à la pousse des feuilles, et même au delà s'il est nécessaire, dans les contrées où ces animaux se sont multipliés, et la destruction des sangliers à l'affût peut être utilement poursuivie durant tout l'été.

Je vous rappelle, à ce sujet, les prescriptions de mes circulaires des 9 avril et 20 juillet 1918, auxquelles je vous prie de vouloir bien vous reporter.

Les primes pour destruction de sangliers étant plus efficaces lorsqu'elles sont allouées rapidement, je vous recommande de veiller à ce que les dossiers relatifs aux demandes de primes soient constitués par les maires dans les délais fixés, et soient transmis sans retard, par vos soins, au Conservateur des Eaux et Forêts chargé du mandatement [1].

---

1. Les dispositions de ce paragraphe sont abrogées.

Dans les régions où les bêtes fauves causent des dégâts, soit aux cultures (sangliers, cerfs et biches), soit aux basses-cours (renards, fouines et putois), il conviendra de rappeler aux propriétaires ou fermiers qu'ils peuvent, sauf dans les parties de la zone des armées où une autorisation est exigée, faire usage du fusil pour exercer le droit de défense contre ces animaux qui leur est reconnu par l'article 9, paragraphe 3, de la loi du 3 mai 1844.

En ce qui concerne les mesures à prendre contre les pies et les corbeaux, il y a lieu d'appliquer les instructions ministérielles du 13 avril 1917 (*Journal officiel* du 15 du même mois), prescrivant la destruction des nids, déjà rappelées par ma circulaire du 20 avril 1918 relative à l'empoisonnement de ces oiseaux nuisibles à l'aide du « Pica Corvicide ».

Le Ministre de l'Agriculture,

Signé : Victor BORET.

Circulaire du 17 novembre 1919, du Ministre de l'Agriculture et du Ravitaillement à MM. les Préfets, relative à la fermeture de la chasse et à la destruction des animaux nuisibles.

J'ai l'honneur de vous prier de m'adresser, pour le 30 novembre courant au plus tard, vos propositions relatives à la clôture générale de la chasse.

Vous voudrez bien me faire connaître, en premier lieu, votre avis sur la date qu'il conviendrait de choisir pour cette clôture. D'après les renseignements qui me sont parvenus, il y aurait intérêt, en raison de la rareté du gibier sédentaire, à fermer la chasse, comme ces dernières années, au début plutôt qu'à la fin de janvier.

Vos propositions porteront ensuite, s'il y a lieu, sur les chasses exceptionnelles autorisées après la fermeture, notamment celle du gibier d'eau et celle dite « à la repasse », et vous me ferez connaître les modifications qu'il vous paraîtrait utile d'apporter sous ce rapport aux dispositions réglementaires en vigueur dans votre département. Les extraits des délibérations des conseils généraux seront, le cas échéant, joints à ces propositions.

Je vous signale, à cette occasion, que la Commission Permanente de la Chasse a demandé que les chasses dites « à la repasse », contre lesquelles elle a déjà protesté, soient supprimées, ou tout au moins limitées à une période aussi réduite que possible, dans les départements où elles sont encore pratiquées. Ces chasses ont lieu, en effet, au moment où ces oiseaux remontent dans les régions septentrionales pour y nicher, et elles servent souvent de prétexte au braconnage.

Vous examinerez donc la possibilité de limiter celles de ces chasses qui seraient prévues par votre arrêté réglementaire, à la période où les passages se produisent ordinairement dans votre département. Il est notablement inutile et dangereux, pour la conservation du gibier sédentaire, d'autoriser les chasses à la repasse pendant une durée de trois mois, alors que la repasse ne dure qu'un mois au maximum.

Vous me ferez connaître, enfin, dans quelles conditions vous estimez que la destruction des animaux nuisibles, et spécialement des sangliers, devra être poursuivie après la fermeture. Les mesures à prendre à ce sujet devront être inspirées des instructions qui ont fait l'objet des circulaires ministérielles des 9 avril et 20 juillet 1918, rappelées par celle du 29 mars dernier.

Dans les départements où les sangliers causent des dommages aux cultures, il conviendra d'insérer dans l'arrêté de clôture, ainsi d'ailleurs que le prescrivait la circulaire du 9 avril 1918, un article spécial ainsi conçu : « Les propriétaires, possesseurs, fermiers et détenteurs du droit de chasse sont autorisés, d'une façon générale, à détruire ou à faire détruire *sur leurs terrains* les sangliers en tout temps (même la nuit à l'affût) et par tous les moyens, sauf le poison, qui ne peut être employé qu'après autorisation préfectorale. »

Il m'a été signalé, d'autre part, que les renards, putois, martres, fouines, etc... s'étaient multipliés dans certaines régions, au point de rendre presque impossible l'élevage des volailles. Vous voudrez bien prendre toutes mesures utiles en vue de la destruction de ces animaux, notamment à l'aide de toxique, dont l'emploi est particulièrement à recommander pendant l'hiver et par temps de neige. Il y a lieu de remarquer que les mesures de destruction par le poison sont d'autant plus efficaces qu'elles sont appliquées sur un territoire plus étendu. C'est ainsi que les meilleurs résultats ont été obtenus dans certains départements (Vosges, Cantal, Ariège, etc.), où l'empoisonnement général des renards a été prescrit par arrêté préfectoral.

Enfin, mon attention ayant été attirée sur la possibilité d'employer les gaz asphyxiants pour la destruction des renards dans leurs terriers, j'interviendrai auprès des services compétents pour vous faire délivrer les produits qui vous seraient nécessaires dans le cas où vous estimeriez intéressant d'expérimenter un procédé de destruction basé sur l'emploi de ces gaz.

Vous n'aurez pas à prendre un nouvel arrêté réglementaire relatif à la police de la chasse, et les dérogations aux dispositions qu'édicte l'arrêté réglementaire en vigueur avant la guerre devront être introduites dans l'arrêté de clôture.

Pour le Ministre et par autorisation,
le Directeur du Cabinet,
Signé : Paul LEROY.

Extrait du rapport de M. Agasse, Inspecteur des Eaux et Forêts à Foix (Ariège). Annexé à la circulaire ministérielle du 17 novembre 1919, au sujet de la destruction, par le poison, des animaux nuisibles (renards, etc.).

Ayant appris que dans le Cantal il était à peu près tous les ans procédé à la destruction des renards au moyen du poison, nous nous sommes mis en relation avec notre collègue d'Aurillac qui, tout en confirmant le fait, nous a indiqué la marche suivie. Nous reproduisons ci-dessous les parties essentielles de sa lettre :

« Le Conseil général du Cantal vote tous les ans une somme de 1.500 francs pour l'empoisonnement général des renards dans le département.

« En suite de ce vote, je propose à M. le Préfet de prendre un arrêté dont le texte figure sur l'imprimé ci-joint n° 1.

« Cet arrêté pris, je l'adresse aux maires de toutes les communes du département, avec l'imprimé n° 2. — Les maires me retournent une partie de cet imprimé pour me faire savoir s'ils participent ou non à l'empoisonnement.

« J'inscris les résultats de ces demandes sur un sommier où figurent, à côté du nom des communes, les quantités de strychnine demandées, celles qui sont accordées et les résultats de l'empoisonnement.

« Quand j'ai les résultats des demandes des maires en poison, je fais les envois de strychnine en y joignant quelques imprimés n° 3 (arrêté des maires) destinés à être placardés dans les communes, et un exemplaire des imprimés n° 4, n° 5, n° 6 et n° 7.

« Sur 290 communes du département, environ 120 demandent à participer à l'empoisonnement. J'envoie 1 kg. 500 à 2 kilogrammes de strychnine : au maximum, 20 grammes par commune.

« La strychnine est rare cette année; elle vaut 556 francs le kilogramme. Je dépense, en outre, de 250 à 300 francs d'imprimés et porte une petite gratification pour mon sédentaire chargé des envois.

« Le poison m'est livré en paquets de 20 grammes, de 10 grammes et de 5 grammes, que je répartis suivant les demandes.

« La saison des empoisonnements est prise en dehors du temps d'ouverture de la chasse, pour éviter les accidents aux chiens de chasse.

« La pratique des empoisonnements se poursuit depuis une dizaine d'années dans le Cantal.

« En 1917 j'ai obtenu les résultats suivants :

Renards	865	
Blaireaux.	63	pour 101 communes ayant envoyé les résultats.
Martres, fouines, putois.	60	
Oiseaux de proie.	435	

« Le nombre des animaux détruits est très supérieur, car quelques communes n'ont pas répondu et beaucoup de cadavres se perdent.

« Pour l'intelligence de la question, nous avons l'honneur de joindre à notre rapport la série des imprimés au nombre de 7 qui sont établis à l'occasion de ces opérations, dont les résultats obtenus sont concluants, les chiffres ci-dessus l'indiquent.

« Nous avons l'honneur de faire connaître que nous nous tenons à l'entière disposition de M. le Préfet pour pratiquer l'hiver prochain (car il faut choisir, pour opérer, une période de neige et de fortes gelées) dans le département de l'Ariège, de concert avec les maires et avec l'aide du personnel des préposés des Eaux et Forêts, malheureusement trop réduit, ce mode de destruction, si le Conseil général se décide à voter les fonds nécessaires, dont l'importance semble devoir être au moins aussi élevée que dans le département du Cantal, sinon davantage, car l'Ariège compte 338 communes.

« Il pourra aussi au moment opportun, si les populations de la région montagneuse venaient à se plaindre des dégâts causés par les renards, être demandé, par nos soins, des crédits à l'État pour empoisonnement de ces animaux dans les forêts domaniales où la chasse n'est pas louée, l'obligation de les détruire dans celles où elle est amodiée, incombant aux adjudicataires, en vertu même du cahier des charges et de l'article 20 de l'arrêté réglementaire permanent sur la police de la chasse.

« Il va de soi qu'il ne saurait être question de l'institution d'une prime, étant donné que la peau du renard, qui vaut de 20 à 25 francs, rémunérera très avantageusement l'opérateur. »

« Signé : AGASSE. »

Circulaire du 13 décembre 1919, du Ministre de l'Agriculture à MM. les Préfets, relative à la clôture de la chasse et à la destruction des animaux nuisibles.

J'ai l'honneur de vous faire connaître que la clôture générale de la chasse a été fixée, sur tout le territoire, au dimanche 4 janvier 1920.

La destruction des animaux nuisibles sera poursuivie, après cette date, dans les conditions prévues par l'arrêté réglementaire permanent en vigueur dans votre département, modifiées, s'il y a lieu, par des dispositions spéciales insérées dans l'arrêté de clôture, conformément aux instructions qui ont fait l'objet de ma circulaire du 17 novembre dernier, à laquelle je vous prie de vouloir bien vous reporter.

Quant aux chasses exceptionnelles autorisées après la clôture générale, j'ai décidé que la chasse à la repasse de la grive, qui n'est plus pratiquée que dans quelques départements et qui présente de graves inconvénients au point de vue du braconnage, serait supprimée d'une façon générale, ainsi qu'elle l'a été dans certains pays étrangers, et que la chasse à la repasse ne serait maintenue pour la bécasse là où elle s'exerçait, qu'au moment du passage, pendant un mois au maximum ; la période pendant laquelle cet oiseau pourra être chassé sera fixée soit dans votre arrêté de clôture, soit, dans le cas où il ne vous paraîtrait pas possible de fixer cette période dès maintenant en raison de l'irrégularité du passage, par un arrêté spécial publié dix jours au moins à l'avance. Mais, dans ce dernier cas, votre arrêté de clôture devra spécifier que la chasse à la repasse de la bécasse sera autorisée ultérieurement pendant un mois.

Quant à la chasse au gibier d'eau, il devra être rappelé dans quelles conditions elle peut s'exercer d'après l'arrêté réglementaire et elle devra être close au plus tard à la date fixée par cet arrêté, à moins qu'elle ne soit, comme dans de nombreux départements, supprimée après la fermeture générale. Contrairement à ce qui a été fait exceptionnellement l'an dernier, dans votre arrêté fixant la clôture de la chasse au 29 décembre 1918, il conviendra de ne mentionner dans l'arrêté de clôture aucune tolérance de vente et de transport du gibier après la fermeture générale.

Il y aura lieu de reproduire, à la suite de cet arrêté, le texte relatif à l'interdiction de la divagation des chiens et d'examiner s'il ne serait pas utile d'introduire dans l'arrêté de clôture un article spécial contre la divagation des chats dans les campagnes. Ces animaux ont, en effet, été signalés à la Commission Permanente de la chasse comme détruisant, dans certaines régions, de grandes quantités d'oiseaux, et des mesures pourraient être prises, le cas échéant, dans le sens indiqué ci-dessus, par application des dispositions de l'article 9 de la loi du 3 mai 1884, qui vous permettent d'intervenir pour empêcher la destruction des oiseaux et pour favoriser leur repeuplement.

Vous voudrez bien m'adresser, le plus tôt possible, trois exemplaires de votre arrêté de clôture que vous n'aurez pas, vu l'urgence, à soumettre à mon approbation, mais qui devra être établi en tenant compte des présentes instructions.

Le Ministre de l'Agriculture,
J. NOULENS.

Extrait de la circulaire du 24 janvier 1920, du Ministre de l'Agriculture à MM. les Préfets, relative à la destruction des sangliers.

. . . .

D'autre part, des entraves seraient encore apportées à la destruction des sangliers, dans certains départements, où ces animaux causent des dégâts importants. Les détenteurs du droit de chasse seraient obligés actuellement de se munir d'une autorisation préfectorale et ne pourraient effectuer qu'une ou deux battues par semaine.

Je crois devoir vous rappeler que, dans ces départements, non seulement les propriétaires, possesseurs et fermiers, mais également les détenteurs du droit de chasse, doivent être « autorisés, d'une manière générale, à détruire et à faire détruire sur leurs terrains, les sangliers en tout temps et par tous moyens, à l'exception du poison ». (Circulaire Ministérielle du 17 novembre 1919.)

Le Conseiller d'Etat, Directeur Général des Eaux et Forêts,

DABAT.

Circulaire du 1ᵉʳ mars 1920, relative aux primes allouées pour la destruction des sangliers[1].

Le Sous-Secrétaire d'Etat à l'Agriculture à MM. les Préfets.

J'ai l'honneur de vous adresser, ci-joint, copie d'un arrêté en date de ce jour, modifiant l'arrêté ministériel du 11 septembre 1917, instituant des primes pour la destruction des sangliers.

Il m'a paru qu'en raison de l'élévation du prix de la viande, un sanglier adulte représentait par lui-même une valeur telle que sa destruction pouvait cesser d'être encouragée par une prime de 50 francs, sans qu'on ait à craindre de voir diminuer sensiblement le nombre des animaux tués.

Afin d'éviter, en outre, d'engager des dépenses pour encourager la destruction des sangliers dans des régions où ils ne causent pas de dégâts importants aux récoltes, on a supprimé toutes les primes dans les départements où les sangliers ne se sont pas multipliés d'une façon excessive pendant la guerre et où, en raison de l'intensité des destructions effectuées normalement par les chasseurs, il n'y a pas à craindre que ces animaux ne deviennent surabondants.

Dans les départements où des primes sont maintenues, l'obligation de présenter au maire l'animal entier est imposée dans tous les cas, et on continuera à brûler les soies des marcassins de 3 à 30 kilogrammes et à couper les oreilles ainsi que la queue des petits marcassins de moins de 3 kilogrammes.

Pour éviter des omissions dans la rédaction des déclarations et des procès-verbaux de constatation dressés par les maires, il y aura lieu de déposer dans

1. Abrogée.

les mairies un spécimen de ces pièces. Vous trouverez ci-joint un modèle-type qui a été établi à cet effet.

Je vous serai obligé de donner la plus grande publicité possible au nouvel arrêté dont il s'agit.

Le Ministre de l'Agriculture,
Signé : H. QUEUILLE.

Le Sous-Secrétaire d'État à l'Agriculture,

Vu la loi du 4 août 1917 ouvrant un crédit spécial en vue de l'allocation de primes pour la destruction des sangliers ;

Vu l'arrêté ministériel du 21 septembre 1917 instituant pour cet objet des primes de :

50 francs par sanglier pesant plus de 30 kilogrammes,

20 francs par marcassin pesant de 3 à 30 kilogrammes,

10 francs par petit marcassin de moins de 3 kilogrammes,

Arrête :

ARTICLE PREMIER. — A partir du 1er avril 1920 inclus, les primes prévues par l'arrêté du 11 septembre 1917, pour la destruction des sangliers pesant plus de 30 kilogrammes sont supprimées sur tout le territoire et les primes prévues par le même arrêté pour les petits marcassins de moins de 3 kilogrammes sont supprimées dans les départements suivants :

Nord, Oise, Aisne, Seine, Seine-et-Oise, Eure-et-Loir, Charente-Inférieure, Gironde, Landes, Gers, Lot-et-Garonne, Tarn-et-Garonne, Loire, Rhône, Ain, Isère, Savoie, Haute-Savoie, Hautes-Alpes, Alpes-Maritimes, Corse et territoire de Belfort.

ART. 2. — L'obligation de présenter au maire l'animal entier, plein ou vide, prévue à l'article 3 de l'arrêté du 11 septembre 1917, pour les petits marcassins de moins de 3 kilogrammes, est étendue aux marcassins de 3 à 30 kilogrammes, et le maire devra toujours certifier, par une mention spéciale insérée au procès-verbal de constatation prévu à l'article 4 de l'arrêté, le poids de l'animal dans l'état où il aura été présenté. Ce procès-verbal devra être établi le jour même ou, en cas d'empêchement, au plus tard le surlendemain du jour de la déclaration et transmis au Préfet dans les vingt-quatre heures suivantes.

ART. 3. — Les dispositions de l'arrêté ministériel du 11 septembre 1917 sont maintenues, sauf celles contraires au présent arrêté qui sont abrogées.

Paris, le 1er mars 1920.

Le Ministre de l'Agriculture,
Signé : H. QUEUILLE.

PROCÈS-VERBAL DE CONSTATATION

A établir sur papier libre, à insérer à la suite de la déclaration.

Pour les animaux tués dans une battue générale ou municipale, la déclaration doit être faite par le Lieutenant de Louveterie ou le directeur de la battue, et la rédaction ci-contre doit être modifiée en conséquence.	Le .... 19 , devant nous, maire de la commune d....................., soussigné, s'est présenté M............ (nom, prénoms, domicile), lequel a déclaré avoir [1], le .... 19 , en dehors de toute battue générale ou municipale, ... marcassin... vivant à l'état sauvage (sexe ....), au lieu dit ...., sur le territoire de la commune d....................... et certifions l'exactitude des faits énoncés dans la dite déclaration.
Pour les animaux pesant de 3 à 30 kgs ajouter :	L'animal a été présenté en entier [2], couvert de sa peau, et les soies des oreilles ont été brûlées en notre présence.
Pour les petits marcassins de moins de 3 kgs, ajouter :	L'animal nous a été présenté en entier [2], couvert de sa peau et, en notre présence, les oreilles et la queue ont été coupées.
Dans les deux cas, ajouter :	Nous certifions que son poids, tel qu'il nous a été présenté, était de ... kgs.
Si la déclaration n'a été faite que dans les quarante-huit heures ajouter :	Le motif du retard indiqué dans la déclaration est valable.

Fait à .... le .... 19 .
(Cachet de la mairie et signature du maire.)

1. Tué, empoisonné ou capturé, suivant le cas.
2. Plein ou vide, suivant le cas.

DÉCLARATION

(Sur papier timbré) à produire dans les 24 heures de la destruction *(ou dans les 48 heures en justifiant du retard)*, **faute de quoi la demande de prime sera irrecevable.**

Pour les sangliers tués dans une battue générale ou municipale, la déclaration *globale* doit être faite, sur papier libre, par le Lieutenant de Louveterie ou le directeur de la battue, et la rédaction ci-contre doit être modifiée en conséquence.	Je soussigné.............. (nom, prénoms, domicile), déclare avoir détruit, le .. .. 19 , en dehors de toute battue générale ou municipale, un sanglier vivant à l'état sauvage (sexe ....), du poids de ... kgs, dans les circonstances suivantes : (chasse ou battue particulière, affût, piège, poison, ...). La destruction a eu lieu au lieu dit............, commune de ...,.......... Je sollicite, en conséquence, la prime allouée par l'Etat.
Pour les animaux pesant de 3 à 30 kgs inclus, ajouter :	L'animal a été présenté en entier[1], ..., et couvert de sa peau, à M. le maire de ...., et, en sa présence, les soies des oreilles ont été brûlées.
Pour les petits marcassins de moins de 3 kgs, ajouter :	L'animal a été présenté en entier[1], ..., et couvert de sa peau, à M. le maire de ...., et, en sa présence, les oreilles et la queue ont été coupées.
Ajouter, s'il y a lieu, la justification du retard.	

Fait à ...., le .... 19 .

(Signature du pétitionnaire).

NOTA. — Dans le cas où plusieurs sangliers ont été détruits le même jour, par la même personne (ou par plusieurs personnes s'il s'agit d'une battue administrative), ls peuvent être compris dans la même déclaration.

---

1. Plein ou vide, suivant le cas.

Chasse illustrée.
page 225.

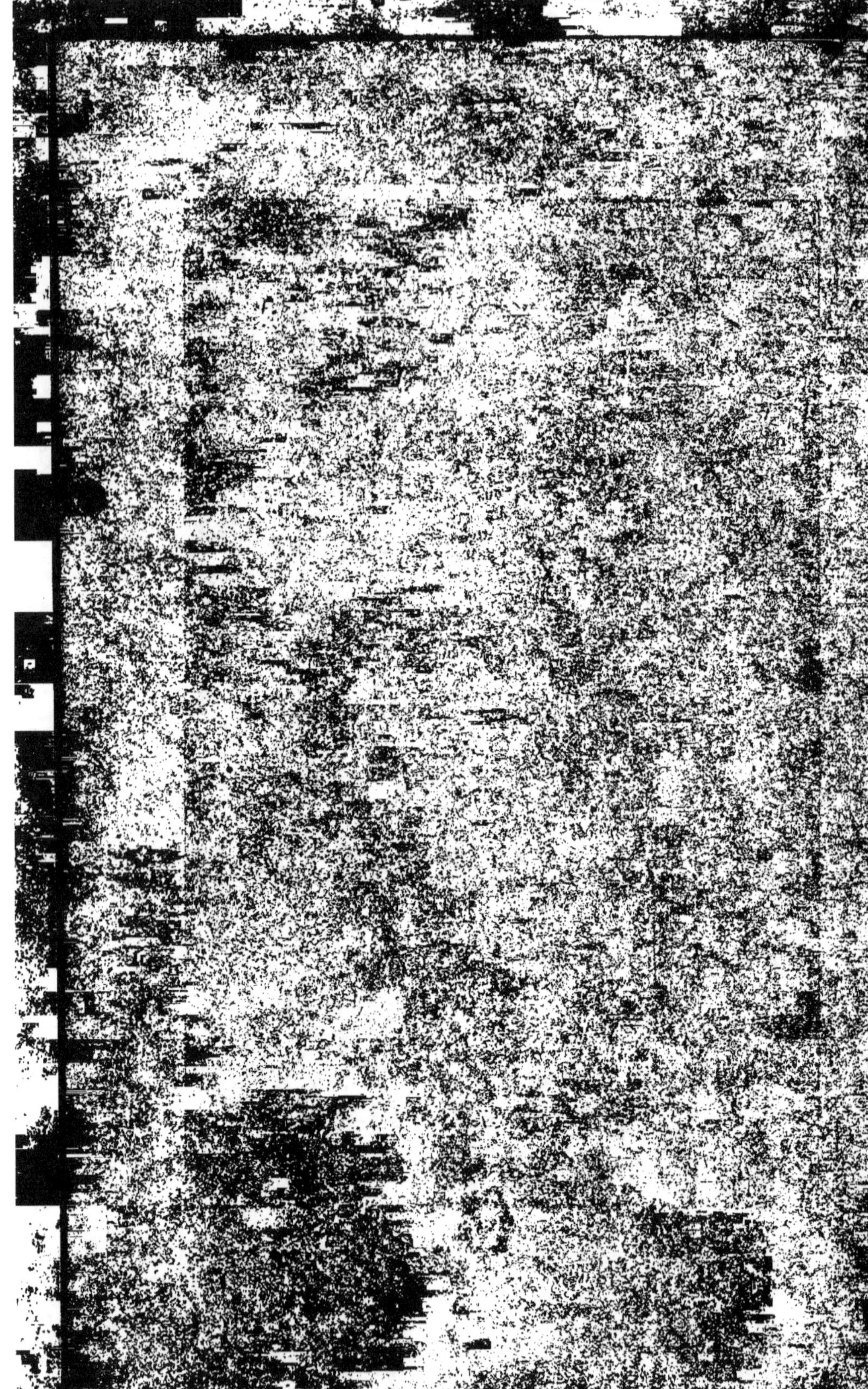

Circulaire du 24 avril 1920, du Ministre de l'Agriculture à MM. les Préfets, relative à la police de la chasse et à la destruction des animaux nuisibles[1].

Dans presque tous les départements, la période normale de destruction des animaux nuisibles a pris fin le 31 mars.

J'ai l'honneur de vous rappeler les instructions qui vous ont été données les 9 avril 1918 et 29 mars 1919 en vue de prolonger cette période dans les régions où cette mesure est justifiée par les dégâts occasionnés aux cultures par les animaux nuisibles, notamment par les sangliers.

Je vous rappelle également que, dans tous les départements où les sangliers causent des dommages aux récoltes, il y a lieu, si cela n'a déjà été fait, de prendre un arrêté autorisant, d'une manière générale, les propriétaires, possesseurs ou fermiers ainsi que les détenteurs du droit de chasse, à détruire ou faire détruire les sangliers sur leurs terrains en tout temps, même la nuit à l'affût et par tous moyens, sauf le poison, pour lequel une autorisation préfectorale est nécessaire.

D'autre part, pour assurer la destruction des nids de pies et de corbeaux dans les départements où ces oiseaux sont nuisibles en raison de leur surabondance, il conviendra d'appliquer les instructions ministérielles des 15 janvier et 13 avril 1917, qui ont été rappelées par la circulaire du 20 avril 1918 relative à l'empoisonnement général de ces oiseaux au moyen du « pica corvicide » et à l'aide de crédits votés à cet effet par le conseil général.

Vous voudrez bien encore, par application de la loi du 23 juillet 1907, consulter le Conseil Général de votre département sur l'intérêt qu'il y aurait à prendre des dispositions pour réglementer la destruction au fusil des pies et des corbeaux ainsi que celle de leurs nids, en tenant compte des prescriptions des circulaires précitées dont le texte devra être communiqué à l'assemblée départementable.

Je vous invite, par ailleurs, à saisir lors de sa prochaine réunion, le Conseil Général de votre département des questions relatives à la chasse sur lesquelles il doit obligatoirement donner son avis par application des lois des 22 janvier 1874 et 16 février 1898. Au sujet de la chasse des oiseaux de passage, il conviendra d'appeler l'attention de l'assemblée départementale sur les dispositions des circulaires ministérielles des 17 novembre et 13 décembre 1919, notamment sur celles qui concernent la chasse à la repasse.

Dans les départements situés sur la limite des trois zones d'ouverture de la chasse constituées l'an dernier, il y aura lieu d'inviter le Conseil Général à formuler, le cas échéant, ses observations au sujet du classement adopté en 1919.

Je vous rappelle enfin les prescriptions de la circulaire du 11 septembre 1917 relative à la nomination des Lieutenants de Louveterie, qui n'ont pas été appliquées dans un certain nombre de départements.

Le Ministre de l'Agriculture,
Signé : H. QUEUILLE.

1. *J. O.*, 28 avril 1920.

Loi du 25 juin 1920. — Taxe des chiens.

ART. 14. — A dater du 1er Janvier 1921, la taxe municipale sur les chiens, instituée par la loi du 2 Mai 1855, pourra, dans chaque commune, sur une simple délibération du conseil municipal soumise à l'approbation de l'autorité supérieure, être fixée dans les limites des maxima ci-après.

DÉSIGNATION	COMMUNES DE		
	M oins de 50.000 habitants.	50.000 à 250.000 habitants.	Plus de 250.000 habitants.
1° Chiens d'agrément.	20 »	30 »	40 »
2° Chiens servant à la chasse.	10 »	15 »	20 »
3° Chiens servant à la garde des troupeaux, habitations, magasins, ateliers et d'une manière générale chiens non compris dans les catégories précédentes.	5 »	10 »	15 »

Seront exemptés de toute taxe : les chiens servant à conduire des aveugles ou appartenant à des mutilés de guerre ayant au moins 80 pour 100 d'invalidité.

Les chiens qui peuvent être classés dans deux catégories seront obligatoirement rangés dans la catégorie dont le taux est le plus élevé.

Chasse illustrée.

**Circulaire du 30 août 1920 du Ministre de l'Agriculture
à MM. les Préfets, au sujet du nouveau régime du permis de chasse.**

Le nouveau régime de permis de chasse qu'a institué la loi du 25 juin 1920
a provoqué un certain nombre de demandes de renseignements de la part des
Chasseurs.

Je vous adresse, ci-joint, une note qui répond aux questions le plus souvent
posées et je vous autorise à lui donner la publicité que vous jugerez utile.

H. QUEUILLE.

La loi du 25 juin 1920 a institué deux catégories de permis de chasse :

1° Le permis général :

2° Le permis départemental.

Le permis général, du prix de 100 francs, peut être utilisé sur toute l'étendue
du territoire français[1].

Le permis départemental, du prix de 40 francs, peut être utilisé sur toute
l'étendue du département dans lequel il a été délivré et, en dehors de ce département, sur toute l'étendue des arrondissements limitrophes du dit département[2].

Formalités de délivrance. — Il n'est rien innové pour les formalités relatives
à la délivrance des permis.

Toutefois, la demande devra être établie sur feuille de papier timbré à
3 fr. 60 et spécifier s'il s'agit d'un permis général ou d'un permis départemental.

Il est rappelé que le permis de chasse doit être délivré sur l'avis du maire
de la commune dans laquelle celui qui en fait la demande a son domicile ou
une résidence.

Pour les chasseurs de nationalité étrangère — quelle qu'elle soit — les maires
devront bien spécifier qu'ils ont leur domicile ou leur résidence dans la commune.

Validité des nouveaux permis. — Tout permis général ou départemental
sera désormais valable pour un an à dater du 1er juillet qui aura précédé la
délivrance du permis et ce, à quelque époque de l'année qu'il ait été délivré.
Il en résulte que des permis délivrés, par exemple, sous le nouveau régime,
l'un le 20 octobre d'une année, l'autre le 20 mars de l'année suivante, vien-
dront également à expiration le 1er juillet de cette dernière année.

Utilisation des permis anciens. — Les permis de chasse délivrés à une date
comprise entre le 1er juillet 1919 et le 13 janvier 1920 conserveront, sans supplément de prix et sans aucune formalité, la durée de validité d'un an qu'ils
avaient originairement et seront utilisables sur toute l'étendue du territoire
français, comme permis généraux.

1. Soit, décimes compris, 116 francs.

2. *Ibid.*, 48 francs.

Les permis délivrés postérieurement au 13 janvier 1920 au droit de timbre de 28 francs seront utilisables, sans supplément de prix et sans aucune formalité, jusqu'à leur date d'expiration normale (un an à partir de leur délivrance), mais seulement dans le département où ils ont été délivrés et dans les arrondissements limitrophes de ce département, comme les nouveaux permis départementaux.

Il résulte des dispositions qui précèdent que le titulaire d'un permis venant à expiration par exemple, le 20 octobre 1920, devra se faire délivrer, s'il désire terminer la campagne de chasse, un nouveau permis qui sera soumis aux conditions générales nouvelles et cessera par conséquent d'être valable le 1er juillet 1921.

Dispositions diverses. — Les permis au droit de timbre de 28 francs délivrés postérieurement au 13 janvier 1920 — (et qui sont utilisables sans aucun nouveau versement comme permis départementaux) — peuvent être utilisés comme permis généraux jusqu'à leur date d'expiration normale à condition par leurs titulaires d'acquitter les droits complémentaires pour la période restant à courir.

Ces droits sont calculés sur la somme de 72 francs pour 360 jours au prorata du nombre de jours restant à courir du 1er juillet 1920 inclus jusqu'à la date à laquelle le permis vient à expiration, c'est-à-dire y compris le jour anniversaire de la délivrance du dit permis.

Le complément des droits doit être versé à la caisse du percepteur qui a délivré la quittance au vu de laquelle le chasseur a obtenu un permis depuis le 13 janvier 1920.

Il est rappelé que, le droit de timbre étant un impôt de consommation, aucun remboursement du prix des permis de chasse ne peut être autorisé.

Aucune demande de l'espèce ne sera donc admise de la part des chasseurs qui, ayant obtenu un permis depuis le 13 janvier 1920, renonceraient à l'utiliser.

De même un nouveau permis départemental ne peut à aucun moment de sa durée être converti en permis général.

Chasse illustrée.

**Arrêté du 4 août 1920, du Ministre de l'Agriculture
relatif à l'attribution de primes pour la destruction des sangliers[1].**

Vu la loi du 31 juillet 1920 portant fixation du budget ordinaire de l'exercice 1920 et ouverture des crédits destinés au payement des primes pour la destruction des sangliers :

Vu l'arrêté ministériel du 11 septembre 1917 instituant ces primes :

Vu l'arrêté du 1er mars 1920 supprimant les primes allouées pour la destruction des sangliers de plus de 30 kilogrammes et limitant les primes maintenues à certains départements où les dégâts causés par ces animaux sont considérables :

Considérant que les marcassins pesant de 10 à 30 kilogrammes ont, actuellement, une valeur comestible telle qu'il n'est pas nécessaire d'encourager leur destruction par l'allocation d'une prime,

Arrête :

Art. 1er. — A partir du 1er septembre 1920 les primes de 20 francs dont l'allocation est prévue dans certains départements, pour la destruction des marcassins pesant de 3 à 30 kilogrammes inclus, ne seront plus allouées que pour les marcassins de 3 à 10 kilogrammes inclus.

Art. 2. — Les dispositions des arrêtés ministériels des 11 septembre 1917 et 1er mars 1920, visés ci-dessus sont maintenues, sauf celles contraires au présent arrêté qui sont abrogées.

Le Ministre de l'Agriculture,
Signé : Queuille.

**Arrêté du 6 août 1921, relatif à l'attribution de primes
pour la destruction des sangliers[2].**

Le Sous-Secrétaire d'État à l'agriculture,

Vu l'arrêté ministériel du 11 septembre 1917, instituant des primes pour la destruction des sangliers :

Vu l'arrêté du 1er mars 1920 supprimant les primes allouées pour la destruction des sangliers de plus de 30 kilogrammes et limitant les primes maintenues à certains départements où les dégâts causés par ces animaux sont considérables :

Vu l'arrêté du 4 août 1920 limitant dans ces départements, à partir du 1er septembre 1920, les primes aux petits marcassins dont le poids n'excède pas 10 kilogrammes :

Considérant la nécessité d'encourager la destruction des marcassins pour

1. Abrogée.
2. Abrogée.

assurer la protection des cultures dans certaines régions où les sangliers sont encore très nombreux,

Arrête :

ARTICLE PREMIER. — A partir du 1er septembre 1921, les primes allouées par l'État pour la destruction des sangliers seront de 20 francs pour les marcassins pesant de 3 à 15 kilogrammes, pleins ou vides, et de 10 francs pour les petits marcassins de moins de 3 kilogrammes.

Ces primes ne seront accordées que pour les destructions effectuées dans les départements suivants : Aisne, Allier, Alpes (Basses-), Ardèche, Ardennes, Ariège, Aube, Aude, Aveyron, Bouches-du-Rhône, Calvados, Cantal, Charente, Cher, Corrèze, Côte-d'Or, Côtes-du-Nord, Creuse, Dordogne, Doubs, Drôme, Ile-et-Vilaine, Indre, Indre-et-Loire, Jura, Loir-et-Cher, Haute-Loire, Loire-Inférieure, Loiret, Lot, Lorèze, Maine-et-Loire, Manche, Marne, Haute-Marne, Mayenne, Meurthe-et-Moselle, Meuse, Morbihan, Nièvre, Orne, Pas-de-Calais, Puy-de-Dôme, Basses-Pyrénées, Hautes-Pyrénées, Pyrénées-Orientales, Haute-Saône, Saône-et-Loire, Sarthe, Seine-Inférieure, Seine-et-Marne, Deux-Sèvres, Somme, Tarn, Tarn-et-Garonne, Var, Vaucluse, Vendée, Vienne, Haute-Vienne Vosges, Yonne.

ART. 2. — Les dispositions des arrêtés ministériels des 11 septembre 1917 et 1er mars 1920 visés ci-dessus sont maintenues, sauf celles contraires au présent arrêté, qui sont abrogées.

Le Ministre de l'Agriculture,
Signé : QUEUILLE.

Circulaire du 4 mai 1921, du Directeur Général des Eaux et Forêts
à MM. les Conservateurs, relative à la police de la chasse. Modification à l'art. 16 de la loi du 3 mai 1844.

J'appelle votre attention sur l'article 16 de la loi de Finances du 29 avril 1921
inséré au *Journal Officiel* du 30 du même mois et ainsi conçu :

L'article 16 de la loi du 3 mai 1844 sur la police de la chasse est complété
par les dispositions suivantes :

« Outre l'amende prévue à l'article 11, n° 1, ceux qui auront chassé sans
permis valable seront condamnés à payer une somme égale au prix du permis
de chasse général.

« Le recouvrement du montant de cette condamnation, non sujette aux
décimes, sera poursuivi nonobstant l'application du sursis prévu par la loi du
26 mars 1891.

« La portion du permis que la loi attribue aux communes, sera versée à la
commune sur le territoire de laquelle le délit aura été constaté. »

Je vous prie d'assurer, en ce qui vous concerne l'exécution de ces prescriptions qui devront être portées à la connaissance de tout le personnel de votre
Conservation.

Le Conseiller d'État, Directeur Général des Eaux et Forêts,
Signé : L. DABAT.

Circulaire du 12 juin 1921, du Directeur Général des Eaux et Forêts à MM. les Conservateurs, relative à la police de la chasse. Transactions.

La question a été posée de savoir si, en cas de transaction sur délit de chasse sans permis, la condamnation pécuniaire égale au prix du permis de chasse général encourue ou prononcée en vertu de l'article 16 de la loi de Finances du 29 avril 1921, pouvait être réduite au même titre que les amendes auxquelles elle se superpose.

La condamnation dont il s'agit doit être considérée comme une réparation civile et non comme une amende.

Le recouvrement de cette somme n'est pas assujetti, en effet aux décimes et il est poursuivi nonobstant l'application de la loi de sursis. Cependant cette réparation civile est d'une nature spéciale en raison du caractère nettement fiscal qu'elle présente.

Dans ces conditions, rien ne s'oppose à ce que le bénéfice de la transaction soit étendu aussi bien aux réparations civiles de l'espèce qu'aux peines proprement dites.

Il conviendra toutefois, afin de ne pas énerver la répression, de ne pas généraliser cette mesure bienveillante d'une manière systématique à l'égard de tous les délinquants admis à transiger. On ne perdra pas de vue que la condamnation pécuniaire instaurée par la loi de 1921 a pour but, en effet, non seulement d'inciter les communes à faire garder leurs chasses, mais surtout de réprimer le braconnage.

En conséquence, je vous laisse toute initiative pour déterminer, d'après les éléments ordinaires d'appréciation en matière de transaction, le montant de la réparation civile à mettre à la charge du délinquant. Toutefois, il serait opportun de réserver, sauf dans des cas exceptionnels, la part qui aurait été versée dans la caisse communale si le permis de chasse avait été délivré, c'est-à-dire, actuellement, la somme de 20 francs.

L'avis de transaction à adresser au percepteur devra indiquer que cette somme de 20 francs est à restituer à la commune.

> *Le Conseiller d'État, Directeur Général des Eaux et Forêts,*
> L. DABAT.

Extrait de la circulaire du 1ᵉʳ août 1921, du Ministre de l'Agriculture à MM. les Préfets, relative à la répression du braconnage et à la vente illicite du gibier.

. . . .

Je vous prie, d'autre part, de prendre toutes mesures utiles en vue de réprimer sévèrement le braconnage et la vente illicite de gibier.

Je ne saurais trop vous recommander de donner à tous les agents ayant qualité pour constater ces délits, des instructions formelles leur prescrivant, en particulier, de surveiller activement, non seulement les gares de chemins de

fer, les voitures publiques et les marchés, mais aussi les hôteliers, restaurateurs ou marchands de comestibles, chez lesquels des recherches spéciales ainsi que des visites domiciliaires pourront être effectuées par application de l'article 4 de la loi du 3 mai 1844.

Pour le Ministre :
Le Chef de Cabinet,
LEDOUX.

Circulaire du 17 août 1921, de M. le Directeur Général des Eaux et Forêts à MM. les Conservateurs, relative à la répression du braconnage.

L'attention de M. le Conservateur est appelée sur les avant-dernier et antépénultième paragraphes, relatifs à la répression du braconnage, de la circulaire adressée le 1er août 1921 aux Préfets, et dont copie lui a été notifiée le 1er courant.

M. le Ministre de l'Agriculture vient, en outre, d'intervenir auprès de M. le Ministre de la Justice, Garde des Sceaux, pour lui demander de signaler aux magistrats des Parquets la nécessité de requérir des peines sévères contre les braconniers ou contre les recéleurs de gibier, surtout lorsqu'ils se trouvent en état de récidive.

M. le Conservateur est prié de donner des instructions dans le même sens aux Officiers de sa circonscription chargés des poursuites en matière forestière, en leur faisant remarquer qu'en règle générale ne doivent être admis au bénéfice de la transaction, que les délinquants non récidivistes de bonne foi, et de moralité non sujette à caution.

. . . .

Pour le Directeur Général des Eaux et Forêts,
Signé : EMERY.

Extrait de la circulaire du 25 novembre 1921, du Ministre de l'Agriculture à MM. les Préfets, relative à la protection du gibier de montagne, à la chasse des oiseaux de passage et à la destruction des animaux nuisibles.

. . . .

Il m'a été signalé que, dans les départements des Alpes et des Pyrénées, il avait été fait cette année une grande destruction de chamois, de bouquetins et d'izards au moyen de fusils de guerre.

Je vous autorise le cas échéant à prendre, dès à présent, un arrêté fermant par anticipation la chasse de ces animaux et, à ce propos, j'attire votre attention sur le danger de l'emploi des armes de guerre pour ce genre de chasse.

La législation actuelle ne vous autorise pas à interdire « la chasse » à l'aide de ces armes, mais vous pouvez en interdire l'usage, ainsi que cela se fait dans beaucoup de départements pour l'interdiction du tir sur les routes ou chemins publics.

Vos propositions porteront ensuite s'il y a lieu, sur les chasses exception-

nelles autorisées après la fermeture, notamment celle du gibier d'eau et celle
dite « à la repasse » et vous me ferez connaître les modifications qu'il vous
paraîtrait utile d'apporter sous ce rapport aux dispositions réglementaires
en vigueur dans votre département. Les extraits des délibérations des Conseils
Généraux seront, le cas échéant, joints à ces propositions.

Je vous rappelle à ce sujet, que la Commission Permanente de la Chasse et
plusieurs Conseils Généraux, ont demandé que les chasses dites « à la repasse »
qui favorisent le braconnage, soient supprimées et que, dans les départements
où on ne pourrait prendre une mesure aussi radicale en ce qui concerne la
bécasse la chasse à la repasse de cet oiseau soit limitée à une période d'un mois,
sans que cette période puisse s'étendre au delà du 31 mars. Il a été constaté,
en effet, que les bécasses étaient toujours accouplées à cette date et que beaucoup de couples arrivés dans notre pays à la fin du passage, y nichaient sans
poursuivre plus au Nord leur migration. Il importerait donc, dans tous les
départements de l'Est et du Nord de la France, où la chasse de la bécasse au
printemps ne paraîtra pas pouvoir être supprimée, de n'autoriser cette chasse
que du 1er au 31 mars. En ce qui concerne les départements de l'Ouest situés
sur le littoral et où les passages ont lieu avant le mois de mars, on ne devrait
pas dépasser la date fixée l'an dernier pour la fermeture de la chasse à la bécasse.

L'interdiction de la chasse à la repasse de la grive et de ses congénères,
édictée depuis plusieurs années dans tous les départements, devra être maintenue.

Pour le gibier d'eau, il y a aussi intérêt, au point de vue du braconnage, à
ne pas autoriser la chasse au delà de la clôture générale ; mais on ne devra,
en aucun cas, en permettre la chasse après le 31 mars, car au delà de cette date
les oiseaux dont il s'agit sont en pleine période de reproduction.

Vous me ferez connaître enfin dans quelles conditions vous estimez que
la destruction des animaux nuisibles et spécialement des sangliers et des corbeaux, devra être poursuivie après la fermeture. Les mesures à prendre à ce
sujet devront être inspirées des instructions qui ont fait l'objet des circulaires
ministérielles des 9 avril et 20 juillet 1918, rappelées par celles des 24 janvier
et 24 avril 1920.

Dans les départements où les sangliers causent des dommages importants
aux cultures, il conviendra d'insérer dans l'arrêté de clôture, ainsi d'ailleurs
que le prescrivait la circulaire du 9 avril 1918, un article spécial ainsi conçu :
« Les propriétaires, possesseurs ou fermiers, ainsi que les détenteurs du droit
de chasse sont autorisés, d'une façon générale à détruire ou à faire détruire
sur leurs terrains, les sangliers en tout temps (même la nuit à l'affût) et par
tous les moyens, sauf le poison qui, par mesure de sécurité, ne doit être employé
qu'après autorisation préfectorale. »

Quelques Préfets m'ayant fait remarquer qu'il pouvait y avoir des inconvénients, au point de vue de la conservation du gibier, à assimiler, en matière
de destruction de sangliers, les détenteurs du droit de chasse aux propriétaires,
possesseurs ou fermiers, je vous autorise, si vous le jugez utile, à ne plus viser
les détenteurs du droit de chasse dans l'article dont il s'agit, mais à stipuler,
en ce qui les concerne, qu'ils pourront obtenir, en temps de fermeture, de
l'autorité préfectorale, la permission de détruire les sangliers sur les terrains
où ils ont le droit de chasse.

Il m'a été signalé, d'autre part, que les renards, putois, martres, fouines, etc.,
s'étaient multipliés dans certaines régions au point de rendre impossible l'éle-

vage des volailles et de faire disparaître le gibier sédentaire. Vous voudrez
bien prendre toutes mesures utiles en vue de la destruction de ces animaux,
notamment à l'aide de toxiques dont l'emploi est particulièrement à recommander pendant l'hiver et par temps de neige. Il y a lieu de remarquer que
les mesures de destruction par le poison sont d'autant plus efficaces qu'elles
sont appliquées sur un territoire plus étendu. C'est ainsi que les meilleurs
résultats ont été obtenus dans certains départements (Vosges, Cantal, Ariège,
etc.), où l'empoisonnement général a été prescrit par arrêté préfectoral[1].

Pour permettre de réduire le format des affiches en placard vous n'aurez
pas à prendre un nouvel arrêté réglementaire relatif à la police de la chasse
et les dérogations aux dispositions qu'édicte l'arrêté réglementaire permanent
actuellement en vigueur devront, le cas échéant, être introduites dans l'arrêté
de clôture.

Toutefois, si vous jugez utile de tolérer la vente et le transport du gibier
un ou deux jours après la fermeture, pour permettre d'écouler le gibier tué
le jour de la clôture générale, vous ne devrez pas insérer cette disposition dans
votre arrêté, mais en faire l'objet d'une instruction spéciale aux agents chargés
de la police de la chasse.

Le Sous-Secrétaire d'Etat à l'Agriculture,

Signé : A. Puis.

1. V. rapport Agasse, p. 202.

Chasse illustrée.

Circulaire du 10 décembre 1921, de la Direction Générale des Eaux et Forêts.
Commission de la répartition du produit des jeux [1].

Application de l'article 46 de la loi de finances du 31 juillet 1920. Subventions.

L'article 46 de la loi de finances du 31 juillet 1920 porte qu'après une réserve de 4 millions, faite en faveur de divers organismes et établissements publics sur le produit brut des jeux, et l'attribution des deux tiers du reste à des œuvres d'assistance, de prévoyance, d'hygiène, ou d'utilité publique, le dernier tiers servira à constituer un fonds destiné :

1º A augmenter la dotation prévue par les lois de finances du 31 mars 1903 et du 13 juillet 1911 des projets d'adduction d'eau potable.

2º A subventionner les œuvres ou travaux intéressant le reboisement, l'amélioration des pâturages, la pisciculture et la chasse.

Deux cinquièmes de ce dernier tiers seront affectés à la dotation des projets d'adduction d'eau potable, deux autres cinquièmes seront répartis entre l'État, les départements, les communes ou les associations forestières ou pastorales, en vue de favoriser le développement ou la constitution de forêts, ou de pâturages domaniaux, départementaux ou communaux, et le dernier cinquième sera attribué aux communes ou associations qui encourageront la reproduction ou la conservation du gibier ou du poisson.

L'emploi des trois derniers cinquièmes indiqués ci-dessus est donc attribué au Service des Eaux et Forêts, et, après avis de la Commission instituée par le décret du 21 juin 1921 en vue de l'administration et de la répartition de ces fonds, M. le Ministre de l'Agriculture a précisé, ainsi qu'il suit, les œuvres et travaux auxquels ils pourraient être afectés :

I. — *Reboisement.*

II. — *Améliorations pastorales.*

III. — *Pisciculture.*

a) Subventions aux communes, aux sociétés de pêche et aux associations de propriétaires qui s'occuperont du repeuplement des cours d'eau et de la répression des délits de pêche.

b) Subventions aux associations privées de propriétaires d'étangs poursuivant l'amélioration de l'exploitation des eaux closes et la sélection des races.

1. Les circulaires des 10 déc. 1921 et 22 décembre 1922 ont été comprises dans la circulaire 898 de l'Administration des Eaux et Forêts, en date du 22 décembre 1922.

c) Subventions aux communes, associations ou sociétés de pêche pour l'entretien et la création d'établissements de pisciculture.

IV. — *Chasse.*

Subvention aux communes ou associations qui encourageront la reproduction ou la conservation du gibier.

Les différentes catégories d'opérations ou travaux pour lesquels les communes ou associations pourront être subventionnées sont les suivantes :

a) Organisation rationnelle de chasse (communalisation ou syndicalisation de la chasse), constitution de réserves de chasse.

b) Réglementation restrictive de la chasse, limitation des jours de chasse, non-destruction de certains gibiers, protection absolue des femelles de certaines espèces, etc.

c) Répression spéciale du braconnage (institution de primes et de récompenses, organisation de brigades mobiles, etc.).

d) Institution par les associations cynégétiques ou les communes de primes pour la destruction des animaux nuisibles au gibier.

e) Repeuplement de chasses, acclimatation de nouvelles espèces de gibier.

En raison du nombre considérable des sociétés de chasse, ne pourront être subventionnées que celles qui rempliront certaines conditions permettant d'avoir l'assurance que les fonds alloués contribueront à faire œuvre utile au point de vue de l'intérêt général de la chasse, et non à servir seulement des intérêts particuliers.

C'est dans ce but que seront seules subventionnées les sociétés déclarées, conformément à la loi, qui justifieront qu'elles font exercer d'une manière effective la surveillance de la chasse sur un territoire s'étendant, sauf des cas exceptionnels, sur plusieurs communes, et qui, en raison du nombre de leurs membres et d'après leurs statuts, ne constituent pas un groupement de privilégiés désireux d'exploiter la chasse en vue de l'intérêt particulier de ses adhérents.

Au cas de demande de subvention pour repeuplement en gibier, les sociétés devront toujours justifier que la répression du braconnage et la destruction des animaux nuisibles au gibier sont assurées sur leur territoire de chasse, de manière à éviter que le gibier lâché ne risque pas d'être détruit rapidement.

Ces sociétés devront aussi, dans le même but, imposer à leurs membres une réglementation restrictive de la chasse (constitution de réserves de chasse, limitation des jours de chasse, non-destruction de certains gibiers, et, le cas échéant, protection absolue des femelles de certaines espèces.

Les subventions pour repeuplement de chasse ne pourront, bien entendu, être payées qu'après vérification de la provenance du gibier, pour s'assurer qu'il n'a pas été braconné, et après constatation que ce gibier a été lâché sur un terrain remplissant les conditions indiquées ci-dessus.

Il convient, d'autre part, d'encourager tout particulièrement la communalisation de la chasse et la création de brigades mobiles pour la répression du braconnage.

Les communes, qui ont communalisé leurs chasses sur tout ou partie de leur territoire, pourront obtenir des subventions pour leur permettre de rendre plus active la surveillance ou de repeupler leur chasse.

Quant aux brigades mobiles, elles pourront être organisées à l'aide de subventions élevées accordées aux associations cynégétiques qui en poursuivront la création.

A titre d'indication dont vous devrez tenir le plus grand compte lors de l'établissement de vos propositions, je vous signale que la Commission a estimé que les sommes importantes à distribuer aux départements, communes ou associations pour des œuvres ou travaux concernant la chasse ou la pêche, ne devront pas être allouées sous forme de subventions minimes, réparties entre un grand nombre de solliciteurs, mais qu'elles devaient être réservées pour des cas réellement intéressants, de manière à éviter de disséminer l'effort à accomplir.

Il résulte des indications ci-dessus que l'État peut recevoir directement une part des sommes prélevées sur le produit des jeux pour des acquisitions de forêts et de terrains ainsi que pour l'exécution de certains travaux. Il vous appartiendra de rechercher les affaires de ce genre offrant un caractère marqué d'intérêt général et de m'adresser, en vue de leur présentation à la Commission, des projets, qui devront être établis dans la forme ordinaire.

Mais la majeure partie des subventions doit aller aux départements, communes et associations. Le Service des Eaux et Forêts est chargé d'instruire les demandes présentées par ces collectivités, de donner son avis sur la suite à leur réserver et de contrôler l'emploi des sommes allouées à titre de subventions. J'appelle tout spécialement votre attention sur l'importance de cette mission, qui permettra au Service forestier d'exercer une action efficace en vue de la meilleure utilisation possible des sommes provenant du prélèvement sur le produit des jeux.

Les dossiers de demandes de subventions devront parvenir à l'Administration : avant le 1er octobre de chaque année pour les affaires concernant la pisciculture et la chasse, avant le 1er janvier de chaque année pour les affaires concernant le reboisement et les améliorations pastorales. Les dossiers relatifs à des acquisitions ou travaux à exécuter par l'État seront adressés directement par vous à l'Administration ; ceux relatifs aux demandes des départements, communes ou associations seront transmis à M. le Ministre de l'Agriculture par l'intermédiaire des Préfets, qui seront priés d'y consigner leur avis.

Vous voudrez bien porter à la connaissance des municipalités, associations et sociétés de votre arrondissement, qui vous paraissent susceptibles de solliciter des subventions, les dispositions de la présente circulaire de nature à les intéresser. Vous les guiderez, s'il y a lieu, dans le choix des travaux à faire, ainsi que dans l'établissement des projets et devis. Vous les aviserez, en outre, que les demandes de subventions devront vous parvenir au plus tard deux mois avant les dates fixées pour l'envoi à l'Administration. Exceptionnellement, les demandes, quel qu'en soit l'objet, qui vous parviendront avant le 15 janvier 1922 devront être instruites immédiatement et adressées à l'Administration pour le 1er février prochain.

Le Conseiller d'État, Directeur Général des Eaux et Forêts,

Signé : J. CARRIER.

Instructions relatives à l'examen des demandes et à l'allocation des subventions (du 22 décembre 1922)[1].

Envoi des demandes de subventions. — L'instruction générale du 10 décembre 1921 prévoit que les dossiers de demandes de subventions sur le produit des jeux devront parvenir à l'Administration avant le 1er octobre de chaque année, pour les affaires concernant la pisciculture et la chasse, et avant le 1er janvier pour celles concernant le reboisement et les améliorations pastorales.

Il est, en effet, indispensable de permettre à la Commission spéciale de la répartition du produit des jeux (Forêts) de statuer dès le mois de novembre sur les demandes concernant la pisciculture et la chasse, afin que les achats d'œufs ou d'alevins et de gibier pour repeuplement puissent être faits en temps utile ; c'est pourquoi les dossiers concernant ces affaires doivent parvenir à l'Administration avant le 1er octobre.

D'autre part, il eût été difficile au Service forestier de présenter à cette date toutes les demandes de subventions pour reboisement et améliorations pastorales, et c'est pour lui donner le temps de constituer les dossiers relatifs à ces affaires qu'il a été décidé que celles-ci seraient adressées à l'Administration avant le 1er janvier, en vue d'être soumises à la Commission dans une séance ayant lieu dans le courant du mois de février.

Tout en maintenant le principe de cette spécialisation des réunions de la Commission, celle-ci a demandé à être mise en mesure de statuer, à la séance de novembre, sur les affaires de reboisement et d'améliorations pastorales, dont les dossiers seraient parvenus à l'Administration avant le 1er octobre et, par contre, de pouvoir examiner à la séance de février les demandes de subventions relatives à la pisciculture ou à la chasse et dont les dossiers auraient été adressés à l'Administration entre le 1er octobre et le 1er janvier.

Vous voudrez bien tenir compte du désir ainsi manifesté par la Commission, en m'adressant :

1o Avant le 1er octobre, en même temps que les demandes relatives à la pisciculture et à la chasse, les dossiers des affaires concernant le reboisement et les améliorations pastorales, et qui auraient pu être constitués à cette date ;

2o Avant le 1er janvier, les demandes de subventions, quel qu'en soit l'objet, qui n'auraient pu être instruites avant le 1er octobre.

Annulation totale ou partielle de subventions. — Il est indispensable que le secrétariat de la Commission puisse tenir une comptabilité exacte des fonds disponibles et, par suite, soit avisé du non-emploi total ou partiel des sommes allouées à titre de subventions ou d'allocations.

Deux cas sont à considérer :

1o *Subventions aux départements, communes, associations.* — Les subventions accordées sur le produit des jeux aux départements, communes et associations, n'étant pas rattachées au budget de l'État, ne sont pas soumises à la règle de l'exercice financier. Rien ne s'oppose donc à ce qu'elles soient payées dès que les conditions imposées ont été remplies. Toutefois, on ne saurait admettre que des subventions accordées restent indéfiniment à la disposition de leurs béné-

---

1. Comprises avec la circulaire du 10 déc. 1921 dans la circulaire 898 de l'Administration des Eaux et Forêts en date du 22 déc. 1922. (V. p. 221, 238 et 248).

ficiaires ; en conséquence, et à moins de dispositions contraires, insérées dans les notifications, les subventions seront annulées si les travaux pour lesquels elles ont été accordées ne sont pas commencés dans un délai de deux ans à partir de la date de la décision de la Commission.

Il y a lieu également de prévoir l'annulation des subventions lorsque les bénéficiaires renoncent à exécuter les travaux prévus ou lorsqu'ils refusent de se soumettre aux conditions imposées.

D'autre part, lorsque l'exécution du programme approuvé n'a entraîné qu'une dépense inférieure à celle qui avait été prévue, la subvention doit être réduite dans la même proportion que la dépense. En outre, si, bien que commencés, les travaux sont menés avec une trop grande lenteur, vous devez mettre les bénéficiaires de subventions en demeure de se conformer aux décisions de la Commission dans un délai raisonnable, que vous aurez à fixer, et à l'expiration duquel la fraction de la subvention non utilisée sera annulée.

Dans ces différents cas, les sommes rendues disponibles par l'annulation ou la réduction de la subvention seront immédiatement signalées à l'Administration par l'envoi d'un bulletin série 3, n° 16, accompagné d'un rapport justificatif.

2° *Allocations à l'État.* — Quant aux allocations accordées par la Commission à l'État lui-même, elles sont rattachées, à titre de fonds de concours, aux chapitres correspondants d'un exercice financier ; il en résulte que, si les travaux n'ont pu être, en tout ou en partie, exécutés au cours de cet exercice, il est indispensable d'envoyer, à la fin de celui-ci au plus tard, un bulletin d'annulation de la somme disponible, avec demande de report à l'exercice suivant s'il y a lieu.

Modifications aux devis approuvés. — Enfin, je vous rappelle que les travaux subventionnés doivent être exécutés conformément au devis ou programme approuvés ; toutefois, il vous appartiendra d'autoriser les modifications de peu d'importance que vous jugeriez utile d'apporter aux projets présentés, étant entendu que ces modifications ne sauraient entraîner un relèvement du chiffre de la subvention.

N. B. Toutes les pièces relatives à une subvention accordée doivent rappeler son numéro.

Le Conseiller d'État, Directeur Général des Eaux et Forêts,

Signé : J. CARRIER.

**Extrait de la circulaire du 19 décembre 1921,
du Ministre de l'Agriculture à MM. les Préfets.**

. . . .

L'Association des Lieutenants de Louveterie ayant émis un vœu tendant à ce que des Louvetiers soient désignés pour les arrondissements où il n'en existe pas, je vous rappelle, d'autre part, les prescriptions de la circulaire ministérielle du 11 septembre 1917, visant cet objet, qui n'ont pas été appliquées dans un certain nombre de départements, malgré les instructions données à cet effet par mon prédécesseur le 24 avril 1920.

Le Sous-Secrétaire d'Etat à l'Agriculture,

Signé : PUIS.

Circulaire du 1ᵉʳ mars 1922, du Ministre de l'Intérieur à MM. les Préfets, relative à l'agrément des gardes particuliers.

Mon attention a été appelée sur les formalités imposées aux propriétaires, pour l'agrément de leurs gardes particuliers, lorsque les domaines à surveiller sont situés sur plusieurs arrondissements du même département.

Certains Sous-Préfets obligent, en effet, les propriétaires dont les gardes particuliers ont été déjà agréés par le Préfet ou par un de leurs collègues du même département, à constituer, pour la partie du domaine située sur leur circonscription, un nouveau dossier ; les gardes particuliers, agréés par le Préfet ont même vu leur demande rejetée par le Sous-Préfet et réciproquement. Ce mode de procéder a des conséquences fâcheuses pour les propriétaires et pour les gardes eux-mêmes ; il complique, en outre, et bien inutilement les formalités exigées par la loi.

Aussi, tant pour simplifier la procédure que pour éviter les divergences d'appréciation, je vous prie de bien vouloir inviter les Sous-Préfets de votre département, lorsqu'ils sont saisis d'une demande déjà agréée par vous-même ou par un autre Sous-Préfet du département, à se concerter avec vous ou avec leurs collègues sur la suite à réserver à la requête présentée sans exiger la production d'un nouveau dossier.

Cette procédure, réserve entièrement la liberté de décision du Sous-Préfet, mais elle a l'avantage de réduire au minimum les formalités nécessaires, de dissiper tout malentendu fâcheux et de donner satisfaction aux légitimes réclamations des propriétaires intéressés.

Circulaire du 26 avril 1922, du Ministre de l'Agriculture à MM. les Préfets, relative à la police de la chasse et à la destruction des animaux nuisibles.

J'ai l'honneur de vous prier de bien vouloir ne pas omettre de saisir le Conseil Général de votre département des questions relatives à la police de la chasse et à la destruction des animaux nuisibles, sur lesquelles cette assemblée doit obligatoirement être consultée par application des dispositions des lois des 22 janvier 1874, 16 février 1898 et 23 juillet 1907.

Je vous rappelle à cette occasion, en vous priant de vous y conformer, les prescriptions de la circulaire ministérielle du 24 avril 1920, (*J. O.* du 28 avril) qui a trait aux affaires à soumettre au Conseil Général et aux mesures à prendre en vue de prolonger la période de destruction des animaux nuisibles dans les départements où ils causent des dommages aux cultures.

Cette circulaire recommande notamment d'assurer la destruction des nids de pies et de corbeaux dans les départements où ces oiseaux sont nuisibles à l'agriculture en raison de leur surabondance.

Conformément au vœu que vient d'émettre la Société des Agriculteurs de France, je vous invite à intensifier le plus possible, par des mesures appropriées, l'action commune des propriétaires et des exploitants en vue de la destruction des jeunes corbeaux à l'époque des nids et à organiser le cas échéant, l'empoisonnement des corbeaux adultes, en hiver, à l'aide des crédits spécialement votés à cet effet par le Conseil général ainsi que le préconise une circulaire ministérielle du 20 avril 1918.

Je vous rappelle à ce sujet les prescriptions des paragraphes 4 et 5 de la circulaire ministérielle du 24 avril 1920), à laquelle je vous prie de vouloir bien vous reporter.

J'appelle enfin votre attention sur la disposition de la circulaire du 11 septembre 1917, prescrivant de compléter les cadres des Lieutenants de Louveterie, dans les régions où les animaux nuisibles sont nombreux, disposition qui n'a pas été appliquée dans un certain nombre de départements.

L'Association Amicale des Lieutenants de Louveterie a demandé lors de sa dernière assemblée générale, que les Louvetiers soient nommés pour plusieurs années, ou qu'ils soient assurés que leur nomination annuelle soit renouvelée pendant au moins trois ans, et que les Préfets lorsqu'ils ordonnent des battues aux animaux nuisibles visés par l'arrêté du 19 Pluviôse an V (loups, sangliers, renards, blaireaux), autorisent les Louvetiers à effectuer une série de battues dans une région déterminée, en leur laissant le soin de fixer les jours des battues et le lieu où elles auront lieu, à charge par eux d'en aviser la gendarmerie et le représentant local du service des Eaux et Forêts.

Cette manière de procéder est conforme aux prescriptions des circulaires du 14 septembre 1915 (*J. O.* du 22 septembre); 4 septembre 1916 (*J. O.* du 5 septembre); et 15 novembre 1917), relatives à la destruction des animaux nuisibles.

Je vous prie de donner satisfaction à ces demandes.

La nomination des Louvetiers doit, aux termes des règlements en vigueur, être faite pour un an seulement, afin de pouvoir remplacer ceux d'entre eux qui, au cours de la dernière saison de chasse, n'ont pas fait preuve de zèle et d'activité dans l'exercice de leurs fonctions ; mais il est désirable, pour permettre de constituer un équipage de chasse bien entraîné, que les Louvetiers soient maintenus en exercice plusieurs années.

Je vous recommande donc, à moins de circonstances exceptionnelles, de renouveler les commissions des Lieutenants de Louveterie qui vous seront signalés par les Conservateurs des Eaux et Forêts comme s'étant acquittés convenablement de leurs fonctions.

Pour le Ministre :

Le Chef-adjoint du Cabinet,

Signé : Vantroys.

Transmis à M. le Conservateur de .... en appelant, en particulier, son attention sur la nécessité de faciliter aux Lieutenants de Louveterie la destruction des animaux nuisibles, et en lui rappelant qu'aux termes des instructions du 27 avril 1920, les propositions de nomination des Louvetiers doivent, autant que possible, être faites pour la période du 1er juillet au 30 juin de l'année suivante.

Extrait de la circulaire du 18 juillet 1922, du Ministre de l'Agriculture à MM. les Préfets, sur l'ouverture de la chasse en 1922.

. . . .

Dans sa réunion du 27 juin dernier, la Commission Permanente de la Chasse s'est prononcée en faveur du maintien de l'ouverture en trois zones.

Vous trouverez la répartition en zones au *Journal officiel* du 1er et du 3 août 1921, et si vous estimez qu'elle doit être modifiée en ce qui concerne votre département, vous voudrez bien m'adresser à ce sujet des propositions motivées.

Vous pourrez à ce sujet prendre utilement l'avis du Conservateur des Eaux et Forêts, du Directeur des Services agricoles, des Lieutenants de Louveterie, et, le cas échéant, celui des Sociétés d'Agriculture et de Chasse de votre département.

Le Ministre de l'Agriculture,

Signé : Henry Chéron.

Circulaire du 2 août 1922, du Ministre de l'Agriculture à MM. les Préfets, relative à l'ouverture de la chasse.

Vous trouverez au *Journal officiel* du 3 août (partie non officielle), un avis indiquant la répartition des départements entre les différentes zones de chasse ainsi que les dates que j'ai fixées pour l'ouverture générale dans chacune d'elles.

Le gibier sédentaire, notamment le gibier à plumes, étant signalé comme très en retard cette année, il vous appartiendra de fixer des ouvertures retardées pour les espèces de gibier qui n'auraient pas atteint à la date d'ouverture générale un développement suffisant.

Je vous rappelle d'autre part, qu'en raison d'une entente internationale, la chasse de la caille doit être close le 30 novembre au soir.

Vous n'aurez pas à soumettre à mon approbation votre arrêté relatif à l'ouverture générale s'il se borne à reproduire les dispositions déjà adoptées l'an dernier, complétées par les nouvelles dispositions prévues par ma circulaire du 18 juillet dernier ou par les présentes instructions.

Votre arrêté devra indiquer que la chasse sera ouverte cette année aux conditions fixées par l'arrêté réglementaire permanent, en mentionnant le cas échéant les modifications apportées aux dispositions du dit arrêté et faire connaître les dates des ouvertures retardées et des fermetures anticipées pour certaines espèces de gibier, notamment celle des petits oiseaux ainsi qu'il est recommandé par mes instructions du 18 juillet précité.

Les modifications à apporter à la réglementation actuellement en vigueur en ce qui concerne les chasses exceptionnelles autorisées après la fermeture générale ne seront introduites que dans l'arrêté de clôture de la chasse en même temps que celles relatives à la destruction des animaux nuisibles.

Je vous recommande, d'autre part, de prendre toutes mesures utiles en vue de réprimer activement le braconnage et la vente illicite du gibier et j'appelle tout particulièrement votre attention sur les résultats qu'on pourrait attendre dans cet ordre d'idées, de la création de brigades mobiles départementales pour la répression du braconnage.

Ainsi que vous en avez été informé par la circulaire ministérielle du 10 décembre 1921, des subventions importantes peuvent être accordées sur les fonds provenant du produit des jeux, aux associations de chasse qui se groupent pour créer des brigades de ce genre et je vous serais obligé d'examiner de concert avec M. le Conservateur des Eaux et Forêts, la possibilité de provoquer, à cet effet, la constitution d'un groupement de sociétés de chasse dans votre département.

Vous voudrez bien me faire parvenir, dès sa publication trois exemplaires de votre arrêté d'ouverture, ainsi que de l'arrêté que vous aurez pris par application de mes instructions du 18 juillet dernier pour permettre aux chasseurs mutilés de guerre, le cas échéant, d'obtenir l'autorisation de tirer en voiture.

Le Ministre de l'Agriculture,
Signé : Henry CHÉRON.

Rapport du 27 août 1922, au Président de la République Française, et Décret du 27 août 1922 introduisant dans les départements du Bas-Rhin, du Haut-Rhin et de la Moselle la législation relative à la destruction des animaux nuisibles.

Monsieur le Président,

J'ai l'honneur de soumettre à votre signature un projet de décret introduisant dans les départements du Bas-Rhin, du Haut-Rhin et de la Moselle, un certain nombre de textes de la législation française relatifs à la destruction des animaux malfaisants et nuisibles.

Les ravages causés par les sangliers dans le Bas-Rhin, le Haut-Rhin et la Moselle se sont considérablement accrus au cours des années précédentes, et le mode de répartition de ces dommages, que la loi locale sur la police de la chasse fait peser sur un syndicat de toutes les communes des départements recouvrés a fait vivement ressentir la gravité du mal. Les cultivateurs se plaignent d'autre part que certains locataires de chasse n'apportent pas à la destruction des sangliers le soin qui paraîtrait désirable, et — quel que soit ou non le bien-fondé de ce reproche — il est certain que le nombre des sangliers abattus au cours des dernières années a été assez faible : les chasseurs l'expliquent, il est vrai, en rappelant que, pendant les hivers 1919-1920 et 1920-1921, il n'est tombé que peu de neige, les temps de neige étant seuls favorables à la chasse aux sangliers.

Il a semblé de toute façon que l'introduction d'un texte français comme l'arrêté du 19 Pluviôse an V, qui permet aux Préfets d'organiser, pour détourner les animaux malfaisants et nuisibles, des battues et des chasses collectives et de donner aux mêmes fins des autorisations de chasse individuelles pourrait avoir d'heureux résultats, si on la combinait avec l'introduction de la législation sur la Louveterie : les Lieutenants de Louveterie dont, les loups ayant à peu près disparu, le rôle traditionnel a cessé, continuent en effet à se rendre utiles en prenant la direction des chasses et battues contre les sangliers et en coordonnant des efforts qui restent sans utilité s'ils sont dispersés ; réintroduite en Alsace et en Lorraine, l'institution des Louvetiers permettra donc de contribuer efficacement à la destruction des sangliers.

Sans qu'il faille attendre de l'article 90, paragraphe 9, de la loi du 5 avril 1884 un bénéfice souverain, il a pourtant paru utile, dans un but d'unification législative, d'introduire également ce texte, qui est relatif à la destruction des animaux malfaisants et nuisibles.

La désignation de ces animaux malfaisants et nuisibles résultant encore en Alsace et en Lorraine d'anciennes Ordonnances ministérielles, prises en exécution de la loi sur la police de la chasse, l'article 3 du projet de décret se réfère à cette situation.

Enfin la législation locale attribuant la propriété du gibier tué au cours des chasses ou battues administratives au propriétaire de la chasse, il a semblé que le principe de la loi française, qui considère le gibier tué dans de telles conditions comme *res nullius* revenant à celui qui l'abat par droit d'occupation, était plus propre à intéresser les participants aux battues et à rendre celles-ci efficaces : il en résultera d'ailleurs une pénalité indirecte pour le locataire de la chasse qui ne ferait pas son devoir en ce qui concerne la destruction des sangliers. Tel est l'objet de l'article 4 du projet de décret.

Veuillez agréer, Monsieur le Président, l'hommage de mon respectueux dévouement.   *Le Garde des Sceaux,*
                                  Ministre de la Justice par intérim,
                                        Charles REIBEL.

Le Président de la République Française,

Sur le rapport du Garde des Sceaux, Ministre de la Justice,

Vu la loi du 17 octobre 1919, sur le régime transitoire de l'Alsace et de la Lorraine ;

Vu le décret du 17 janvier 1922, déléguant au Garde des Sceaux, Ministre de la Justice, les pouvoirs conférés au Président du Conseil en ce qui concerne l'Alsace et la Lorraine ;

Vu l'arrêté du 19 Pluviôse an V, concernant la chasse des animaux nuisibles;

Vu les textes législatifs et réglementaires sur la Louveterie, et notamment l'ordonnance du 20 août 1814 ;

Vu la loi du 5 avril 1884, article 90 § 9 ;

Sur la proposition du Commissaire Général de la République à Strasbourg,

Décrète :

ARTICLE PREMIER. — Sont déclarés applicables dans les départements du Bas-Rhin, du Haut-Rhin et de la Moselle, à dater de la publication du présent décret :

1° Les textes législatifs et réglementaires sur la Louveterie et notamment l'Ordonnance du 20 août 1814 ;

2° L'arrêté du 19 Pluviôse an V, concernant la chasse des animaux nuisibles :

3° Les dispositions de l'article 90 § 9 de la loi du 5 avril 1884, déterminant les pouvoirs des maires en ce qui concerne la destruction des animaux nuisibles.

ART. 2. — Sont considérés comme animaux nuisibles au sens des textes ci-dessus, ceux qui sont dénommés dans les ordonnances prises par l'ancien ministère d'Alsace-Lorraine en exécution de l'article 2 de la loi locale sur la police de la chasse du 7 mai 1883.

ART. 3. — La propriété du gibier tué à la suite des mesures prises en exécution des textes de droit français visés à l'article premier du présent décret est réglée d'après les principes du droit français en la matière.

ART. 4. — Le présent décret sera soumis à la ratification des Chambres par application de l'article 4 de la loi du 17 octobre 1919.

ART. 5. — Le Garde des Sceaux, Ministre de la Justice, est chargé de l'exécution du présent décret, qui sera publié au *Journal officiel* de la République française et inséré au *Bulletin des lois* et au *Bulletin officiel* d'Alsace et Lorraine.

Fait à Rambouillet, le 27 août 1922.

                        Par le Président de la République : A. MILLERAND.

Le Garde des sceaux, Ministre de la Justice par intérim,
                                        Charles REIBEL.

Circulaire du 2 décembre 1922, du Ministre de l'Agriculture à MM. les Préfets. relative à la fermeture de la chasse et à la destruction des animaux nuisibles (Emploi de la chloropicrine).

J'ai l'honneur de vous prier de me faire parvenir, d'urgence, si vous ne l'avez déjà fait, vos propositions relatives à la clôture générale de la chasse.

Afin de favoriser la reconstitution du gibier nécessaire, dont la rareté à été manifeste cette année, d'une manière générale dans toute la France, il y aurait intérêt à ce que la fermeture eût lieu, comme ces dernières années, dans la première quinzaine de Janvier.

Vous voudrez bien me faire connaître si, à votre avis, la clôture générale pourrait, sans inconvénient, être fixée, comme l'a préconisé la Commission Permanente de la Chasse, au deuxième dimanche de janvier, c'est-à-dire au 14 janvier 1923.

Vos propositions porteront ensuite sur les chasses exceptionnelles autorisées après la fermeture, en y joignant, le cas échéant, les extraits des délibérations du Conseil Général, auxquelles ces chasses auraient donné lieu.

Je vous rappelle, à cette occasion, que la chasse à la repasse de la grive doit être interdite, et celle de la bécasse limitée à une période aussi courte que possible, au moment où ont lieu les passages de ce gibier. Il m'a été signalé, à ce sujet que la chasse à la repasse à la bécasse avait été permise l'année dernière dans certains départements où les passages de ces oiseaux sont rares : cette mesure favorisant le braconnage, il conviendrait de n'autoriser la chasse à la repasse de la bécasse que dans les départements où des passages de ce gibier ont lieu régulièrement.

En ce qui concerne le giber d'eau, vous avez toute latitude, ainsi que vous l'indiquait ma circulaire du 18 juillet dernier, pour en fixer la période et les conditions de chasse, conformément à l'avis du Conseil Général, entre les dates extrêmes du 14 juillet et du 31 mars.

Vous me ferez connaître, enfin, dans quelles conditions vous estimez que la destruction des animaux nuisibles, et spécialement des sangliers, des lapins et des corbeaux, pourra être continuée après la fermeture générale. Etant donné l'intérêt essentiel qui s'attache, dans les circonstances actuelles, à la protection des cultures et, en particulier, du blé, il conviendra, d'une manière générale, de donner les plus grandes facilités pour que la destruction de ces animaux puisse être poursuivie d'une manière énergique.

A cet effet, j'estime qu'il y aurait lieu, au cas où les lapins causeraient des dégâts dans votre département, d'introduire dans votre arrêté de clôture, une disposition autorisant les propriétaires, possesseurs ou fermiers et leurs délégués, ainsi que les détenteurs du droit de chasse, et leurs préposés, à détruire les lapins par tous moyens, sauf les lacets et collets.

Cette mesure, qui a déjà été prise, dans certains départements, où les lapins s'étaient multipliés d'une façon excessive, et qui s'est montrée efficace pour enrayer les ravages occasionnés par ces rongeurs, pourrait être appliquée jusqu'à la fin du mois de mai, époque à partir de laquelle les lapins ne causent plus, en général, de dégâts dans les céréales ou dans les vignobles.

Si, cependant, vous croyiez nécessaire de subordonner l'emploi du fusil pour ces destructions à la délivrance d'une autorisation spéciale aux propriétaires, fermiers ou détenteurs du droit de chasse, il importerait que les demandes de l'espèce fussent instruites avec rapidité. Je ne verrais pas d'inconvénient, pour vous permettre d'atteindre ce résultat, à ce que vous déléguiez le droit d'accorder ces autorisations aux Sous-Préfets à condition que ceux-ci s'entourent des précautions nécessaires pour éviter les abus, sans toutefois procéder à une enquête particulière au sujet de chaque demande, lorsqu'ils sont déjà renseignés sur la surabondance des lapins dans la région dont il s'agit.

Il conviendra, en outre, ainsi que le recommandait la circulaire ministérielle du 30 décembre 1916, de faire savoir aux propriétaires ou locataires de chasse que leur devoir est de détruire les lapins qui se sont multipliés sur leurs terrains et, au cas où cet avertissement resterait sans résultat, d'inviter les maires à organiser des battues municipales, par application de l'article 90, paragraphe 9 de la loi du 5 avril 1884. Les avis que les maires doivent adresser aux propriétaires et locataires du droit de chasse, pour les informer de ces battues, rappelleront aux intéressés qu'en s'opposant à leur exécution, ils aggraveraient la responsabilité qui leur incomberait, au cas où ils seraient actionnés par les cultivateurs en réparation de dommages causés aux récoltes par les lapins, par application de la loi du 19 avril 1901.

Les dispositions prises ces dernières années, en vue de la destruction des sangliers pourront être maintenues sans modification. Toutefois, si des abus causés par l'affût au sanglier vous ont été signalés, il pourrait être exigé des personnes déléguées pour procéder aux destructions, qu'elles soient munies d'une autorisation écrite portant la signature, dûment légalisée, du déléguant.

Là où les carnassiers nuisibles se sont multipliés au point de causer des dommages dans les basses-cours ou de nuire à la reproduction du gibier, vous voudrez bien prendre les dispositions nécessaires pour assurer leur destruction, par mesure générale, notamment à l'aide de toxiques ou de produits asphyxiants. L'un de ces produits, la « Chloropicrine », peut être délivrée gratuitement aux personnes désireuses de procéder à des destructions ; les conditions de cette délivrance leur seront indiquées sur demande adressée au Ministère de l'Agriculture (Direction Générale des Eaux et Forêts, 1er bureau).

Comme l'an dernier, les dérogations apportées cette année à l'arrêté réglementaire, permanent, seront simplement introduites dans l'arrêté de clôture, qui se bornera, pour le surplus, à renvoyer les intéressés à l'arrêté réglementaire sans le reproduire.

Afin de permettre d'écouler le gibier tué le dernier jour de la chasse, vous pourrez si vous le jugez utile, tolérer le transport et la vente de ce gibier pendant un ou deux jours après la fermeture générale, en vous conformant aux indications contenues dans la circulaire ministérielle du 25 novembre 1921.

Le Ministre de l'Agriculture,
Signé : Henry CHÉRON.

Circulaire du 4 décembre 1922, du Ministre de l'Agriculture à MM. les Préfets, relative à la destruction des corbeaux.

Les corbeaux étant signalés comme causant des dégâts considérables aux ensemencements, j'ai l'honneur de vous prier de prendre, d'urgence, les mesures nécessaires pour intensifier la destruction de ces oiseaux dans votre département. Il importe, en effet, dans les circonstances actuelles, que les emblavures soient efficacement protégées contre les déprédations que peuvent commettre les animaux nuisibles, en particulier les corbeaux.

L'un des procédés de destruction de ces oiseaux, recommandé par la circulaire ministérielle du 15 janvier 1917, et celui qui donne les meilleurs résultats, consiste dans l'emploi du poison pendant les gelées d'hiver ou en temps de neige. Mais, dans les régions où les corbeaux sont très abondants, leur destruction à l'aide du poison ne saurait être véritablement efficace qu'à condition d'être effectuée par voie de mesure générale, sur de vastes étendues.

Ainsi que le préconisaient les circulaires des 20 avril 1918 et 24 avril 1920, les dépenses résultant de cette opération peuvent être couvertes à l'aide de crédits spécialement votés à cet effet par le Conseil général ; elles peuvent également être supportées par les municipalités, ou encore par l'Office agricole départemental.

J'appelle, en outre, votre attention sur les inconvénients que peut présenter la manipulation par les cultivateurs de produits toxiques non mélangés à d'autres substances, ainsi que l'emploi par les intéressés, d'appâts empoisonnés préparés défectueusement ou mal appropriés au but à atteindre : le blé arseniqué par exemple, qui est absorbé par les petits oiseaux et par le gibier, notamment par les perdrix, doit être absolument prohibé pour cet usage.

Il conviendrait donc, qu'au cas où vous estimeriez devoir organiser la destruction générale des corbeaux à l'aide du poison, il ne fût point distribué de toxiques aux cultivateurs, mais seulement des appâts ou des substances empoisonnées préparées par les pharmaciens ou par des spécialistes, et en s'entourant des plus sévères précautions.

Vous voudrez bien, d'autre part, si vous ne l'avez déjà fait, prendre l'avis du Conseil général en ce qui concerne les mesures à prendre en vue de la destruction des nids de corbeaux au printemps.

En vertu de la loi du 23 juillet 1907, dont les dispositions devront être appliquées strictement, cette destruction peut être imposée aux propriétaires des terrains où se trouvent les arbres portant les nids : elle peut, de plus, être effectuée d'office aux frais des propriétaires, nonobstant les poursuites à exercer contre eux par application de la loi du 24 décembre 1888, au cas où il n'aurait pas été procédé aux destructions ordonnées, à l'expiration d'un certain délai à fixer par le juge de paix.

La circulaire ministérielle du 13 avril 1917, indiquant les espèces de corbeaux nuisibles, vous a, en outre, recommandé d'autoriser l'emploi du fusil à jours fixes, pour la destruction des nids de corbeaux, pendant les mois d'avril, mai, juin, et la circulaire du 26 avril dernier vous a invité à intensifier l'action commune des propriétaires et des exploitants en vue de la destruction des jeunes corbeaux au printemps.

En ce qui concerne les forêts domaniales, des instructions seront données, en temps utile, au personnel des Eaux et Forêts, pour qu'il soit procédé à la destruction des corbeaux à l'aide des crédits ouverts à cet effet au budget de l'Agriculture.

Vous trouverez, ci-joint, un spécimen d'arrêté que vous pourriez prendre, en application des instructions contenues dans la présente circulaire, pour organiser l'empoisonnement général des corbeaux dans votre département.

Le Ministre de l'Agriculture,
Signé : Henry CHÉRON.

ARRÊTÉ

relatif à l'empoisonnement des corbeaux.

SPÉCIMEN

Nous, Préfet de.....
Vu la loi du 3 mai 1844 sur la police de la chasse ;
Vu la loi municipale du 5 avril 1884 ;
Vu l'arrêté réglementaire permanent sur la police de la chasse ;
Vu le décret du 14 septembre 1916 ;
Vu les plaintes qui se sont produites relativement aux dégâts causés par les corbeaux ;
Vu la circulaire ministérielle du 4 décembre 1922, relative à la destruction des corbeaux,

Arrêtons :

ARTICLE PREMIER. — Dans les communes où les corbeaux causent de réels dégâts aux ensemencements, les maires sont invités à procéder à la destruction générale de ces oiseaux au moyen d'appâts empoisonnés, notamment du « Pica Corvicide ».

ART. 2. — Ces destructions ne devront être effectuées que pendant les périodes de gelée ou en temps de neige ; elles feront l'objet d'un arrêté municipal qui fixera trois jours consécutifs pour la pratique de l'opération ; aucun appât ne pourra être placé avant ou après les jours indiqués.

Cet arrêté sera affiché à la porte de la mairie et notifié à la gendarmerie, quarante-huit heures au moins avant le début de l'opération.

ART. 3. — Le maire désignera les délégués des propriétaires et fermiers qui, sous la direction et avec l'aide du garde champêtre communal, seront chargés de la mise en place des appâts.

ART. 4. — Les pharmaciens ne devront délivrer de substances empoisonnées qu'aux délégués prévus à l'article 2, sur présentation d'une demande revêtue du visa du maire ; ces substances ne pourront être placées qu'à une distance d'au moins 300 mètres des habitations et à 50 mètres des chemins publics.

Le Pica Corvicide devra être employé, conformément aux indications contenues dans l'intruction qui figure à la suite du présent arrêté.

ART. 5. — Les maires qui appliqueront les dispositions du présent arrêté auront à faire connaître à la population de leur commune, deux jours avant l'opération, le danger qu'il y aurait à consommer les corbeaux et autres animaux morts ramassés dans la région ; ils indiqueront en même temps, d'une façon précise, les lieux où seront déposés les appâts. L'emploi de grains moins gros que ceux de maïs empoisonnés sera interdit, afin d'éviter l'empoisonnement des petits oiseaux.

Ils devront aussi mettre au courant de leurs décisions les maires des communes voisines qui, chacun de leur côté, devront aviser leur population dans la même forme.

ART. 6. — Mention sera faite dans l'arrêté municipal susvisé qu'il est interdit, sous peine de procès-verbal, de laisser errer les animaux domestiques (chiens, etc.) pendant toute la durée de la destruction.

ART. 7. — La destruction des corbeaux au fusil pour défendre les ensemencements et celle des nids de ces oiseaux pourront être effectuées sans permis de chasse, dans les conditions prévues par les arrêtés relatifs à la police de la chasse.

ART. 8. — MM. les Sous-Préfets, Maires, Commandant de gendarmerie, Commissaire de police et tous agents de la force publique sont chargés, chacun en ce qui le concerne, de l'exécution du présent arrêté, qui sera immédiatement publié et affiché dans toutes les communes du département.

Note au sujet des mesures à prendre pour la destruction des corbeaux.

Des instructions ont été envoyées ces dernières années à tous les Préfets, leur indiquant les mesures à prendre pour la destruction des corbeaux.

Quatre procédés ont été envisagés.

1° *Destruction au moyen du fusil.* — La circulaire ministérielle du 15 janvier 1917, complétée par celle du 13 avril suivant, préconise :

a) Les mesures habituelles. Délégation donnée aux Maires, leur permettant d'accorder aux cultivateurs le droit de défendre leurs ensemencements au moyen du fusil dès l'apparition des corbeaux.

b) Mesures administratives lorsque les corbeaux sont très abondants. Organisation par les Maires de destructions de corbeaux au fusil sur les terrains des propriétaires qui ne s'y opposent pas.

2° *Destruction par pièges.* — Outre le fusil, les particuliers ont été autorisés à employer les pièges, filets et cornets à glu.

3° *Destruction par le poison.* — Emploi de grains empoisonnés à la noix vomique ou aux arséniates, les grains devant être teints en vert, bleu ou noir (circulaire du 15 janvier 1917). Emploi de grains de maïs empoisonnés à la strychnine (Pica Corvicide), dont le mode d'utilisation est fixé par la circulaire du 18 avril 1918, qui préconise des destructions générales par le poison, ordonnées par le Préfet et effectuées à l'aide de crédits votés par le Conseil général.

Ci-joint copie d'une instruction relative à la destruction des corbeaux à l'aide de grains empoisonnés, tels que le Pica Corvicide.

4° *Destruction par tous les moyens* des nids et des oiseaux *aux abords des nids,* prescrite par arrêté préfectoral pendant les mois d'avril, de mai et juin, en application de la loi du 23 juillet 1907.

La circulaire du 15 janvier 1917 prévoit que, « lorsque les destructions ordonnées paraîtront devoir être insuffisantes, les Maires pourront organiser des destructions municipales qui porteront sur tous les terrains dont les propriétaires ne s'y opposeront pas, sauf à appliquer à ceux qui s'y opposeraient les sanctions de la loi du 24 décembre 1888 [1] ».

Circulaire du 16 décembre 1922, du Ministre de l'Agriculture à MM. les Préfets, relative à la fermeture de la chasse et à la destruction des animaux nuisibles.

J'ai l'honneur de vous faire connaître que la clôture générale de la chasse est fixée au dimanche 14 janvier 1923 pour toute la France, à l'exception des trois départements d'Alsace et de Lorraine.

La destruction des animaux nuisibles, en particulier celle des sangliers et des lapins, sera autorisée après la clôture générale de la chasse dans les condi-

---

1. **Loi du 24 décembre 1888 relative à la destruction des insectes, cryptogames et autres végétaux nuisibles.**

ARTICLE PREMIER. — Les Préfets prescrivent les mesures nécessaires pour arrêter ou prévenir les dommages causés à l'Agriculture par des insectes, des cryptogames ou autres végétaux nuisibles.

. . . .

2° Les propriétaires, les fermiers, les colons ou métayers ainsi que les usufruitiers et les usagers, sont tenus d'exécuter sur les immeubles qu'ils possèdent et cultivent, ou dont ils ont la jouissance et l'usage, les mesures prescrites par l'arrêté préfectoral. Toutefois, dans les bois et forêts ces mesures ne sont applicables qu'à une distance de 30 mètres.

Ils doivent ouvrir leurs terrains pour permettre la vérification ou la destruction, à la réquisition des agents.

L'Etat, les communes et les Etablissements publics et privés sont astreints aux mêmes obligations pour les propriétés leur appartenant.

3° En cas d'inexécution dans les délais fixés, procès-verbal est dressé par le maire, l'adjoint, l'officier de gendarmerie, le commissaire de police, le garde forestier ou le garde champêtre, et le contrevenant est cité devant le juge de paix.

Les délais fixés par l'article 146 du Code d'instruction criminelle seront observés.

Le juge de paix pourra ordonner l'exécution provisoire de son jugement, nonobstant opposition ou appel sur minute et avant l'enregistrement.

4° A défaut d'exécution dans le délai imparti par le jugement, il est procédé à l'exécution d'office, aux frais des contrevenants, par les soins du maire ou du commissaire de police.

Le recouvrement des dépenses ainsi faites est opéré par le percepteur, en vertu de mandatements exécutoires délivrés par les Préfets et conformément aux règles suivies en matière de contributions directes.

5° Les contraventions aux dispositions des articles 1er et 2 de la présente loi sont punies d'une amende de 6 à 15 francs.

L'amende est doublée et la peine d'emprisonnement pendant cinq jours au plus peut être prononcée, en cas de récidive, contre les contrevenants.

tions prévues par l'arrêté réglementaire permanent en vigueur dans votre département, modifiées s'il y a lieu, par des dispositions spéciales insérées dans votre arrêté de clôture, notamment lorsque cela sera nécessaire pour l'application de mes instructions du 2 décembre courant.

Au cas où la destruction de ces animaux serait subordonnée à la délivrance préalable d'une autorisation, comme c'est le cas dans certains départements pour la destruction des lapins au fusil, j'appelle votre attention sur la nécessité d'instruire rapidement les demandes de l'espèce qui seraient présentées, de manière à ce que les autorisations soient délivrées, autant que possible, avant que les dégâts prévus ne se soient produits.

En ce qui concerne en particulier les renards et autres carnassiers, une autorisation de destruction motivée par les déprédations immédiates serait d'ailleurs trop tardive puisque celles-ci ne sont, en général signalées qu'au printemps, au moment où ces animaux ont leurs portées à nourrir, tandis que leur empoisonnement ne peut être entrepris avec quelques chances de succès que pendant l'hiver.

La période de la chasse à la bécasse, à la repasse, dans les départements où elle est pratiquée, devra être limitée dans les mêmes conditions que l'an dernier et cette chasse devra être autorisée seulement dans les bois. La chasse du gibier d'eau ne devra pas être permise au delà du 31 mars et la chasse à la repasse de la grive demeurera interdite.

Vous voudrez bien m'adresser dès sa publication, trois exemplaires de votre arrêté de clôture que je vous dispense de soumettre à mon approbation sous réserve qu'il sera établi en tenant compte des observations ci-dessus, et que cet arrêté ne renfermera aucune disposition réglementaire nouvelle non encore approuvée par moi.

Je vous rappelle notamment que le transport et la vente des lapins de garenne morts, doivent être li res en tout temps.

Ainsi que le recommandait la circulaire du 2 août dernier, je vous serais obligé de prendre toutes mesures utiles en vue de la répression du braconnage, du transport et de la vente illicites du gibier et je vous rappelle que des subventions importantes peuvent être accordées, sur les fonds provenant du produit des jeux, aux sociétés de chasse, qui se groupent pour former des brigades mobiles départementales. J'ajoute qu'il y a intérêt à ce que les associations de chasseurs s'adjoignent des sociétés de pêche, en vue de la création de brigades mixtes chargées de la répression du braconnage de chasse et de pêche ; l'Administration des Eaux et Forêts pourra prêter son concours pour faciliter la constitution de ces brigades.

Le Ministre de l'Agriculture,
Signé : Henry CHÉRON.

Circulaire du 22 décembre 1922, du Directeur Général des Eaux et Forêts à MM. les Conservateurs des Eaux et Forêts, au sujet de l'emploi de la partie du prélèvement sur le produit des jeux.

Les instructions au sujet de l'emploi de la partie du prélèvement sur le produit des jeux affectée aux œuvres et travaux intéressant le reboisement, l'amélioration des pâturages, la pisciculture et la chasse, en application de l'article 46 de la loi du 31 juillet 1920, au nombre de quatre, sont les suivantes :

1º Prélèvement sur le produit des jeux (Instruction générale du 10 décembre 1921)[1] ;

2º Emploi du prélèvement sur le produit des jeux ; frais et rétributions spé-ciales du personnel des Eaux et Forêts (Instruction du 18 janvier 1922)[2] ;

3º Subventions aux communes pour travaux de reboisement, soumission au régime forestier (Instruction du 16 mai 1922)[2] ;

4º Instructions relatives à l'examen des demandes et à l'allocation des subventions (Instruction du 22 décembre 1922)[1].

Le Conseiller d'État,
Directeur Général des Eaux et Forêts,
J. CARRIER.

Circulaire du 30 décembre 1922, du Ministre de l'Agriculture à MM. les Présidents des Offices Agricoles départementaux, au sujet de leur participation dans les dépenses pour destruction d'animaux nuisibles (sangliers).

Lors de la discussion du budget de l'agriculture à la Chambre, dans la première séance du 2 novembre 1922, mon attention a été appelée sur l'importance des dégâts occasionnés aux récoltes, dans certaines régions, par les sangliers.

Le crédit budgétaire mis à ma disposition par le Parlement en vue de l'attribution de primes pour la destruction des marcassins, dans les départements où ces animaux sont particulièrement abondants, permet d'atteindre dans une certaine limite, le but que s'est proposé le législateur.

Toutefois, en raison de l'accroissement du nombre de ces animaux nuisibles, il m'a paru que les offices agricoles doivent être appelés à examiner s'il ne leur est pas possible de faciliter la destruction des sangliers, par l'adoption de mesures telles que : remboursement partiel, et dans des conditions déterminées, des frais de déplacement occasionnés aux Louvetiers, sociétés de chasse, pour l'organisation des battues, etc...

Je vous serais obligé de bien vouloir soumettre ces suggestions au prochain conseil de l'office agricole que vous présidez et me faire connaître les moyens qui auront été éventuellement retenus par lui, afin de pouvoir dès l'année 1923, encourager la destruction des sangliers dans votre département.

Au cas où l'Office désirerait participer, par des dispositions pécuniaires diverses, à cette destruction, vous voudrez bien les inscrire aux projets de programme d'action et de budget pour 1923, soumis à mon approbation.

Dans le même ordre d'idées, j'attire votre attention sur le rôle que peut également avoir l'Office agricole, dans la destruction des corbeaux.

Vous voudrez bien, le cas échéant, étudier les moyens que l'Office pourrait appliquer en vue d'encourager la lutte contre ces oiseaux et inscrire, s'il y a lieu les crédits correspondants au budget pour 1923.

Le Ministre de l'Agriculture,
Signé : Henry CHÉRON.

1. Voir ces instructions page 221. 238, 248.

2. Les § 2 et 3 traitant de questions étrangères à notre sujet n'ont pas été retenus.

Circulaire du 11 avril 1923, du Ministre de l'Agriculture à MM. les Préfets, relative à la consultation des Conseils Généraux par les Préfets, et à la destruction des animaux nuisibles.

J'ai l'honneur de vous prier de ne pas omettre de consulter le Conseil Général de votre département, lors de sa prochaine session, sur les questions de chasse au sujet desquelles il doit obligatoirement donner son avis par application des lois des 22 janvier 1874 et 16 février 1898.

Vous voudrez bien, également, prendre l'avis de cette Assemblée sur les dispositions à envisager en exécution de la loi du 23 juillet 1907 pour assurer la destruction au fusil des corbeaux et des pies, ainsi que de leurs nids et lui communiquer la circulaire à ce sujet que je vous ai adressée le 4 décembre dernier. Vous examinerez, en outre, s'il ne conviendrait pas d'étendre certaines mesures prévues pour les corbeaux et les pies aux geais, qui sont particulièrement nuisibles au printemps, époque à laquelle ils détruisent de nombreuses couvées d'oiseaux insectivores.

Dans les régions où les sangliers et les lapins causent des dommages aux cultures, il y aura lieu, si la période normale de destruction de ces animaux a pris fin le 31 mars dernier dans votre département, de délivrer les autorisations nécessaires pour permettre, au delà de cette date, la destruction des animaux dont il s'agit. Je vous rappelle à ce sujet, en vous priant de vous y reporter, les circulaires des 2 et 18 décembre dernier, qui vous recommandaient d'accorder les plus grandes facilités aux propriétaires, possesseurs et fermiers, pour leur permettre de détruire sur leurs terrains les lapins qui se sont multipliés de façon excessive.

Je vous prie, d'autre part, de prendre toutes mesures utiles en vue du renouvellement pour le 1er juillet prochain des commissions de Lieutenants de Louveterie, en vous rappelant les dispositions de la circulaire du 11 septembre 1917 relatives aux nominations à faire pour compléter les cadres de cette organisation. Au cas où vous auriez déjà donné des commissions de Louvetiers, valables pour toute l'année 1923, il serait nécessaire de les prolonger jusqu'au 30 juin 1924, afin que vous puissiez, à l'avenir, délivrer ces commissions pour la saison de chasse.

Je vous signale, enfin, un vœu émis par la Société de Vénerie tendant à exiger des Louvetiers qu'ils possèdent le nombre de chiens courants nécessaire pour exercer leurs fonctions dans de bonnes conditions, sans qu'ils aient besoin de recourir à un trop grand nombre de tireurs, parfois inexpérimentés, lorsqu'ils organisent des destructions.

L'Association Amicale des Lieutenants de Louveterie a déjà exprimé un désir analogue et a insisté pour que les commissions soient renouvelées lorsque leurs titulaires ont fait preuve de zèle et ont obtenu de bons résultats dans la destruction des animaux nuisibles. Cette manière de procéder est, d'ailleurs, recommandée dans ma circulaire du 26 avril 1922.

Je vous serais obligé de tenir compte de ces vœux, lorsque vous aurez à procéder à des nominations de Louvetiers.

Le Ministre de l'Agriculture.
Signé : Henry CHÉRON.

Circulaire du 9 juillet 1923, du Ministre de l'Agriculture à MM. les Préfets, relative à l'ouverture de la chasse.

Par lettre du 11 avril dernier, je vous ai prescrit de prendre l'avis du Conseil Général de votre département sur les questions de chasse au sujet desquelles il doit légalement être consulté.

J'ai l'honneur de vous prier de vouloir bien, si vous ne l'avez déjà fait, me faire parvenir pour le 23 juillet courant au plus tard, copie de la délibération de l'assemblée départementale sur ces questions et d'y joindre vos propositions relatives à l'ouverture générale de la chasse, en les accompagnant d'un exemplaire de votre précédent arrêté d'ouverture portant l'indication, à l'encre rouge, des modifications que vous désirez lui apporter.

Comme ces dernières années, il sera constitué trois zones de chasse et si vous estimez qu'il est nécessaire, en ce qui concerne votre département, de modifier la répartition en zones telle qu'elle a été fixée en 1922 (*J. O.* du 3 août 1922) vous voudrez bien m'adresser à cet effet des propositions motivées.

Quant aux dates d'ouverture, elles pourraient, semble-t-il, être fixées au 15 août pour la première zone, mais seulement au début de septembre pour la seconde zone et dans la deuxième quinzaine de ce même mois pour la troisième, en raison des circonstances météorologiques défavorables qui ont retardé, dans ces régions, le développement du gibier et la maturité des récoltes. Vous pourrez prendre utilement à ce sujet, l'avis du Directeur des Services Agricoles, du Conservateur des Eaux et Forêts, des Lieutenants de Louveterie et, le cas échéant, celui des Associations agricoles et cynégétiques de votre département.

D'une façon générale, la réglementation de la police de la chasse actuellement en vigueur sera maintenue et, si des modifications à l'arrêté réglementaire permanent sont nécessaires, elles devront être introduites, comme l'an dernier, dans l'arrêté d'ouverture, qui devra également mentionner les ouvertures retardées et les fermetures anticipées pour certaines espèces de gibier qu'il y aurait lieu de protéger.

Les conditions d'exercice des chasses exceptionnelles (gibier d'eau et oiseaux de passage) et celle de la chasse des petits oiseaux devront être fixées, conformément aux indications de ma circulaire du 18 juillet 1922, à laquelle je vous prie de bien vouloir vous reporter, et vous aurez soin de ne pas omettre d'indiquer dans votre arrêté d'ouverture, les modifications apportées à la réglementation permanente en ce qui concerne les chasses.

Il y aurait lieu de plus, au cas où vous estimeriez devoir limiter au 31 mars ou même avant cette date, la période pendant laquelle des autorisations individuelles de destruction du lapin à l'aide du fusil peuvent être accordées, de l'indiquer également dans votre arrêté d'ouverture afin que les propriétaires et détenteurs du droit de chasse puissent prendre, en temps opportun, les mesures nécessaires pour effectuer cette destruction pendant la période qui leur est impartie.

J'appelle, en outre, votre attention sur l'importance que présente, au point de vue de la reproduction et de la conservation du gibier, la répression de la divagation des chiens et vous prie de faire appliquer strictement les dispositions légales et réglementaires la concernant, notamment celles qui ont trait à la mise en fourrière des chiens errants.

Les arrêtés spéciaux pris par les Préfets pour réglementer la divagation des chiens ne doivent viser que les lois des 5 avril 1884 et 21 juillet 1898 qui, en général, sont suffisantes à cet égard, lorsque les arrêtés dont il s'agit sont observés.

Lorsque cette mesure se montre inefficace, vous pouvez, exceptionnellement, introduire dans l'arrêté réglementaire sur la police de la chasse une disposition visant l'article 9 de la loi du 3 mai 1844, qui permet aux Préfets de prendre des arrêtés pour empêcher la destruction des oiseaux et pour favoriser leur repeuplement. Cette disposition doit, dans ce cas, figurer à la suite de la partie de l'arrêté réglementaire qui a trait à la « protection des oiseaux ».

En ce qui concerne les permis de chasse, je vous rappelle que, conformément à l'article 5 de la loi du 3 mai 1844, ils sont délivrés par le Préfet du département dans lequel celui qui en fait la demande a sa résidence ou son domicile.

L'interprétation trop rigoureuse du mot « résidence » a provoqué l'an dernier des réclamations de la part de certains chasseurs qui demandaient un permis dans une commune où ils n'avaient qu'une résidence temporaire et il est même arrivé que le permis a été refusé à des fonctionnaires coloniaux en congé, ce qui est regrettable.

Le Ministre de l'Agriculture,
Signé : Henry CHÉRON.

Circulaire du 31 juillet 1923, du Ministre de l'Agriculture à MM. les Préfets, relative à l'ouverture de la chasse.

Vous trouverez au *Journal officiel* de ce jour (partie non officielle) un avis indiquant la répartition des départements entre les différentes zones de chasse ainsi que les dates que j'ai fixées pour l'ouverture générale dans chacune d'elles.

La chasse sera ouverte aux conditions prévues par l'arrêté réglementaire permanent en vigueur dans votre département, sous réserve des modifications apportées aux dispositions de cet arrêté par l'arrêté d'ouverture notamment en ce qui concerne les ouvertures retardées et les clôtures anticipées à l'égard de certaines espèces de gibier.

Dans les départements où la date du 1er octobre a été envisagée pour l'ouverture retardée de la chasse de certains gibiers (faisans, lièvres, etc.), il conviendra de fixer, de préférence, cette ouverture au 30 septembre, qui est cette année un dimanche.

Au cas où, par suite des intempéries, des récoltes se trouveraient dans certaines régions, encore sur pied, à la date fixée pour l'ouverture générale, il appartiendrait à MM. les maires de votre département de prendre, en application des articles 73 et 74 de la loi du 21 juin 1898, des arrêtés pour interdire le passage des chasseurs et de leurs chiens dans les récoltes ou les vignobles.

Je vous recommande, d'autre part, de faire réprimer activement le braconnage et la vente illicite du gibier et de donner les instructions nécessaires aux agents chargés de la surveillance de la chasse pour que les dispositions adoptées en vue d'éviter la destruction des petits oiseaux soient strictement observées.

Vous n'aurez pas à soumettre à mon approbation le texte définitif de votre arrêté d'ouverture générale, à la condition qu'il soit établi en conformité des instructions qui vous ont été adressées à ce sujet et qu'il tienne compte, notamment, des indications contenues dans la présente circulaire et dans celle du 9 juillet courant.

Vous voudrez bien publier votre arrêté d'ouverture le plus tôt possible et m'adresser, dès sa publication, trois exemplaires de ce document.

Le Ministre de l'Agriculture,
Signé : Henry CHÉRON.

Extrait de la circulaire 29 novembre 1923, du Ministre de l'Agriculture à MM. les Préfets, relative à la destruction des animaux nuisibles (lapins).

. . . .

D'autre part, dans les régions où les animaux nuisibles, et particulièrement les lapins, causent des dégâts aux cultures, les plus grandes facilités devront être données en vue de la destruction de ces animaux ; mais les autorisations ne devront être accordées qu'aux personnes qualifiées pour y procéder. Au cas où vous estimeriez devoir limiter la période pendant laquelle les propriétaires, fermiers et détenteurs du droit de chasse peuvent, soit en vertu d'autorisations individuelles, soit par mesure générale, détruire ces animaux au fusil, vous voudrez bien l'indiquer dans l'arrêté de clôture afin que les intéressés puissent effectuer, en temps utile, les destructions nécessaires.

Les battues municipales ayant, dans certaines régions où elles sont effectuées chaque dimanche, occasionné des abus, je vous serais obligé de spécifier, le cas échéant, dans votre arrêté de clôture, qu'il y a lieu d'organiser ces battues dans le cas seulement où les animaux nuisibles sont surabondants et en observant les prescriptions édictées par les articles 90, 95 et 96 de la loi municipale du 5 avril 1884.

Par contre, dans les départements où les lapins causent des dégâts importants aux récoltes, il conviendra, dans votre arrêté de clôture, de rappeler que les Maires doivent organiser des battues pour la destruction de ces rongeurs, par application de la loi susvisée et dans les conditions prévues par la circulaire ministérielle du 30 décembre 1916.

Le Ministre de l'Agriculture,
Signé : Henry CHÉRON.

Circulaire du 9 décembre 1923, du Ministre de l'Agriculture à MM. les Préfets, relative à la fermeture de la chasse.

J'ai l'honneur de vous faire connaître qu'après examen de vos propositions, j'ai fixé la clôture générale de la chasse au dimanche 13 janvier 1924.

La destruction des animaux nuisibles, en particulier celle des sangliers et des lapins, sera autorisée après la clôture générale dans les conditions prévues par l'arrêté réglementaire permanent en vigueur dans votre département, modifiées s'il y a lieu par des dispositions spéciales à insérer dans votre arrêté de clôture, notamment lorsque cela sera nécessaire pour l'application de mes instructions du 29 novembre dernier.

Ainsi que je l'ai recommandé dans ma circulaire du 18 décembre 1922, l'instruction des demandes d'autorisation de destruction des animaux nuisibles, lorsque ces demandes sont prévues par les arrêtés sur la police de la chasse, devra être faite le plus rapidement possible. La Commission Permanente de la Chasse, lors de sa récente réunion, a exprimé le désir que cette recommandation vous soit rappelée et elle a, de plus, demandé que les noms et adresses des Lieutenants de Louveterie soient portés, dans chaque département, à la connaissance des Municipalités, par la voie du Recueil des Actes administratifs ; je vous prie de bien vouloir donner satisfaction à ce désir.

La Commission Permanente de la Chasse a, en outre, signalé les inconvénients que la chasse à la repasse de la bécasse présente au point de vue de la conservation de ce gibier et du braconnage, et elle a émis le vœu que cette chasse soit interdite d'une manière générale dans tous les départements ainsi que plusieurs Conseils Généraux l'ont demandé au cours de leur dernière séance. Vous voudrez bien examiner la possibilité de donner satisfaction à ce vœu en vous concertant, le cas échéant, avec vos collègues des départements voisins du vôtre, de manière à ce que la mesure prise s'étende à toute une région. Au cas où il ne vous paraîtrait pas possible de supprimer complètement la chasse de la bécasse après la clôture générale, cette chasse devra être limitée dans les conditions indiquées par ma circulaire sus-visée du 18 décembre 1922 et notamment ne s'exercer que dans les bois.

L'Association Amicale des Lieutenants de Louveterie a, d'autre part, demandé que la divagation des chiens en temps de fermeture générale, soit sévèrement réprimée. Je vous rappelle les instructions à ce sujet qui vous ont été adressées le 9 juillet dernier et auxquelles je vous prie de bien vouloir vous reporter. Il conviendrait, en particulier, de reproduire sur l'affiche de clôture de la chasse les dispositions en vigueur dans votre département, en ce qui concerne la divagation des chiens.

Vous voudrez bien m'adresser, dès sa publication, 3 exemplaires de votre arrêté de clôture, que je vous dispense de soumettre à mon approbation, sous réserve qu'il sera établi en tenant compte des observations ci-dessus et ne renfermera aucune disposition réglementaire nouvelle non encore approuvée par moi.

Cet arrêté devra, le cas échéant, pour éviter toute confusion, rappeler les clôtures anticipées au lièvre ou à la perdrix que vous auriez fixées antérieurement.

Le Ministre de l'Agriculture,
Signé : Henry CHÉRON.

Tenue de Louveterie. Modification de l'ordonnance Royale du 20 août 1814. Décret du 13 décembre 1923.

Le Président de la République française,
Vu l'Ordonnance Royale du 20 août 1814 portant réglementation de la Louveterie ;
Sur le rapport du Ministre de l'Agriculture,

Décrète :

Art. 1er. — Les articles 21 et 22 de l'Ordonnance visée ci-dessus fixant l'uniforme des Lieutenants de Louveterie et de leurs piqueurs sont modifiés ainsi qu'il suit :

Art. 21. — L'uniforme des Lieutenants de Louveterie est déterminé comme il est indiqué ci-après :

Vareuse drap bleu louvetier à col ouvert avec revers et poches à soufflets ; sur un pli de la poche droite de poitrine est épinglé l'insigne spécial de Lieutenant de Louveterie. Cet insigne figure une tête de loup traitée en médaille dorée mat avec, en exergue, une courroie de chasse émaillée bleu portant l'inscription : « Le Lieutenant de Louveterie » en doré.

Le galon est un large galon soubise de soie noire en forme de nœud simple. Le bouton de métal bronzé mat porte en relief une tête de loup de face.

Le gilet est en drap bleu louvetier avec petits boutons du même modèle que ceux de la vareuse.

Le pantalon et la culotte de cheval sont en drap bleu louvetier avec une large bande de drap noire.

Le képi également du même drap est garni d'une soutache de soie noire surmontée d'un galon soubise du même modèle que celui placé sur les manches de la vareuse. La fausse jugulaire est en galon métal doré.

La bombe, qui remplace le képi pour la tenue de chasse, est une bombe de veneur en velours noir.

Le couteau de chasse est en métal argenté.

Le ceinturon de cérémonie est en soie, bleu foncé, avec, aux médaillons, les insignes de Lieutenant de Louveterie.

En tenue de service les Lieutenants de Louveterie portent le ceinturon-baudrier en cuir fauve du modèle des Officiers de l'armée.

En tenue de chasse, ils peuvent porter un uniforme de couleur kaki du même modèle que celui décrit ci-dessus.

Art. 22. — Uniforme des piqueurs.

La vareuse en drap cuir bleu louvetier est du modèle de la vareuse des préposés des Eaux et Forêts, mais avec un galon soubise circulaire en laine mohair noire autour des manches, et des boutons du modèle des Louvetiers en métal argenté mat.

Le pantalon et la culotte sont du même drap que la vareuse avec passepoil de drap noir.

Le képi, même drap, avec soutache et galon soubise laine mohair noire ; la fausse jugulaire est en métal blanc argenté.

En tenue de chasse, les piqueurs peuvent également porter un uniforme de couleur kaki du même modèle que ci-dessus.

Art. 2. — Le Ministre de l'Agriculture est chargé de l'exécution du présent décret, qui sera publié au *Journal Officiel.*

Fait à Paris, le 13 décembre 1923.

Par le Président de la République :

A. MILLERAND.

Le Ministre de l'Agriculture,
Henry CHÉRON.

Circulaire du 20 mai 1924, du Ministre de l'Agriculture à MM. les Préfets, relative à la consultation des Conseils Généraux, par les Préfets, sur les questions de chasse.

J'ai l'honneur de vous prier de ne pas omettre de consulter le Conseil Général de votre département, lors de sa prochaine session, sur les questions de chasse au sujet desquelles il doit obligatoirement donner son avis par application des lois du 22 janvier 1874 et 16 février 1898.

Vous voudrez bien le consulter également sur les modifications qu'il conviendrait d'introduire dans votre arrêté réglementaire permanent, en vue de faciliter la destruction des animaux nuisibles.

Il y a lieu, à ce sujet, de considérer que les pertes que l'économie nationale subit du fait des dégâts causés aux récoltes par les animaux nuisibles ne sont nullement compensées par l'allocation d'indemnités aux agriculteurs dont les cultures ont eu à souffrir de ces dégâts.

Il importe donc de faciliter la destruction des animaux nuisibles dans les régions où ils sont nombreux.

Et je vous rappelle, à ce sujet, les circulaires des 11 avril et 29 novembre 1923.

Il serait utile, en particulier, d'autoriser, dans votre arrêté, la destruction des animaux nuisibles, au fusil, pendant toute l'année, dans un rayon à déterminer, 150 mètres par exemple, autour des habitations et de spécifier, en outre, que les animaux nuisibles peuvent être détruits au fusil en temps de neige, pendant la période d'ouverture de la chasse, sans autorisation spéciale, alors qu'une autorisation de ce genre est exigée après la clôture générale.

Il est arrivé, en effet, récemment, qu'un chasseur a été condamné pour avoir tué, la chasse étant ouverte, un sanglier en temps de neige, dans un département où l'arrêté préfectoral permettait la destruction des animaux nuisibles, en temps de neige, mais portait interdiction de détruire ces animaux au fusil, sans une autorisation spéciale, sans spécifier que cette autorisation n'était exigée qu'après la clôture de la chasse.

Je vous signale, d'autre part, que tous les gardes-chasses devraient être autorisés d'une façon générale, par un article spécial de votre arrêté, à détruire au fusil les animaux nuisibles sur les propriétés dont ils assurent la garde.

Le Ministre de l'Agriculture,

Signé : J. CAPUS.

Arrêté du 26 mai 1924 réglementant l'exploitation de la chasse sur les cours d'eau navigables ou flottables non canalisés.

Les Ministres de l'Agriculture et des Finances.
Vu les lois des 23-28 octobre, 5 novembre 1790 ;
Vu la loi du 15 avril 1829 ;
Vu la loi du 3 mai 1844 ;
Vu le décret du 7 novembre 1896 ;
Vu la loi du 6 décembre 1897 ;
Vu la loi du 30 juin 1923,

Arrêtent :

ARTICLE PREMIER. — La chasse au gibier d'eau, sur les rivières navigables ou flottables non canalisées, est exploitée au profit de l'Etat par voie soit de location, soit de concession de licences à prix d'argent.

ART. 2. — La location a lieu par voie d'adjudication publique pour une durée de cinq ans.

ART. 3. — L'adjudication est faite, sur la décision du Directeur Général des Eaux et Forêts, soit aux enchères avec ou sans extinction des feux, soit au rabais, soit sur soumissions cachetées.

ART. 4. — Les lots qui n'ont pas trouvé preneur en adjudication publique peuvent faire l'objet de locations de gré à gré ou être exploités par concession de licences.

ART. 5. — En dehors du cas prévu à l'article précédent, le Directeur Général des Eaux et Forêts peut autoriser l'exploitation de la chasse au gibier d'eau, sur certains lots, par concession de licences sans adjudication préalable, lorsque ce mode d'exploitation paraîtra plus avantageux pour le Trésor.

ART. 6. — Les licences sont délivrées par les Conservateurs des Eaux et Forêts.

ART. 7. — En cas de location amiable ou de concession de licences, le département des Finances fixe définitivement, sur l'avis et sur la proposition du Département de l'Agriculture, le prix de location, suivant les règles de compétence établies par l'article 7 de la loi du 6 décembre 1897.

ART. 8. — Le Directeur Général des Eaux et Forêts et le Directeur Général de l'Enregistrement, des Domaines et du Timbre sont chargés, chacun en ce qui le concerne, de l'exécution du présent arrêté, qui sera inséré au *Journal Officiel.*

Circulaire du 12 juin 1924, du Directeur Général des Eaux et Forêts à MM. les Conservateurs des Eaux et Forêts, relative à l'allocation de subventions sur le produit des jeux (complétant les circulaires des 10 décembre 1921 et 22 décembre 1922)[1].

L'étude des rapports proposant des subventions sur le produit des jeux a fait constater que certaines dispositions de la circulaire n° 898 du 22 décembre 1922 étant interprétées différemment selon les Conservations, il est, par suite, nécessaire de les préciser, afin d'avoir des propositions établies sur des bases uniformes. Il convient, en outre, de les compléter en vue de remédier aux inconvénients que l'expérience a fait constater.

I. — RÈGLES GÉNÉRALES

I. — *Reboisement.*

Bénéficiaires de subventions. — L'article 46 de la loi du 31 juillet 1920 ne permet pas d'attribuer des subventions sur le produit des jeux à des particuliers; ces subventions ne peuvent être accordées qu'à des personnes morales dont l'énumération limitative, faite par la loi pour chaque cas, diffère d'ailleurs suivant qu'il s'agit de reboisement, d'amélioration des pâturages, de pisciculture ou de chasse.

II. — *Améliorations pastorales.*

Il importe de bien observer la différence qui existe entre les dispositions de la loi du 4 avril 1882 et celles de la loi du 31 juillet 1920.

La loi du 4 avril 1882 permet d'allouer des subventions sur le budget de l'État « aux communes, aux associations pastorales, aux fruitières, aux établissements publics et aux particuliers à raison des travaux entrepris par eux pour l'amélioration, la consolidation du sol et la mise en valeur des pâturages ».

En outre, le chapitre du budget relatif aux reboisements renferme un article qui donne la possibilité d'accorder d'une façon générale des subventions pour reboisement de terrains improductifs aux collectivités et particuliers.

La loi du 31 juillet 1920 prévoit l'allocation de subventions sur le produit des jeux « à l'État, aux départements, aux communes, ou aux associations forestières ou pastorales, en vue de favoriser le développement ou la constitution de forêts ou de pâturages domaniaux, départementaux ou communaux ».

Il résulte de ces textes :

1° Que les établissements publics et les particuliers non réunis en associations ne peuvent recevoir de subventions que sur les fonds du budget ;

2° Que les associations forestières peuvent recevoir des subventions sur le produit des jeux pour le reboisement de terrains particuliers ;

3° Que les associations pastorales qui exploitent des pâturages n'appartenant ni à l'État, ni à un département, ni à une commune, ne peuvent recevoir de subventions que sur le budget ;

---

1. Cette circulaire constitue la circulaire n° 909 de l'Administration des Eaux et Forêts, et fait suite à la circulaire n° 898 reproduite pages 221 et 238.

4° Que les départements ne peuvent, au contraire, obtenir que sur le « produit des jeux » des subventions pour l'amélioration de pâturages.

Les subventions demandées par des pétitionnaires appartenant à la première ou à la troisième catégorie ci-dessus ne doivent jamais être proposées sur le *Produit des Jeux.*

Il convient, en outre, de remarquer que la loi ne permet pas à l'Administration des Eaux et Forêts d'accorder sur le produit des jeux des subventions dans un intérêt touristique.

III. — *Pisciculture.*

Comme pour le reboisement et l'amélioration des pâturages, il importe de bien distinguer entre les bénéficiaires de subventions sur les fonds du budget et ceux de subventions sur le produit des jeux.

Aux termes de la loi du 31 juillet 1920, sont seules fondées à obtenir des subventions sur le produit des jeux « les communes ou associations qui encouragent la reproduction ou la conservation du poisson ». Les départements, les établissements publics et les universités ne peuvent, en conséquence, bénéficier des dispositions de la loi du 31 juillet 1920.

IV. — *Chasse.*

En matière de chasse, il ne peut être accordé de subventions que sur le « produit des jeux » et seulement aux communes ou associations qui encouragent la reproduction ou la conservation du gibier.

En raison du nombre toujours croissant des demandes et dans le but de ne subventionner que des œuvres ou travaux présentant un caractère d'intérêt général, la Commission spéciale a décidé de réserver, en principe, les subventions aux groupements de sociétés ou aux associations cynégétiques qui exercent leur action sur toute une région.

Les fédérations de sociétés devront être encouragées par des subventions d'autant plus importantes qu'elles grouperont à la fois les chasseurs et les pêcheurs en vue de l'organisation de brigades mobiles de répression du braconnage de chasse et de pêche.

Les sociétés locales qui adresseront des demandes de subvention devront être invitées à se grouper ou à s'affilier à la Fédération, s'il en existe une dans la région. Ce n'est que dans des cas exceptionnels, comme par exemple lorsqu'il y aura un essai de communalisation ou de syndicalisation totale ou partielle de la chasse intéressant à encourager, que des sociétés locales pourront être subventionnées.

Timbre des demandes. — Les demandes de subventions doivent être produites sur timbre, par application de la loi du 13 brumaire an VII.

Demande. — *Dépense à la charge du demandeur.* — Les intéressés ne doivent pas, dans leur demande, se borner à indiquer le montant de la dépense à effectuer ; ils auront à produire, en outre, un état de prévision précisant l'utilisation de leurs ressources propres et, s'il y a lieu, des subventions qu'ils espèrent recevoir de collectivités diverses et de celles qui pourront leur être allouées sur le produit des jeux.

Envois des dossiers. — La circulaire n° 898 [1] prescrit de faire parvenir à l'Admi-

---

1. Circulaire reproduite page 221.

nistration les demandes de subventions avant le 1er janvier, pour celles qui sont à soumettre à la Commission de répartition à la séance du printemps, et avant le 1er octobre pour celles qui sont à soumettre à la séance d'automne. Ces dates doivent s'entendre de la transmission par les Préfets. L'observation des délais dont il s'agit est nécessaire, pour permettre à l'Administration d'examiner les dossiers et d'arrêter les états de présentation à la Commission. La circulaire (annexe I *in fine*) dispose *que les demandes de subvention doivent parvenir au plus tard deux mois avant les dates fixées pour la transmission à l'Administration*, c'est-à-dire, selon le cas, pour le 1er août ou le 1er novembre. Il convient d'appliquer strictement cette règle et, en outre, de tenir la main à ce que les dossiers instruits par les Officiers vous soient adressés avant le 10 décembre au plus tard, pour ceux à soumettre à la Commission à la session de printemps, et avant le 10 septembre, pour ceux à présenter à la session d'automne. D'ailleurs, afin de faciliter le travail de l'Administration, *il convient de ne pas réunir tous les dossiers dans un même envoi fait quelques jours avant l'expiration des délais, mais de transmettre aux Préfets chaque mois, et même pendant les mois d'août, de septembre, de novembre et de décembre, chaque quinzaine les dossiers qui sont en état.*

II. — RÈGLES SPÉCIALES

A. — *Reboisement.*

B. — *Améliorations pastorales.*

C. — *Sociétés scolaires forestières.*

D. — *Propagande.*

. . . .

Les subventions accordées dans un but de propagande en vue d'encourager les œuvres relatives au reboisement, aux améliorations pastorales, à la pisciculture et à la chasse, devront être proportionnées au rôle et à l'activité des sociétés. Il convient de faire connaître le résultat de leur propagande et de joindre au rapport deux exemplaires des publications qu'elles ont faites dans ce but l'année précédente, ainsi que le bilan du dernier exercice et, s'il y a lieu, le montant des subventions qu'elles ont elles-mêmes accordées.

Les sociétés qui ont obtenu des subventions pour concours d'alpages devront joindre à toute demande nouvelle le compte rendu du dernier concours subventionné.

Les sociétés qui comprennent un comité central et des sections régionales peuvent présenter des demandes de subventions tant au titre du Comité central qu'à celui des diverses sections. Mais afin de prévenir les doubles emplois, les demandes présentées par les sections doivent être visées par le Comité central. C'est au nom de ce Comité que seront mandatées les subventions, à charge par lui de les faire parvenir aux sections bénéficiaires. Lorsqu'il y aura lieu à réception de travaux exécutés par les sections, les procès-verbaux seront établis par le service forestier dans la circonscription duquel se trouve le siège de la section,

Le Conseiller d'État, Directeur Général des Eaux et Forêts

Signé : J. CARRIER.

Circulaire du 28 juin 1924, du Ministre de l'Agriculture à MM. les Préfets, relative à l'ouverture de la chasse.

Une circulaire ministérielle en date du 20 mai 1924 vous a recommandé de ne pas omettre de consulter le Conseil Général de votre département sur les questions de chasse au sujet desquelles il doit légalement donner son avis.

J'ai l'honneur de vous prier de vouloir bien, si vous ne l'avez déjà fait, me faire parvenir pour le 15 juillet prochain copie de la délibération de l'Assemblée départementale sur ces questions et d'y joindre vos propositions relatives à l'ouverture générale de la chasse, en les accompagnant d'un exemplaire imprimé de votre précédent arrêté d'ouverture portant l'indication des modifications que vous désirez lui apporter.

On peut envisager, comme ces années dernières, la constitution de trois zones de chasse et si vous estimez qu'il est nécessaire pour votre département de modifier la répartition des zones telle qu'elle a été fixée l'an dernier (*J. O.* du 1er août 1923), vous voudrez bien m'adresser à cet effet des propositions motivées.

Je vous signale, qu'en ce qui concerne les départements compris généralement dans la première zone, il y aurait lieu d'examiner s'il ne conviendrait pas pour éviter le danger d'incendie particulièrement à redouter pendant le mois d'août, à faire passer certains de ces départements dans la 2e zone où l'ouverture pourrait être fixée au dimanche 31 août. Plusieurs Conseils Généraux ont déjà émis des vœux dans ce sens, mais sous réserve que cette mesure serait étendue aux départements voisins.

Je vous prie donc de vous concerter, à ce sujet, avec les Préfets des départements limitrophes du vôtre.

En outre, il y a lieu de remarquer que l'article 3 de la loi du 26 mars 1924 vous permet de retarder l'ouverture de la chasse dans les forêts classées comme étant particulièrement exposées aux risques d'incendies.

Pour fixer les dates d'ouverture, je vous rappelle que vous pouvez prendre utilement l'avis du Directeur des Services agricoles, du Conservateur des Eaux et Forêts, des Lieutenants de Louveterie et, le cas échéant, celui des Associations agricoles et cynégétiques de votre département.

J'attire, d'autre part, votre attention sur les dispositions de la loi du 1er mai 1924 modifiant certains articles de la loi du 3 mai 1844 sur la Police de la chasse[1].

Le nouvel article 2 précise comment doit être close une propriété pour que le propriétaire ou possesseur puisse y chasser ou y faire chasser en tout temps sans permis de chasse.

Le nouvel article 3 stipule que les arrêtés préfectoraux détermineront les jours et *heures* des ouvertures et les jours de clôture de chasse, soit à tir, soit à courre, à cor et à cri, alors qu'antérieurement l'article 3 ne prescrivait que la détermination des *époques* des ouvertures et des clôtures.

Le nouvel article 4 complète comme suit la loi du 3 mai 1844 :

« Il est également interdit en toute saison de mettre en vente, de vendre, de transporter, de colporter ou même d'acheter sciemment le gibier tué à l'aide d'engins ou d'instruments prohibés. »

« Il est interdit, *même en temps d'ouverture de la chasse* de transporter du *gibie. vi·ant* sans permis de transport délivré par le Directeur Général des Eaux et Forêts ou par le Conservateur des Eaux et Forêts du lieu d'origine du gibier ou par leurs délégués ».

Le nouvel article 9 prohibe l'avion et l'automobile tant comme moyen de chasse que comme moyen de rabat.

Vous voudrez bien reproduire dans l'affiche que vous faites placarder chaque année au moment de l'ouverture de la chasse, un extrait de la nouvelle loi, destiné à rappeler au public les diverses dispositions ci-dessus et je vous prie de ne pas omettre l'heure à laquelle les différentes chasses seront ouvertes dans votre département. La disposition insérée à cet effet à l'article 3 visé ci-dessus a été proposée par la Commission permanente de la Chasse dans le but de permettre de généraliser la mesure prise par un grand nombre de sociétés d'interdire à leurs membres de chasser, avant huit heures du matin le jour de l'ouverture pour éviter la destruction du gibier dès le point du jour.

L'avis des Associations cynégétiques de votre département vous donnera les indications utiles pour la fixation de l'heure dont il s'agit au mieux des intérêts en cause.

J'appelle enfin votre attention sur la nécessité d'introduire dans votre arrêté, en raison de la nouvelle rédaction de l'article 2 de la loi de 1844, qui restreint les conditions de chasse en tout temps au voisinage des habitations, les dispositions relatives à la destruction des animaux nuisibles aux abords des lieux habités indiquées dans la circulaire ministérielle du 20 mai dernier et aussi les dispositions préconisées dans cette même circulaire pour faciliter la destruction de ces animaux par les gardes-chasses.

Le Ministre de l'Agriculture,
Signé : H. QUEUILLE.

Lettre Ministérielle de juillet 1924, relative à la constitution dans les départements de Commissions consultatives de la Chasse.

Réponse de M. le Ministre de l'Agriculture à M. Lucien Hubert,
Sénateur des Ardennes.

Monsieur le Sénateur,

Vous avez bien voulu appeler mon attention sur un vœu de la Fédération des Sociétés de Chasse et de Pêche des Ardennes, demandant qu'il so.. créé au Ministère de l'Agriculture un Comité Supérieur de la Chasse, et auprès des Préfets, des Comités départementaux.

J'ai l'honneur de vous faire connaître qu'il existe déjà au Ministère de l'Agriculture, sous le nom de Commission permanente de la Chasse, un véritable Conseil de la Chasse composé de 70 membres appartenant à toutes les régions de la France et parmi lesquels on compte les représentants les plus qualifiés des grandes associations cynégétiques.

C'est cette Commission qui a élaboré le projet de loi modifiant un certain nombre de dispositions de la loi du 3 mai 1844, projet qui a été récemment adopté par le Parlement et est devenu la loi du 1er mai 1924.

Quant aux Comités de chasse dont la création est envisagée par la Fédération des Ardennes auprès des Préfets, ils existent dans un certain nombre
de départements sous la forme d'une Commission consultative de la Chasse,
constituée par le Préfet avec les délégués du Conseil général et des grandes
associations cynégétiques, notamment de la Fédération départementale,
auxquels sont adjoints les fonctionnaires des services intéressés et un délégué
des Lieutenants de Louveterie.

Une Commission de ce genre n'existant pas encore à Mézières, je signale à
M. le Préfet des Ardennes l'intérêt qu'il y aurait à en constituer une, de manière
à donner satisfaction au vœu de la Fédération des Chasseurs ardennais que
vous avez bien voulu me transmettre.

J'ajouterai que c'est après l'avoir amendé, dans le sens que je viens de
vous indiquer, que le Congrès régional de la chasse qui s'est tenu à Lille, le
1er juin courant, a adopté le vœu dont il s'agit.

Agréez, Monsieur le Sénateur, etc....

Commission consultative départementale de chasse.
Modèle d'arrêté.

Le Préfet de....,
Vu la demande formulée à la date du .... par M. le Président
de la Fédération départementale des Chasseurs et Sociétés de chasse ;
Considérant l'opportunité de constituer une Commission consultative de
la Chasse, suivant des prescriptions analogues à celles qui ont été observées
lors de la constitution du Comité départemental de la pêche,

Arrête :

ARTICLE PREMIER. — Il est créé une Commission consultative départementale de la Chasse qui sera appelée à donner, à titre purement consultatif, son
avis, ou à formuler toutes suggestions utiles sur les questions intéressant les
chasseurs du département.

ART. 2. — Cette Commission est composée comme suit :
Le Préfet ou son délégué, président ;
Cinq Conseillers généraux désignés par la Commission départementale ;
L'Ingénieur en chef du Service de la Navigation, ou son délégué ;
Le Conservateur des Eaux et Forêts, ou son délégué ;
Le Directeur des Services agricoles ;
Trois membres désignés par l'Office départemental agricole ;
Cinq membres proposés par les Sociétés de chasse ;
Cinq membres désignés par le Préfet.

ART. 3. — Ces vingt et un membres seront nommés pour trois années, par
arrêté du Préfet.

ART. 4. — M. le Secrétaire général est chargé de l'exécution du présent
arrêté.

Circulaire du 5 août 1924, du Directeur Général des Eaux et Forêts à MM. les Conservateurs, concernant la mise à exécution des modifications à la loi sur la police de la chasse (1ᵉʳ mai 1924)[1]. Art. 2, 3, 4, 9, 11, 12, 14, 16 et 22).

D'importantes modifications ont été apportées à la loi du 3 mai 1844 sur la police de la chasse par la loi du 1ᵉʳ mai 1924 (publiée au *Journal officiel* du 3 mai) et, dans une moindre mesure, par celle du 26 mars 1924 relative aux incendies de forêts (insérée au *Journal officiel* du 27 mars).

Les articles contenant des dispositions susceptibles de donner lieu à remarques ou à interprétations font l'objet du commentaire suivant :

COMMENTAIRE

Art. 2. — Les haies, n'empêchant pas le passage du gibier à poil, ne constituent plus une clôture, aux termes du nouvel article 2. La destruction, sans permis et en temps de fermeture de la chasse, des animaux nuisibles aux abords des fermes entourées seulement de haies n'est donc plus licite, à moins qu'elle ne soit expressément autorisée par le Préfet. Il conviendra d'appeler l'attention de MM. les Préfets sur ce point, afin qu'ils stipulent, dans leurs arrêtés, le droit pour les propriétaires, possesseurs et fermiers, de détruire, en tout temps, les animaux nuisibles dans un rayon à déterminer autour des fermes. (Il n'est rien innové en ce qui concerne le droit de repousser les bêtes fauves.)

Art. 3. — En ce qui concerne l'ouverture de la chasse pour toute espèce de gibier dans tout ou partie des bois et forêts, en prévision des dangers d'incendie, il y a lieu de remarquer que cette mesure n'est applicable que dans les bois et forêts *classés*. Les Préfets auront toujours la possibilité d'interdire, en cas de nécessité, la chasse dans des bois non classés, au titre de la sûrete et de la sécurité publiques, en vertu des pouvoirs de police générale qu'ils détiennent.

(Consulter sur ce point le rapport résumant les travaux de la Commission technique temporaire des incendies de forêts, pages 23 et 24.)

Art. 4. — Les juges du fait apprécieront souverainement si l'acte prohibé aura, ou non, été commis sciemment. Les gardes rédacteurs devront, en conséquence, insérer dans leurs procès-verbaux tous renseignements susceptibles de permettre aux tribunaux d'établir leur conviction sur ce point.

On devra recommander, en outre, à ces agents de constater les délits de mise en vente du gibier capturé à l'aide de collet ou de lacet, exception faite toutefois du gibier d'importation *congelé*, notamment des lapins d'Australie.

La délivrance d'un permis pour le transport du gibier vivant, même en temps d'ouverture, a été prescrite par la loi dans le double but de réduire, d'une part, le braconnage, qui se faisait aux dépens des chasses giboyeuses pour la capture et la vente du gibier de repeuplement, et de permettre de

---

1. Cette circulaire a reçu l'adhésion de M. le Garde des Sceaux, Ministre de la Justice, par lettre du 26 août 1924 (Direction des Affaires criminelles et des grâces, 1ᵉʳ bureau, n° 7 B. L. 511).

surveiller, d'autre part, les introductions de lapins de garenne, afin de ne-
les autoriser que dans les propriétés, d'où le lapin ne puisse menacer les cultures. En principe, cette introduction n'est permise que dans les propriétés
closes et par exception dans les chasses ouvertes situées dans des régions
dépourvues de cultures. Dans les cas douteux, vous aurez à m'en référer.

Vous voudrez bien consigner les permis de transport sur un carnet *ad hoc*
contenant notamment l'indication des noms et domiciles de l'expéditeur et
du destinataire, de la nature et de la quantité du gibier transporté.

Quant à la délégation, dont il est fait mention dans la loi, je ne puis que
vous recommander de ne recourir à ce moyen que dans le cas où le grand
nombre de permis à délivrer occasionnerait pour les bureaux un surcroît de
travail trop considérable.

Art. 9. — Le dernier alinéa de l'article 9 tranche définitivement la question longtemps controversée de savoir si les Préfets pouvaient, ou non, autoriser la reprise des faisans à la mue. Il est à remarquer que l'avis du Conseil
général n'est pas nécessaire pour permettre de réglementer la matière.

Art. 11. — On peut se demander si la défense de transporter, sans autorisation, du gibier vivant s'applique au transport, en cage, des oiseaux utilisés
comme appelants. Ces oiseaux constituent des accessoires de la chasse au
poste ; il en résulte logiquement que, dans les départements où la chasse au
poste, pour certaines espèces d'oiseaux de passage, est autorisée par les arrêtés
préfectoraux, le transport des appelants en cage doit être permis *ipso facto*.
Afin de dissiper tout doute à cet égard, il conviendra, dans les départements
dont il s'agit, d'appeler l'attention de MM. les Préfets sur la nécessité d'insérer dans leurs arrêtés une autorisation expresse et générale pour le transport
des appelants en cage, par les chasseurs munis de permis de chasse et pendant
la période où la chasse au poste est licite.

Art. 16. — Il est à remarquer que le minimum de la contrainte en argent,
fixée par la loi à 200 francs, devra entrer en ligne de compte dans le calcul du
montant de la transaction avant jugement, au point de vue de la détermination
de l'autorité compétente pour transiger.

Le dernier alinéa de l'article 16 supprime toute discussion sur le point de
savoir si la restitution du prix de permis de chasse est ou non obligatoire dans
le cas de délit de chasse sans permis en temps prohibé. Désormais, cette condamnation pécuniaire supplémentaire sera applicable dans tous les cas.

Art. 22. — Les attributions des gardes particuliers des brigades mobiles,
des associations cynégétiques ou des fédérations de sociétés de chasse, commissionnés comme gardes des Eaux et Forêts, se trouvent limitées par les
mots inscrits dans la loi, « sauf opposition des propriétaires ». Il en résulte que
ces gardes ne pourront constater le délit de chasse sur autrui, sans la permission du détenteur du droit de chasse, qu'autant qu'ils auront été autorisés
par ces derniers à réprimer les délits de cette nature.

Le Conseiller d'État, Directeur Général des Eaux et Forêts,

Signé : J. Carrier.

Circulaire du 1ᵉʳ décembre 1924. du Ministre de l'Agriculture à MM. les Préfets, relative à la fermeture de la chasse et à la destruction des animaux nuisibles.

J'ai l'honneur de vous prier de me faire parvenir d'urgence, et en tout cas avant le 10 décembre prochain, vos propositions relatives à la clôture générale de la chasse et à la destruction, en temps de fermeture, des animaux nuisibles, notamment des sangliers, des lapins et des corbeaux.

Je vous signale l'avantage qu'il y aurait, suivant le vœu émis, à plusieurs reprises, par la Commission Permanente de la Chasse du Ministère de l'Agriculture, à fermer la chasse le 1ᵉʳ ou le 2ᵉ dimanche de janvier, avant que le gibier, notamment les lièvres, ne soient en période de reproduction.

Je vous autorise même, ainsi qu'il a été fait dans certains départements, où le lièvre et la perdrix sont particulièrement rares cette année, à prendre des arrêtés en vue de clore, par anticipation, la chasse de ces gibiers, par application des dispositions de la loi du 16 février 1898.

Je vous rappelle, d'autre part, les dispositions des circulaires antérieures relatives au gibier d'eau dont vous avez toute latitude pour fixer, conformément à l'avis du Conseil général, la période de chasse entre les dates extrêmes du 14 juillet et du 31 mars de l'année suivante.

J'attire votre attention sur le fait que la chasse à la repasse de la grive doit demeurer interdite pour éviter de favoriser le braconnage ; celle de la bécasse peut être autorisée exceptionnellement, mais seulement dans les régions où les passages ont lieu régulièrement, car dans les départements où les passages sont rares, elle ne peut qu'être un prétexte au braconnage du gibier sédentaire.

Je vous signale, à ce sujet, que vous pourriez, si les époques des passages dans votre département sont variables d'une année à l'autre, n'autoriser cette chasse spéciale que pendant une courte période, non fixée à l'avance et déterminée seulement au moment où le passage de ces oiseaux serait signalé. Il devra, en outre, être spécifié que cette chasse à la repasse n'est permise que dans les bois et dans des conditions déterminées ; en général, la chasse « à la passée » ne doit être autorisée que de la nuit tombante à la nuit close.

Quant aux destructions d'animaux nuisibles, je vous recommande de prendre toutes dispositions utiles pour éviter qu'elles ne favorisent le braconnage. Pour coordonner et rendre plus efficace la lutte contre les animaux nuisibles, je vous recommande l'organisation de battues sur le territoire de plusieurs communes, les maires pouvant utilement, dans ce cas, être consultés par vous sur les conditions à fixer pour l'exécution de ces battues intercommunales à faire effectuer sous la direction des Lieutenants de Louveterie, par application de l'arrêté du 19 pluviôse an V.

Enfin, certaines associations cynégétiques sont intervenues auprès de moi pour me signaler les inconvénients qui pourraient résulter, au point de vue du braconnage, des dispositions autorisant les propriétaires, possesseurs ou fermiers, à détruire les animaux nuisibles en tout temps, même au fusil, sur leurs terrains dans un rayon quelquefois assez étendu autour de leurs habitations. Je vous autorise, lorsque vous aurez été saisi de telles réclamations qui

page 257.

vous paraîtront justifiées, de ne permettre ces destructions que dans les enclos attenant aux habitations dont la clôture constituée par une haie, un vieux mur, un réseau de fils de fer, etc..., n'empêche pas le passage de l'homme et du gibier à poil et où, par suite, les propriétaires ne peuvent plus chasser en tout temps depuis le vote de la loi du 1er mai 1924.

Le Ministre de l'Agriculture,
Signé : H. QUEUILLE.

Circulaire du 22 décembre 1924, du Ministre de l'Agriculture à MM. les Préfets, relative à la fermeture de la chasse et à la divagation des chiens.

J'ai l'honneur de vous faire connaître, qu'après examen de vos propositions, j'ai fixé la clôture générale de la chasse au dimanche 11 janvier 1925.

Mon attention a été appelée de nouveau sur l'intérêt qu'il y aurait, au point de vue de la conservation du gibier, à réprimer la divagation des chiens.

Je vous rappelle les instructions qui vous ont été adressées à ce sujet le 9 juillet 1923 et je vous prie de veiller à ce que les agents de répression, notamment les gendarmes et les préposés des Eaux et Forêts, appliquent strictement les dispositions que vous avez dû prendre pour réprimer la divagation des chiens et en particulier celles qui ont trait à la mise en fourrière des chiens errants. L'arrêté renfermant ces dispositions pourra utilement être reproduit à la suite de votre arrêté de clôture de la chasse.

Vous voudrez bien m'adresser, dès sa publication, trois exemplaires de votre arrêté de clôture générale, que je vous dispense de soumettre à mon approbation, sous réserve qu'il ne renfermera aucune disposition réglementaire nouvelle non encore approuvée par moi.

Cet arrêté devra, le cas échéant, pour éviter toute confusion, rappeler les clôtures anticipées de la chasse au lièvre ou à la perdrix que vous auriez fixées antérieurement.

Il conviendra de donner la même tolérance que l'an dernier pour le transport et la vente de gibier tué le jour de la fermeture.

Le Ministre de l'Agriculture,
Signé : H. QUEUILLE.

Circulaire du 28 mars 1925, du Directeur Général des Eaux et Forêts à MM. les Conservateurs des Eaux et Forêts, relative à la poursuite des délits constatés par les gardes des Fédérations.

La question a été posée à l'Administration de savoir si les Fédérations des sociétés de chasse peuvent transiger avec les délinquants contre qui des procès-verbaux ont été dressés par les gardes particuliers des Fédérations commissionnés comme gardes des Eaux et Forêts. Il convient de rappeler qu'aux termes de l'article 23 de la loi du 3 mai 1844, modifié par la loi du 1er mai 1924, c'est dans un but d'intérêt général que ces agents sont commissionnés comme gardes des Eaux et Forêts ; d'où cette conséquence, qu'ils échappent au contrôle des Fédérations lorsqu'ils constatent des délits de chasse de police générale. Les Fédérations ne sauraient donc s'arroger le droit de transiger avec les contrevenants dans le cas de délits de cette catégorie.

S'il s'agit, au contraire, du délit de chasse sur autrui, la poursuite d'office de cette infraction restant toujours subordonnée à la plainte de la partie lésée, lorsque le terrain n'est pas clos ou que les terres ne sont pas couvertes de leurs fruits, le détenteur du droit de chasse conserve la faculté de donner au procès-verbal telle suite qu'il estime convenable. Rien n'empêche donc les Fédérations, agissant au nom de leurs adhérents, de subordonner l'abandon du procès-verbal au paiement d'une transaction. A remarquer que l'exercice du droit de transaction dans ces conditions est absolument indépendant de la condition juridique de l'agent répressif qui a constaté le délit, que ce soit un garde particulier au service d'une Fédération dans un but d'intérêt privé, ou un garde des Eaux et Forêts investi d'un ministère de service public, puisque, la poursuite n'ayant jamais lieu d'office, l'intéressé doit toujours être consulté au préalable.

Mais les Fédérations n'auraient pas le droit d'abandonner un procès-verbal constatant le délit de chasse sur autrui, si celui-ci était connexe à une infraction à la police générale de la chasse ; tout au plus pourraient-elles transiger sur le délit de chasse sur autrui, sauf à donner au procès-verbal, pour le surplus, telle suite que de droit.

Pour éviter des erreurs de doctrine concernant la question de départ à faire entre les attributions des Fédérations et celles de l'Administration au point de vue du droit de transaction, il conviendra d'organiser un contrôle très strict des procès-verbaux dressés par les gardes particuliers commissionnés comme gardes des Eaux et Forêts. A cet effet, les gardes des Fédérations devront être munis d'imprimés de l'Administration numérotés et paraphés. Ils devront être invités à adresser au Service forestier tous les procès-verbaux qu'ils dresseront en matière de chasse. Les procès-verbaux de chasse sur autrui seront renvoyés aux Fédérations, à toutes fins utiles ; les autres procès-verbaux seront retenus par le service forestier ou transmis aux parquets.

Il conviendra, en outre, de recommander aux agents de répression dont il s'agit de bien indiquer sur leurs procès-verbaux à quel titre ils ont constaté l'infraction en faisant suivre, au début du procès-verbal, leurs nom et prénoms de la mention « garde particulier de la Fédération de ... commissionné comme garde des Eaux et Forêts à la résidence de ... ».

Le Conseiller d'État, Directeur Général des Eaux et Forêts.
Signé : J. CARRIER.

Extrait de la circulaire du 13 mai 1925, du Ministre de l'Agriculture à MM. les Préfets, relative à l'ouverture de la chasse et à la réglementation de la chasse au gibier d'eau.

. . . .

D'autre part, je vous signale qu'au cours de divers Congrès cynégétiques, il a été demandé que les cours d'eau, marais et étangs sur lesquels la chasse au gibier d'eau est autorisée en dehors du temps d'ouverture générale, soient désignés nominativement sur les arrêtés relatifs à l'ouverture de cette chasse. Je vous autorise, si les groupements cynégétiques de votre département le demandent et si vous le jugez à propos, à arrêter la liste limitative des cours d'eau, marais et étangs où la chasse au gibier d'eau sera autorisée.

Je crois devoir enfin appeler votre attention sur les dispositions de la loi du 1er mai 1924, qui spécifient que les permis de transport de gibier vivant sont délivrés par les Conservateurs des Eaux et Forêts ou par leurs délégués. Il conviendrait, lorsque vous serez saisi de demandes de transport de gibier vivant, de les transmettre directement, pour en hâter l'instruction, au Conservateur des Eaux et Forêts ou à l'Inspecteur des Eaux et Forêts résidant au chef-lieu de votre département.

Le Ministre de l'Agriculture,
Signé : Jean DURAND.

Circulaire du 8 juillet 1925, du Ministre de l'Agriculture à MM. les Préfets, relative à la fixation de l'heure de l'ouverture de la chasse.

La circulaire ministérielle du 28 juin 1924 a recommandé de ne pas omettre de fixer l'heure à laquelle les différentes chasses seront ouvertes dans votre département; elle vous a indiqué que le but de cette obligation formelle résultant de l'article 3 de la loi du 1er mai 1924 était de permettre de généraliser la mesure prise par un grand nombre de Sociétés d'interdire à leurs membres de chasser dès l'aurore le jour de l'ouverture, en vue d'éviter la destruction du gibier au point du jour.

Pour cette raison, et afin de tenir compte du désir du législateur, l'heure de l'ouverture doit être moins matinale que l'heure du lever du soleil.

Pour réaliser l'uniformité désirable sur ce point et pour donner satisfaction au vœu émis à ce sujet par certains Conseils Généraux, je vous prierai de vous concerter avec les Préfets des départements limitrophes du vôtre pour arriver à une entente en vue de la fixation de l'heure de l'ouverture.

D'autre part, je vous ai demandé le 13 mai dernier de m'adresser votre projet d'arrêté sur l'ouverture de la chasse en 1925. J'ai l'honneur de vous prier de vouloir bien me le faire parvenir d'urgence, si vous ne l'avez déjà fait.

Je désirerais procéder dès le 15 juillet courant à la répartition du territoire en zones d'ouverture de la chasse afin de donner satisfaction au vœu exprimé par un certain nombre de Fédérations de chasseurs qui ont demandé que les dates d'ouverture soient fixées le plus tôt possible.

Le Ministre de l'Agriculture,
Signé : Jean DURAND.

Circulaire du 27 juillet 1925, du Ministre de l'Agriculture à MM. les Préfets, relative à l'ouverture de la chasse et à la répression des délits de chasse.

Vous trouverez au Journal officiel de ce jour (partie non officielle) un avis indiquant la répartition des départements entre les différentes zones de chasse ainsi que les dates que j'ai fixées pour l'ouverture générale dans chacune d'elles.

Je vous laisse le soin de fixer l'heure de l'ouverture, en tenant compte des prescriptions de ma circulaire du 8 juillet dernier.

Au cas où, par suite des intempéries, des récoltes se trouveraient, dans certaines régions, encore sur pied à la date fixée pour l'ouverture générale, il appartiendrait à MM. les Maires de votre département de prendre, en application des articles 73 et 74 de la loi du 21 juin 1898, des arrêtés pour interdire le passage des chasseurs et de leurs chiens dans les récoltes et les vignobles.

Je vous signale l'avantage que peuvent présenter l'ouverture retardée ou la clôture anticipée de la chasse de certains gibiers (lièvre, perdrix, faisan) en vue de leur conservation, et je vous autorise à fixer, par application des dispositions de la loi du 16 février 1898, les dates d'ouverture retardée ou de clôture anticipée qui vous paraîtraient opportunes.

Je vous recommande, d'autre part, de faire réprimer activement le braconnage et la vente illicite du gibier, et de donner les instructions nécessaires aux agents chargés de la police de la chasse, notamment en ce qui concerve la surveillance active non seulement des gares de chemin de fer, voitures publiques et marchés, mais aussi des hôteliers, restaurateurs et marchands de comestibles, dans les conditions prévues par l'article 4 de la loi du 3 mai 1844.

Vous voudrez bien m'adresser, dès sa publication, trois exemplaires de votre arrêté d'ouverture.

Le Ministre de l'Agriculture,
Signé : Jean DURAND.

Les gendarmes et le droit de chasser [1].

M. Mandrillon, député, a demandé au Ministre de la Guerre s'il fera abroger la circulaire n° 12119-CD /13, du Directeur de la gendarmerie, interdisant aux chefs de brigade et gendarmes de chasser dans la circonscription de leur brigade, ajoutant que cette interdiction n'a aucun motif vraiment sérieux d'exister, qu'elle crée une injustice envers ces loyaux serviteurs de l'ordre qui paraissent ainsi être classés dans une catégorie inférieure de citoyens, leur salaire ne leur permettant pas le luxe d'aller chasser à plusieurs kilomètres de leur résidence.

Le Ministre a fait connaître que la circulaire du 13 juillet 1921, dont il s'agit, a accordé aux gendarmes la possibilité, qu'ils n'avaient pas auparavant, de se livrer à l'exercice de la chasse. *Dans l'intérêt même du service et afin d'assurer l'indépendance des intéressés dans la répression des délits de chasse, il ne paraît pas possible de lever les restrictions imposées par cette circulaire (interdiction de chasser dans la circonscription de la brigade et des brigades voisines).*

D'autre part, il est à remarquer que les intéressés jouissent de facilités de circulation sur les réseaux publics, et en particulier, du tarif militaire sur les chemins de fer, ce qui rend moins onéreux leurs déplacements.

---

1. Question écrite, *J. O.*, **28** juillet 1925.

Circulaire du 7 octobre 1925, du Ministre de la Guerre aux Chefs de Légion de Gendarmerie, relative à l'attribution de gratifications aux gendarmes par les Sociétés de chasse ou de pêche.

La circulaire n° 18016-T/13 du 27 novembre 1924, relative « aux gratifications offertes par des sociétés de pêche » (*Mémorial*, page 709), est abrogée et remplacée par la suivante :

Gratifications offertes par des sociétés de chasse ou de pêche.

J'ai été informé par M. le Ministre de l'Agriculture que des sociétés de pêche ne peuvent faire bénéficier les militaires de la gendarmerie des primes qu'elles allouent à tous agents verbalisateurs, à la suite de procès-verbaux pour délits de pêche suivis de sanctions.

Ces sociétés se voient opposer les prescriptions de l'article 139 du règlement sur le service intérieur de la gendarmerie, lesquelles paraissent avoir donné lieu à une interprétation erronée.

Cet article vise, dans son premier alinéa, les gratifications offertes pour « services particuliers », et dans son second, les gratifications, distinctions ou allocations accordées à titre bénévole, par certaines administrations, sociétés ou municipalités.

Les primes offertes par les sociétés de chasse ou de pêche constituées conformément aux prescriptions de la loi du 1er juillet 1901, et du décret d'administration publique du 16 août 1901, entrent, sans nul doute, dans la catégorie des gratifications pour services particuliers que le Chef de Légion peut accepter pour ses subordonnés.

En raison de la diminution du gibier et du dépeuplement progressif des rivières, du fait du braconnage, M. le Ministre de l'Agriculture, à l'opinion de qui je m'associe pleinement, ne voit que des avantages à ce qu'il soit fait bon accueil aux gratifications offertes à la gendarmerie par les sociétés et fédérations de chasse ou de pêche régulièrement constituées, à l'occasion des constatations de délit de chasse ou de pêche.

Pour le Président du Conseil, Ministre de la Guerre, et par son ordre :
Le Général Directeur, Crinon.

Les gendarmes et le droit de participer comme tireurs aux battues administratives.

Réponse du 28 octobre 1925 de M. le Directeur de la Gendarmerie
(Ministère de la Guerre).

J'ai l'honneur de vous faire connaître que les militaires de la gendarmerie ne peuvent être autorisés à participer comme tireurs aux battues organisées pour la destruction des animaux nuisibles.

D'une part, un tel rôle est manifestement inconciliable avec celui de surveillance et de répression que les gendarmes exercent lors de ces battues.

D'autre part, il n'est pas possible de concevoir la participation active des gendarmes à des battues autrement que comme l'exécution d'un service commandé.

Or, la destruction des animaux nuisibles à l'agriculture n'entre pas dans les attributions de la gendarmerie et détournerait les gendarmes de leurs fonctions légales ; de plus, en cas d'accident survenant au cours de ces battues, la responsabilité de l'État serait toujours engagée.

Pour le Président du Conseil, Ministre de la Guerre et par son ordre :

Le Général Directeur, CRINON.

La destruction des animaux nuisibles et le port du fusil par les agents des Eaux et Forêts.

Un *député* a demandé au *Ministre de l'Agriculture* si la circulaire du 9 avril 1918 (autorisation de détruire les sangliers) est rapportée, et si un préposé ou brigadier des Eaux et Forêts est obligé de solliciter une autorisation de port de fusil pour les destructions des animaux nuisibles.

Réponse : 1º La circulaire du 9 avril 1918, relative à l'autorisation de détruire les sangliers, n'a pas été rapportée ; 2º aux termes des instructions en vigueur, il appartient au Conservateur des Eaux et Forêts de donner aux préposés forestiers, s'il n'y voit pas d'inconvénient, l'autorisation de porter, dans les forêts soumises au régime forestier, un fusil de chasse pour la destruction des animaux nuisibles, dans les conditions fixées par les arrêtés préfectoraux sur la police de la chasse et, le cas échéant, sous réserves de l'assentiment des locataires de la chasse.

Circulaire du 14 novembre 1925, du Ministre de l'Agriculture à MM. les Préfets. relative à la clôture de la chasse et à la destruction des animaux nuisibles.

J'ai l'honneur de vous prier de me faire parvenir pour le 1er décembre prochain au plus tard, si vous ne l'avez déjà fait, vos propositions relatives à la clôture générale de la chasse et à la destruction, en temps de fermeture, des animaux nuisibles, notamment des sangliers, des lapins et des corbeaux.

Comme ces dernières années, il y aurait intérêt, pour favoriser la conservation du gibier, à fermer la chasse dans la première quinzaine de janvier, avant que le gibier, notamment les lièvres, ne soient en période de reproduction.

Je vous recommande de tenir compte autant que possible, dans vos propositions, des vœux émis par le Conseil général et les Conseils d'arrondissement et, le cas échéant, de prendre l'avis de la Fédération des Chasseurs de votre département. Vous voudrez bien ne pas omettre de joindre aux propositions que vous m'adresserez une copie des vœux et avis dont il s'agit.

Je vous rappelle que, pour éviter de favoriser le braconnage, la chasse à la repasse de la grive doit demeurer interdite. D'autre part, la Commission Permanente de la Chasse au Ministère de l'Agriculture a insisté à plusieurs reprises pour que la chasse de la bécasse, à la repasse, qui s'exerce au printemps, c'est-à-dire à l'époque où le gibier sédentaire est en pleine période de reproduction, soit également prohibée d'une manière générale. Les Fédérations et Sociétés de chasseurs, qui s'imposent des sacrifices pour la conservation du gibier, se sont généralement prononcées dans le même sens. Aussi le nombre des départements où cette chasse est admise diminue-t-il chaque année, et il est à souhaiter qu'il se réduise encore.

En ce qui concerne le gibier d'eau, les dispositions des circulaires antérieures vous laissent toute latitude pour en fixer la période de chasse entre les dates du 14 juillet et du 31 mars de l'année suivante, mais cette dernière date ne doit, en aucun cas, être dépassée.

Quant aux destructions d'animaux nuisibles, je vous recommande de prendre toutes dispositions utiles pour les rendre efficaces, sans qu'elles puissent favoriser le braconnage. La circulaire ministérielle du 1ᵉʳ décembre 1924 a appelé votre attention sur l'intérêt que présente, à ce point de vue, l'exécution des battues administratives, sous la direction des Lieutenants de Louveterie, par application de l'arrêté du 19 Pluviôse an V.

En ce qui concerne les autorisations individuelles de destruction, il convient, pour éviter les abus, de ne les accorder qu'après enquête établissant non seulement qu'elles sont nécessaires pour assurer la protection des cultures, mais aussi que les demandeurs sont bien qualifiés pour obtenir de telles autorisations.

Là où les carnassiers nuisibles tels que renards, putois, martres, fouines, se sont multipliés au point de causer des dommages sérieux dans les basses-cours et de nuire à la reproduction du gibier, vous voudrez bien prendre toutes mesures utiles en vue de leur destruction, notamment à l'aide de toxiques, ainsi qu'il est préconisé par la circulaire ministérielle du 17 novembre 1919, à laquelle était joint un rapport du Service des Eaux et Forêts exposant dans quelles conditions ces empoisonnements peuvent être pratiquement effectués sur un territoire étendu.

Il y aura lieu, aussi, dans les départements où les corbeaux causent des dégâts aux emblavures, de ne pas perdre de vue les prescriptions de la circulaire ministérielle du 1ᵉʳ décembre 1924, relative à l'empoisonnement de ces oiseaux.

J'appelle enfin votre attention sur l'importance que présente, au point de vue de la reproduction et de la conservation du gibier, la répression de la divagation des chiens, et vous prie d'appliquer à ce sujet les dispositions de la circulaire du 9 juillet 1923, à laquelle vous voudrez bien vous reporter.

Le Ministre de l'Agriculture,
Signé : Jean DURAND.

Circulaire du 7 janvier 1926, du Directeur Général des Eaux et Forêts à MM. les Conservateurs, relative à l'attribution des subventions aux Sociétés de chasse pour achat de gibier de repeuplement.

En raison des prix élevés du gibier vivant, notamment des perdrix et des lièvres importés de l'étranger, qui, en raison du change, atteignent cet hiver des prix tout à fait excessifs, la Commission de Répartition du Produit des Jeux a autorisé l'Administration à approuver des modifications au programme, permettant aux Sociétés qui ont obtenu des subventions pour repeuplement, de remplacer, le cas échéant, les achats de gibier par d'autres dépenses d'amélioration de la chasse, telles que constitution de réserves de chasse, protection des couvées et élevage de jeunes perdrix, piégeage, etc...

Je vous prie d'appeler l'attention des Sociétés auxquelles il reste à payer des subventions pour repeuplement, sur la décision ci-dessus. Vous pourrez autoriser les modifications de programme dont il s'agit. Copie de votre décision devra être jointe aux propositions de paiement en vue du règlement des subventions visées par elle. Bien entendu, les repeuplements en lapins ou léporidés ne pourront, en aucun cas, être subventionnés.

La Commission a décidé, en outre, de ne plus subventionner directement les Sociétés de chasse locales dans les départements où il existe une Fédération régulièrement constituée ; les Sociétés qui désireraient obtenir une subvention pour l'exécution d'un programme déterminé, devront s'affilier à la Fédération et adresser leurs demandes à celle-ci, qui les centralisera et vous les fera parvenir avec son avis. La Commission allouera une seule subvention à la Fédération, avec indication de la répartition à effectuer entre les Sociétés bénéficiaires. Les crédits dont dispose la Commission pour cet objet étant limités, elle ne pourra donner suite qu'aux demandes des Sociétés qui feront, pour l'exécution de leur programme de travaux, un effort financier comportant un relèvement des cotisations de nature à leur permettre de participer efficacement à la dépense projetée.

Le Conseiller d'État, Directeur Général des Eaux et Forêts,

J. CARRIER.

Loi du 23 février 1926, portant modification de l'article 22 de la loi du 3 mai 1844 sur la police de la chasse. Droit de verbaliser accordé aux Lieutenants de Louveterie.

Le Sénat et la Chambre des députés ont adopté,

Le Président de la République promulgue la loi dont la teneur suit :

Article unique. — L'article 22 de la loi du 3 mai 1844 est modifié par le suivant :

« Le Gouvernement exerce la surveillance et la police de la chasse dans l'intérêt général.

« En conséquence, il pourra commissionner des gardes particuliers appartenant aux brigades mobiles de répression du braconnage des associations cynégétiques ou fédérations de sociétés de chasse, pour exercer, sauf opposition des propriétaires en ce qui concerne leurs terrains, les fonctions de garde des eaux et forêts, chargés spécialement de la police de la chasse dans l'étendue des arrondissements pour lesquels ils auront été assermentés.

« Les procès-verbaux des maires et adjoints, commissaires de police, officiers, maréchaux des logis ou brigadiers de gendarmerie, gendarmes, brigadiers ou gardes des eaux et forêts, gardes-pêche, gardes champêtres ou gardes assermentés des particuliers, *Lieutenants de Louveterie* assermentés devant le tribunal ou l'un des tribunaux de l'arrondissement de leur circonscription, feront foi jusqu'à preuve contraire.

« A l'égard des brigadiers ou des gardes des eaux et forêts, cette disposition s'appliquera en quelque lieu que les infractions soient commises dans les arrondissements des tribunaux près desquels ils ont été assermentés. »

La présente loi, délibérée et adoptée par le Sénat et par la Chambre des députés, sera exécutée comme loi de l'État.

Fait à Paris, le 23 février 1926

Par le Président de la République :
Gaston DOUMERGUE.

Le Ministre de l'Agriculture,   *Le Garde des Sceaux, Ministre de la Justice,*
Jean DURAND.   René RENOULT.

Circulaire du 16 février 1926, du Ministre de l'Intérieur à MM. les Préfets, relative à la circulation et au tir sur route.

Je suis informé que, dans quelques départements, le tir sur route serait autorisé ou toléré ; mon Administration a été, en effet, saisie des doléanc s justifiées d'usagers des voies publiques qui se plaignent de ne pouvoir circule. dans certaines régions sur les chaussées situées à proximité des étangs ou en bordure des bois, sans s'exposer à recevoir des projectiles de chasseurs à l'affût qui tirent soit au-dessus des routes, soit sur les routes mêmes.

Or, cette pratique constitue un danger particulièrement grave en raison de l'intensification de la circulation et ne saurait, par suite, être plus longtemp; tolérée.

En conséquence, dans le but d'assurer la sécurité des usagers de la route, vous voudrez bien rappeler aux municipalités et aux services de police placés sous vos ordres les instructions qui auraient été antérieurement mises en vigueur dans votre département pour interdire le tir sur route ou au-dessus des routes ; à défaut d'instructions antérieures en ce sens vous devriez prendre un arrêté conforme au modèle ci-joint.

Je vous prie de m'accuser réception de la présente circulaire et de me rendre compte de son exécution.

Le Ministre de l'Intérieur,
Signé : C. CHAUTEMPS.

Modèle d'Arrêté Général.

Le Préfet du département de............,
Vu la nécessité d'assurer la sûreté de la circulation sur les voies publiques et la sécurité des usagers des routes et chemins ;
Vu l'article 99 de la loi du 5 avril 1884 ;
Vu la circulaire du Ministre de l'Intérieur en date du 16 février 1926,

Arrête :

ARTICLE PREMIER. — Il est interdit de faire usage d'armes à feu sur les routes, voies et chemins affectés à la circulation publique.

Il est également interdit à toute personne placée à portée de fusil d'une de ces routes ou d'un de ces chemins, de tirer dans sa direction ou au-dessus.

ART. 2. — Toutes dispositions contraires sont rapportées.

Circulaire du 31 mars 1926, du Ministre de l'Agriculture à MM. les Préfets, relative au droit de verbaliser accordé aux Lieutenants de Louveterie. (Loi du 23 février 1926.)

J'ai l'honneur d'appeler votre attention sur la loi du 23 février 1926, portant modification de l'article 22 de la loi du 3 mai 1844 sur la police de la chasse.

L'innovation introduite dans la législation sur la chasse porte sur la désignation des agents chargés de la recherche et de la constatation des délits de *chasse*, au nombre desquels figurent dorénavant les Lieutenants de Louveterie. Mais ils ne sont habilités à participer à la répression des délits de cette nature que dans l'exercice de leurs fonctions. C'est ce qui résulte de la discussion de la loi au Sénat (*Journal officiel* du 13 février 1926).

Les Louvetiers doivent être considérés comme étant en fonctions dans les quatre cas ci-après :

1° Au cours de battues administratives ;

2° Quand ils agissent en vertu d'autorisations individuelles de destruction que peut leur donner l'autorité préfectorale en vertu de l'article 5 de l'arrêté du 19 Pluviôse an V ;

3° Au cours de missions que l'autorité préfectorale peut leur confier pour la destruction des animaux nuisibles et la répression du braconnage ;

4° Au cours des chasses à courre au sanglier, qui sont autorisées en temps d'ouverture, dans les forêts domaniales, deux jours par mois, pour tenir les chiens en haleine, en vertu de l'ordonnance du 20 août 1814, modifiée par celles des 24 juillet 1832 et 20 juin 1845.

En dehors de ces quatre cas, les Louvetiers ne sauraient être considérés comme occupant une fonction de service public ; ils n'auront donc aucune qualité pour dresser procès-verbal en matière de chasse.

Étant donné que les Louvetiers ne font pas partie d'une administration hiérarchisée, que, ne rentrant pas dans la catégorie des officiers de police judiciaire (art. 9. Code Instr. crim.), ils ne sont pas placés sous la surveillance du Procureur de la République et qu'il est cependant nécessaire de les soumettre, comme tous les agents de répression, à un contrôle administratif, j'ai chargé l'Administration des Eaux et Forêts, dans les attributions de laquelle rentrent les fonctions anciennement dévolues au Grand Veneur, d'exercer ce contrôle.

En conséquence, tout procès-verbal dressé par un Louvetier devra être transmis à l'Inspecteur des Eaux et Forêts, chef de service, dans la circonscription duquel se trouve le lieu du délit. Il appartiendra à cet Officier forestier d'apprécier la suite que devront comporter ces procès-verbaux ; il aura, en outre, qualité pour donner aux Louvetiers toutes directives utiles en vue de la bonne marche du service de police dont ils sont chargés.

Les imprimés nécessaires à la rédaction des procès-verbaux, numérotés et paraphés, comme il est d'usage en matière forestière, par l'Inspecteur des Eaux et Forêts compétent, seront remis aux Louvetiers au fur et à mesure de leurs besoins et sur leur demande.

Enfin, je crois devoir vous signaler la nécessité qu'il y aura, au moment du renouvellement annuel des Commissions de Lieutenants de Louveterie, de tenir compte dans les nominations, non seulement du point de vue technique de la destruction des animaux malfaisants et nuisibles, mais encore de l'aptitude de chaque candidat aux nouvelles fonctions confiées aux Louvetiers.

Vous voudrez bien donner connaissance aux Lieutenants de Louveterie de votre département des dispositions de la présente circulaire qui les concernent spécialement.

Le Ministre de l'Agriculture,
Signé : Jean DURAND.

Circulaire du 1er avril 1926, du Directeur Général des Eaux et Forêts à MM. les Conservateurs des Eaux et Forêts, relative à l'attribution des bureaux de la Direction Générale (1re partie).

Je vous rappelle que le décret du 25 janvier 1926 a apporté, dans les attributions des différents bureaux de la Direction Générale (1re partie), certaines modifications dont les principales consistent dans le rattachement du Service de la pêche et de la pisciculture au premier bureau, et dans l'incorporation de la Section des améliorations pastorales, forestières et touristiques au troisième bureau.

Le nouveau régime entrera en vigueur à la date du 1er avril.

Je vous invite en conséquence, pour l'indication, sur les lettres et rapports, des numéros des bureaux et des sections dont ressortissent à l'Administration centrale les affaires à traiter, de vous reporter au *Journal officiel* du 4 février 1926, qui contient le texte du décret précité.

Mais, bien que le service de la pêche et de la pisciculture soit rattaché au premier bureau, vous voudrez bien, comme par le passé, continuer à adresser le courrier de la pêche sous le timbre « Pêche F 1 /5 ».

Le Conseiller d'État, Directeur Général des Eaux et Forêts,
J. CARRIER.

Extrait de la circulaire du 27 avril 1926, du Ministre de l'Agriculture à MM. les Préfets, relative à la destruction des corbeaux

. . . .

J'attire tout spécialement votre attention sur la proposition de résolution par laquelle la Chambre des députés a demandé, le 24 mars dernier, que toutes mesures utiles soient prises dans les départements pour détruire les corbeaux et que, dans ce but, on autorise notamment l'emploi du fusil.

Je vous rappelle que tous les moyens à employer pour assurer la destruction des corbeaux sont exposés dans la circulaire du 4 décembre 1922.

Au cas où des dégâts seraient causés par les corbeaux dans votre département, vous voudrez bien consulter à ce sujet le Conseil Général et lui demander son avis sur les dispositions qu'il y aurait lieu d'adopter pour l'avenir.

Mais s'il existait des corbeautières dans votre département, il conviendrait d'autoriser, dès à présent, l'emploi du fusil pour la destruction des jeunes au moment où ils sortent du nid et se laissent facilement approcher.

Le Ministre de l'Agriculture,
Signé : François BINET.

Commission de Lieutenant de Louveterie.

<table>
<tr><td>

MINISTÈRE
DE
L'AGRICULTURE
—
Direction Générale
des Eaux et Forêts.

</td><td>

RÉPUBLIQUE FRANÇAISE

———

</td><td>

Timbre
de
dimen-ion.

</td></tr>
</table>

Photographie du titu-
laire à oblitérer au
moyen d'un timbre
sec.

(1) Nom et prénoms.

Le Préfet d' ...

Vu l'ordonnance du 20 août 1814;
Vu le décret du 29 mars 1852 ;
Vu l'article 22 de la loi du 3 mai 1844, modifié par la loi du 23 février 1926 ;
Vu les propositions de M. le Conservateur des Eaux et Forêts à   en date
du   192   ,

Arrête :

M. '
né à   le   est nommé
Lieutenant de Louveterie pour exercer ses fonctions dans l'arrondissement
d

A charge par lui :

1º De prêter le serment prescrit par la loi ;

2º De faire enregistrer sa Commission et l'acte de sa prestation de serment
au greffe du Tribunal de première instance de l'arrondissement ;

3º De se conformer aux lois et instructions relatives à son service et de bien
se comporter dans l'exercice de ses fonctions.

Il lui est donné, en conséquence, tous pouvoirs nécessaires, et à cet effet
sont requises, les autorités constituées, de lui prêter aide et assistance en tout
ce qui se rattache à l'exercice de ses fonctions.

La présente Commission est, sauf renouvellement porté au verso, valable
jusqu'au 30 juin 192   inclus.

Fait à   , le   mil neuf cent

(*Recto.*)

A	le	19
Commission renouvelée jusqu'au 30 juin 19	*Le Préfet,*	

A	le	19
Commission renouvelée jusqu'au 30 juin 19	*Le Préfet,*	

A	le	19
Commission renouvelée jusqu'au 30 juin 19	*Le Préfet,*	

A	le	19
Commission renouvelée jusqu'au 30 juin 19	*Le Préfet,*	

A	le	19
Commission renouvelée jusqu'au 30 juin 19	*Le Préfet,*	

A	le	19
Commission renouvelée jusqu'au 30 juin 19	*Le Préfet,*	

A	le	19
Commission renouvelée jusqu'au 30 juin 19	*Le Préfet,*	

A	le	19
Commission renouvelée jusqu'au 30 juin 19	*Le Préfet,*	

A	le	19
Commission renouvelée jusqu'au 30 juin 19	*Le Préfet,*	

A	le	19
Commission renouvelée jusqu'au 30 juin 19	*Le Préfet,*	

(*Verso.*)

Circulaire du 12 juillet 1926, du Directeur Général des Eaux et Forêts à MM. les Conservateurs, au sujet de la délivrance, de l'enregistrement et du timbre des nouvelles Commissions de Lieutenant de Louveterie [1].

En vous adressant, ci-joint, un nombre d'exemplaires de Commissions de Lieutenant de Louveterie, jusqu'à nouvel ordre, pour les besoins de votre arrondissement, je crois devoir appeler votre attention sur certains points particuliers qui ont trait à la délivrance, à l'enregistrement et au timbre des dites Commissions.

1º *Délivrance des Commissions.* — L'acte établi par vos soins est adressé au Préfet intéressé pour signature et apposition du timbre sec de la Préfecture, tant à côté de la signature du Préfet que sur la photographie du titulaire. Les Commissions sont envoyées par la Préfecture directement aux intéressés.

2º *Prestation de serment.* — Il appartient à chaque Lieutenant de Louveterie de faire les démarches et d'accomplir les formalités nécessaires pour la prestation de serment, le timbrage et la transcription de la Commission.

En cas de renouvellement de mandat sans interruption de fonctions, les Louvetiers n'auront pas à réitérer le serment ; la mention de renouvellement sera portée sur la Commission, dans la case réservée à cet effet.

3º *Droit d'enregistrement et de timbre. Émolument des greffiers.* — D'une lettre du 22 mai 1926 du Conseiller d'État, Directeur Général de l'Enregistrement, des Domaines et du Timbre, adressée à M. le Ministre de l'Agriculture, il résulte que les Commissions de Lieutenant de Louveterie sont soumises au droit de timbre de dimension et que les prestations de serment des Louvetiers sont assujetties au droit d'enregistrement par application de la loi du 27 ventôse an IX, art. 14. Ce droit d'enregistrement est actuellement de 3 fr. 60 ; les greffiers ont droit, en outre, à un émolument de 2 fr. 50 en vertu de l'art. 8 du décret du 15 décembre 1925 (*Journal officiel* du 17 décembre 1925).

4º *Extrait du casier judiciaire.* — Vu les difficultés qui se sont élevées pour obtenir les bulletins nº 1, il sera suffisant de joindre le bulletin nº 2 au dossier des candidats nouveaux.

*
* *

Je profite de la circonstance pour vous exposer ma manière de voir sur la question des missions temporaires à octroyer par les Préfets aux Lieutenants de Louveterie.

Ces missions, dont le principe se trouve consacré par la discussion de la loi du 23 février 1926, portant modification de l'article 22 de la loi du 3 mai 1844, et dont il est fait mention dans la circulaire du 31 mars 1926 adressée aux Préfets pour l'application de la loi précitée du 23 février 1926, ne peuvent revêtir un caractère général et permanent. D'autre part, il va de soi qu'elles ne sauraient avoir lieu que dans l'arrondissement où le Louvetier exerce ses fonctions.

En conséquence, lorsque vous serez consulté sur l'opportunité d'accorder

____

1. Cette circulaire a été modifiée, complétée et précisée par celle du 11 janvier 1927.

à un Lieutenant de Louveterie une mission temporaire, il vous appartiendra d'établir si cette mission est réellement utile et si elle rentre bien dans la catégorie de celles que la loi autorise. En tout état de cause, il conviendra, lorsqu'un renouvellement de mission sera sollicité, d'inviter l'impétrant à faire connaître à l'appui de sa demande les résultats de la mission temporaire qui lui aura été précédemment confiée.

Le Conseiller d'État, Directeur Général des Eaux et Forêts,
J. CARRIER.

Décret du 5 novembre 1926 concernant la compétence civile et pénale des Juges de Paix[1].

. . . .

ART. 2. — Les juges de paix pourront, concurremment avec le tribunal de première instance, recevoir le serment :

Des agents et préposés de l'Administration des Eaux et Forêts ;
De tous gardes champêtres et particuliers ;
Des gardes-pêche ;
Des vérificateurs des poids et mesures ;
Des agents de surveillance et gardes nommés en conformité de l'article 23 de la loi du 15 juillet 1845 sur la police des chemins de fer.

. . . .

§ 2. — *Du juge de paix jugeant en matière correctionnelle.*

Les juges de paix connaîtront des délits suivants :

. . . .

2° Les infractions réprimées par l'article 11 de la loi du 3 mai 1844 sur la police de la chasse[2] ;

3° Les infractions réprimées par les articles 12, 13, 27, 30, 31, 32, 33, 34 et 41 de la loi du 15 avril 1829, relative à la pêche fluviale.

. . . .

La faculté d'appeler les jugements rendus par les juges de paix jugeant en matière correctionnelle appartiendra :

1. *J. O.* du 10 novembre 1926.
2. A savoir : 1° Le délit de chasse sans permis;
2° Le délit de chasse sur le terrain d'autrui sans le consentement du propriétaire;
3° Les infractions aux arrêtés des Préfets concernant les oiseaux de passage, le gibier d'eau, la chasse en temps de neige, l'emploi des chiens lévriers, ou à l'arrêté concernant la destruction des oiseaux et celle des animaux nuisibles ou malfaisants, ou encore aux arrêtés autorisant la reprise du gibier vivant dans un but de repeuplement;
4° Les infractions : enlèvement de nids, destruction, colportage, mise en vente, de transport et d'exportation d'œufs ou couvées de perdrix, faisans, cailles et de tous oiseaux, ainsi que des portées ou petits de tous animaux non déclarés nuisibles par les arrêtés préfectoraux;
5° Les contraventions aux clauses et conditions des cahiers des charges;
6° Le délit de transport sans autorisation du gibier vivant en temps d'ouverture.

1º Aux parties prévenues ou responsables ;
2º A la partie civile, quant à ses intérêts civils seulement ;
3º Au Ministère Public.

L'appel sera interjeté, par déclaration au greffe du tribunal de simple police, dans les délais fixés par l'article 203.

Le Procureur de la République pourra également relever l'appel, dans les formes et délais déterminés par l'article 205.

L'appel sera porté devant le tribunal départemental ou la section auquel ressortit le tribunal de simple police qui a statué.

Décret du 11 décembre 1926, portant règlement d'administration publique en exécution de la loi du 13 août 1926, articles 1ᵉʳ et 4, autorisant les communes à établir des taxes [1].

Vu la loi du 13 août 1926, articles 1ᵉʳ et 4, autorisant les communes à établir des taxes, et notamment le paragraphe 2 de l'article 1ᵉʳ ainsi conçu :

« Des règlements d'administration publique fixeront les maxima et détermineront les modalités d'assiette et de perception de ces taxes, les exonératioı s ainsi que les dégrèvements autorisés pour les petites cotes et pour les chargeь de famille. Ils pourront, pour une même taxe, prévoir plusieurs modes d'assiette et de perception, entre lesquels les communes auront le choix. Lorsque les taxes inscrites sur la liste ci-dessus seront en addition à des contributions d'État, elles seront soumises aux règles applicables à ces contributions, et leurs tarifs ne pourront dépasser 25 p. 100 des taxes perçues pour le compte de l'État. »

Taxe sur les chasses louées ou gardées.

A. — *Chasses louées.*

Art. 21. — La taxe sur les chasses louées est assise dans les conditions prévues pour l'impôt d'État par la loi du 31 juillet 1920 (art. 19) et perçue sur les détenteurs du droit de chasse.

Elle ne peut excéder 25 p. 100 du montant actuel de cet impôt, soit, décimes compris, 3 p. 100 du prix de location augmenté des charges.

Dans le cas où la chasse s'étend sur plusieurs communes, la part de taxe revenant à chacune d'elles, conformément au tarif qu'elles auront respectivement adopté, est proportionnelle à la superficie située sur son territoire.

La taxe sur les chasses louées est perçue par l'administration de l'Enregistrement, en même temps que l'impôt d'État et suivant les mêmes modalités.

B. — *Chasses gardées.*

La taxe sur les chasses dont la garde est assurée par un ou plusieurs gardes assermentés est établie au nom du détenteur du droit de chasse, à raison de la superficie des propriétés gardées.

1. *J. O.* du 12 décembre 1926.

Chasse illustrée.

Son taux ne peut excéder 2 francs par hectare.

Les redevables sont tenus de faire à la Mairie la déclaration de la superficie des propriétés à raison desquelles ils sont passibles de la taxe. Les déclarations sont valables pour toute la durée des faits qui y ont donné lieu. Elles doivent être modifiées en cas de changement dans les bases de cotisation.

Les déclarations sont faites ou modifiées, s'il y a lieu, dans le courant du mois de janvier de chaque année.

La taxe est doublée pour les redevables qui n'ont pas souscrit de déclaration dans ce délai. Ceux qui n'ont déclaré qu'une superficie insuffisante sont tenus de verser, en sus de la taxe afférente à la superficie totale pour laquelle ils sont imposables, une somme égale à la partie de cette taxe correspondant à la superficie non déclarée.

Les états-matrices sont dressés par le Contrôleur des contributions directes, avec le concours de la Commission des répartiteurs.

Les rôles sont établis et recouvrés, et les réclamations présentées, instruites et jugées comme en matière de contributions directes.

Circulaire du 11 janvier 1927, du Directeur Général des Eaux et Forêts à MM. les Conservateurs et relative à la prestation de serment et transcription des Commissions des Lieutenants de Louveterie.

Comme suite à ma lettre du 12 juillet 1926[1], n° 863-F1 /1, dont le § 3° a besoin d'être mis à jour pour tenir compte du décret du 3 août 1926, fixant les nouveaux tarifs des droits de timbre et d'enregistrement, je vous adresse les indications suivantes relatives aux frais divers occasionnés par la prestation de serment d'un Lieutenant de Louveterie :

Le droit d'enregistrement de la prestation de serment des Louvetiers (considérés comme auxiliaires permanents prêtant serment devant une autorité judiciaire), qui était, sous le régime des lois des 25 juin 1920 et 22 mars 1924, fixé à 3 fr. 60, a été porté, en application de l'article premier du décret du 3 août 1926, à 11 fr. 20.

Le droit de 33 fr. 70 ne peut, en effet, être exigé que des agents salariés visés par l'article premier du décret du 13 octobre 1926[2], parmi lesquels on ne saurait évidemment ranger les Lieutenants de Louveterie, qui n'exercent pas de fonction rétribuée.

Il ne semble pas, d'autre part, qu'à l'occasion d'une prestation de serment, quelle qu'elle soit, un émolument de 3 francs doive être alloué au greffier, qui ne peut en bénéficier que dans les seuls cas prévus par les articles 2 et 3 du décret du 15 décembre 1925, relatif aux émoluments des greffiers[3].

En revanche, la transcription de la Commission justifie bien une perception de 2 fr. 70, aux termes des articles 6-7° et 8-10° du décret précité[3].

1. Voir p. 270.

2. Décret du 13 octobre 1926 modifiant le décret du 3 août 1926 fixant les nouveaux tarifs des différents droits de timbre.

ARTICLE PREMIER. — L'article 1er du décret du 3 août 1926 est modifié et complété par la disposition suivante :

« Les actes de prestation de serment des agents salariés par l'Etat, les départements, communes, établissements publics ou d'utilité publique, dont le traitement et ses accessoires n'excèdent pas 10.000 francs, ne seront assujettis qu'au droit de 33 fr. 70 sans décimes.

3. Décret du 15 décembre 1925 relatif aux émoluments des greffiers.

ART. 2. — Il est alloué pour l'inscription de chaque affaire d'audience sur le registre d'ordre, à titre de droit de mise au rôle :

aux greffiers des cours d'appel . . , ... 10 frs.
aux greffiers des tribunaux civils. . . . . , . 3 —
et aux greffiers de justice de paix . . . . 1 fr. 50

Note. — Il ne semble pas possible de faire rentrer les prestations de serment dans la catégorie des affaires d'audience dont l'inscription au registre d'ordre est prévue par le décret.

ART. 3. — Il est alloué aux greffiers des diverses juridictions : pour transcription

De ce qui précède, il résulte que les frais divers occasionnés par la prestation de serment et la transcription de la Commission d'un Louvetier doivent être liquidés comme suit :

SERMENT

Timbre de dimension (petit papier)	7 fr.	20
Timbre du répertoire.	1	50
Enregistrement.	11	20
Mention au répertoire	0	20
État.	0	20
	20 fr.	**30**

TRANSCRIPTION DE LA COMMISSION

Émolument.	2 fr.	50
État.	0	20

Enfin, pour toute lettre de simple convocation ou pour tout envoi de pièces. l'article 5 du décret du 15 décembre 1925 autorise les greffiers à réclamer 0 fr. 50 outre le remboursement des frais de poste.

Le Conseiller d'État, Directeur Général des Eaux et Forêts,

J. CARRIER.

et enregistrement sur tout arrêt ou jugement, ceux de simple police exceptés, et sur toute ordonnance de référé ou en possession dont il est gardé minute, 3 francs.

ART. 6. — Il est alloué aux greffiers des diverses juridictions :
7° pour tout état de frais, 20 centimes.

ART. 8. — Il est alloué aux greffiers des tribunaux civils :
10° pour transcription ou mention au greffe des décrets, arrêtés ou commission à l'occasion du serment des officiers publics ou ministériels, fonctionnaires, gardes particuliers, agents des chemins de fer et autres commissionnés, 2 fr. 50.

Arrêté d'autorisation de battues pour des Lieutenants de Louveterie.

ARRÊTÉ (Modèle type).

Le Préfet du département de ....
Vu l'arrêté du 19 Pluviôse an V, relatif à la destruction des animaux nuisibles,
       considérant que les .... [1].
causent aux cultures dans la région de ....
des dégâts signalés par .... [2].
Vu l'avis du Service des Eaux et Forêts constatant la nécessité d'ordonner des battues dans la région considérée.

ARRÊTE :

Des battues générales au nombre de ...., seront effectuées par M. ...., Lieutenant de Louveterie, à .... pendant les mois de ....et de ...., sur les terrains non clos du territoire de [3] ....
pour la destruction des animaux visés ci-dessus.

Les dates auxquelles ces battues auront lieu seront fixées par le Lieutenant de Louveterie, qui devra aviser à l'avance les maires, brigadiers de gendarmerie et représentants locaux du service des Eaux et Forêts intéressés [4].

                 Fait à ...., le ....

---

1. (Sangliers, loups, renards, blaireaux, fouines, putois). Il est indispensable de spécifier l'espèce ou les espèces d'animaux à détruire.

2. Le maire de ..... ou les cultivateurs de .....

3. De la ..... ou des. communes de ..... ou du ..... ou des cantons de .....
Le nombre des battues ordonnées, par un même arrêté ne doit pas en général dépasser 10, et la période pendant laquelle ces battues seront effectuées ne doit pas excéder deux mois.

4. Dans les forêts domaniales, l'adjudicataire ou son préposé doivent avant l'exécution être invités à y participer (Art. 25 du cahier des charges).

Destruction des sangliers, de nuit avec armes à feu.

ARRÊTÉ (Modèle type).

Le Préfet de ....
Vu l'article 90 de la loi du 5 avril 1884 ;
Vu l'article 471 paragraphe 2 du Code pénal ;
Vu l'avis émis par le Conseil Général, le ......
Considérant qu'il importe, au point de vue de l'ordre public et de la sécurité des agents préposés à des services publics comme de toutes autres personnes, de réglementer, dans toute l'étendue du Département, l'affût au sanglier pratiqué la nuit, avec armes à feu, par les cultivateurs sur leurs terres,

ARRÊTE :

ARTICLE PREMIER. — L'affût aux sangliers, en vue de prévenir un dommage imminent pour les terrains ensemencés et pour les récoltes, ne sera toléré que lorsque des traces fraîches et indices certains de l'apparition de ces fauves sur lesdits terrains ou ceux environnants pourront être constatés, et sous les conditions ci-après :

Le propriétaire, possesseur ou fermier, ou le tireur par lui désigné en vertu d'une délégation écrite et portant le visa du maire, devra faire à la mairie, vingt-quatre heures au moins à l'avance, la déclaration de la parcelle de terre, exactement décrite, des jours et heures où il demeurera posté pour l'affût.

Un récépissé sera délivré au déclarant qui sera tenu de le présenter à toute réquisition des agents chargés de la surveillance.

La déclaration sera valable pour huit nuits consécutives.

SEUL LE TIR A BALLE EST AUTORISÉ

ART. 2. — Le maire portera immédiatement la déclaration à la connaissance des services locaux de la gendarmerie, de la police, des Eaux et Forêts, du Lieutenant de Louveterie et, s'il y a lieu, des Douanes.

Avis de la déclaration sera affiché à la porte de la mairie.

ART. 3. — Si les motifs invoqués ne lui paraissent pas sérieux, ou s'il appréhende des abus de la part du déclarant, le maire refusera de délivrer récépissé de la déclaration, sauf recours au Préfet, ou au Sous-Préfet, selon l'arrondissement.

Le récépissé ne saurait avoir pour effet de mettre obstacle aux poursuites exercées en cas de délit de chasse constaté.

ART. 4. — MM. les Sous-Préfets, Maires, le Conservateur des Eaux et Forêts, le Directeur des Douanes, le Commandant de gendarmerie, les commissaires de police, les gardes-champêtres, les gardes assermentés des particuliers, sont chargés de l'exécution du présent arrêté, qui sera inséré au *Recueil des Acte administratifs* de la Préfecture, publié et affiché dans toutes les communes du Département.

État des loups, détruits depuis 1818.

ANNÉES[1]	QUANTITÉ DE FAUVES		ANNÉES	QUANTITÉ DE FAUVES	
1818	1.667		1894	245	
1819	2.085		1895	249	
1820	1.950		1896	171	
1821	1.495		1897	189	
1822	1.333		1898	197	
1823	2.131		1899	207	
1824	1.980		1900	115	
1825	1.634		1901	155	
1826	1.510		1902	73	
1827	1.229		1903	99	
1828	861		1904	92	
1829	834		1905	93	
1841-1842	700		1906	86	
1862	210		1907	85	
1863	254		1908	62	
1864	226		1909	68	
1865	222		1910	18	
1866	232		1911	27	
1882	423		1912	21	
(partie)			1913	38	
1883	1.316		1914	18	
1884	1.035		1915	19	
1885	900		1916	49	
1886	760		1917	58	
1887	701		1918	88	
1888	505		1919	45	
1889	515		1920	23	
1890	461		1921	12	
1891	404		1922	6	
1892	327		1923	6	
1893	261		1924	8	

1. En 12 ans, de 1818 à 1829, il a été détruit, par les Lieutenants de Louveterie, 18.709 loups.

De 1817 à 1842, et dans le seul département des Vosges, il a été détruit 1.612 loups.

Il y a lieu de signaler que le tiers environ des Lieutenants de Louveterie se sont dispensés d'envoyer leurs états à l'Administration des Forêts.

Transport du gibier vivant.

Pendant l'ouverture [1] comme pendant la clôture de la chasse, le transport du gibier vivant, ne peut avoir lieu qu'en vue du repeuplement et que sur autorisation spéciale.

Gibier indigène.

La demande en autorisation doit être formulée par l'expéditeur, sur papier timbré à 3 fr. 60 et indiquer exactement : l'espèce, et le nombre des animaux à transporter, le point de départ. le point de destination, les noms et domicile de l'expéditeur et du destinataire.

MODÈLE DE PERMIS DE TRANSPORT DE GIBIER VIVANT

Le Directeur général ou le Conservateur des Eaux et Forêts, autorise
M.   a faire transporter
destiné à la reproduction.

Le présent permis de transport est valable pour   . Dès l'arrivée du gibier au lieu de destination, ce permis devra être remis au Maire.

Le magistrat municipal, après avoir attesté ci-dessous que le gibier transporté est parvenu au destinataire et qu'il est bien destiné à la reproduction, prendra soin d'apposer au bas de sa déclaration sa signature et le cachet de la commune et d'adresser ensuite le permis, dûment visé, au Préfet du département, qui seul est chargé de le transmettre au Ministre de l'Agriculture.

Le Directeur général des Eaux et Forêts.

Nota. — Si le présent permis n'est pas utilisé, il doit être renvoyé directement par le titulaire au Ministre de l'Agriculture. (Direction général des Eaux et Forêts.)

Transport du gibier de repeuplement.

Un *député* a demandé au *Ministre de l'Agriculture* s'il ne croyait pas que, dans l'intérêt du repeuplement en gibier, il soit possible de supprimer le paragraphe de la réglementation de la chasse visant l'interdiction de transport de gibier vivant, lorsque ce gibier sort des éleveurs pour aller aux sociétés de chasseurs.

Réponse : L'article 4 de la loi du 3 mai 1844 sur la police de la chasse a été complété par un paragraphe stipulant que le transport du gibier vivant destiné au repeuplement des chasses ne pourrait être effectué, même en temps d'ouverture générale de la chasse, qu'au vu d'un permis de transport délivré par

1. Loi du 1er mai 1924.

le Directeur des Eaux et Forêts, par les Conservateurs des Eaux et Forêts, ou par leurs délégués (loi du 1er mai 1924). Cette disposition a été introduite dans la loi pour empêcher le braconnage du gibier vivant, qui se pratiquait même lorsque la chasse était ouverte. Il est indispensable que les éleveurs soient, comme les autres personnes, soumis à l'obligation du permis de transport, afin de permettre à l'Administration de contrôler leurs envois et d'empêcher qu'ils ne livrent du gibier acheté par eux à des braconniers.

Gibier provenant de l'étranger.

Si le gibier provient de l'étranger, la demande peut être adressée par le destinataire au Ministère de l'Agriculture (Direction des Eaux et Forêts).

Elle doit indiquer le nombre et l'espèce des animaux à transporter, le pays d'origine du gibier, la destination, les noms et domicile du destinataire.

I. — Piège à sangliers usité en Alsace.

Ce piège consiste en un enclos formé de pieux de 1m,20 de hauteur. Sur un des points de la clôture on raccourcit les pieux à 0m,40 de hauteur et au pied de cette ouverture on creuse dans l'enclos une fosse de 3 mètres de profondeur dont on masque l'orifice à l'aide de légers branchages.

Le sanglier est attiré vers cet enclos par de l'avoine imprégnée de saumure de hareng, qu'on répand sur un sentier qui aboutit au point où les pieux laissent un passage ouvert. Arrivé vers cette ligne de pieux ravalés assez bas pour qu'il puisse les franchir, il saute et tombe dans la fosse où on peut le tuer aisément.

Il y a lieu de remarquer que ces pièges ne sont pas comme les fosses à loup ordinaires, dangereux pour les personnes en raison de la clôture de pieux.

Ils peuvent être employés par les propriétaires (ou fermiers) ainsi que par leurs délégués pour repousser et détruire les « bêtes fauves » qui causent des dommages aux cultures, l'article 9, paragraphe 3, de la loi du 3 mai 1844 permettant de le faire en tout temps, même de nuit, *et par tous moyens*, c'est-à-dire même à l'aide des fosses à loup, bien que ces fosses soient interdites pour la destruction des animaux nuisibles par les arrêtés préfectoraux réglementaires lorsqu'il ne s'agit pas de l'exercice de ce droit de défense contre les bêtes fauves.

II. — Piège à sangliers usité en Saône-et-Loire.

Devant l'étendue des dégâts on a cherché et trouvé à rendre pratique l'usage d'un collet spécial en filin d'acier très souple dont le nœud coulant est fixé à l'extrémité d'un jeune baliveau tendu en arc par un fil de fer qu'une disposition très simple fait se déclancher au moment de la poussée de l'animal pour sortir du nœud coulant. Le sanglier pris au moment où il fonce dans un trou de haie où son passage habituel a été repéré, se trouve, au moment du déclanchement, soulevé sur les pattes de derrière par le baliveau redressé, et bientôt étouffé ou tout au moins mis dans l'impossibilité de se dégager en temps utile.

Cette méthode a si bien réussi que beaucoup se la sont appropriée et qu'elle a produit les magnifiques résultats obtenus par la commune de la Grande-Verrière dans la destruction des sangliers.

La destruction des corvidés.

De tous les animaux nuisibles aux faisans, aux perdreaux et aux petits oiseaux, les corbeaux, les pies et les geais sont, et de beaucoup, les plus terribles destructeurs.

En effet, inoffensifs pendant presque toute l'année, ils font, au moment des nids, une énorme destruction d'œufs et de jeunes, bien servis en cela par leur vue perçante et leur aptitude à scruter de bas en haut les arbres, les buissons et les récoltes. Aucun animal n'est doué comme eux pour cette destruction. En outre, ils sont très nombreux.

Les écales d'œufs de faisans et de perdrix apportées sur les layons et sous les buissons isolés par les pies et les corbeaux prouvent surabondamment les dégâts causés par ces oiseaux, qui déploient d'autant plus d'activité à détruire qu'ils ont eux-mêmes à cette époque une nombreuse famille à nourrir.

Le geai est aussi très nuisible, car il passe tout son temps à inspecter méthodiquement les buissons et les ronciers.

Quand on a vu et observé leur façon d'opérer, on se demande comment des couvées peuvent leur échapper.

Et ce n'est pas un oiseau à la fois qu'ils détruisent, comme le font les éperviers, mais la couvée tout entière.

Il semble bien que la destruction des autres oiseaux soit leur raison d'être sur la terre, la fonction que la nature leur a attribuée dans son souci de maintenir l'équilibre entre tous les êtres. Ils sont aux oiseaux ce que la belette est aux rongeurs, ce que les loups étaient aux sangliers.

Mais l'homme, soit par goût, soit par nécessité, est venu aider les destructeurs.

D'aucuns diront que pendant toute l'année, les corbeaux, les pies et les geais consomment quantité d'insectes nuisibles. C'est vrai, mais ils en consomment infiniment moins que n'en auraient consommé les petits oiseaux détruits sous forme d'œufs et de jeunes.

Les corbeaux et les pies détruisent bien les vers blancs, larves et hannetons, mais encore faut-il qu'une charrue les leur mette à découvert. Tandis que les oiseaux (y compris le moineau) détruisent les hannetons au moment où ils vont pondre et ne peuvent leur échapper. (Ils en détruisent d'autant plus qu'ils ne consomment que l'abdomen, laissant le corselet et les ailes.)

Les corbeaux, les pies et les geais sont beaucoup plus nuisibles qu'utiles, et seraient-ils encore plus utiles, que le prix où sont actuellement les œufs de perdrix et de faisans doivent les faire exterminer.

Mais peut-on y arriver ?

Oui, tout au moins pour les pies et pour les corneilles sédentaires, et d'autant plus sûrement que la région traitée est plus étendue. J'en parle par expérience.

Laissez de côté le fusil, moyen très intéressant et très utile pour détruire les couveuses, mais trop coûteux, trop bruyant et qui exige beaucoup de temps et des ruses d'apache pour n'arriver qu'à une destruction très incomplète.

Laissez aussi de côté les pièges, que les rusés oiseaux auront vite appris à éviter.

Reste le poison, moyen moins dangereux qu'on se l'imagine, si on adopte une méthode prudente et si on la suit avec soin.

N'employez pas les œufs, bien visibles, mais qui pourraient tenter la gourmandise d'un passant.

N'employez pas non plus les souris, excellentes amorces mais, comme les œufs, impossibles à employer en quantité industrielle, condition indispensable pour arriver à une destruction radicale.

Le grand défaut de ces deux amorces et de bien d'autres, est qu'il faut y mettre beaucoup trop de poison pour être sûr que l'animal visé en absorbe assez.

Et si, ce qui arrivera souvent, il absorbe tout, il deviendra lui-même une amorce mortelle pour un chien ou pour l'homme qui le trouverait à son goût.

Inviter tous les habitants à la ronde à ne pas ramasser les oiseaux trouvés morts serait une précaution insuffisante pour éviter tout accident. Voyez ce qui se passe avec les explosifs, ou encore avec les champignons vénéneux.

Voici comment il faut procéder :

Prenez de la viande (mais pas de gras). Passez-la au hachoir et étalez-la sur une planche où vous la laissez sécher un peu pour la raffermir. Puis, avec un couteau pointu, vous en prenez la quantité nécessaire pour faire une boulette de la grosseur d'une noisette, que vous aplatissez sur la paume de la main gauche. Vous prenez le poison sur la pointe du couteau et vous l'enfermez au milieu de la boulette que vous arrondissez en la roulant entre les paumes.

Cette boulette ne doit pas être plus grosse qu'une petite noisette, pour que l'oiseau n'en fasse qu'une becquée sans déguster le poison et sans en perdre un atome, ce qui permet de n'en mettre que juste la quantité nécessaire pour un corbeau, c'est-à-dire très insuffisante pour un homme ou même pour un chien.

Quant à la dose à employer, il est bien difficile de l'indiquer d'une façon pratique, d'abord parce qu'il ne peut être question de peser chaque dose, et celle-ci varie avec le poison employé. Si vous employez, par exemple, la strychnine, il faut d'abord la pulvériser finement, et en mettre le moins possible, car 1 milligramme suffit. Sur la pointe du couteau, ça représente (il est difficile d'indiquer un point de comparaison fixe), mettons « comme la moitié d'un œuf de hareng saur ». C'est bien suffisant et encore loin de la dose qui empoisonnerait un chien et à plus forte raison un homme (d'autant plus que n'importe qui videra une pie ou un corbeau avant de les mettre dans la casserole) ; mais il peut aussi arriver qu'un même oiseau absorbe plusieurs boulettes avant de succomber.

Ce serait une grave erreur de forcer la dose de poison dans l'espoir de retrouver les victimes à proximité, parce que :

1° Le poison, quel qu'il soit et quelle qu'en soit la dose, ne commence à agir que lorsque la boulette qui le contient est dissoute par les sucs gastriques, ce qui demande toujours un certain temps.

2º L'animal immobilisé d'un seul coup n'a pas le temps de se cacher pour mourir, ce qui peut mettre les survivants en méfiance et empêcher la destruction d'être complète.

3º L'animal qui succombe avec une trop forte dose de poison dans le corps peut devenir lui-même une amorce dangereuse.

Pour rendre la boulette visible de loin et en même temps pour la mettre hors d'atteinte des chiens, des faisans et des perdrix, placez-la dans une écaille d'huître bien blanche, elle-même pincée dans une fourche de taillis ou de buisson aussi haut que la main peut atteindre. Cette écaille sera très visible d'en haut et attirera les oiseaux de fort loin. Par contre, vue d'en dessous, elle n'attirera pas l'attention d'un passant.

Après avoir fait vos boulettes, attendez quelques jours avant d'aller les placer. En séchant, elles deviendront plus petites et assez fermes pour que l'oiseau soit obligé de les avaler d'un seul coup au lieu de les déchiqueter par bribes en les tenant sous une griffe. Par l'odeur et la couleur rouge sang qu'elles acquerreront, elles deviendront plus appétissantes pour les voraces oiseaux, et aussi plus visibles en se détachant en rouge sur blanc.

Percez, avec un clou, deux trous dans le fond de chaque écaille d'huître pour laisser écouler l'eau de pluie.

Ne laissez jamais les écailles en place sans y mettre de boulettes, et n'oubliez pas que les corvidés sont très méfiants et qu'il ne faut pas qu'ils vous voient placer les écailles.

Le meilleur moment pour pratiquer cette destruction est le dégel et surtout la fonte des neiges, quand celles-ci ont imposé un long jeûne aux oiseaux, et en général quand les jours très courts obligent les oiseaux à trouver leur nourriture en peu de temps.

Il faut continuer la destruction jusqu'au moment des nids, car les pies elles-mêmes ressentent les causes qui provoquent la migration des autres oiseaux; elles attrapent « la bougeotte » et se déplacent à travers le pays par bandes et sans direction déterminée. Le résultat de ces déplacements est de répartir les oiseaux sur tout le pays et, si l'on n'y prend garde, de combler les vides que le poison a pu faire par places.

Mais au fur et à mesure que les jours redeviennent plus longs, les oiseaux toucheront de moins en moins aux boulettes et finiront même par n'y plus toucher du tout.

Nous avons, heureusement, un autre moyen plus expéditif que les boulettes de viande et les écailles d'huître, mais qui peut, exceptionnellement toutefois, causer la mort d'un faisan ou d'une perdrix. Il consiste à placer, par terre cette fois, sous une moitié de coquille d'œuf, un petit morceau d'omelette empoisonnée. Ce moyen doit être employé au printemps, quand l'herbe, commençant à pousser, prend une teinte bien verte sur laquelle les coquilles blanches seront visibles de très loin, pour les pies tout au moins, car une perdrix ou un faisan ne trouvera une écaille qu'en arrivant dessus. Les pies, qui, à cette époque, emploient toute leur activité à rechercher les œufs, enlèvent les omelettes si vite que le danger pour le gibier est pratiquement négligeable.

Si vous craignez d'employer le poison, essayez donc, par curiosité, avec de l'omelette non empoisonnée; vous ne risquez rien..., les pies non plus, mais vous serez renseigné.

Toutefois, en fin de destruction, il est prudent de ne mettre des cubes d'omelette qu'aux endroits où l'on voit couramment des pies, près de leur nid par exemple.

. Pour la confection et le dosage des cubes d'omelette, faites faire une poêle à frire rectangulaire de 11 centimètres sur 21, dans laquelle vous ferez votre omelette empoisonnée. Vous renversez l'omelette bien cuite, mais pas brûlée, sur une planche et la découpez en dix tranches égales dans chaque sens, ce qui vous donne 100 cubes d'un centimètre sur deux, contenant chacun la même dose de poison.

Si vous employez la strychnine, faites dissoudre dans 30 centimètres cubes d'eau chaude (au moyen d'un flacon gradué) 1 décigramme de poison. Versez cette solution sur une cuillerée à soupe de farine, puis ajoutez deux œufs et battez longtemps pour répartir le poison dans toute la masse.

Quand l'omelette sera découpée, chaque cube contiendra donc 1 milligramme de strychnine, dose suffisante pour faire mourir (plus ou moins vite) une pie ou un corbeau.

Personne n'avalerait de cette omelette par mégarde, il suffit de se passer un de ces cubes sur le bout de la langue pour se convaincre de son extrême amertume. Quant aux pies, elles en sont très friandes.

Vous pouvez encore profiter du moment où tous les corbeaux et toutes les pies des environs se donnent rendez-vous derrière une charrue.

Dans ce cas, les écailles ne sont pas nécessaires, mais il faut : 1º que tous les oiseaux présents sur le labour aient absorbé chacun au moins une boulette avant que le premier servi ait succombé, car sa chute et ses convulsions mettent tous les autres en émoi et ils ne touchent plus aux boulettes. Il faut donc que « ça ne traîne pas »; 2º il faut qu'après l'opération aucune boulette ne reste à la surface du sol, ceci à cause des chiens et des perdrix.

Munissez-vous, en plus des boulettes empoisonnées, de boulettes inoffensives et laissez-en tomber une de temps en temps sur le labour ou dans la raie. Quand les corbeaux et les pies sont bien habitués à vos boulettes et que vous les voyez se les disputer, vous continuez votre manège en employant toutes vos boulettes empoisonnées dans un seul parcours de charrue. Puis attendez, pour remettre en route, que tous les voraces se soient servis.

Si vous avez pris soin de laisser tomber les boulettes dans la raie même, vous êtes sûr de n'en laisser aucune à découvert après un nouveau passage de la charrue.

Pour réussir complètement et vite, il est indispensable de mettre de nombreuses écailles d'huîtres ou écales d'œufs, espacées sur un grand parcours, et d'y remplacer continuellement les boulettes ou les cubes d'omelette enlevés, et cela, tant que vous verrez voler une pie. Vous constaterez que votre destruction a été bien faite, par la disparition des corvidés, mais vous en trouverez morts beaucoup moins que vous seriez tenté d'espérer. Si vous en retrouvez c'est que vous avez eu la main trop lourde dans le dosage du poison.

Recommandation très importante : Quelle que soit la méthode que vous emploierez, ne confiez le poison qu'à des hommes que vous connaissez comme très honnêtes et très sérieux; les manipulations ne devront être faites que sur des journaux brûlés après chaque fois, et les ustensiles tenus soigneusement sous clef entre chaque opération.

Au point de vue destruction, le tir des couveuses au sortir du nid est bien moins efficace que le poison, mais bien autrement intéressant.

Outre le plaisir qu'on éprouve à détruire sans arrière-pensée un oiseau extrêmement nuisible, c'est un exercice de tir peu banal et qui permet de tirer beaucoup, alors que toutes les autres chasses sont fermées.

Cette chasse consiste à s'en aller soit à pied à travers champs, soit en automobile le long des routes bordées d'arbres, et à s'arrêter au pied de chaque arbre où se trouve un nid de pie.

Au point de vue de la loi, il faut qu'un arrêté préfectoral autorise, ou, ce qui est encore mieux, rende obligatoire la destruction des pies et corneilles couveuses. Le Lieutenant de Louveterie est alors tout désigné comme délégué de la Préfecture pour effectuer, dans son arrondissement, cette destruction le long des routes et canaux appartenant à l'État.

Quant à la destruction des couveuses sur les propriétés particulières ou communales, elle ne devrait être autorisée qu'à jour fixé d'avance, sur autorisation des autorités et publié assez à l'avance pour que quiconque pût se joindre au groupe *unique* de tireurs opérant ensemble sous la conduite d'un garde champêtre ou particulier, ceci pour enlever aux couveuses leurs chances d'échapper et surtout parce que l'œil du voisin et la crainte des indiscrétions est encore ce qu'il y a de mieux contre la tentation de mal faire.

Pour réussir, il faut être au moins deux ou trois autour de l'arbre. Un aide frappe au pied pour essayer de faire partir la couveuse. Je dis essayer, car bien souvent elle refuse obstinément d'obéir à quelque sommation qu'on puisse lui faire.

Elle part mieux quand elle est surprise, c'est-à-dire quand on est arrivé sans bruit. Autrement, elle devine un danger en bas et trouve plus de sécurité à rester dans son nid qu'à se montrer.

Le meilleur moment est par le froid qui oblige la mère à maintenir la chaleur sur les œufs, ou la grande chaleur qui incite la couveuse à faire la sieste.

Tirez du plomb très fin. (Les mêmes cartouches qui conviennent aux bécassines.)

On doit pratiquer cette chasse comme un sport, et même au point de vue destruction « il ne faut tirer dans un nid sous aucun prétexte ».

Voici pourquoi :

1º C'est très irrégulier comme résultat, quelle que soit la munition employée, et il se peut fort bien qu'après plusieurs coups de fusil ou de carabine dans le nid, aucun œuf ne soit cassé et la mère seulement inquiète et toujours sur ses œufs.

2º On ne sait pas ce qu'on fait et ce n'est pas intéressant du tout. Autant tirer sur un fagot.

3º Soit à plomb, soit à balle, on risque de casser les œufs sans tuer la mère (absente ou manquée), et celle-ci peut très bien ne plus revenir, ce qui vous prive de coups de fusil réellement intéressants à la séance suivante.

4º Les pies ainsi contraintes d'abandonner leur nid en feront un nouveau qui, cette fois, vous échappera à cause des feuilles qui auront poussé. Tandis qu'en tuant la mère, en laissant le nid intact, le mâle y ramènera une autre femelle dans un délai parfois assez court, ce qui vous procurera l'occasion de nouveaux coups de fusil, tout en assurant une destruction plus parfaite.

5° Les premiers nids ont bien peu de chances de réussir, car ils sont connus des gens du pays qui y monteront plutôt deux fois qu'une ou même couperont la branche pour avoir les jeunes quand ils les croiront assez gros pour être mis à la casserole. Tandis que les seconds nids, faits quand les feuilles auront poussé, échapperont presque sûrement.

A tous points de vue, vous ne devez tirer dans un nid sous aucun prétexte. Si vous ne prenez pas cette décision une bonne fois et avant de partir, ce n'est pas quand vous serez au pied d'un nid d'où la mère ne veut pas s'en aller, que vous pourrez résister à la tentation. Vous tirerez dans un nid de temps en temps et, plus tard, vous reconnaîtrez que c'est un tort presque toujours.

Une bonne précaution consiste à marquer d'une façon quelconque les arbres où on a tué la couveuse. Vous regagnerez bien au delà le temps que vous aurez perdu, si vous refaites la même tournée peu de temps après.

J'ai tué une fois deux couveuses sortant du même nid, mais j'ai pu remarquer que le mâle ne couve jamais.

Eugène Duflot,
Lieutenant de Louveterie de l'arrondissement de Vervins.

Chasse illustrée.

Destruction des animaux nuisibles par la « Chloropicrine ».

Note sur les conditions de la délivrance de la « chloropicrine » et le mode d'emploi de ce produit pour la destruction des animaux nuisibles dans leurs terriers.

Les personnes qui désirent obtenir de la chloropicrine pour procéder à la destruction des animaux nuisibles (renards, blaireaux, lapins de garenne), doivent formuler une demande à cet effet, en indiquant la commune sur le territoire de laquelle elles se proposent d'effectuer les destructions, les animaux à détruire, le nombre de kilogrammes de chloropicrine demandé et le nom de la personne chargée de l'emploi du produit.

Cette demande, formulée sur papier timbré, sera adressée à M. le Ministre de l'Agriculture (Direction Générale des Eaux et Forêts, 1er bureau), 78, rue de Varenne, Paris (7e), par l'intermédiaire du Maire et du Préfet qui donneront leur avis sur la suite à réserver à la demande.

La Direction Générale des Eaux et Forêts fera parvenir, s'il y a lieu, à la personne désignée pour procéder aux destructions, le bon au vu duquel il lui sera délivré par M. Lormand, chef du Laboratoire des Fraudes de l'École de pharmacie, 4, avenue de l'Observatoire, à Paris, la quantité de chloropicrine indiquée sur ce bon.

La chloropicrine est un liquide volatil qui est utilisé comme produit asphyxiant, et dont l'application à la destruction des animaux nuisibles a donné des résultats satisfaisants. On peut employer la chloropicrine pour la destruction des renards et blaireaux à toute époque de l'année, mais l'on aura le résultat maximum en opérant en avril et mai, époque à laquelle les animaux sont au terrier. On pourra, d'ailleurs, les y faire rentrer par les moyens habituels : battues, chiens courants, etc.

En ce qui concerne le mode d'emploi de la chloropicrine, il faudra au préalable répartir le liquide, qui est délivré en bidons, dans des petites bouteilles d'un quart à un demi-litre. On remplira ces bouteilles à l'aide d'un entonnoir, en se plaçant dans un endroit bien ventilé, de façon que le vent chasse les vapeurs dans la direction opposée à celle de l'opérateur. Ces bouteilles seront bouchées au liège et conservées jusqu'à leur utilisation. Un litre de chloropicrine suffit, en général, pour trois ou quatre terriers.

Toutes les issues d'un terrier étant repérées soigneusement, il suffira de boucher tous les orifices, à l'exception de l'orifice le plus élevé. Dans cet orifice, on lancera la bouteille de chloropicrine débouchée et on bouchera cet orifice par un peu de terre. Il suffira, au bout de deux ou trois heures, de défoncer le terrier pour constater la destruction des fauves. On pourra, si on le veut, laisser un des trous inférieurs du terrier non bouché ; dans ce cas, les fauves sortiraient par cet orifice, et on pourra les tirer.

Cette méthode est celle qui a donné les meilleurs résultats à M. Lormand, qui en a fait l'objet d'une communication à l'Académie d'Agriculture.

On peut aussi employer pour l'injection dans la terre le pal injecteur ou la tarière, mais ces méthodes nécessitent un appareillage compliqué, et l'on obtient des résultats aussi satisfaisants avec la simple bouteille versée dans l'orifice supérieur du terrier. Si on se met en bonne direction par rapport au vent, il n'est point nécessaire, dans toutes ces opérations, de se munir de masques. On pourra cependant, pour obtenir le maximum de sécurité, se servir du masque utilisé pendant la guerre (masque A.R.S.), chargé d'une cartouche spéciale pour la chloropicrine.

Les personnes qui ont effectué des destructions d'animaux nuisibles à l'aide de chloropicrine sont priées d'en informer la Direction Générale des Eaux et Forêts, en lui adressant un compte rendu succinct indiquant les dispositions prises et les appareils utilisés pour l'application du produit, les quantités de chloropicrine employées et les résultats obtenus.

EXTRAIT

DU

DICTIONNAIRE GÉNÉRAL
DES EAUX ET FORÊTS [1]

1. Actuellement en cours de publication.

ANIMAL NUISIBLE

SECT. I. — RÉGIME DE LA LOI DE 1844.

1. *Espèces. Désignation.* — Le Préfet déterminera les espèces d'animaux malfaisants ou nuisibles que le propriétaire, possesseur ou fermier, pourra en tout temps détruire *sur ses terres.* (Loi du 3 mai 1844, art. 9, § 3.)

2. *Terrain d'autrui.* — Le fait de se livrer, sans permis ni autorisation, à la destruction des animaux malfaisants sur le terrain d'autrui, constitue un délit de chasse qui ne peut être couvert par la ratification ultérieure du propriétaire de ce terrain. (Bordeaux, 1er avril 1852.)

3. *Droit de destruction. Caractère.* — Le propriétaire ou fermier peut user du droit de destruction, abstraction faite de tout dommage causé aux récoltes agricoles. Ce droit s'applique par suite, aux forêts, aux landes et aux friches. (Ch. Guyot.)

Les mesures de destruction sont laissées à l'initiative des intéressés agissant isolément, chacun sur son terrain, sans intervention de l'Administration. (Ch. Guyot.)

4. *Nomenclature. Pouvoir des Préfets.* — L'arrêté préfectoral, pris après avis du Conseil Général, doit contenir la nomenclature des animaux.

Le Préfet est libre de donner à cette nomenclature une extension plus ou moins grande, il suffit qu'il s'agisse d'animaux sauvages, non domestiques. Il n'est pas obligé de se borner aux quadrupèdes, il peut aussi y comprendre les oiseaux réputés malfaisants. (Ch. Guyot.)

5. *Animaux comestibles.* — Parmi les animaux comestibles qui figurent dans les arrêtés préfectoraux on cite : le sanglier, le cerf et la biche, ainsi que le lapin qui y est classé comme malfaisant eu égard à sa multiplication excessive et à ses dégâts dans les terrains agricoles ou forestiers.

6. *Classification. Révision.* — Le fait, par un arrêté préfectoral, d'avoir classé un animal parmi les animaux malfaisants et nuisibles ne dispense pas le juge d'examiner si, en réalité, cet animal ne doit pas être rangé dans les bêtes fauves. (Douai, 17 février 1897.) Voir Bête fauve.

7. *Destruction. Légitime défense.* — Le fait, de la part du propriétaire ou du

fermier, de repousser ou détruire des bêtes fauves nuisibles (ne figurant pas à l'arrêté du Préfet) sur le lieu et au moment où ils portent dommage à ses récoltes, constitue, non pas un acte de chasse, mais l'exercice d'un droit de légitime défense s'il s'agit de *bêtes fauves*. (Douai, 6 décembre 1882.)

8. *Droit de destruction. Actes de chasse. Délit. Nuit.* — Si le droit de destruc-truction des animaux nuisibles reconnu par l'article 9 de la loi du 3 mai 1844 ne doit pas être assujetti à des formalités qui porteraient atteinte à son entier exercice (obligation du permis de chasse), il n'en saurait toutefois être ainsi, quand les procédés employés, tout en ayant la destruction comme résultat inévitable, constituent de véritables actes de chasse. (Poitiers, 5 juin 1905.) Le Préfet peut toujours imposer l'obligation du permis de chasse.

Le permis de chasse n'est pas nécessaire pour l'exercice du droit de des-truction des bêtes fauves. Le propriétaire, en ce cas, use du droit de légitime défense.

Cette destruction peut avoir lieu aussi bien la nuit que le jour, et le droit de destruction peut être délégué. (Amiens, 29 décembre 1880.)

Lorsque l'arrêté préfectoral ne porte aucune clause restrictive, la destruc-tion des animaux nuisibles peut avoir lieu pendant la nuit. (Cass. 9 août 1877.)

9. *Neige.* — La destruction des animaux nuisibles peut être faite en temps de neige, lors même que, pendant ce temps, la chasse serait défendue. (Puton. Louveterie, p. 363.)

10. *Fusil. Emploi.* — L'emploi du fusil doit être considéré comme licite lorsqu'il n'est pas expressément prohibé par l'arrêté préfectoral. (Cass. 16 jan-vier 1903.) Mais en temps de fermeture de la chasse, il peut être limité à une certaine date et soumis à certaines conditions. (Paris, 17 février 1899.)

11. *Engins. Emploi.* — Le Préfet doit avoir soin de préciser dans son arrêté les engins dont il autorise l'emploi ; dans le cas d'une désignation incomplète, il appartient aux tribunaux d'apprécier. (Ch. Guyot.)

La destruction doit s'entendre de l'emploi de tous procédés ayant pour résultat de mettre l'animal malfaisant hors d'état de nuire. Il n'y a pas, par suite, contravention à un arrêté préfectoral de la part d'un propriétaire qui après avoir capturé des lapins les enferme dans un enclos pour les chasser ensuite. (Cass. 26 juillet 1907.)

12. *Engins. Détention.* — Les engins qui servent à détruire les animaux malfaisants ne deviennent engins prohibés que s'ils sont placés dans d'autres lieux que ceux indiqués par l'arrêté préfectoral ; par suite la détention de pièges en fer ne constitue aucun délit. (Caen, 11 juillet 1874.)

13. *Poison. Emploi. Appâts empoisonnés.* — L'emploi peut être subordonné à certaines conditions, à l'observation de certaines précautions dont l'inobser-vation fait encourir les peines de l'article 12, § 2 de la loi du 3 mai 1844.

Dans un domaine *non clos*, le propriétaire n'a pas le droit de mettre des appâts empoisonnés pour la destruction des animaux nuisibles, sans autorisation et sans avertir les voisins, sous peine de dommages-intérêts pour les animaux domestiques qui seraient victimes de ces appâts empoi-sonnés.

14. *Chiens. Lévriers. Emploi.* — Les Préfets pourront prendre des arrêtés pour autoriser l'emploi des chiens lévriers pour la destruction des animaux nuisibles. (Circ. n° 72.)

15. *Propriétaire. Assimilation.* — Au propriétaire ou possesseur on assimile l'usufruitier, l'emphytéote et l'usager civil.

16. *Destruction. Cessibilité du droit.* — Le droit de destruction des animaux nuisibles exercé par les propriétaires, possesseurs ou fermiers ne doit pas être confondu avec un droit de chasse permanent.

Si le droit de destruction est accessible, au moins faut-il que la cession soit prouvée, sans quoi les locataires de la chasse et leurs invités ne sauraient y participer. (Lyon, 13 mars 1903.)

17. *Propriétaire. Location. Droit de destruction.* — A moins de stipulation contraire, le propriétaire qui loue la chasse sur les terres qu'il cultive lui-même conserve, au regard de son locataire de la chasse, le droit de détruire les animaux nuisibles et malfaisants, et il peut déléguer ce droit à un tiers. (Trib. corr. de Compiègne, 7 juillet 1885.)

Le propriétaire peut se réserver le droit de destruction et il peut convenir avec le locataire de la chasse que celui-ci pourra détruire les animaux malfaisants, soit seul, soit concurremment avec lui.

Ainsi dans les forêts domaniales, le droit de destruction appartient aux adjudicataires de la chasse ou à leurs délégués, avec cette réserve qu'ils n'useront de ce droit qu'avec l'assentiment et sous la surveillance de l'Administration forestière. (Chasse, Cah. des ch. 23.)

SECT. II. — RÉGIME DE LA LOI DE 1884.

18. *Propriétés boisées. Autorité municipale.* — Le maire est chargé de prendre, de concert avec les propriétaires ou les détenteurs du droit de chasse, dans les buissons, bois et forêts, toutes les mesures nécessaires à la destruction des animaux nuisibles désignés dans l'arrêté du Préfet pris en vertu de l'article 9 de la loi du 3 mai 1844. (Loi du 5 avril 1884, art. 90.)

19. *Arrêté municipal. Pénalités.* — L'arrêté du maire, relatif à la destruction des animaux nuisibles, n'est obligatoire qu'autant qu'il a été publié, affiché ou notifié individuellement. (Loi du 5 avril 1884, art. 96).

20. *Propriétés boisées. Procédés de destruction.* — Dans les limites de leur circonscription communale, les maires peuvent autoriser les procédés les plus communément usités, savoir : les pièges, le poison et les armes à feu ; ils peuvent aussi organiser des battues. Ces mesures sont soumises au contrôle du Conseil municipal et la surveillance de l'Administration supérieure. (Circ. Min. du 4 décembre 1884.)

21. *Battues. Terrain d'autrui.* — Les battues organisées par les maires, pour la destruction des animaux nuisibles, ne sont exécutoires sur le terrain d'autrui qu'avec le consentement du propriétaire. (Circ. du Min. de l'Int. du 4 décembre 1884.)

Il n'est pas nécessaire que le maire assiste personnellement à l'exécution des mesures prises par lui pour la destruction des animaux nuisibles. (Cass. 12 juin 1886.)

22. *Loups. Sangliers. Destruction.* — Le maire est chargé, pendant le temps de neige, à défaut des détenteurs du droit de chasse, à ce dûment invités, de détourner les loups et sangliers remis sur le territoire de la commune ; les mesures qu'il prescrit à cet effet sont exécutoires sur le terrain d'autrui, sans le consentement du propriétaire. Les habitants qui n'obéissent pas à la réquisition du maire sont passibles des peines de simple police. (Loi du 5 avril 1884, art. 90.)

Les personnes qui participent à ces chasses n'ont pas besoin de permis de chasse.

Le maire n'a des pouvoirs qu'en temps de neige et sur les limites du territoire municipal, mais dans ces limites, il peut ordonner la destruction sur tous les terrains boisés ou non et quelles qu'en soient les propriétés, en employant la battue et la chasse collective, soit séparément, soit cumulativement. (Ch. Guyot.)

23. *Forêts soumises au régime forestier.* — Les mesures de destruction prescrites par l'autorité municipale ne sont pas soumises à la surveillance de l'administration forestière qui n'a à intervenir que si elles étaient exécutées dans les forêts soumises au régime forestier. (Circ. Min. du 4 décembre 1884.)

Lorsqu'il s'agit de la destruction de sangliers et autres animaux malfaisants dans les bois ou forêts appartenant à l'Etat, le maire d'une commune ne saurait faire exécuter un arrêté pris par lui, conformément à l'article 90 de la loi du 5 avril 1884, sans le porter officiellement à la connaissance de l'Administration forestière et sans la mettre ainsi à même d'intervenir, si bon lui semble, dans cette destruction. (Trib. corr. de Compiègne, 29 juillet 1885.)

SECT. III. — RÉGIME DE L'ARRÊTÉ DU 19 PLUVIÔSE AN V.

24. *Mesures de destruction. Caractère.* — Les mesures prises en vue de la destruction des animaux nuisibles au sens de l'arrêté du 19 Pluviôse an V se distinguent par leur caractère d'utilité publique. Ce sont des mesures administratives qui sont imposées aux propriétaires sans avoir besoin de leur assentiment ou de leur coopération et même malgré eux. (Ch. Guyot.)

25. *Nomenclature.* — Aucun texte ne donne une énumération complète de ces animaux nuisibles qui ne sont pas nécessairement les mêmes que ceux désignés sous le nom de bêtes fauves. On est fixé pour cinq espèces d'animaux sauvages : le loup, le renard, le blaireau, le sanglier et la loutre. Il y en a d'autres, puisque les textes ne sont pas limitatifs, et on y range aussi les chats sauvages, les putois, fouines et en général toutes les bêtes puantes. Les tribunaux ont le soin de décider dans chaque affaire de la nocuité d'un animal. (Ch. Guyot.)

26. *Législation.* — La législation des animaux nuisibles visés ci-dessus est fondée : 1° sur l'arrêté du 19 Pluviôse an V et sur l'Ordonnance du 20 août 1814 rendue en application de cet arrêté ; 2° sur la loi du 10 messidor an v, relative à la destruction des loups ; 3° sur l'article 90 de la loi du 5 avril 1884.

27. *Application. Attributions.* — L'application de cette législation rentre actuellement dans les attributions du Ministre de l'Agriculture (Décret du 24 février 1897), et c'est la Direction Générale des Eaux et Forêts qui est chargée du service concernant les mesures en vue de la destruction des animaux nuisibles.

28. *Louveterie.* — Pour assurer la destruction des animaux nuisibles on a institué la Louveterie.

29. *Battues. Chasses collectives.* — Les battues et chasses collectives sont souvent ordonnées concurremment. Les unes et les autres nécessitent la réu-

nion d'un certain nombre de tireurs autour de l'enceinte où se trouvent les animaux nuisibles. Dans la battue ce sont les traqueurs qui sont chargés de faire vider l'enceinte, tandis que la chasse comporte l'emploi de chiens que l'on découple et qui peuvent ensuite poursuivre les bêtes sauvages. (Ch. Guyot.)

30. *Permissions individuelles speciales.* — Les corps administratifs (Préfets) sont autorisés à permettre aux particuliers de leur arrondissement qui ont des équipages et autres moyens pour les chasses aux animaux nuisibles de s'y livrer sous l'inspection et la surveillance des agents forestiers. (Arr. du 19 Pluviôse, an v, art. 5.) Voir Puton, Louveterie.

Les permissions spéciales ne doivent être données qu'exceptionnellement. Elles peuvent être données à des personnes qui ne sont ni propriétaires, ni détenteurs du droit de chasse et qui n'ont aucune récolte à défendre, ainsi qu'aux Lieutenants de Louveterie.

L'arrêté préfectoral n'est subordonné à aucune formalité ; il n'est pas nécessairement publié.

Le permissionnaire peut se faire aider des gens de son équipage et employer des chiens, mais il lui est interdit de convoquer traqueurs et tireurs.

Il devra s'entendre avec l'agent forestier local qui désigne le préposé chargé de la surveillance des chasses. (Ch. Guyot.) Voir Circ. Min. 1er mars et 11 avril 1865. (Rep. for. t. II, p. 279 et 278.)

31. *État des animaux détruits. Louveterie.* — L'état des animaux nuisibles détruits par les Lieutenants de Louveterie (série 8, n° 6) n'est plus transmis à l'Administration. (Circ. n° 416.)

Chasse illustrée.

BATTUES

SECT. I. — GÉNÉRALITÉS.

1. *Objets.* — Les battues ont pour objet la destruction des loups, renards, sangliers, blaireaux et autres animaux nuisibles.

2. *Classification.* — Les battues se divisent :

1° En battues administratives ordonnées par le Préfet dans l'intérêt public ;

2° En battues municipales organisées par le maire dans les conditions fixées par la loi municipale ;

3° En battues privées organisées par le propriétaire ou le fermier de la chasse sur son terrain en temps d'ouverture. (Voir Circ. Min. des 14 septembre 1915 (*J. O.* du 22 septembre) et 4 septembre 1916 (*J. O.* du 5 septembre.)

SECT. II. — BATTUES ADMINISTRATIVES ORDONNÉES PAR LE PRÉFET.

A. — *Principes. Objets divers.*

3. *Principes. Conditions. Terrain d'autrui.* — Les battues générales prescrites par l'autorité administrative, dans un intérêt public, et qui peuvent être faites sur le terrain d'autrui, contre la volonté des propriétaires, sont des mesures exceptionnelles, dont la légalité est subordonnée à certaines conditions imposées pour la protection des propriétés particulières, pour la sécurité des personnes et pour l'efficacité de la poursuite des animaux nuisibles.

En dehors de ces conditions, la battue devient une chasse ordinaire soumise aux prescriptions de la loi du 3 mai 1844 et de l'arrêté du 19 Pluviôse an V. Peu importe qu'elle soit faite par un Lieutenant de Louveterie ou l'un de ses préposés, ou un simple particulier. (Paris, 29 novembre 1882.)

4. *Nombre. Epoques.* — Il sera fait dans les forêts nationales et dans les campagnes, tous les trois mois et plus souvent, s'il est nécessaire, des chasses et battues générales ou particulières aux loups, renards, blaireaux et autres animaux nuisibles. (Arr. 19 Pluviôse an V. art. 2.)

5. *Epoques.* — Les battues générales doivent avoir lieu, de préférence, à deux époques de l'année, savoir : au mois de mars, avant que les récoltes ne soient sorties de terre et vers le mois de décembre, aux premières neiges. (Ins. Min. de l'Intérieur, 9 juillet 1818.)

6. *Délai.* — Lorsqu'un arrêté préfectoral ordonnant une battue n'a pas fixé de délai, l'Administration est présumée s'être reposée sur le Lieutenant de Louveterie du soin d'en apprécier l'opportunité, suivant les besoins de l'agriculture et les convenances des habitants. (Bourges, 24 mars 1870.)

7. *Forêt domaniale. Adjudicataire de la chasse. Trouble de jouissance.* — Il n'y a pas lieu à dommages-intérêts au profit de l'adjudicataire du droit de chasse dans une forêt domaniale qui se plaint du trouble apporté à sa jouissance par une battue au sanglier ordonnée sans mise en demeure préalable en vertu de l'arrêté du 19 Pluviôse an V, sur l'initiative de l'Administration forestière. Cette initiative, autorisée par l'article 3 dudit arrêté, ne constitue pas une violation des clauses du Cahier des charges de l'adjudicataire. (Cass. 7 novembre 1905 et 29 juin 1910. Poitiers, 13 novembre 1911.)

B. — *Autorisation.*

8. *Arrêté.* — Les battues pour la destruction des animaux nuisibles doivent être l'objet d'un arrêté fixant le nombre des battues à effectuer pendant un délai déterminé, le territoire sur lequel les battues auront lieu et les espèces d'animaux à détruire.

9. *Décision.* — Les Préfets ordonnent des battues, soit sur l'avis du maire et du Sous-Préfet, soit sur la plainte d'un certain nombre de propriétaires. (Circ. Min. 22 juillet 1851.)

10. *Battues. Arrêtés. Conditions.* — Les Préfets ne peuvent ordonner des battues, pour la destruction des animaux nuisibles, que de concert avec les agents forestiers. (Cons. d'État, 12 mai 1882.)

11. *Autorisation.* — Les battues ne peuvent faire l'objet d'autorisation permanente. (Circ. du Ministre de l'Intérieur, 1er mars 1865.)

12. *Bois communaux.* — Les Sous-Préfets autorisent des battues pour la destruction des animaux nuisibles, dans les bois des communes et des établissements de bienfaisance. (Décr. 13 avril 1861, art. 6.)

13. *Condition. Demande.* — Les chasses et battues seront ordonnées par les administrations centrales des départements (Préfets), de concert avec les agents forestiers de leur arrondissement, sur la demande de ces derniers et sur celle des administrations municipales de canton. (Règl. 20 août 1814, § 11. Arr. 19 Pluviôse an V, art. 3.) La demande ou proposition de battue peut être faite par toute personne. (Ch. Guyot.)

14. *Prescription. Exécution.* — Les Préfets peuvent ordonner d'office des battues aux loups (Règl. du 20 août 1814, art. 11) même dans les bois soumis au régime forestier, sauf à en donner avis aux agents forestiers et aux Officiers de Louveterie, qui doivent diriger ces chasses et régler, de concert avec les maires, les mesures à prendre pour leur exécution. Si l'Officier de Louveterie est désigné, on doit s'entendre avec lui ; s'il n'est pas désigné, la battue sera

dirigée par un agent forestier, qui s'entendra avec le maire. (Décis. Min. 10 septembre 1850. Circ. A 660.)

15. *Autorisation.* — Les Préfets ont seuls qualité pour ordonner des battues dans les bois de l'État. Ils peuvent provoquer cette mesure. (Circ. A 809.)

16. *Instructions préfectorales. Interprétation.* — Les instructions sous forme de lettres, envoyées postérieurement à l'arrêté préfectoral autorisant une battue, ne constituent pas des décisions administratives dont l'interprétation échappe à l'autorité judiciaire. (Angers, 27 octobre 1894. Cass. 30 mai 1895. Rennes, 20 novembre 1895.)

17. *Arrêté préfectoral. Indications essentielles.* — Le Préfet doit spécifier le territoire sur lequel la battue aura lieu, préciser les espèces d'animaux qu'on se propose de détruire ; il peut déterminer les moyens dont l'emploi est autorisé. Si la battue est seule mentionnée, on ne peut la transformer en chasse et l'emploi des chiens est interdit. (V. Rép. For. 8, p. 134. Puton, Louveterie, nos 142 et 143.)

18. *Arrêté préfectoral. Validité.* — L'arrêté préfectoral n'est pas nécessairement publié et n'a pas besoin d'être notifié aux propriétaires des bois dans lesquels la battue s'opère. (Paris, 28 févr. 1874.) Voir Puton, Louveterie, p. 152.

C. — Exécution.

§ 1. Surveillance.

19. *Exécution. Concours. Direction. Surveillance.* — Les Lieutenants de Louveterie, pour l'exécution des battues autorisées, ne sont tenus qu'à se concerter avec l'Administration forestière, sous la surveillance de laquelle ces battues doivent être effectuées. (Cass. 21 janvier 1864.)

Les battues autorisées doivent être dirigées par les Lieutenants de Louveterie, sous la surveillance des agents forestiers, dont le concours est indispensable. (Circ. du Ministre de l'Intérieur, 22 juillet 1851.)

La présence du Lieutenant de Louveterie n'est pas indispensable, mais en son absence, toute battue exécutée sans le représentant de l'Administration forestière est illégale, bien qu'elle ait été dûment autorisée et ceux qui y prendraient part sont en délit. (Cass. 18 janvier 1898.) Voir Rép. For. 8, p. 257.

20. *Faire le bois. Délit. Surveillance.* — Lorsqu'il est constaté qu'en vue d'une chasse en battue de sangliers, autorisée par arrêté préfectoral, les prévenus avaient, sans avoir de chien, fait le bois, la veille du jour fixé pour la battue, cet acte de recherche initiale constitue un délit de chasse, si, contrairement aux prescriptions de l'arrêté du 19 Pluviôse an V, il s'est accompli hors de la surveillance d'un agent forestier.

... Et ce délit ne saurait être excusé par le motif que la faute, si elle a été commise, ne pourrait retomber que sur l'agent, qui, délégué par son Administration, n'avait pas jugé utile d'assister à un acte qu'il regardait comme préliminaire et préparatoire. (Cass. 29 juin 1889.)

21. *Autorisation régulière.* — Une simple lettre du Préfet contenant réquisition aux Officiers de Louveterie de faire une battue, sans l'accomplissement des conditions réglées par les lois sur la matière, ne peut autoriser ou régulariser l'introduction des Lieutenants de Louveterie dans les propriétés particulières. (Cass. 3 janvier 1840.)

22. *Formalités. Exécution. Décision.* — Lorsque les Préfets ordonnent des

battues pour la destruction des loups, les Conservateurs veillent à ce que toutes les formalités prescrites par l'arrêté du 19 Pluviôse an V soient ponctuellement exécutées.

Ils recommandent de rapporter des procès-verbaux contre les individus appelés, qui abandonneraient les battues pour se livrer à la chasse du gibier, et ils proposent, contre les gardes qui auraient contrevenu aux dispositions des lois et règlements, telle peine qu'ils jugent convenable. (Instr. 23 mars 1821.)

23. *Arrêté préfectoral. Infraction.* — L'infraction à un arrêté préfectoral qui fixe les conditions d'exécution d'une battue constitue le délit réprimé par l'article 11 de la loi du 3 mai 1844. (Besançon, 21 juillet 1877.)

24. *Exécution. Surveillance. Traqueurs.* — Les battues ordonnées seront exécutées sous la direction et la surveillance des agents forestiers, qui règleront, de concert avec les administrations municipales de canton, les jours où elles se feront et le nombre d'hommes qui y seront appelés. (Règl. 20 août 1814, art. 11. Ord. 20 juin 1845, art. 4. Arr. 19 Pluviôse an V, art. 4.)

25. *Exécution. Condition.* — L'arrêté ministériel du 4 septembre 1915 recommande de ne procéder aux battues administratives pour la destruction des animaux reconnus nuisibles que sur les terrains dont les propriétaires ou leurs ayants droit ont négligé d'effectuer eux-mêmes les destructions nécessaires. Aucune disposition impérative de l'arrêté du Directoire du 19 Pluviôse an V, toujours en vigueur, n'exige pour les battues ordonnées par les Préfets, de concert avec l'administration forestière, une mise en demeure préalable adressée aux propriétaires intéressés. (Cons. d'État, 5 août 1921.)

26. *Chasseur. Exclusion.* — Les agents ou préposés chargés de diriger une battue peuvent refuser d'y admettre ou en exclure des chasseurs, sans même avoir à faire connaître les motifs de cette injonction. En cas de refus de la part du chasseur de quitter la battue, il est réputé avoir chassé en temps prohibé ou sur un terrain d'autrui et doit être puni comme tel. (Trib. d'Arbois, 5 mars 1878.)

27. *Bois et terrains particuliers.* — Les battues peuvent se faire dans les campagnes et bois, *non clos*, soumis au régime forestier ou appartenant aux particuliers, sans avoir besoin de demander l'assentiment des propriétaires. (Circ. Min. 22 juillet 1851.)

28. *Animaux. Désignation.* — Les battues ne peuvent être effectuées que contre les animaux désignés dans les arrêtés ordonnant les battues. (Circ. Min. 22 juillet 1851.)

§ 2. *Concours.*

29. *Convocation. Refus. Pénalité.* — En cas de battue, le Préfet prévient le maire de la commune sur laquelle doit se faire la battue, et le maire convoque les tireurs et traqueurs qui en doivent faire partie. Après la battue, le maire adresse au Préfet la liste des habitants convoqués qui ne se sont pas présentés, et il leur est fait application de l'article 63 de l'arrêt du Conseil du 25 février 1697. L'amende est de dix francs. (Cass. 13 juillet 1810. Trib. de paix Châteauneuf, 19 mars 1902.)

30. *Réquisition. Refus. Pénalité.* — Les peines édictées par l'article 471, § 15, du code pénal sont applicables à ceux qui, le pouvant, s'abstiennent d'obéir à la réquisition de l'autorité municipale, à l'effet de concourir à une battue

régulièrement ordonnée pour la destruction des animaux nuisibles. (Vaucouleurs, 2 août 1861.)

Ceux qui auront contrevenu aux règlements ou arrêtés publiés par l'autorité municipale, en vertu de la loi des 16-24 août 1790, articles 3 et 4, et de la loi des 19-22 juillet 1791, article 40, encourront :

Amende : 1 à 5 francs (Cod. Pén. 471, § 15.)

31. *Refus de concours. Réquisition. Pénalité.* — Seront punis, ceux qui, le pouvant, auront refusé ou négligé de prêter le concours dont ils auront été requis en cas de calamité (battue) :

Amende : 1 à 10 francs. (Cod. Pén. 475, § 12. Lettre de l'Administration, 14 août 1845.)

32. *Gibier. Chasse.* — Il doit être dressé des procès-verbaux contre ceux qui, appelés aux battues, les abandonneraient pour se livrer à la chasse du gibier. (Instr. 23 mars 1821.)

33. *Chevreuil tué au lieu d'un loup.* — Il n'y a pas délit de chasse de la part d'un chasseur qui, dans une battue pour la destruction des animaux nuisibles tire au jugé dans un fourré et tue un chevreuil au lieu d'un loup, alors que l'animal tué avait déjà essuyé plusieurs coups de feu et que celui qui l'a tué n'a pas pu connaître l'animal sur lequel il tirait. (Cass. 16 novembre 1866.)

34. *Forêts domaniales. Fermiers de la chasse.* — Les fermiers souffriront en outre des battues prévues à l'article 18 et sans mise en demeure, les battues qui pourront être ordonnées pour la destruction des loups et autres animaux nuisibles, en vertu des lois et règlements existants. Ils concourront à ces battues (Ord. 20 juin 1845. Cah. des ch. 24.) Cet article s'applique aux battues administratives proprement dites, ordonnées dans un but d'intérêt général. (Circ. N. 718.)

35. *Indemnité.* — Il n'est dû aucune indemnité aux personnes qui participent aux battues.

36. *Organisateur. Responsabilité.* — L'organisateur d'une battue qui n'a pas pris les précautions nécessaires est civilement responsable, si un traqueur reçoit un coup de feu, même si l'imprudence d'un des chasseurs était démontrée. Cette circonstance aurait pour effet de faire peser la responsabilité sur l'organisateur et le chasseur solidairement. (Amiens, 5 juillet 1895.)

SECT. — III. BATTUES MUNICIPALES.

37. *Destruction des animaux nuisibles. Neige. Chasse.* — Le maire est chargé sous le contrôle du conseil municipal et la surveillance de l'autorité supérieure :

. . . .

9° De prendre, de concert avec les propriétaires ou les détenteurs du droit de chasse dans les buissons, bois et forêts, toutes les mesures nécessaires à la destruction des animaux nuisibles désignés par l'arrêté préfectoral ;

De faire, pendant le temps de neige, à défaut des détenteurs du droit de chasse, à ce dûment invités, détourner des loups et sangliers remis sur le territoire ; de requérir, à l'effet de les détruire, des habitants avec armes et chiens propres à la chasse de ces animaux ;

De surveiller, d'assurer l'exécution des mesures ci-dessus et d'en dresser procès-verbal. (Loi du 5 avril 1884, art. 90.)

Ainsi, le Préfet n'a pas à intervenir. Il n'est pas fait mention des Lieutenants de Louveterie ni des Officiers ou préposés forestiers dont a présence n'est pas imposée. L'entente avec les détenteurs du droit de chasse suffit, mais elle est essentielle, sauf pour la destruction des loups et des sangliers en temps de neige.

38. *Animal nuisible. Non-délit.* — Ne commettent pas un délit de chasse, les personnes chargées par le maire de faire une battue aux sangliers, dans les conditions de la loi du 5 avril 1884, art. 90, alors même : 1º que la battue n'a pas été l'objet d'un arrêté municipal ; 2º que le maire ne l'a pas personnellement surveillée ; 3º que l'Administration des Forêts n'a pas été invitée à la surveiller, la battue devant avoir lieu dans une forêt communale soumise au régime forestier. (Toulouse, 16 novembre 1894.)

39. *Animal nuisible. Moyens de destruction.* — Rentre dans les pouvoirs conférés au maire, l'autorisation de faire usage de panneaux, afin de rendre les battues plus efficaces.

Il n'est pas nécessaire que les mesures jugées utiles par le maire pour la destruction des animaux nuisibles fassent l'objet d'un arrêté spécial.

De même, il n'est pas nécessaire que le maire assiste personnellement à l'exécution des mesures prises. (Cass. 12 juin 1886.)

40. *Chasseurs. Convocation. Bonne foi.* — Des chasseurs qui ont participé à une battue irrégulière sur la convocation du maire ne sont à l'abri des poursuites, nonobstant leur bonne foi, que si cette convocation a eu le caractère de la réquisition légale prévue par l'article 90, nº 9, de la loi du 5 avril 1884. (Cass. 12 juin 1886.)

41. *Réquisition. Destruction d'animaux nuisibles. Refus. Pénalité.* — Les habitants qui n'obéissent pas à la réquisition du maire, pour les chasses ordonnées pour la destruction des animaux nuisibles, sont passibles des peines de simple police. Amende : 1 à 5 francs. (Cod. Pén. 471 § 15.)

42. *Maire. Irrégularité. Compétence.* — Les irrégularités commises par le maire, organisateur d'une battue aux sangliers, constituent des faits personnels, dont il appartient à l'autorité judiciaire d'apprécier les conséquences. (Cass. 12 juin 1886.)

SECT. IV. — BATTUES PRIVÉES.

43. *Bois domaniaux. Principe.* — Il appartient au Conservateur de déclarer qu'il y a surabondance de gibier et de mettre l'adjudicataire en demeure, par sommation extra judiciaire, de détruire dans un délai déterminé les animaux dont le nombre et l'espèce lui sont indiqués. Faute par le premier de satisfaire à la mise en demeure, le service forestier peut procéder d'office à des destructions par tous les moyens qu'autorisent la loi et les règlements et notamment par des chasses ou par des battues. (Cah. des ch. 18.)

44. *Bois domaniaux. Chasse. Bail.* — La chasse en traques ou en battues est permise aux fermiers de la chasse à tir. Toutefois, ce mode de chasse ne pourra être pratiqué pendant la dernière année du bail qu'avec l'autorisation du Conservateur. (Cah. des ch. 16. Circ. N. 865.)

45. *Bois communal. Bail. Interdiction.* — La prohibition de faire des battues sans autorisation, dans les forêts confiées à la surveillance de l'Administration Forestière, comporte interdiction, pour les fermiers du droit de chasse, de se livrer à la chasse avec traque et battue. (Cass. 30 février 1847.)

46. *Particulier. Propriétés.* — Le Préfet peut autoriser le propriétaire lui-même à faire, sur ses terres, des battues aux animaux nuisibles (sangliers) lorsque leur multiplication donne lieu à des plaintes de la part des habitants. (Poitiers, 10 décembre 1836.)

L'article 9, § 3 *in fine* de la loi sur la chasse implique pour le propriétaire, en cas d'urgence, le droit d'organiser une battue et de se faire aider et assister par tels auxiliaires qu'il lui plaira de choisir. (Caen, 26 juin 1878.)

47. *Accident. Responsabilité.* — Lorsque, dans une battue organisée en commun, un traqueur est blessé par suite de l'imprudence des chasseurs, chacun de ceux-ci doit être tenu pour sa part et portion des condamnations solidaires prononcées contre eux s'il n'est pas possible d'imputer avec certitude à l'un des chasseurs le fait dont a souffert la victime. (Paris, 15 juin 1867.)

48. *Imprudence. Responsabilité.* — Lorsque le garde du propriétaire a été chargé par celui-ci d'organiser une battue, l'homicide par imprudence commis par ce garde engage la responsabilité du propriétaire, conformément à l'article 1384 du code civil. (Rouen, 1er mars 1893.)

SECT. V. — RÉSULTATS DES BATTUES. PROPRIÉTÉ DES ANIMAUX TUÉS.

49. *Animaux tués. Procès-verbal.* — Il sera dressé procès-verbal de chaque battue, du nombre et de l'espèce des animaux qui auront été détruits. (Arr. 19 Pluviôse an V, art. 6.) L'état des animaux nuisibles détruits par les Lieutenants de Louveterie ne sera plus adressé à l'Administration. (Circ. N. 416.)

50. *Animaux tués. Propriété.* — Le fermier du droit de chasse dans une forêt de l'État n'a pas droit à la propriété des animaux nuisibles (sangliers) tués par un tiers, dans une battue ordonnée par l'autorité administrative, alors d'ailleurs qu'une clause du bail oblige le fermier à souffrir, en pareil cas, la destruction de ces animaux. (Cass. 22 juin 1843). Les animaux tués dans les battues appartiendront à ceux qui les auront abattus. (Cah. des ch. 18.) (Art. 28 de la loi de finances du 30 octobre 1903.)

51. *Animaux tués. Transport.* — Les animaux tués dans une battue (chevreuils, sangliers) peuvent être transportés au domicile des individus qui ont pris part à cette battue. (Rouen, 22 juin 1865.)

BÊTES FAUVES

1. *Définition.* — Le terme « bête fauve » s'applique à tous les animaux sauvages, que leur nature ou leurs habitudes rendent particulièrement redoutables pour la propriété aussi bien mobilière qu'immobilière.

2. *Nomenclature.* — Aucun texte ne donne une énumération complète ; d'après la jurisprudence, on peut ranger dans les bêtes fauves :

Le loup (Cass. 28 avril 1873) ;

Le renard (Poitiers, 29 octobre 1886) ;

Le sanglier (Cass. 13 avril 1856, 29 décembre 1883) ;

Le cerf (Cass. 14 avril 1848 ; Rouen, 25 février 1875) ;

Le blaireau (Trib. de Castres, 8 décembre 1905 ; Orléans, 6 mars 1906) ;

La loutre (Douai, 17 février 1897) ;

Les fouines et putois (Cass. 23 juillet 1858.)

3. *Droit de destruction. Principe.* — Les propriétaires ou les fermiers ont le droit de repousser ou de détruire, même avec des armes à feu, les bêtes fauves qui porteraient dommage à leurs propriétés. (Loi chasse, art. 9, 3°, *in fine.* Circ. min. des 14 septembre 1915 et 4 septembre 1916.)

4. *Droit de destruction. Exercice.* — La loi de 1844, en ce qui concerne les personnes pouvant exercer le droit de destruction, ne mentionne que le propriétaire ou le fermier ; cependant le possesseur doit être assimilé au propriétaire. Il faut y joindre l'usufruitier, l'emphytéote et l'usager civil. (Ch. Guyot.)

5. *Chasse. Adjudicataire.* — Les adjudicataires du droit de chasse, dans les bois soumis au régime forestier, n'ont pas le droit, à moins d'une délégation à leur profit, de détruire en tout temps les bêtes fauves, parce qu'ils ne sont pas considérés comme fermiers. Ils n'ont ni semailles, ni récoltes à défendre contre les animaux qui pourraient les endommager. (Circ. Min. 22 juillet 1851.)

6. *Droit de poursuite. Terrain d'autrui.* — Le droit de repousser ou de détruire les bêtes fauves n'emporte pas celui de les poursuivre sur le terrain d'autrui (Cass. 28 août 1868.)

Celui qui a blessé mortellement une bête fauve sur son terrain peut aller l'achever ou la ramasser sur les terres du voisin. (Rouen, 21 décembre 1879.) V. Sanglier.

7. *Dommage. Preuve.* — La preuve du dommage causé aux récoltes incombe au destructeur. (Paris, 18 mai 1865.)

8. *Destruction. Moyens divers.* — Le propriétaire ou fermier peut, pour la destruction des bêtes fauves, faire usage non seulement des armes à feu, mais aussi d'autres modes de destruction, tels que pièges et assommoirs. (Orléans. 6 mars 1906.) On permet l'emploi de chiens, l'organisation d'une battue ; on

autorise le poison et les engins de toute sorte. (Ch. Guyot.) V. Puton, Louveterie, p. 348.

9. *Destruction. Moyens. Délégation.* — L'article 9 de la loi du 3 mai 1844, qui reconnaît à tout propriétaire ou fermier le droit de repousser ou détruire les bêtes fauves qui porteraient dommage à ses propriétés, ne limite pas les moyens qui peuvent être employés ; il ressort, au contraire, des termes mêmes de cet article, que tous les moyens sont licites, à la condition qu'ils soient exclusivement employés pour la destruction et qu'ils puissent sérieusement aboutir au résultat qu'on se propose d'atteindre.

Ce droit de destruction, personnel au propriétaire lésé, peut être par lui délégué, et cette délégation n'est soumise à aucune formalité. (Poitiers, 19 janvier 1883).

Il peut être exercé la nuit (Cass. 29 décembre 1833) ainsi qu'en temps de neige. (Cass. 30 juillet 1852).

10. *Destruction. Dommage imminent.* — Pour la destruction des bêtes fauves, il n'est pas nécessaire que les récoltes soient endommagées ; il suffit qu'il y ait péril imminent, surtout à raison des dommages causés dans le voisinage. (Cass. 8 décembre 1875.) (Orléans, 6 mars 1906.) V. Animal nuisible.

11. *Légitime défense. Dommage. Délit.* — Le droit reconnu par l'article 9, § 3°, *in fine*, de la loi du 3 mai 1844, au propriétaire ou fermier, de repousser ou détruire, même avec armes à feu, les bêtes fauves qui portent dommage à sa propriété, ne peut s'exercer légitimement qu'au cas d'une agression actuelle faite par cet animal contre la propriété, au moment même où le propriétaire ou fermier cherche à le capturer. Et l'on ne saurait voir, par suite, l'exercice légitime de ce droit dans la recherche d'une bête fauve entreprise un certain nombre d'heures après l'incursion dont cette bête a été l'auteur. (Paris, 2 mars 1892.)

12. *Dommage actuel ou imminent.* — Tout propriétaire peut tuer, en tout temps et sans être tenu de se conformer aux prescriptions des arrêtés préfectoraux relatifs à la destruction des animaux malfaisants ou nuisibles, les bêtes fauves,... soit au moment où elles causent des dévastations,... soit au moment où elles font irruption,... alors, d'ailleurs, que le propriétaire ne s'est pas mis à la recherche de ces animaux et que les dommages causés par leur présence dans la région avaient été constatés.

Le colportage d'un sanglier tué dans les conditions légales ci-dessus spécifiées n'est pas prohibé. (Paris, 30 avril 1881, et Amiens, 31 août 1882.)

13. *Simple menace.* — La défense, pour être utile, peut consister à empêcher le dommage de se produire par la destruction de l'animal qui est une menace pour la propriété. (Douai, 17 février 1897.)

14. *Appâts. Fosses. Délit.* — Commet un délit de chasse le propriétaire d'un champ qui, sans autorisation spéciale, y creuse à l'avance une fosse pour capturer les bêtes fauves (biches), alors surtout qu'il recouvre cette fosse de branchages auxquels il mêle des substances pouvant attirer ces animaux. (Trib. de Compiègne, 24 mars 1896.)

Chasse illustrée.
page 305.

LOUP. — LOUVE. — LOUVETEAU

1. *Catégorie.* — Le loup rentre dans la catégorie des bêtes fauves. (Cass. 28 avril 1873.) V. Bêtes fauves, Louveterie.

2. *Destruction. Principe.* — Tous les habitants sont invités à tuer les loups sur leurs propriétés (Règlement du 20 août 1814, Art. 12.)

Il s'agit d'un droit de destruction qui s'exerce en l'absence de tout dommage, par tous moyens, et sans qu'il soit besoin d'invoquer un arrêté préfectoral. Il appartient à toute personne autre même que le propriétaire. (Ch. Guyot.)

3. *Destruction.* — La destruction d'un loup ne constitue pas un délit de chasse, alors même qu'elle a eu lieu, avec une arme à feu, dans le temps où la chasse est prohibée. (Nancy, 27 mars 1852, V. Battue.)

4. *Destruction.* — Dans les bois de l'Etat le loup pourra être chassé par les chasseurs à courre et par les chasseurs à tir. Cah. des Charges, 13 Cir. N° 718.

5. *Neige. Destruction.* — Le Maire est chargé sous le contrôle du Conseil municipal et la surveillance de l'autorité supérieure de faire, pendant le temps de neige, à défaut des détenteurs du droit de chasse à ce dûment invités, détourner les loups et sangliers remis sur le territoire, et de requérir, à l'effet de les détruire, les habitants avec armes et chiens propres à la chasse de ces animaux. (Loi du 5 avril 1884, art. 90 (Cir. Min. du 4 décembre 1884.)

6. *Condition. Destruction. Chasse à courre.* — La présence de loups dans un canton peut être considérée comme portant un dommage actuel et imminent, qui justifie l'emploi, pour leur destruction, de tous les moyens usités en pareil cas et notamment de la chasse à courre. (Cass. 28 avril 1883.)

7. *Louveteaux. Chasse.* — Le fait d'avoir chassé des louveteaux qui venaient d'être aperçus près d'un village, dans une forêt particulière, avec le consentement de son propriétaire ne constitue pas le délit de chasse en temps prohibé (Rennes, 15 décembre 1880.)

8. *Nombre de loups tués.* — Les Lieutenants de Louveterie font connaître journellement les loups tués dans leur arrondissement. (Règ. du 20 août 1814 art. 13.)

9. *État des loups détruits.* — Tous les ans, au 1er mai, il sera fait, sur le nombre des loups tués dans l'année par les Lieutenants de Louveterie, un rapport qui sera mis sous les yeux du Chef de l'Etat. (Règ. du 20 août 1814, art. 15.

10. *Nombre présumé.* — Les Préfets sont invités à faire connaître à l'Administration forestière, tous les trois mois, le nombre de loups présumés fréquenter les forêts, d'après les renseignements qu'ils peuvent avoir. (Règ. du 20 août 1814, art. 15.)

11. *Nombre présumé.* — Tous les trois mois, les Lieutenants de Louveterie

feront parvenir à l'Administration un état des loups présumés fréquenter les forêts soumises à leur surveillance. (Règ. du 20 août 1814, art. 14.)

12. *Primes.* — Il est alloué une prime de 50 francs par tête de loup ou de louve non pleine ; 75 francs par tête de louve pleine, 20 francs par tête de louveteau, c'est-à-dire de jeune loup, dont le poids est inférieur à 8 kilogrammes, et 100 francs par tête de loup s'étant jeté sur des êtres humains. (Loi du 31 mars 1903, art. Ier. Cir. 721.)

13. *Primes. Paiement.* — Le paiement des primes pour la destruction des loups est à la charge de l'Etat et la prime doit être payée au plus tard le quinzième jour qui suivra la constatation de l'abatage.(Loi du 3 août 1882, art. 2 et 4.)

14. *Constatation.* — L'abatage sera constaté par le maire de la commune sur laquelle le loup aura été tué. (Loi du 3 août 1882, art. 3.)

15. *Louveteau. Primes.* — Le Lieutenant de Louveterie fera connaître ceux qui ont découvert des portées de louveteaux. Il sera accordé par chaque louveteau une gratification, qui sera double si on parvient à tuer la louve. (Règ. du 20 août 1814 art. 10.)

16. *Blessures. Secours.* — Si quelque personne est blessée par des loups, le Préfet peut lui faire accorder un secours. (Déc. Min. du 9 juillet 1818.)

17. *Primes. Formalités.* — Quiconque a détruit un loup, une louve, ou un louveteau et réclame la prime doit, dans les vingt-quatre heures de la mort de l'animal, en faire la déclaration au maire de la commune sur le territoire de laquelle il a été détruit et présenter sa demande sur timbre. Le réclamant doit représenter le corps entier de l'animal, couvert de sa peau, et le déposer au lieu désigné par le maire, pour la vérification.

Le maire en dresse un procès-verbal, mentionnant :

1° la date et le lieu de l'abatage ou, en cas d'empoisonnement le lieu où l'animal a été trouvé ;

2° le nom et le domicile de celui qui a tiré ou empoisonné le fauve :

3° le poids, lorsqu'il s'agit d'un louveteau ;

4° le nombre et le sexe de petits, s'il s'agit d'une louve pleine ;

5° les preuves, s'il y a lieu, que l'animal s'est jeté sur des êtres humains.

Le procès-verbal indique que l'animal a été présenté entier couvert de sa peau.

Après ces constatations, celui qui a détruit l'animal est tenu de le faire dépouiller et peut réclamer la peau, la tête et les pattes. Par ordre du maire, le corps du fauve dépouillé est ensuite enfoui aux frais de la commune, dans une fosse de 1^m,35 de profondeur et le procès-verbal mentionne ces diverses circonstances. (Décret du 28 novembre 1882. Cir. N° 541.)

18. *Déclaration. Délai.* — La déclaration sur timbre contenant un exposé succinct des circonstances, de la destruction de l'animal, et réclamant la prime fixée par la loi, doit être faite dans les vingt-quatre heures de la constatation de la mort. (Circ. N° 721.)

19. *Certificat. Reconnaissance.* — Si le loup s'est jeté sur des êtres humains, l'intéressé doit en fournir la preuve. Dans le cas où les faits se sont passés sur le territoire d'autres communes, il est produit un certificat des maires des dites communes. Ce certificat versé au dossier mentionne :

1° les faits circonstanciés,

2° le jour, l'heure et l'endroit où le fauve s'est jeté sur des personnes ;

3° les noms, prénoms, âge et domicile des personnes attaquées.

4° la taille, le pelage et les autres signes pouvant servir à constater l'identité de l'animal.

5° enfin les noms, prénoms et domicile des humains qui ont vu et attestent les attaques du fauve.

Sur le vu de ces certificats, le maire procède à la reconnaissance du fauve, vérifie s'il répond au signalement donné. Cette reconnaissance doit être formelle et faite par un ou plusieurs témoins dignes de foi (Cir. n° 721...)

Forclusion. — Si l'intéressé n'a pas produit les certificats dans le délai de trois jours après l'invitation faite par le maire il est passé outre, et les témoignages tardifs ne sont plus admis.

L'intéressé doit être informé par le maire de cette condition de forclusion. (Cir. n° 721.)

20. *Procès-verbal.* — Le maire de la commune où se produit la mort a seul qualité pour dresser procès-verbal d'un fait accompli sur son territoire. Le procès-verbal est dressé sans délai. Les circonstances mentionnées aux articles 3 et 4 du règlement d'administration publique doivent y figurer ; elles sont de rigueur ; et en cas d'omission le dossier est renvoyé au Préfet pour être complété. (Cir. n° 721.)

Si le loup s'est jeté sur des êtres humains, le procès-verbal de constatation mentionne textuellement la reconnaissance du fauve et les témoignages produits. A cet effet, le maire avant de clore son procès-verbal interpelle le chasseur sur la question de savoir si l'animal s'est jeté sur des êtres humains ; la demande et la réponse sont toujours mentionnées. (Cir. n° 721.)

21. *Dossier. Envoi au Préfet. Arrêté.* — Le dossier constitué par le maire, est transmis au Préfet qui constate si les formalités exigées par la loi et le règlement ont été remplies et fixe par un arrêté le montant de la prime à laquelle le chasseur a droit. (Cir. n° 721.)

22. *Dossier. Envoi au Conservateur. Demande de crédit.* — Les arrêts avec les pièces réglementaires sont adressés dans le plus bref délai au Conservateur qui doit transmettre d'urgence à l'Administration la demande de crédit accompagnée du dossier de façon que le trésorier général puisse viser le mandat dans un délai très voisin de celui qu'a fixé la loi du 3 août 1882. (Cir. n° 721.)

23. *Contrôle. Abus.* — Les Conservateurs n'ont pas à contrôler les assertions des procès-verbaux des maires qualifiant de loup ou de louveteau les animaux s'en rapprochant par la taille, la forme ou le pelage ? Toutefois, si des abus leur étaient signalés ils devraient en informer le Préfet qui, seul, a qualité pour adresser au maire telles observations qu'il conviendra. (Cir. n° 721.)

24. *Prime. Allocation.* — La prime est accordée alors même que le loup aurait eu une patte coupée par un piège et aurait subi quelque détérioration entre le moment où il a été tué et celui où lorsqu'il a été découvert, dès lors l'animal est réputé entier lors qu'il est présenté tel qu'il a été trouvé après sa destruction, et que ses restes sont encore couverts de sa peau. (Cir. n° 721.)

25. *Frais.* — Les frais de l'écorchement du fauve sont à la charge des chasseurs ; l'enfouissement et le transport dans un atelier d'équarrissage sont à la charge de la commune. (Cir. n° 721.)

26. *Primes. Dossier de liquidation.* — Le dossier comprend :

1° la demande de prime rédigée sur papier timbré, contenant un exposé succinct des faits de destruction et réclamant la prime fixée par la loi.

2° Le procès-verbal de constatation dressé par le maire de la commune sur le territoire de laquelle l'animal a été détruit et portant les mentions 1-2-3-4-5, prescrites par le décret su 28 novembre 1882 (Voir ci-dessus).

3° L'arrêté du Préfet fixant le montant de la prime à laquelle le chasseur a droit.

Sur le vu des pièces qui lui sont transmises par le Préfet, le Conservateur des Eaux et Forêts délivre au nom de l'intéressé un mandat du montant de la prime due et l'adresse au Préfet qui reste chargé du soin de le faire remettre à l'intéressé. Après l'accomplissement de cette formalité, le Conservateur transmet au Ministre de l'Agriculture le dossier de l'affaire. (Décret du 16 juin 1898. Cir. n° 541.)

Chasse illustrée.

LOUVETERIE

1º *Historique. Réorganisation.* — La Louveterie, qui remonte à une haute antiquité et qui fut supprimée en 1789, fut rétablie en vertu du décret du 10 messidor an V (art. 6), a été réorganisée par l'ordonnance du 20 août 1814.

2º *Attributions.* — La Louveterie est dans les attributions du Grand Veneur (Ord. du 15 août 1814. Règl. du 20 août 1814, art. 1.)

L'Administration des Eaux et Forêts remplira les fonctions attribuées au Grand Veneur (Ord. du 14 septembre 1830). Cette disposition a été confirmée par l'article 6 de l'ordonnance du 24 juillet 1832, et par l'article 5 de l'ordonnance du 20 juin 1845.

2 *bis. Police-Surveillance.* — Les Conservateurs veillent à l'exécution des règlements relatifs à la police de la Louveterie (Instruction du 23 mars 1821).

3º *Attribution.* — Les dispositions qui peuvent être faites par suite des différents arrêtés concernant les animaux nuisibles appartiennent à l'Administration des Forêts (Règlement du 20 août 1814, Art. 4).

4º *Animal nuisible. Loups.* — Les Lieutenants de Louveterie n'ont pas le droit absolu de chasser tous les animaux nuisibles ; ce droit est limité au loup. (Cass. 18 janvier 1879).

5º *Ordres. Instructions.* — Les Lieutenants de Louveterie reçoivent les instructions et les ordres de l'Administration pour tout ce qui concerne la chasse des loups. (Règlement du 20 août 1814 et art. 5, Ord. 14 septembre 1830.)

6º *Entretien, équipage. Chiens.* — Les Lieutenants de Louveterie sont tenus d'entretenir à leurs frais un équipage de chasse composé au moins d'un piqueur, de deux valets de limier d'un valet de chiens et de dix chiens courants et de 4 limiers. (Règlement du 20 août 1814, art. 6.)

7. *Pièges.* — Les Lieutenants de Louveterie seront tenus de se procurer les pièges nécessaires pour la destruction des loups, renards et autres animaux nuisibles dans la proportion des besoins. (Règlement du 20 août 1814, art. 7.)

8º *Chasse. Mode.* — Dans les endroits que fréquentent les loups le travail principal de l'équipage des Lieutenants de Louveterie doit être de les détourner, d'entourer les enceintes avec les gardes-forestiers de les faire tirer au lancé ; on découple si cela est jugé nécessaire, car on ne peut jamais penser à détruire les loups en les forçant ; au surplus, ils doivent présenter toutes leurs idées pour parvenir à la destruction de ces animaux. (Règlement du 20 août 1814, Art. 8.)

9º *Pièges. Emploi. Portées.* — Dans le temps où la chasse à courre n'est plus permise les Lieutenants de Louveterie doivent particulièrement s'occuper à faire tendre des pièges avec les précautions d'usage et faire détourner les loups, après avoir entouré les enceintes de gardes, les attaquer à traits de limier, sans se servir de l'équipage ; il est défendu de découpler ; enfin faire rechercher avec grands soins les portées de louves. (Règ. 20 août 1814, art. 9.).

10. *Louve. — Louveteau. Prime.* — Les Lieutenants de Louveterie feront connaître ceux qui auront découvert des portées de louveteaux ; il sera accordé par chaque louveteau une gratification qui sera double si on parvient à tuer la louve. (Règ. 20 août 1814. Art. 10).

11. *Battues. Formalités.* — Quand le Lieutenant de Louveterie ou les Conservateurs des forêts jugeront qu'il sera utile de faire des battues, ils en feront la demande au Préfet qui pourra lui-même provoquer cette mesure. Ces chasses seront alors ordonnées par le Préfet, commandées et dirigées par les Lieutenants de Louveterie, qui, de concert avec lui et le Conservateur fixeront le jour, détermineront les lieux et le nombre d'hommes. Le Préfet en préviendra le Ministre de l'Intérieur et le Grand Veneur. (Arrêté du 19 Pluviôse an V, art. 2-3-4. Rég. du 20 août 1814, art. 11).

12. *Chasse.* — Les agents forestiers ne doivent pas s'opposer aux chasses particulières dont l'utilité sera justifiée, ni à l'admission des auxiliaires nécessaires ; ces chasses doivent être fixées de manière que le service n'ait pas à en souffrir. (Cir. A 809.)

13. *Chasse. Conditions.* — Les Officiers de Louveterie ne peuvent se livrer à la chasse des animaux nuisibles dans les bois et forêts que sous l'inspection et la surveillance des agents forestiers. (Cass. 30 juin 1841, 19 juin 1847.)

14. *Surveillance. Agents. Préposés.* — La surveillance des agents forestiers est nécessaire et ne peut être suppléée par la présence des préposés à moins que ceux-ci n'aient reçu une délégation spéciale de leurs chefs. (Cass. 18 janvier 1879.)

15. *Conditions. Auxiliaires.* — Les Lieutenants de Louveterie ne peuvent procéder, dans les bois domaniaux, à des chasses particulières aux loups et autres animaux nuisibles, malgré l'opposition des agents forestiers locaux et à la seule condition d'informer ces agents du jour où les chasses projetées auront lieu. Ils ne peuvent pas appeler à ces chasses, de leur seule autorité, des auxiliaires en tel nombre qu'ils jugent convenable, en sus des piqueurs et des valets compris dans l'équipage qu'ils doivent entretenir. Ils sont obligés d'agir de concert avec les agents forestiers. (Cass. 6 juillet 1861, Circ. A 809.)

16. *Faculté. Attributions.* — Les Lieutenants de Louveterie qui se livrent à la destruction des animaux nuisibles, dans les bois non clos des particuliers et sans leur autorisation, doivent, sous peine de poursuite se faire assister par les agents forestiers. (Cass. 30 juin 1841.)

17. *Bois particulier. Règlements.* — Le Lieutenant de Louveterie qui parcourt avec chiens et fusil, la forêt d'un particulier sans avoir provoqué la surveillance des agents forestiers commet un délit. Le règlement du Grand Veneur du 20 août 1814 n'a aucune force obligatoire. (Cass. 19 juin 1847.)

18. *Poursuites. Animal blessé.* — Le Lieutenant de Louveterie qui poursuit un animal blessé, au-delà des limites fixées pour la battue ne commet pas le délit de chasse sur le terrain d'autrui s'il ne sort pas de sa circonscription territoriale. (Bourges, 24 mars 1870.)

19. *Bois particulier. Chasse à courre. Sangliers.* — Les Lieutenants de Louveterie, autorisés par le Préfet à faire une chasse à courre au sanglier, peuvent

pénétrer dans une forêt appartenant à un particulier pour y continuer la chasse, s'ils se sont conformés à toutes les prescriptions administratives et notamment s'ils sont accompagnés par un agent forestier. (Amiens, 12 février 1878.)

20. *Destruction des loups.* — Les Lieutenants de Louveterie adressent les certificats de la destruction des loups à la Conservation Forestière pour être transmis à l'Administration qui fera un rapport au Ministre de l'Intérieur à l'effet de faire accorder des récompenses. (Règl. du 20 août 1814. Déc. Min., 9 juillet 1818, Ord. 14 septembre 1830.)

21. *Loups tués.* — Les Lieutenants de Louveterie feront connaître journellement les loups tués dans leur arrondissement, et, tous les ans enverront un état général des prises. (Règl. du 20 août 1814. Art. 13). V. Loup.

22. *Loup. Nombre. Etat.* — Tous les trois mois les Lieutenants de Louveterie feront parvenir à l'Administration un état des loups présumés fréquenter les forêts soumises à leur surveillance. (Règl. du 20 août 1814. Art. 14. Ord. du 14 septembre 1830.)

23. *Animaux forcés.* — Les Lieutenants de Louveterie seront tenus de faire connaître, chaque mois, le nombre des animaux qu'ils auront pû forcer. (Règl. du 20 août 1814, Art. 18.)

24. *Forêts domaniales. Droits de chasse.* — Attendu que la chasse du loup, qui doit occuper principalement les Lieutenants de Louveterie ne fournit pas toujours l'occasion de tenir les chiens en haleine, ils ont le droit de chasser à courre, deux fois par mois, dans les forêts de l'Etat faisant partie de leur arrondissement, le sanglier, lorsque la chasse est ouverte. (Règl. du 20 août 1814. Art. 16. Loi du 21 avril 1832. Ord. du 24 juillet 1832, Art. 7. Ord. du 20 juin 1845. Art. 5. Circ. A 576 *bis*. Cahier des charges 25.)

25. *Droit de tirer.* — Il est expressément défendu de tirer sur le sanglier, excepté dans le cas seulement où il tiendrait aux chiens. (Règl. du 20 août 1814. Art. 17.)

26. *Chasse voluptuaire.* — Les Lieutenants de Louveterie ne peuvent se livrer à une chasse purement voluptuaire. (Metz, 17 février 1842.)

27. *Obligations.* — La Loi du 3 mai 1844 n'a apporté aucune modification au règlement sur la Louveterie. Les Officiers de Louveterie devraient être poursuivis s'ils se servaient de leurs pièges ou de leurs droits de chasser aux loups pour se livrer à la chasse du gibier. (Circ. A 563.)

28. *Chasse. Sanglier.* — La faculté qui appartient aux Lieutenants de Louveterie de chasser à courre le sanglier, deux fois par mois, et même de le tuer, lorsqu'il fait ferme aux chiens, ne peut être exercée que par eux-mêmes. Elle ne peut être déléguée à des tiers, pas même à leurs piqueurs. (Nancy, 31 janvier 1844.)

29. *Sangliers. Formalités. Conditions.* — Le Lieutenant de Louveterie n'a pas le droit absolu de chasser le sanglier ; pour chasser légalement cet animal nuisible et avoir le droit de le chasser sur les terrains d'autrui, sans la permission du propriétaire, le Louvetier doit être muni d'une autorisation spéciale du Préfet, laquelle est limitée au territoire de la Commune pour laquelle elle a été accordée. La piste du sanglier levé sur le territoire de la commune autorisée ne saurait, par droit de suite, justifier la chasse conduite sur la propriété d'autrui, située dans une autre commune. (Cass. 18 janvier 1879.)

30. *Permis de chasse.* — Les Lieutenants de Louveterie et leurs piqueurs

sont dispensés de se pourvoir de permis de chasse lorsqu'ils se livrent exclusivement à la chasse des animaux nuisibles. (Déc. Min., 30 octobre 1823.)

31. *Fermier.* — Les fermiers des chasses ne pourront s'opposer à l'exercice du droit accordé aux Lieutenants de Louveterie de chasser le sanglier à courre deux fois par mois pendant le temps où la chasse est permise. (Règl. du 20 août 1814. Ord. du 20 juin 1845. Cahier des charges 25.)

32. *Réclamations.* — Les Conservateurs statuent sur les réclamations des Lieutenants de Louveterie, à l'occasion des chasses qui ne seraient pas tolérées par les agents locaux. En cette matière le recours à l'autorité préfectorale ne serait ouvert que si les Louvetiers demandaient à substituer une battue à une chasse particulière. (Circ. A 809.)

33. *Commission. Révocation.* — Les commissions de Lieutenants de Louveterie seront renouvelées tous les ans ; elles seront retirées dans le cas où les Lieutenants n'auraient pas justifié de la destruction des loups. (Règl. du 20 août 1814, art. 19.)

34. *Loups tués.* — Tous les ans au premier mai, il sera fait, sur le nombre des loups tués dans l'année, un rapport qui sera mis sous les yeux du Chef de l'Etat. (Règl. du 20 août 1814, art. 20.)

35. *Etat des animaux tués.* — L'état des animaux nuisibles détruits par les Lieutenants de Louveterie n'est plus fourni à l'Administration. (Circ. n° 416.)

SANGLIER

1. *Catégorie.* — Le sanglier est une bête fauve dans le sens de l'article 9 3° *in fine* de la loi du 3 mai 1844 (Cass. 13 avril 1856, 29 décembre 1883) V. Bêtes fauves.

2. *Dégâts. Responsabilité. Négligence.* — Le propriétaire n'est responsable des dégâts causés par les sangliers sortis de son bois, qu'autant qu'il néglige de procéder à leur destruction quant il en est requis par les riverains ou qu'il refuse à ceux-ci l'autorisation de les détruire eux-mêmes. (Cass. 31 mai 1869.)

3. *Propriétaire. Responsabilité.* — Le propriétaire d'une forêt contenant des massifs dans lesquels les sangliers ont été vus à diverses reprises peut, malgré le caractère nomade de ces animaux, être déclaré responsable des dégâts commis dans un champ voisin, si le sanglier n'a pas été chassé en temps opportun, si le dit propriétaire, ayant un équipage de chasse insuffisant a omis de chasser en temps de neige et n'a donné aucun concours aux battues administratives, si enfin il a commis une faute en négligeant d'employer les moyens propres à empêcher la multiplication des dits animaux ou de se procurer ce qui lui manquait. (Cass. 24 février 1904.)

4. *Fermier. Dommage. Responsabilité.* — Le fermier de la chasse dans les forêts domaniales est responsable des dommages causés par les sangliers, lorsqu'il est constaté qu'ils se sont multipliés par sa faute et qu'il n'a pas usé de son droit de chasse. (Cass. 17 février 1864.)

5. *Etat. Responsabilité. Compétence.* — L'Etat est responsable comme les particuliers du dommage causé à autrui par son fait. L'autorité judiciaire est compétente pour connaître de l'action en responsabilité engagée contre lui en tant que propriétaire et personne civile.

Le juge civil, saisi d'une action en dommage aux champs, dirigée contre l'Etat à raison des dégâts causés par les sangliers sortant d'une forêt domaniale, fait une application régulière du principe de la responsabilité de l'Etat et de l'article 1383 du Code Civil lorsqu'il ordonne la preuve de faits constitutifs de la négligence imputée à l'Etat, propriétaire d'une forêt isolée, où il aurait laissé se multiplier les sangliers, en s'opposant à leur destruction par des tiers, ou en ne faisant pratiquer lui-même aucune battue. (Cass. 16 avril 1883.)

6° *Forêts domaniales. Destruction.* — A partir du 1er janvier 1904, la destruction des sangliers sera organisée dans les forêts domaniales, notamment par les agents forestiers. Le corps de l'animal abattu sera la propriété de celui qui l'a tué. (Loi du 30 décembre 1903, art. 28.)

7. *Chasse. Dommages. Responsabilité.* — Le sanglier pourra être chassé par les chasseurs à courre et par les chasseurs à tir. (Cah. char. 13.)

Les adjudicataires de la chasse à tir et ceux de la chasse à courre sont solidairement responsables vis-à-vis des propriétaires possesseurs ou fermiers des héritages riverains ou non, des dommages causés à ces héritages par les sangliers. (Cah. char. 21.)

Les sangliers appartenant, en vertu de l'article 13, à la chasse à courre et à la chasse à tir, il a été nécessaire de prononcer la responsabilité solidaire des fermiers de ces deux chasses en cas de dommages causés par ces animaux. (Cir. n° 718.)

8. *Surabondance. Destruction.* — Dans le cas où le Conservateur reconnaîtra que la surabondance du gibier, notamment du sanglier, est de nature à porter préjudice aux peuplements forestiers ou aux propriétés riveraines, il devra mettre les fermiers de la chasse en demeure, par sommation extra judiciaire de détruire, dans un délai déterminé, les animaux dont le nombre et l'espèce lui seront indiqués. (Cah. char. 18. Cir. N° 718.)

9. *Animaux nuisibles. Battues. Forêts particulières.* — Des battues aux sangliers considérés comme animaux nuisibles peuvent être ordonnées par les Préfets, dans les forêts particulières, pour en opérer la destruction, lorsque leur trop grande multiplication, dans un pays rend cette mesure nécessaire. (Cons. d'Etat, 1er avril 1881.)

10. *Animaux nuisibles. Destruction. Conditions. Battues. Chasse à courre. Invités.* — La destruction des sangliers, sur le terrain d'autrui et sans le consentement du propriétaire, n'est autorisée, aux termes des articles 2, 3, 4 et 5 de l'arrêté du 19 Pluviôse an V, toujours en vigueur, qu'en vertu ou d'un arrêté préfectoral ordonnant une battue, ou d'une permission de chasse individuelle délivrée par le Préfet.

Le piqueur qui appuie les chiens commet le délit de chasse aussi bien que son maître, sous les ordres duquel il agit.

Mais il n'en est pas de même des invités suivant à cheval la chasse à courre.

Ils ne sont pas présumés en action de chasse, s'ils ne se sont pas servis de leurs armes, ou n'ont pas donné de la trompe, se bornant au rôle de simples spectateurs. (Angers, 1er mai 1881.)

11. *Primes.* — Les primes pour destruction de sangliers ont été momentanément supprimées à partir du 15 juillet 1923.

18. *Battues. Déclarations.* — Une déclaration globale sera faite par le directeur de la battue à la suite de chaque battue ; il fournira les déclarations et justifications prévues par les déclarations particulières : cette déclaration spécifiera pour chaque animal tué, les nom, prénoms et domicile du tireur qui l'a abattu. Lorsque la battue aura lieu sur le territoire de plusieurs communes, la déclaration des sangliers tués devra être faite au maire de l'une de ces communes. (Arr. Min., 11 septembre 1917, art. 8.)

19. *Dégâts. Responsabilité.* — L'adjudicataire d'un droit de chasse n'est pas *de plano* responsable des dégâts causés aux propriétés voisines par les sangliers ; il doit être établi à sa charge une faute ou une négligence ayant entraîné le dommage. (Trib. de paix de Châteauneuf en Thymerais, 30 mars 1904.)

20. *Destruction. Dévastation. Chasse close.* — Le propriétaire d'un terrain ne commet pas de délit en tuant avec une arme à feu, après la fermeture de la chasse, les animaux malfaisants, spécialement les sangliers, au moment où ils causent des dévastations dans sa propriété, bien qu'il ne soit pas muni

préalablement de l'autorisation prescrite pai les arrêtés préfectoraux. (Paris, 30 avril 1880.)

21. *Sanglier blessé mortellement. Enlèvement. Terrain d'autrui.* — Le cultivateur qui, ayant blessé mortellement un sanglier au moment où il causait un dommage à sa propriété va chercher et enlever cet animal sur le terrain d'autrui, où il est tombé mort, ne commet aucun délit. (Rouen, 21 décembre 1879.)

22. *Sanglier blessé. Terrain d'autrui. Destruction.* — Le chasseur qui, un gibier n'étant que blessé, tire sur lui pour l'achever dans une propriété où il n'a pas le droit de chasser, commet un délit de chasse sur le terrain d'autrui. Le délit existe quant même le gibier blessé serait un sanglier, achevé alors qu'il était en lutte sanglante avec les chiens. (Cass., 28 août 1868.)

23. *Transport. Colportage.* — Le transport, la vente et le colportage des sangliers peuvent s'effectuer pendant la fermeture de la chasse, sous la condition que chaque envoi soit accompagné d'un certificat de provenance et d'une autorisation de transport délivrée par le Préfet ou le Sous-Préfet, mais cette condition n'est pas exigée pour le transport, la vente ou le colportage des sangliers tués comme animaux nuisibles, soit dans une battue, soit isolément, ni dans le cas où les sangliers proviendraient de l'étranger. Nulle difficulté ne doit être opposée à leur introduction en France. (Cir. Min. Int., 16 juin 1881.)

24. *Chasse. Autorisation.* — Dans certains départements où les sangliers causent des dégâts importants, les détenteurs des droits de chasse doivent être autorisés, d'une manière générale à détruire et à faire détruire sur leur terrain les sangliers en tout temps et par tous les moyens à l'exception du poison. (Ins. Min., 17 novembre 1919.)

25. *Adjudicataire. Dispense.* — Dans les départements où la disposition a été adoptée par les Préfets, les adjudicataires du droit de chasse dans les forêts domaniales, seront dispensés par dérogation à l'article 24, du cahier des charges, de demander l'assentiment préalable du service forestier pour procéder à des destructions de sangliers. (Lettre Dir. Gén. du 23 février 1920.)

N. B. Les articles 12 à 17 ayant trait aux formalités à accomplir pour obtenir le paiement des primes actuellement supprimées, sont sans intérêt.

La Fanfare des Louvetiers

RECONNAISSANCE D'UTILITÉ PUBLIQUE

Le Président de la République française,

Sur le rapport du Ministre de l'Intérieur ;

Vu la demande présentée par l'Association dite « Association des Lieutenants de Louveterie de France », de Paris, en vue d'obtenir la reconnaissance comme établissement d'utilité publique ;

L'extrait du procès-verbal de l'Assemblée Générale en date du 22 décembre 1922 ;

Le *Journal Officiel* du 27 septembre 1921, contenant la déclaration prescrite par l'article 5 de la loi du 1er juillet 1901 ;

Les comptes et budgets ainsi que l'état de l'actif et du passif de l'Association;

Les statuts proposés et les autres pièces de l'affaire ;

La délibération du Conseil municipal de Paris, en date du 23 novembre 1923 ;

L'avis du Préfet de la Seine du 27 décembre 1923 ;

L'avis du Ministre de l'Agriculture en date du 12 janvier 1924 ;

La loi du 1er juillet 1901 et le décret du 16 août 1901 ;

Le Conseil d'État entendu,

DÉCRÈTE :

ARTICLE PREMIER. — *L'Association dite « Association des Lieutenants de Louveterie de France »*, dont le siège est à Paris, est reconnue comme établissement d'utilité publique.

Sont approuvés les statuts de l'Association tels qu'ils sont annexés au présent décret.

ARTICLE 2. — Le Ministre de l'Intérieur est chargé de l'exécution du présent décret.

Fait à Rambouillet le 1er mai 1926.

Signé : G. DOUMERGUE.

Par le Président de la République,

Le Ministre de l'Intérieur,

Signé : Jean DURAND.

Pour ampliation :

*Le Sous-Directeur, chef du troisième bureau du Personnel
et de l'Administration Générale,*

Signé : ARDOUIN.

Pour copie conforme, pour le secrétaire général

Le conseiller de Préfecture délégué.

ASSOCIATION

DES

LIEUTENANTS DE LOUVETERIE

DE FRANCE

STATUTS

I. — BUT ET COMPOSITION DE L'ASSOCIATION

ARTICLE PREMIER

L'Association dite « Association des Lieutenants de Louveterie de France »
a pour but de resserrer les liens de solidarité qui peuvent unir tous les Lieutenants de Louveterie de France, afin de maintenir et améliorer toutes les mesures
destinées à assurer la destruction des fauves et des animaux nuisibles, en appor-
tant à ses Membres le concours qui peut leur être nécessaire pour l'exercice
de leurs fonctions.

Sa durée est illimitée.

Elle a son siège social à Paris.

ARTICLE 2.

L'Association se compose de membres adhérents, titulaires, fondateurs,
donateurs et bienfaiteurs.

ARTICLE 3.

Pour être membre, il faut être Lieutenant de Louveterie, ou ancien Lieutenant de Louveterie non révoqué, présenté par deux membres de l'Association
et agréé par le Conseil d'administration.

La cotisation annuelle minimum est de 25 francs pour les membres adhérents, de 50 francs pour les membres titulaires, de 100 francs pour les membres fondateurs, de 200 francs pour les membres donateurs et de 300 francs pour les membres bienfaiteurs.

Elle peut être rachetée en versant une somme égale à dix fois le montant de la cotisation annuelle minimum de la catégorie à laquelle appartient le membre.

Le titre de Président d'Honneur et celui de membre d'honneur peut être décerné par le Conseil d'administration aux personnes qui rendent ou qui ont rendu des services à l'Association.

Ce titre confère aux personnes qui l'ont obtenu le droit de faire partie de l'Assemblée générale sans être tenues de payer une cotisation annuelle.

Messieurs les Lieutenants de Louveterie qui ont donné leur démission de leur propre chef, pourront, sur leur demande, faire partie de l'Association au même titre et avec les mêmes avantages que ceux réservés aux membres titulaires actuellement en fonction.

L'Association est représentée dans les départements par des Présidents de groupements départementaux, et dans les provinces par des Présidents régionaux.

ARTICLE 4.

La qualité de membre de l'Association se perd :

1º Par la démission ;

2º Par la révocation du mandat de Lieutenant de Louveterie ;

3º Par la radiation, prononcée pour non paiement de la cotisation ou pour motifs graves, par le Conseil d'administration, le membre intéressé ayant été préalablement appelé à fournir ses explications, sauf recours à l'Assemblée générale.

II. — ADMINISTRATION ET FONCTIONNEMENT

ARTICLE 5.

L'Association est administrée par un Comité composé de douze membres au moins et de trente-deux au plus, élus au scrutin secret pour six ans par l'Assemblée générale, et choisis dans les catégories de membres dont se compose cette assemblée.

En cas de vacance, le Conseil pourvoit provisoirement au remplacement de ses membres. Il est procédé à leur remplacement définitif par la plus prochaine Assemblée générale.

Les pouvoirs des membres ainsi élus prennent fin à l'époque où devrait normalement expirer le mandat des membres remplacés.

Le renouvellement du Conseil a lieu par tiers tous les deux ans.

Les membres sortants sont rééligibles.

page 321.

Chasse illustrée.

Les membres du Conseil ne sont responsables que du mandat qui leur est confié.

Ils ne contractent, à raison de leur gestion aucune obligation personnelle ou solidaire relativement aux engagements de la Société.

Le Conseil choisit parmi ses membres, au scrutin secret, un bureau composé des Président, quatre Vice-Présidents, un Secrétaire, un Trésorier.

Le Bureau est élu pour deux ans.

ARTICLE 6.

Le Conseil se réunit tous les deux mois au moins, et chaque fois qu'il est convoqué par son Président ou sur la demande du quart de ses membres.

La présence du tiers des membres du Comité de Direction est nécessaire pour la validité des délibérations.

Il est tenu procès-verbal des séances.

Les procès-verbaux sont signés par le Président et le Secrétaire. Ils sont transcrits sans blancs ni ratures sur un registre coté et paraphé par le Préfet de la Seine ou son délégué.

ARTICLE 7.

Les membres de l'Association ne peuvent recevoir aucune rétribution à raison des fonctions qui leur sont confiées.

Les fonctionnaires rétribués de l'Association assistent avec voix consultative aux séances de l'Assemblée générale et du Comité de Direction.

ARTICLE 8.

L'Assemblée Générale de l'Association comprend tous les membres énumérés à l'article 2. Elle se réunit une fois par an et chaque fois qu'elle est convoquée par le Comité de Direction ou sur la demande du quart au moins de ses membres.

Son ordre du jour est réglé par le Comité de Direction.

Son bureau est celui du Comité.

Elle entend les rapports sur la gestion du Comité de Direction, sur la situation financière et morale de l'Association.

Elle approuve les comptes de l'exercice clos, vote le budget de l'exercice suivant, délibère sur les questions mises à l'ordre du jour et pourvoit, s'il y a lieu, au renouvellement des membres du Comité de Direction.

Le rapport annuel et les comptes sont adressés chaque année à tous les membres de l'Association.

Le vote par correspondance n'est pas admis en principe. Il est de droit dans les Assemblées générales prévues par les articles 17 et 18 des présents statuts, et dans le cas où il aurait été spécialement autorisé par une délibération du Comité de Direction prise à l'unanimité des membres présents, sans que toutefois le nombre des votants puisse être inférieur à la majorité absolue des membres du Comité.

ARTICLE 9.

Les dépenses sont ordonnancées par le Président.

L'Association est représentée en justice et dans tous les actes de la vie civile par le Président ou par tout autre membre du Comité spécialement désigné à cet effet par celui-ci.

Le représentant de l'Association doit jouir du plein exercice de ses droits civils.

ARTICLE 10.

Les délibérations du Comité de Direction relatives aux acquisitions, échanges et aliénations des immeubles nécessaires au but poursuivi par l'Association, constitutions d'hypothèques sur lesdits immeubles, baux excédant neuf années, aliénations de biens rentrant dans la dotation et emprunts doivent être soumises à l'approbation de l'Assemblée générale.

ARTICLE 11.

Les délibérations du Comité de Direction relatives à l'acceptation des dons et legs ne sont valables qu'après l'approbation administrative donnée dans les conditions prévues par l'article 910 du Code civil et les articles 5 et 7 de la loi du 4 février 1901.

Les délibérations de l'Assemblée générale relatives aux aliénations de biens mobiliers et immobiliers dépendant de la dotation, à la constitution d'hypothèques et aux emprunts, ne sont valables qu'après approbation par décret simple.

Toutefois, s'il s'agit de l'aliénation de biens mobiliers et si leur valeur n'excède pas le vingtième des capitaux mobiliers compris dans la dotation, l'approbation est donnée par le Préfet.

III. — DOTATION. — FONDS DE RÉSERVE ET RESSOURCES ANNUELLES

ARTICLE 12.

La dotation comprend :

1º Les immeubles nécessaires au but poursuivi par l'Association ;

2º Les capitaux provenant des libéralités, à moins que l'emploi immédiat n'en ait été autorisé ;

3º Les sommes versées pour le rachat des cotisations ;

4º Le dixième au moins, annuellement capitalisé, du revenu net des biens de l'Association.

ARTICLE 13.

Les capitaux mobiliers compris dans la dotation sont placés en valeur nominatives de l'État français ou en obligations nominatives dont l'intérêt est garanti par l'État. Ils peuvent être également employés soit à l'achat d'autres titres nominatifs, après autorisation donnée par décret, soit à l'acquisition d'immeubles nécessaires au but poursuivi par l'Association.

ARTICLE 14.

Le fonds de réserve comprend :

1º La dotation ;

2º Le dixième au moins du revenu net des biens de l'Association ;

3º Les sommes versées pour le rachat des cotisations ;

4º Le capital provenant des libéralités, à moins que l'emploi immédiat n'en ait été autorisé.

Article 15.

Les recettes annuelles de l'Association se composent
1° Du revenu de ses biens et valeurs de toute nature ;
2° Des cotisations, souscriptions et donations de ses membres ;
3° Des subventions de l'État, des départements, des communes et des établissements publics ;
4° Du produit des libéralités dont l'emploi immédiat a été autorisé.

Article 16.

Il est tenu au jour le jour une comptabilité deniers, par recettes et par dépenses, et s'il y a lieu une comptabilité matières.

IV. — MODIFICATION DES STATUTS ET DISSOLUTION

Article 17.

Les statuts ne peuvent être modifiés que sur la proposition du Comité de Direction ou du dixième des membres dont se compose l'Assemblée générale, soumise au bureau au moins un mois avant la séance.

L'Assemblée doit se composer du quart, au moins, des membres en exercice. Si cette proportion n'est pas atteinte, l'Assemblée est convoquée de nouveau, mais à quinze jours au moins d'intervalle ; et cette fois elle peut valablement délibérer quel que soit le nombre des membres présents.

Dans tous les cas, les statuts ne peuvent être modifiés qu'à la majorité des deux tiers des membres présents.

Article 18.

L'Assemblée générale appelée à se prononcer sur la dissolution de l'Association et convoquée spécialement à cet effet, doit comprendre au moins la moitié plus un des membres en exercice.

Si cette proportion n'est pas atteinte, l'Assemblée est convoquée de nouveau, mais à quinze jours au moins d'intervalle, et cette fois elle peut valablement délibérer quel que soit le nombre des membres présents.

Dans tous les cas, la dissolution ne peut être votée qu'à la majorité des deux tiers des membres présents.

Article 19.

En cas de dissolution, l'Assemblée générale désigne un ou plusieurs commissaires chargés de la liquidation des biens de l'Association. Elle attribue l'actif net à un ou plusieurs établissements analogues, publics ou reconnus d'utilité publique.

Article 20.

Les délibérations de l'Assemblée générale prévues aux articles 15, 16 et 17, sont adressées sans délai au Ministre de l'Intérieur et au Ministre de l'Agriculture.

Elles ne sont valables qu'après l'approbation du Gouvernement.

V. — SURVEILLANCE ET RÈGLEMENT INTÉRIEUR

ARTICLE 21.

Le Secrétaire doit faire connaître dans les trois mois à la Préfecture du département de la Seine, tous les changements survenus dans l'Administration ou la Direction de l'Association.

Les registres de l'Association et ses pièces de comptabilité sont présentés sans déplacement, sur toute réquisition du Ministre de l'Intérieur ou du Préfet, à eux-mêmes ou à leur délégué ou à tout fonctionnaire accrédité par eux.

Le rapport annuel et les comptes sont adressés chaque année au Préfet du département, au Ministre de l'Intérieur et au Ministre de l'Agriculture.

ARTICLE 22.

Le règlement intérieur préparé par le Conseil d'administration et adopté par l'Assemblée générale sera soumis à l'approbation du Ministre de l'Intérieur et adressé au Ministre de l'Agriculture.

Ce règlement peut toujours être modifié par le Conseil, sauf ratification par la plus prochaine Assemblée générale.

ASSOCIATION

DES

LIEUTENANTS DE LOUVETERIE DE FRANCE

RECONNUE D'UTILITÉ PUBLIQUE

Décret du 1ᵉʳ mai 1926.

MEMBRES D'HONNEUR

MONSIEUR LE MINISTRE DE L'AGRICULTURE.

MM.

AMANN FIRMERY, ✳, Conseiller Municipal de Strasbourg.

AMIAUD (Georges), Conseiller à la Cour de Riom.

BORET, C ⚜, + +, ancien Ministre de l'Agriculture, Président de la Société d'Encouragement à l'Agriculture, Député de la Vienne.

CAPUS, ancien Ministre de l'Agriculture, Député de la Gironde.

CARRIER, C ✳, C ⚜, Conseiller d'État, Direct. Général des Eaux et Forêts à Paris.

CHÉRON (Henry), ✳, ancien Ministre de l'Agriculture, Sénateur du Calvados.

DAVID (Fernand), ancien Ministre de l'Agriculture, Président de la Commission d'Agriculture au Sénat, Sénateur de la Haute-Savoie.

ELBY, GO ✳, Directeur général des mines de Bruay, Sénateur du Pas-de-Calais.

JAUBERT (Baron), Président de la Société Centrale Canine.

LEFEBVRE DU PREY, C ⚜, + +, Ancien Ministre de l'Agriculture, ancien Garde des Sceaux, Ministre de la Justice, ancien Ministre des Affaires étrangères, Sénateur du Pas-de-Calais.

LESCUYER, ✳, O ⚜, Conservateur des Eaux et Forêts, à Paris.

LESPARRE (Duc de), ancien Président de la Société Centrale canine.

LILETTE, ✳, C ⚜, Conservateur des Eaux et Forêts, Direction Générale des Eaux et Forêts, à Paris.

MENIER (Gaston), O ✳, Sénateur de Seine-et-Marne, Président du groupe de la chasse au Sénat.

MILAN (François), Sénateur de la Savoie, Président de la Commission Permanente de la Chasse.

MORTUREUX, O ✳, Président du Syndicat des Agriculteurs de France.

MURAT (S. A. le Prince), ✳, Président de la Société de Vénerie.

PUIS, C ⚜, + + + +, ancien Sous-Secrétaire d'État à l'Agriculture, Sénateur du Tarn-et-Garonne.

RICARD, O ✳, ancien Ministre de l'Agriculture, ancien Président de la Confédération nationale des associations agricoles.

VALUDE, ✳, ✦, Député du Cher, Président du groupe de la chasse à la Chambre.

VOGUË (Marquis de), ✳, Président de la Société des Agriculteurs de France.

COMITÉ DE DIRECTION

Président d'Honneur, Fondateur :

M. du Blaisel d'Enquin, ✳, O. ⚜, ✠, ✠, à Enquin-sous-Baillon (Pas-de-Calais).

Président :

M.

Guérin (Roger), O ⚜, 176, Boulevard Haussmann, à Paris.

Vice-Présidents :

MM.

Bachelier, ⚜, 35, rue Célestin-Port, Angers (Maine-et-Loire).

Courbe, ✳, ⚜, château des Martins, par Saint-Julien-de-l'Ars (Vienne).

Deniau, ✳, ⚜, château de Rigombert, commune de Nouaillé, par Poitiers (Vienne).

Jouvancbau, ⚜, château de Lignerolles, par Montigny-sur-Aube (Côte-d'Or).

Secrétaire Général :

Baillet (Baron de), ⚜, château Beauregard, par Saint-Priest (Creuse).

Trésorier :

Menier (Jacques), ✳, ⚜, ⚜, 56, rue de Châteaudun, Paris.

Membres :

Uzès (Mme la Duchesse d'), ✳, ⚜, ✠, ✠, château de Bonnelles (Seine-et-Oise).

MM.

Aigle (Comte de l'), ✳, château du Francport, par Compiègne (Oise).

Bertin (André), Castel des Bruyères, par Vernon (Eure).

Delanos, ⚜, à Port-Mort (Eure).

D'Eichthal, ✳, 24, rue de Téhéran, à Paris.

Étienne (J.-B.), ⚜, 2, rue Linné, à Nantes (Loire-Inférieure).

Devèze, ⚜, à Nîmes (Gard).

Horric de la Motte (Comte Armand), ⚜, château de Lanmarie, par Trélissac.

Laporte-Bisquit, ✳, La Mole, par Montpont (Dordogne).

Noel, ⚜, ✠, 9, place de la République, à Thionville (Moselle).

Piédoue d'Héritot (de), château de la Sourdière, par Saint-Lubin-en-Vergonnois (Loir-et-Cher).

Directeur des Services Administratifs :

Perière, ⚜, O ⚜, 99, avenue Général-Michel-Bizot, Paris.

Avocat-Conseil :

Gosset, Avocat à la Cour de Cassation et au Conseil d'État, 37, quai de la Tournelle, Paris.

Gouguet de Girac, ⚜, Avocat à la Cour d'Appel, 2, place Saint-Michel, Paris.

ANNUAIRE PAR DÉPARTEMENTS

DE

MM. LES LIEUTENANTS DE LOUVETERIE

AIN

Baudet (Melchior), propriétaire à Saint-Benoit.

Bernalin (Pierre), à Civrieux.

Bertrand, propriétaire, maire, à Yzernore.

Bollache (Félix), propriétaire, 🔾, à Jujurieux.

Bollé (Louis), conseiller général, conseiller du commerce extérieur, ✳, rue Laplanche, à Oyonnax.

Bouveyron (Paul), à Maximieux.

Brevet, docteur, à Pont-de-Veyle.

Carpin (Marius), propriétaire, à Cressin-Rochefort.

Carret (Joannès), industriel, à Dompierre-sur-Ain.

Debost (John), propriétaire, à Divonne-les-Bains.

Debourg (Pierre), propriétaire, à Bereziat.

Fayard (Antoine), propriétaire, maire, O 🔾. à Montmerlé-sur-Saône.

Gallet, à Saint-Martin-du-Mont.

Gramusset, maire, à Prémillieu.

Hugon (Louis), propriétaire, avenue de Rosières, à Bourg.

Joly (Henri), à Chatillon-sur-Chalaronne.

Hugonnet (Léon), propriétaire, à Montréal.

Julliard, propriétaire, à Lantenay.

Malfant (Paul), maire de Farges.

Meune (Félix), négociant, à Montenay-Montlin.

Michel (Tony), propriétaire, à Domsure.

Millet (Louis), propriétaire, rue des Lazaristes, à Bourg.

Poncet (Maurice), propriétaire, 🐝, 18, rue Mercière, à Bourg.

Petit, à Bellegarde.

Robin (Mariéton), La Rhena, par Lent (Ain), ou 13, quai des Brotteaux, Lyon.

Terrier (Francisque), industriel, président du Conseil d'arrondissement de Belley, à Champagne-en-Valromey (Rhône).

Teste fils (Paul), industriel, 🐝 20, rue de la Claire, à Lyon, ou à Boiron, par Cordieux (Ain).

Tribouillet (Henri), propriétaire, à Serrières de Briord.

AISNE

Président du Groupement : M. CHEUTIN.

Berthe (Gabriel), maire, à Condé-en-Brie.
Cardot (Eugène), propriétaire, ☘, à Crépy-en-Laonnois.
Cheutin (Edmond), conseiller municipal, ✳, ☗, ☘, 1, quai Galliéni, à Château-Thierry.
Duflot (Eugène), propriétaire, ✳, ☗, chaussée de Vervins, par Fontaine-les-Vervins.
Dupont (Émile), maire, conseiller général, à Flavy-le-Martel.
Menier (Georges), industriel, ✳, à Villers-Cotterets ; et à Paris, 61, rue de Monceau.
Vallerand (Charles), conseiller d'arrondissement, maire, ☘, ferme d'Halloubay, à Latilly, par Neuilly-Saint-Front.

ALLIER

Beauchamp (Michel), propriétaire, à Vaumas.
Bethune (Comte Sully de), propriétaire, ✳, ☗, château de la Motte-Hérisson, par Hérisson.
Blanzat (Eugène), propriétaire, ☘, château du Puy-Gaillon, commune de Vernusse, par Montmarault.
Thuret (Raymond), propriétaire, maire, à Champroux, commune de Pouzy-Mesangy.

ALPES (BASSES-)

Bues (Pierre), à Sisteron.
Levé (Charles), propriétaire, à Entrevaux.
Massot (Paul), propriétaire, à La Motte.
Maurel (Armand), propriétaire, à Aubignose.
Reynaud (Gustave), propriétaire, à Greoux-les-Bains.
Rebuffel (Laurent), à Saint-André.
Rolland (Gaston), propriétaire, à Forcalquier.
Scutti (Zéphiro), à Bois d'Asson, par Saint-Maime.

ALPES (HAUTES-)

Néant.

ALPES-MARITIMES

Cunisset-Carnot, industriel, à Grasse.
Litschgy (Joseph), 17, rue du Cours, à Grasse.
Maubert (Honoré), maire, ◐ A, à Pegomas.

ARDÈCHE

Baconnier (Charles), à Aubenas.
Boyer (Adolphe), à Annonay.

Chalamel (Joseph), propriétaire, à Bourg-Saint-Andéol.
Charrousset, notaire, à Joyeuse.
De Fraix de Figon (Marie), propriétaire, château d'Arbillac, à Lamastre.
Pavin de Lafarge (Joseph), industriel, à Viviers.
Potu (Aimé), propriétaire, à Toulaud.

ARDENNES
Président du Groupement : M. HUBERT.

Ancel (Georges), C ✠, propriétaire, à la Tréfilerie, par Carignan.
Beauvallet (Émile), à Monthois.
Bodet (Alfred), à Fumay.
Delmotte (Charles), industriel, ✠, à Rethel.
Fenaux (Henri), industriel, à Givet.
Haugoubart (Camille), propriétaire, à Signy-l'Abbaye.
Hubert (Louis), ✠, industriel, 24, avenue Nationale, à Charleville.
Martin (Paul), propriétaire, à Auvillers-les-Forges.
Pierrard (Georges), propriétaire, ✠, 1, rue Monard, à Sedan.
Poignon (Félix), à Sommanthes.

ARIÈGE
Président du Groupement : M. FAGES.

Baby (Octave), à Querigut.
Bergay (Auguste), à Vicdessos.
Bruneau (Jules), à Lavelanet.
Brunet, propriétaire, rue Alsace-Lorraine, à Saint-Girons.
Dunglas (Julien), propriétaire, président de la Société de chasse de Saint-
     Girons, à Castillon-en-Conserans.
Durrieu (Raymond), propriétaire, à Lezat.
Fages (Jacques), propriétaire, à Villeneuve-de-Paréage, par Pamiers.
Galy (Gasparrou), propriétaire, à Massat.
Guy (Noël), propriétaire, ✠, à Foix.
Lannelongue (Paul), à Mauvezin-Sainte-Croix.
Marcaillou (Louis), à Tarascon-sur-Ariège.
Pesquiés (Bernard), propriétaire, à Savignac.
Pons (Paul), propriétaire, à Mas-d'Azil.
Rigaud (Alphonse), propriétaire, à Cabannes.
Robert (René de), propriétaire, à Saverdun.
Tisseyre (Joseph), propriétaire, à Mirepoix.

AUBE
Président du Groupement : M. GILLOT.

Aubry (Paul), conseiller d'arrondissement, maire de Verpilières, à Magny-
     Fouchard.
Blavot (Victor), propriétaire, à Beaumont, par Cunfin.
Carré-Marnot, conseiller d'arrondissement, maire, à Palis.
Fourrier, propriétaire, à Baroville.

Genet (Henri), propriétaire, O ✿, à Prusy.
Gillot (Amédée), industriel, O ✿, +, avenue de Beaufremont, à Brienne-le-
      Château.
Larquelay (Paul de), propriétaire, à Ramerupt.
Marquot (Louis), industriel, à Bayel.
Samuel (Georges), minotier, ✳, O ✿, ⚜, *administrateur Banque de France
      à Troyes*, 7, boulevard Danton, à Troyes.
Taquey (Paul), propriétaire, 7, rue des Fossés, à Bar-sur-Seine.
Vabgeaux (Charles), maire, à Brienne-le-Château.

AUDE

Président du Groupement : M. GUIRAUD.

Amigues (Albert), notaire, à Carcassonne.
Ané (Jules), docteur, président du Rallye Limoux, à Lauraguel.
Andrieu (Jules), propriétaire, château de Cucurau, par Castelnaudary.
Bellisent (Albert), docteur, à Villeneuve-de-Corbières.
Boyer (Joseph), domaine d'Argentiès, commune de Lagrasse.
Campistron (Savinien), agriculteur, domaine de Durfort, commune de Vigne-
      Vieille.
Denoy (Théodore), maire, ⚜, à Pomy.
Doutre, propriétaire, à Moux.
Esparseil (Raymond), ingénieur, 15, boulevard Commandant-Roumens,
      à Carcassonne.
Fages (Irénée), maire, à Alairac.
Fallois (Eugène de), industriel, propriétaire, à Caunes-Minervois.
Farge (Léon), industriel, O ✿, rue Trivalle, à Carcassonne.
Faucilhon (Gaston), propriétaire, à Carcassonne.
Ferrier (Numa), propriétaire, à Carcassonne.
Fontanel (Maurice), propriétaire, à Maisons.
Galaup (Pierre), à Axat.
Gougaud, à Quillan.
Guiraud (Théodore), avoué, O ✿, ⚜, 10, rue de l'Aigle-d'Or, à Carcassonne.
Guiter, propriétaire, maire, à Portel.
Marty (Charles), propriétaire, à Saint-André-de-Roquelongue.
Mestre (Henri), propriétaire, à Fanjeaux.
Piquemal (Joseph), à Espezel.
Soulayrol (Joseph), 4, rue Baudin, à Narbonne.
Tourel (Paul), à Narbonne.

AVEYRON

Bonal (Louis), propriétaire, route d'Estaing, à Espalion.
Bonnet (Paul). propriétaire, à Camarès.
Boulogne (Frédéric), propriétaire, à Saint-Affrique.
Bousquet (Paul), docteur, maire, ✿ 1, commune de Centrés, aux Garroustés.
Boutonnet (Justin), à Villefranche-de-Parrat.
Filliet (Henri), à Fondamente.
Galtier (Joseph), à Tournemine.

Marion (Jules), à Millau.
Mazet (Jules), à Laissac.
Pailhès (Pierre), à La Fage.
Redon Saint-Privat, propriétaire, à Millau.
Séverac (Adolphe), à Saint-Affrique.
Solier (Maurice), propriétaire, 19, rue Beteille, à Rodez.
Thiers (François), à Belmont.
Vergnault (Armand), 19 *bis*, rue de la Paix, à Rodez.
Viven (Jean), industriel, ✱, à Villefranche.

BELFORT

Bourlier (Léon), propriétaire, à Rougemont-le-Château.
Lefranc (Fernand), propriétaire, 2, faubourg de Paris, à Belfort.

BOUCHES-DU-RHÔNE

Président du Groupement : M. REVERTEGAT.

Abram (Mme Alice), 24, boulevard Saint-Louis, à Aix.
Blain (Louis), conseiller d'arrondissement, ⚜, ✿, +, 168, boulevard Chave.
    à Marseille.
Fournier (Félix), villa La Rosière, Saint-Barnabé.
Gailhard (Alphonse), propriétaire, 296, rue de Paradis, à Marseille.
Revertegat (Aldéric), propriétaire, à Saint-Paul-les-Durance, domaine du
    Cadarache, et 116, rue du Dragon, à Marseille.

CALVADOS

Président du Groupement : M. CHAPARD.

Chapard (Raoul), propriétaire-éleveur, château de la Bribourlière, à Putot-
    en-Auge, par Dozulé.
Grimard (André), villa Nitchevo, à Trouville.
Isabelle (Maurice), propriétaire, à Lion-sur-Mer.
Labbey (Henri de), propriétaire, Le Saussay, par Falaise.
Lainé (Jules), propriétaire, à Courtonne-la-Ville.
Pagny (André), à Vouilly.
Querrière (René), ⚜, commissaire de la Société canine Basse-Normandie,
    6, rue Isidore-Pierre, à Caen.
Thommerel (Léon), à Livarot.

CANTAL

Babus (Antonin), propriétaire, O ⚜, O ⚜, à Tourniac.
Clavières (Bernard), propriétaire, à Chaudessaignes.
Itier de la Motte, à Mazerolles, commune de Salins.
Peythieu (Alphonse), rue Marmontel, à Mauriac.
Sabathier (François), à Condat-en-Feniers.

CHARENTE

Président du Groupement : M. le Comte de BEYNAC.

Asnières (comte Jacques d'), propriétaire, à Montboyer.
Beynac (Comte Joseph de), ✠, au château de Charras, par Marthon.
Dampierre (Comte Léonard de), propriétaire, au château de Nieuil.
Dunoyer (Louis), à Oradoux-Fanais.
Favre d'Echallens (René), propriétaire, au château du Poirier, par Massignac.
Ferrière (de la), à Dignac.
Fornel (Comte Robert de), propriétaire, château de la Couronne, par Marthon.
Hémery (Édouard d'), à Nanteuil.
Juge (André), propriétaire, à Monthiers.
Julien (Armand), ✠, Logis de la Motte, par Creteuil-la-Magdeleine.
Lasfonds (Simon de), propriétaire, à Combiers.
Maillard (Maurice), à Hiesse.
Pelletant-Delisle, à Montignac.
Picard (Edmond), à Bois-Menu, près Angoulême.
Prévost (Adolphe), propriétaire, rue Gate-Bourse, à Angoulême.
Robin (Germain), propriétaire, au château du Grand-Breuil, par Cognac.
Soulard (Roger), propriétaire, ✠, à Baigne-Sainte-Radegonde.

CHARENTE-INFÉRIEURE

Président du Groupement : M. LEHMANN.

Daubigné (Paul), avocat, maire, à Saint-Jean-d'Angely.
Derennes (Pierre), commissaire-priseur, 26, rue du Paty, à La Rochelle.
Couillaud, à Saint-Georges-du-Bois.
Frichou (René), éleveur, à Saint-Aigulin.
Lehmann (Gaston), propriétaire, villa l'Espérance, à Royan.
Sorin (André), propriétaire, rue Carnot, à Saujon.

CHER

Aucler (Georges), propriétaire, à La Celle-Bruère.
Bourbon-Lignières (Comte Charles de), à Lignières.
Ginoux de Fermon (Comte de), propriétaire, à Presly.
Guyot (Honoré), propriétaire, Le Coteau, par Mehun-sur-Yèvre.
Maisonneuve (de), propriétaire à Aubigny.
Mangou (Paul de), propriétaire, au château du Plaix, par Levet.
Maupin (Camille), conseiller général, O ✠, ✠ A, place Saint-André, à Sancerre.
Monin (Louis), propriétaire, 121, route de Nevers, à Bourges.
Mortemart (Marquis Victurnien de), au château de Meillant, à Meillant.
Olivier (Guy), propriétaire, ✠, au château de Saint-Augustin, par Le Veurdre (Allier).
Robin (Michel), à Etrechy.
Rochefoucauld (de la), à Saulzais-le-Potier.
Toussaint, à Vailly.

CORRÈZE

Président du Groupement : M. le Comte de la MOTTE.

Filliol (Eugène), industriel, à Argentat.
Guinot, notaire, à Egletons.
Madrange (Camille), docteur, au château de Lagarde-Enval, par Lagarde-
    Enval.
Passemard (Antoine), à Lapleau.
Pélissier, à Naves.
Roux, docteur, à Chamberet.

CÔTE-D'OR

Président du Groupement : M. DUBARD (docteur).

Broissia (Comte de), ✳, ❀, château de Rochefort, par Aignay-le-Duc.
Cordier (Louis), propriétaire, 15, faubourg Bretonnière, à Beaune.
Dubard (Maurice), docteur, président Société des chasseurs de la Côte-d'Or.
    professeur école de médecine, ✳, 29, rue Devosge, à Dijon.
Ligeron (Paul), à Alix Sainte-Reine.
Souzy (Jules du), propriétaire, maire, château de Gevrolles, par Montigny-
    sur-Aube.

CÔTES-DU-NORD

Chappedelaine (de), à Limoelan-en-Sévignac.
Combes (Marius), La Tour-de-Cesson, par Saint-Brieuc.
Grassy (Yves), propriétaire, ❀, à Lannion.
Hinault (Louis), propriétaire, ❀ A, à Collinée.
Lorans (Eugène), industriel, à Gourin (Morbihan).
Marseille, 2, rue du Gouedic, à Saint-Brieuc.
Michel (Pierre), maire, agriculteur, O ❀, à Trémuson, par Saint-Brieuc.
Pambrun, à Dinan.
Prigent (Pierre), propriétaire, à Guingamp.
Scelle (Hébert), propriétaire, à Le-Val-Saint-André-en-Pléneuf.
Traoulen (Amaury de), à Guingamp.

CREUSE

Président du Groupement : M. le Baron de BAILLET.

Alhéritière (Henri), propriétaire, maire, conseiller général, ❀, à Peyrat-la-
    Nonière.
Baillet (Baron Thibault de), ❀, à Saint-Priest-d'Evaux.
Dubreuil (Emile), à Bosmoreau-les-Mines.
Mayeton, conseiller d'arrondissement, à Bonnat.
Rougon (Laurent), ❀, ❀, route de Paris, à Guéret.
Thonier (Henri), maire, conseiller général, à Evaux.
Vincent (Joseph), propriétaire, à Domeyrot, par Barsac.

DORDOGNE

Président du Groupement : M. BOST.

BEAUDET (Louis), à Marsac.
BESSE-DESMOULIÈRES, maire, à Milhac-de-Nontron.
CHAMMADE-LAVAURE, à Echourgnac.
CHATRA (Ferdinand), propriétaire, à Lalinde.
DANIEL (François), propriétaire, à Lembras.
DELSOUILLER (René), propriétaire, à Aubas.
DUMAIN (Guillaume), ◊ A, à Saint-Méard-de-Gurçon.
ESCLAFER (Jean), minotier, aux Eyzies-de-Tayac.
EYMOND (Jean), propriétaire, à Issac.
FAYETTE (Maurice), propriétaire, à Bosset.
GADEAU (Elie), maire, à La Coquille.
HORRIC DE LA MOTTE (Comte Armand DE), château de Lammary, par Trélissac.
LACAZE (Camille), propriétaire, à Saint-Avit-Rivière.
LAPEYRE-MENSIGNAC, propriétaire, à Javerlhac.
LAPORTE-BISQUIT (Edouard), ✳, ◊ A, ⚓, à la Mole, par Monpont.
MÉZERGUES (Henri), propriétaire, à Galabert, commune de Villefranche-du-
    Périgord.
ROULAUD (Jean-Émile), propriétaire, à Tocane-Saint-Apre.
SENRENS (Henri), propriétaire, à Saint-André-de-Double.
SÉPÉ (Georges), propriétaire, +, château Puy-de-Rège, à Pezuls.
SOURIE (Pierre), propriétaire, à Archignac.
SUE (Gabriel), artiste peintre, à Servanches, par Sainte-Aulaye.

DOUBS

Président du Groupement : M. SAINT-MARTIN.

BARBIER (Georges), à Amancey.
BEAUDIQUEZ (Delphin), propriétaire, à Villers-Grelot.
BER (Victor), propriétaire, à Mamirolle.
BOILLOT (Eugène), propriétaire, à Dammartin-les-Templiers.
BRULEPORT (François), propriétaire, à Lavans-Vuillafans.
CAHUET (Joseph), propriétaire, à Noironte, par Audeux.
CARON (Gilbert), propriétaire, à Arc et Senans.
CARRIÈRE (Gaston), à Besançon.
CARTIER (Émile), à Belleherbe.
CASSAMANI (Joseph), propriétaire, château de Monrepos, par Rougemcont.
CHOUFFE (Alfred), propriétaire, à Champlive.
COTE (Eugène), à Deluz.
CUENIN, propriétaire, à Vellevans.
CUSENIER (Elisée), propriétaire, O ✳, à Etalans.
DELACOUR, propriétaire, à Clerval.
DEVILLERS (Auguste), conseiller municipal, à Laviron, par Pierre-Fontaine-
    les-Varans.
DUCROS (Joseph), docteur, à Levier.

Fellner (Georges), conseiller général, ✳, à Colombier-Fontaine.
Fierobe (Ernest), propriétaire, ⚙, à Vaufrey, par Saint-Hippolyte.
Fort (Paul), propriétaire, à Gonsans.
Gaiffe, propriétaire, à Consolation-Maisonnettes.
Giraud (Michel), à Arc et Senans.
Goegel (Charles), à Montbéliard.
Golaz (Gaston), propriétaire, ⚙, à Roches-les-Blamont.
Grillet (Joseph), à Goux-les-Uziers.
Houser (Louis), à Maiche.
Janin (Louis), propriétaire, à Bouclans, par Laissey.
Lanfrey (Fernand), à Aveney, par Besançon.
Maire (Charles), propriétaire, à Saone.
Maréchal (Auguste), propriétaire, à Roulans.
May (Jules), à Busy.
Médecin (Joseph), à Provenchères.
Metoz (Jules), propriétaire, à Isle-sur-le-Doubs.
Michel (Urbain), propriétaire, à Montfaucon.
Morel (Alfred), propriétaire, à Chasnans.
Morot (Gabriel), propriétaire, ✳, à Byans-sur-Doubs.
Moullé (Jacques), propriétaire, à Montbéliard.
Munnier (Joseph), propriétaire, à Rigney.
Ormeaux (Alphonse), à Marchaux.
Pauset (Henri), à Fontain.
Pochard (Eugène), maire, ⚙, à Moncey.
Prenez (Charles), à Audincourt.
Prieur (Arthur), propriétaire, à Montgesoye.
Prudham (Alphonse), adjoint au maire, à Bourguignon.
Rieux (François), à Baume-les-Dames
Robbé (Albert), notaire, à Montbenoit.
Rolet (Paul), industriel, maire, à Nans-sous-Sainte-Anne.
Roy (Eugène), à Gennes.
Saint-Martin (Pierre), propriétaire, 49, Grande-Rue, à Besançon.
Simonnet (Virgile), à Bonnay.
Tisserand, docteur, à Besançon.
Vautherin (Charles), propriétaire, à Tournedoz.
Verdot (Charles), propriétaire, à Belleherbe.
Vermot (Louis), à Saules.
Vichot (Charles), à Venise.
Vichot (Louis), propriétaitre, à Cendrey, par Rignez.
Vieille (Ernest), propriétaire, à Franois.
Vuittenez (Clovis), propriétaire, à Pontarlier.

DRÔME

Brunier (Paul), propriétaire, à Montélimar.
Delhomme (Julien), propriétaire, à Reinalhette.
Fougeron (Ernest), propriétaire, villa Lallier, à Valence.
Jullien (Pierre), à Nyons.

Morin (Edouard), propriétaire, à Dieulefit.
Viriville (Charles), industriel, à Valence.

EURE

Président du Groupement : M. BOULANGER.

Bertin (André), propriétaire, Castel-des-Bruyères, par Vernon.
Boulanger, propriétaire, à Perriers-sur-Andelle.
Chapman (Henry), industriel, ✠, Les Préaux, par Pont-Audemer.
Conard (Raoul), propriétaire, ✪ A, C ✠, à la Neuville-du-Bosc.
Delanos (Robert), propriétaire, ✠, à Port-Mort.
Glatigny (Baron Jean de), propriétaire, à Normanville.
Lemoine (Roger), propriétaire, 31 *bis*, rue Verte, Rouen.
Mérou (Emile), propriétaire, à Saint-Pierre-des-Ifs.
Mezecaze dit Dukercy, à Tilly.
Ouin (Marcel), industriel, à Pont-de-l'Arche.
Songeons (Comte de), propriétaire, à l'Hermite, par Rugles.

EURE-ET-LOIR

Président du Groupement : M. le Baron de LAYRE.

Baudet (Henri), industriel, 13. rue du Coq, à Châteaudun.
Herzog, propriétaire, à Anet.
Martin (Léonard), propriétaire, à La Loupe.
Maunoury (André), propriétaire, à Jouy.

FINISTÈRE

Bolloré, à Odet, par Quimper et 74, avenue du Bois de Boulogne, Paris.
Février (Henri), conseiller général, président de la Société hippique, 12, rue
     de la Mairie, à Brest.
Guegot de Traoulen, à Plounéour-Menez.
Hamon, propriétaire, à Morlaix.
Jaouen, conseiller général, à Ploucigneau.
Rivière, rue Brémont d'Ars, à Quimperlé.

GARD

Compan (Émilien), avocat, à Clarensac.
Cordier (Paul), avocat, 1, rue du Lycée, à Alais.
Delpuech (Pierre), 17, quai de La Fontaine, à Nîmes.
Devèze (Étienne), ✪, avoué, à Nîmes.
Espagne, fils (Gabriel), docteur, à Aumessas.
Gayraud (Louis), Le Vigan.
Picharnaud (Marcel), négociant, à Nîmes, rue de la Reinette.
Picard (Joseph), négociant, à Nîmes, 10, avenue de la Plateforme.
Soulier (Émile), domaine de Blaties, par Dagard.

Chasse illustrée.
page 337.

TRELLIS (Gaston), ingénieur-agronome, ✠, 🎗 A, à Saint-Geniès-de-Malgloire.
VILLARET (Paul), conseiller général, à Nîmes, 14, rue Madeleine.

GARONNE (HAUTE-)

Président du Groupement : M. SOLOMIAC.

ABÉJAN (Paul), propriétaire, à Cazères.
AZUN (Jean), propriétaire, ✠, à Cierp.
BABY (Clément), propriétaire, à Villemur.
BARES (François) à Montespan.
BOUBE (Louis), propriétaire, à Rieumes.
CARBONNEL (François), propriétaire, à Grenade.
CARRIÉ (Marius), propriétaire, château de Preissac, à Castelmaurou.
CASTERET (Henri), propriétaire, 25, rue de Fleurance, à Toulouse.
CAUSSADE (Auguste), propriétaire, à Aurignac.
CORNU (Henri), propriétaire, à Auterive.
COUZY (Baptiste), propriétaire, à. Muret.
CROZEFON (Henri DE), propriétaire, à Boulogne-sur-Gesse.
CUGNO (Marius), propriétaire, à l'Isle-en-Dodon.
DELIEUX (Maximilien), propriétaire, à Saint-Martory.
DORIOT (Jean), à Gaillac Toulza.
GUY (Antonin), 3, place du Capitole, Toulouse.
GUY (Pebernard), domaine de Layrac, par Blagnac.
IZARD (François), propriétaire, à Bazières.
LASSERRE (Jacques), propriétaire, à Villefranche-de-Lauraguais.
LUPIAC (Damien), conseiller municipal, ✠, à Saint-Gaudens.
MERLY, propriétaire, 30, rue du Four, à Revel.
MONTY (Charles), propriétaire, à Saint-Elix.
QUITTARD (Hippolyte), propriétaire, à Puységur.
REY (Léopold), propriétaire, à Gantiés.
RIBES (Amédée), propriétaire, collège de garçons, à Saint-Gaudens.
RIBES (Théodore), propriétaire, à Loudet.
SOLOMIAC, propriétaire, château de Labat-Valesville, par Lanta.

GERS

BERNES (Gaston), propriétaire, à Monclar, par Mirande.
BEYRIE (Emile), propriétaire, à Castelnau-d'Auzan.
BONNET (Jean), propriétaire, à Bazian, par Riguepeu.
BORDES (Arthur), propriétaire-éleveur, à Lacaussade, par Biran.
CABIRAN (Louis), propriétaire, à Barran.
CAMBOURS (Jean), propriétaire, 🎗 A, 10, rue Caumont, à Auch.
CASTAING (Jean), propriétaire, à Mauzevin.
CAUBIN (Alcide), cultivateur, ✠, à Estampes, par Miélan.
CAZAMAYOU (Julien), propriétaire, à Castelvanet.
CAZES (Henri), propriétaire, à Lannepax.
CHABANON (Jules), propriétaire, à Cologne.
CLARAC (Henri), propriétaire, à Saint-Arailles.

Comon (Jean), propriétaire, à Roquebrune, par Vic-Fézensac.
Courau (Gustave), propriétaire, 9 boulevard de Gèle, à Condom..
Dasté (Joseph), maire, à Masseube.
Delieux (Joseph), propriétaire, à Monferran-Savès.
Dubourdieu (Eugène), propriétaire, C ⚜, à Saint-Puy. ·
Dufour (William), propriétaire, à Cazaubon.
Dupouy (Irénée), propriétaire, à Saint-Germier, par Gimont.
Dupux (Elie), propriétaire, à Pellefigue, par Simarre.
Fage (Ernest), propriétaire, à Pucasquier.
Fagedet (Joseph), propriétaire, à Gimont.
Fauré (Jules), propriétaire, ⚜, à Samatan.
Fouragnan (Noël), propriétaire, à Eauze.
Fouragnan (Jean), propriétaire, à Auch.
Gau, notaire, à Montestruc-sur-Gers.
Guchens (J.-M.), propriétaire, à Duffort.
Hargues (Joseph), à Bezolles, par Valence-sur-Baïse.
Jasmin (Jacques), propriétaire, ⚜, château de Serillac-la-Sauvetat.
Laffont (René), propriétaire, à l'Isle-de-Noé.
Lagarasse (Paul), propriétaire, au Houga.
Lasserre (Paul), à Peyrusse-la-Grande. ·
Loumagne (Auguste), propriétaire, à Riscle.
Mailles (Auguste), industriel, à Saint-Martin, par Mirande.
Mercadié (Achille), propriétaire, à Casteron, par Tournecoupe.
Pradères (Gabriel), propriétaire, à Castelnau-d'Auzan.
Raynaud, à Saramon.
Roques (Roger), propriétaire. ✠, château de La Planque, par Monferran-
    Savès.
Saint-Jean (Isidore), propriétaire, à Galiax.
Sarramea (Georges), propriétaire, à Marciac.

GIRONDE

Présient du Groupement : M. ROUCHON.

Arnaud (Paul), à Fours.
Bertau (Georges), propriétaire, à La Grand-Fond, commune de Saint-Savin-
    de-Blaye.
Dulong (Jean), propriétaire, à Branne.
Lalanne (Hubert), propriétaire, à Préchac.
Langlois (Henri), propriétaire, 26, rue Manège, à Bordeaux.
Neble (Jean), propriétaire, ++, à Saint-Ferme.
Rouchon (Edmond), industriel, 15, rue de la Benatte, à Bordeaux.

HÉRAULT

Président du Groupement : M. ÉTIENNE.

Bourdel (Jacques), à Saint-Pons.
Cambon (Émile), propriétaire, à Avène.
Fontmagne (de), propriétaire, à Castries.

Étienne (Joseph), propriétaire, domaine de la Dournie, à Saint-Chinian.
Levallet (Paul), propriétaire, à Olargues.
Marc (Jules), propriétaire, à Cabrières, par Fontès.
Martinez, 59, avenue Paul-Riquet, à Béziers.
Mounis (Raymond), propriétaire, à Graissessac.
Orsaud, vétérinaire, à Lodève.
Sabatier, instituteur, à Laroque.
Sardinoux, docteur, à Fougères.
Sérane (Gustave), propriétaire, à Gignac.

ILLE-ET-VILAINE

Bouëxic de la Driennays (Jean du), propriétaire, ✠, maire, à La Gaudine-
        laye, par Saint-Malo-de-Phily.
Cosnard (Henri), propriétaire, à Chateaugiron.
Derouet, à La Guerche-de-Bretagne.
Ernest (Oscar), négociant, à Montfort.
Le Mintier (Comte Edmond), propriétaire, maire, à Lesquilly-en-Pleugueneuc.
Pontbriand (de), 25, faubourg d'Antrain, à Rennes.
Recipon (Guy), maire, ✠, à La Roche-Giffard, par Saint-Sulpice-des-Landes.
Tesnière (Henry), propriétaire, Villa les Herbiers, à Saint-Malo.

INDRE

Baronnet (Albert), propriétaire, à Urciers.
Berlau-Verdier (Roger), à Moulins-sur-Céphons.
Blanchet (Jean), avocat, maire, conseiller général, à Tranzault.
Bonargent (Eugène), industriel, à Saint-Gaultier.
Doucet, propriétaire, à Mézières.
Lesseps (Comte Mathieu de), propriétaire, ✱, ✠, au château de la Chesnaye,
        par Vatan.
Luneau (Albert), à Issoudun.
Merlet (Pierre), à Luçay-le-Mâle.
Plessis (du), propriétaire, maître d'équipage Bas-Berry, au château du Tardet,
        commune de Belâbre.

INDRE-ET-LOIRE

Bellaing (J. de), château de la Garenne-du-Pin, à Saint-Ouen-les-Vignes.
Champchevrier (Jean de), propriétaire, à Charentilly.
Compain (Henri), Ile-Saint-Jean, à Amboise.
Thibault (Gaston), propriétaire, à Chinon.
Patry (Georges), maire, à Beaulieu, par Loches.

ISÈRE

Brunet-Manquat (Eugène), à La Côte-Saint-André.
Dolbeau (Henri), industriel, à Jallieu.

Jourdan (Félix), 55, grande rue, à La Tronche.
Rostaing (Comte Ernest de), propriétaire, à Saint-Vérand, par Saint-Marcellin.
Seguin (Jean-Baptiste), 2, quai de Gère, Vienne.

JURA

Barbe (Albert), propriétaire, à Poligny.
Barbier (Émile), docteur, ✳, ⬥, à Saint-Julien.
Benoit-Gonin, à Saint-Claude.
Benoit-Guyot, propriétaire, à Chaléa, par Thoiretle.
Boilley (Émile), propriétaire à Arbois.
Boilley (Henri-Pierre), à Arbois.
Bruchon (Alexis), à Patornay.
Cencelme (Henri) fils, propriétaire, ⬥, boul. Gambetta, à Lons-le-Saulnier.
Cornier (Maurice), propriétaire, à Crans.
Gabriel (Augustin), propriétaire, à Tassenières.
Granrut (Charles de), industriel, à La Vieille-Loye.
Jeunet (Camille), propriétaire, à Champagnole.
Léculier, docteur, à Champrougier.
Marmier, propriétaire, à Cesancey.
Myard, à Saint-Amour.
Picot d'Aligny, propriétaire, à Montmirey-la-Ville.
Raclet (Léon), à Villers-les-Roy.
Raton, à Salins.
Sancey (Jean), à Courtefontaine, par Byans (Doubs).
Saucet (Laurent), à Ounans.

LANDES

Bonnat (François), propriéaire, à Morcenx.
Cassagne (Marius), propriétaire, à Sabres.
Grandin de l'Eprevier, maire, ✳, au château de Fleurus, par Saint-Sever.
Laferrère (Ernest), propriétaire, ✳, à Hagelmas.
Lalanne (Ferdinand), propriétaire, à Magescq.
Lavigne, propriétaire, à Cabarret.
Marsan (Joseph), propriétaire, à Tartas.
Tauziet (Frédéric), propriétaire, à Dax.

LOIR-ET-CHER

Président du Groupement : M. DE PIEDOUË D'HÉRITOT.

Baudet (Henri), industriel, 13, rue du Coq, à Châteaudun (Eure-et-Loir).
Bégé (Edgard), propriétaire, château de Villeneuve, à Vernou-en-Sologne.
Legisse (Édouard), à Oucques.
Pichon (Louis), propriétaire, à Troo.
Piedoue d'Héritot (de), propriétaire, château de la Sourdière, par Saint-Lubin-en-Vergonnois.
Sausset, propriétaire, à Marcilly-en-Gault.

LOIRE

Buchet (Antoine), maire, Président de la Société d'agriculture, ♦, château de Lespinasse, par Saint-Germain-de-Lespinasse.
Coste (Charles), propriétaire, 33, place Bellecour, à Lyon (Rhône).
Gonin (Jean), propriétaire, 16, rue Béranger, à Roanne.
Jacquier de Vacheron, maire, à Saint-Maurice-sur-Loire.
Pommerol (Julien de), à Labruyère, par Saint-Romain-le-Puy.
Ramet (André), 88, rue du 11-Novembre, à Saint-Etienne.
Suze (Comte Harold de), officier en retraite, ✳, ♦, à Belmont, et 45, rue Général-Plessier, à Lyon (Rhône).
Vaganay (Joannès), conseiller général, à Saint-Galmier.

LOIRE (HAUTE-)

Président du Groupement : M. CALVET.

Calvet (Auguste), propriétaire, O ♦, à Beauzac.
Dubois (Claudius), propriétaire, à Saint-Maurice-de-Lignon.
Facy (Alexis), à Chassagnes.
Sabatier (Camille), ♦, ◊ A, à Tence.
Thomas (Jules), hôtel La Fayette, Brioude.
Vidal-Galland (Eugène), propriétaire, ✳, C ♦, à Aubenas, commune de Tailhac.

LOIRE-INFÉRIEURE

Président du Groupement : M. ÉTIENNE.

Bory (René), propriétaire, ♦, à la Motte-Maumusson, par Mars-la-Jaille.
Esperon (Raoul), propriétaire, vice-président Société Centrale des chasseurs, à La Forêt-Pavée, par Moisdon-la-Rivière.
Étienne (Jean-Baptiste), armateur, ♦, au château de Briord, par Port-Saint-Père, et 2, rue Linné, à Nantes.
Herbert, docteur, à Abbaretz.
Lefort, propriétaire, à Saint-Étienne-de-Montluc.
Montaigu (de), à Missilac.
Récipon, propriétaire, à Saint-Sulpice-des-Landes, ou au château de la Roche-Giffard (Ille-et-Vilaine).

LOIRET

Beaudenon, propriétaire, à Gien.
Cribier (Henri), propriétaire, à Sennely.
Léveillé (Michel), propriétaire, à Nibelle.
Mauduit (Louis), à Montargis.
Thauvin (Léon), avocat, ◊ I, 81, rue d'Illiers, à Orléans.
Viala (Émile), 48, boulevard Alexandre-Martin, Orléans.

LOT

Président du Groupement : M. MÉRIGONDE.

DÉCHEZELLE (Victor), propriétaire, ✪ A, 4, place du Quatre-Septembre, à Gourdon.
HÉNAULT (Georges), propriétaire, à Figeac.
LAGARDE (Baptiste), propriétaire, à Saint-Cirq-Lapopie.
LAGASQUIÉ (Léon), à Figeac.
MÉRIGONDE (Antoine), propriétaire, O ✿, à Cieurac, commune de Lanzac.

LOT-ET-GARONNE

ARTENZET DE LA FARGE, à Moncrabeau.
BOTET DE LACAZE (Léon), à la Bastide Castel-Amouroux.
LABORIE (Armand), 14, rue Auguste-Gui, à Agen.
MORET (Pierre), à Saint-Martin-de-Villeréal.
PECHAUBÉS (Fernand), à Clairac.
VIGNEAU (Henri), à Mas d'Agenais.

LOZÈRE

Président du Groupement : M. COUDERC.

ARBUS (Paul), aux Ayres, commune de Meyrueis.
BENOIT (Adrien), propriétaire, à Grandrieu.
BONNEFOUS (Lucien), propriétaire, à Massegros.
CHAZE (Antoine), propriétaire, à Chaudeyraguet.
CHEVALIER (Ernest), propriétaire, à Mende.
COUR (Jules), à La Malzieu-Ville.
COUDERC, docteur, président de la Société de chasse « La Solitaire », à Chanac.
GALTIER (Antoine), propriétaire, à La Chèze.
GOUNEL (Célestin), propriétaire, à Le Monastier.
MAURIN (Albert), propriétaire, à Florac.
RAUZIER, maire, château de Cauvelle, par Saint-Germain de Calberte.
REYNES (Émile), propriétaire, à Mende.
ROUVIÈRE (Félix), notaire, ✪ I, à Le Bleymard.
SÉGUIN (Antoine), à Marvejols.
TEISSIER (Firmin), propriétaire aux Gouttes, commune de La Bastide-Puy-laurent.
VALENTIN (Ambroise), à Nasbinals.
VEZON (Jean-Pierre), propriétaire, à Langogne.

MAINE-ET-LOIRE

Président du Groupement : M. DU JONCHERAY.

BACHELIER (Paul), propriétaire, ✿, à La Grisonnière-de-Mouliherme, et 35, rue Célestin-Port, à Angers.

Boyer (Edmond), conseiller général, ⚜, 25, rue Saint-Léonard, à Angers.
Chabot (François de), propriétaire, à Yzernay.
Desprès, propriétaire, château de la Bouverie, à Bouchemaine.
Gibouin (Arthur), propriétaire, à Montrevault.
Jollivel (François), propriétaire, à Candé.
Mureau, propriétaire, à Chacé.
Raimbault, propriétaire, à Challain-la-Potherie.

MANCHE

Auchet (Émile), propriétaire, château de Pépinvast, à Le Vicel.
Conard (Raoul), propriétaire, à La Neuville-du-Bosc (Eure).
Crevon (René), propriétaire, 95, avenue Carnot, à Cherbourg.
Delisle, conseiller général, maire, à Clitourps, par Saint-Pierre-Église.
Ferrand de la Conté, propriétaire, villa Saint-Sauveur, à Saint-Sauveur-
    le-Vicomte.
Hervieu (Pierre), avoué, à Mortain.
Legentil (Alphonse), propriétaire, à Saint-Denis-le-Gast.
Michel (Pierre), propriétaire, à Saint-Fromond.
Tesnière (Henri), industriel, à Pontorson.

MARNE

Brisson (René), propriétaire, ⚜, à Bussy-Lettrée.
Duntze (Georges), à Brezannes, par Reims.
Durand-Mercier, ✳, ⚜, au château de Saint-Martin-d'Ablois, par Épernay.
Guérault (René), ◊ I, ◊ A, villa de l'Abri, par Fère-Champenoise.
Lecourtier (Edmond), 18, rue des Prés, à Sainte-Menehould.
Munerelle (Albert), maire, ◊ A, 43, rue de la Glacière, à Vitry-le-François.

MARNE (HAUTE-)

Gabreau-Mougeot (Robert), avocat, château de Rochevillers, par Chaumont.
Jouvanceau (Pierre), propriétaire, ⚜, château de Lignerolles, par Montigny-
    sur-Aube (Côte-d'Or).
Moingeard (J.-B.), à Bourbonne-les-Bains.
Multhier (Eugène), propriétaire, O ⚜, à Montierender.
Pol (Antoine-Lisse), propriétaire, ◊ A, château Paillet, à Chaumont.
Souzy (Marc du), maire, ✳, à Auberive.

MAYENNE

Desnoes, propriétaire, à Saint-Fort.
Maillard, propriétaire, à Senones.
Pluvie (de), 1, rue Traversière, à Laval.
Quatrebarbes (de), propriétaire, à Niafles.

MEURTHE

Président du Groupement : M. le Baron D'HUART.

BARBIER (Auguste), propriétaire, à Cirey.
BARTHÉLÉMY (Adolphe), conseiller d'arrondissement, à Anderny.
BONNETTE (Lucien), propriétaire, 54, rue des Murs, à Pont-à-Mousson.
BUSIER (Henri), propriétaire, 56, rue du Camp, à Pont-à-Mousson.
COLAS (Charles), propriétaire, 3, rue Sainte-Catherine, à Baccarat.
COSSON (Louis), propriétaire, 16, rue Banaudon, à Lunéville.
ERB (Alphonse), entrepreneur de travaux publics, avenue Victor-Hugo, à Toul.
FORDOXEL (Georges), propriétaire, à Longuyon.
GAUTHIER DE BAYON, à Bayon.
GÉGOUT (Pierre), propriétaire, à Vézelise.
GRANDCOLAS (Léon), maire, industriel, ✻, à Thiaucourt.
HUART (Baron Fernand D'), industriel, château de la Faïencerie, à Longwy.
MOREAU (Félix), propriétaire, à Vézelise.
MUNIER (Amédée), industriel, ✪ A, à Bicqueley, près Toul.
NOEL (Paul), maire, ✿, à Villey Saint-Étienne.
NOIROT (Théodule), industriel, à Laneuveville, devant Nancy.
RÉMY (Alfred), propriétaire, ✿, 44, rue de Paris, à Nancy.
ROYER (Charles), à Doncourt-les-Conflans.
THIBAULT (Elie), propriétaire, à Gerbéviller.
WATRIN (Ferdinand), ✪ A, à Briey.

MEUSE

Néant.

MORBIHAN

COURAPIED (Victor), propriétaire, aux Salles-en-Perret, par Gouarec (C.-du-N.)
DELEBECQUE (Aristide), conseiller d'arrondissement, ✻, à Josselin.
GAPAIS (Jean), propriétaire, à Guer.
LORANS (Eugène), industriel, à Gourin.
MONTAIGU (comte Auguste DE), à Missillac (L.-I.).
SAINT-GEORGES DE HARSCOUET (Paul DE), maire, château de Kéronic, à Plu-
      viquer.
SORET (Henri), propriétaire, ✿, à Pen-Mané-en-Pont-Scorff.

MOSELLE

Président du Groupement : M. NOEL.

GEORGEL, directeur cristalleries, à Saint-Louis-les-Bitche.
GOBERT (Henri), maire, ✿, à Ottange.
HERTZ (André), agronome, ✻, à Oberstinzel.
HUMBERT, propriétaire, à Dieuze.

Noel (Félix), conseiller d'arrondissement ; président de la Société des chasseurs de Lorraine, délégué de la Société centrale canine de l'Est, C ⚜ +, 9, place de la République, à Thionville.
Peupion (Valentin), à Folschviller.
Sechechaye (Paul), adjoint au Sous-Préfet Metz-campagne, ⚜, ⚜, à Woippy.
Thuillier, propriétaire, Guinglange.
Utzschneider (Charles), propriétaire, à Neukirchen-les-Sarreguemines.

NIÈVRE

Adam (François), agriculteur, à La Noue, par Chevannes-Chanzy.
Adenot (Robert), propriétaire, à Le Vieux-Moulin, par Saint-Benin-d'Azy.
André (Émile), propriétaire, à Saint-Martin-du-Puy.
Berry (Henri), à Brèves.
Berthelot (Eugène), propriétaire, à Tannay.
Boillereau (Hubert), propriétaire, à Limanton.
Camuzat (Eugène), propriétaire, à Cosne.
Carré (Raoul), propriétaire, à Entrains.
Chaussard (Gustave), propriétaire, à Préporché, par Saint-Honoré-les-Bains.
Coussy (Adolphe), propriétaire, à Raveau.
Couturier (André), propriétaire, plateau de la Bonne-Dame, à Nevers.
Deroche (Eugène), à Luzy.
Defossemont (Eugène), à Arleuf.
Duthu (Marcel), à Nevers.
Gozard (Marcel), ingénieur-agronome, ⚜, à La Mathurine, par Chantenay-Saint-Imbert.
Grincourt (André), propriétaire, château de Fontallier, à Saint-Pierre-le-Moûtier.
Lopard (François), propriétaire, à Guérigny.
Mannevy (Alexandre), propriétaire, à Corvol-l'Orgueilleux.
Martin (Arthur), propriétaire, à Sermages.
Mignard-Renaud (Jean), propriétaire, à Saint-Pierre-le-Moûtier.
Moreau (Stéphane), à Corbigny.
Neveu-Lemaire (Jean), au Carillon-Clamecy.
Perrin (Lazare), propriétaire, à Montaron.
Petot, propriétaire, à Cercy-la-Tour.
Roughol, à Saint-Amand-en-Puisaye.
Régnier (Henry), à Champvert.
Thoury (Robert de), conseiller général, à Tour-de-Matha, par Saint-Pardoux (Puy-de-Dôme).

NORD

Dujardin (Jean), à Douai, 12, rue Victor-Hugo.
Leduc (Aimé), propriétaire, 62, rue de Mons, à Valenciennes.
Maillard (Gustave), notaire, place d'Armes, à Le Quesnoy.

ORY, ✻, 54, boulevard Vauban, à Lille.
RAMETTE, propriétaire, 16, rue Watteau, à Cambrai.

OISE

Président du Groupement : M. le Comte de L'AIGLE.

AIGLE (Comte Charles DE L'), conseiller général, maire de Rethondes, ✻, château du Francport, par Compiègne.
DAUCHY (Fernand), maire, à Saint-Félix.
GILLON, à La Landelle et 19, avenue Émile-Deschanel, Paris.
LEMAITRE (Auguste), industriel, à Ponchon.
VALON (Comte Bertrand DE), château de Chamant, par Senlis.

ORNE

Président du Groupement : M. le Baron de LAYRE.

BAIN, propriétaire, président Société des chasseurs de Domfront, président Société de pêche et de pisciculture, ✺ A, à Flers.
FAILLARD (Maurice), vétérinaire, à Sées.
FALANDRE (Alphonse DE), propriétaire, ✻, ⊛, au château de Falandre, par Moulins-la-Marche.
LABBEY (Ferdinand DE), propriétaire, à Urcu et Crennes.
LOYER-ROUSSEL, maire, à Champcerie.
PARDIEU, à Juvigny-sous-Andaines.
VAUMESLE D'ERMEVAL (DE), à Radon.

PAS-DE-CALAIS

Président du Groupement : M. Roger LESAGE.

BLAISEL (DU), propriétaire, maire, ✻, O ⊛, à Enquin-sur-Baillons.
BOULANGER (Narcisse), conseiller général, maire, député, ✻, O ⊛, château de Tournepuis, à Guines.
DECROMBECQUE (Ghislain), propriétaire, ✻, C ⊛, à Hersin-Coupigny.
HAMY (Jules), conseiller municipal, rue d'Hesdin, 101, à Saint-Pol.
LESAGE (Roger), ⊛, + + +, propriétaire, 65, Grande Rue, à Boulogne-sur-Mer.
PRADOURA, maire, à Hermies.
TROUILLE (Florentin), propriétaire, ✺ A, C ⊛, +, La Cense-Hesbron, par Pont-d'Ardres.

PUY-DE-DÔME

ANDRAUD (Louis), docteur, ✺ A, à Bromont-la-Motte.
BONNAY (Claude), à Thiers.
CHADEFAUX (Marc), 28, avenue d'Italie, à Clermont-Ferrand.
DUFRAISSE (Jean), à Saint-Priest-Bramefant.
HÉRIER (Amable), maire, à Parentignat.
SIRAMY (Jean-Baptiste), industriel, 8, rue Saint-André, à Clermont-Ferrand.
TARDIF (Antoine), docteur, à Fournols.
VIMAL DE MONTEIL, conseiller municipal, à Boissac, commune de Pardines.

PYRÉNÉES (BASSES-)

Arestouilh, à Nay.
Arrienceau (Joseph), propriétaire, à Bielle.
Bonnemort, propriétaire, à Arudy.
Carricaburu, propriétaire, à Bustince-Irriberry.
Descaray (Jean), à Estialesq.
Duhart, à Ustaritz.
Harriet (Maurice), Commandant en retraite, ✳, ✦, ✪ A, villa Dagien, à
    Saint-Jean-de-Luz.
Lagahe (Albert), à Montaner.
Larraidy, docteur, à Hasparren.
Larrouy (Isidore), propriétaire, cours du Jardin-Public, à Salies-de-Béarn.
Loubière (Edouard), industriel, à Oloron.
Magendie (Albert), droguiste, 1, rue Maréchal-Foch, à Pau.
Magendie (Jean), propriétaire, à Bénéjacq.
Minbielle, propriétaire, à Arzacq.
Paillé (Henri), propriétaire, à Monein.
Pees (Aurèle), notaire, ✳, à Iholdy.
Pouey Dicard (Louis), propriétaire, à Corbères.
Roby (Albert), propriétaire, à Navarreux.
Soulheban (Henri), propriétaire, ✦, ✦, à Sauveterre-de-Béarn.
Tredjeu (Durand), maire, propriétaire-éleveur, A ✪, à Biron.

PYRÉNÉES (HAUTES-)

Président du Groupement : M. LACAZE.

Bière (Joseph), à Pierrefitte-Nestalas.
Birabent (Pierre), à Saint-Laurent.
Carrère (Joseph), propriétaire, rue Arago, à Tarbes.
Cazaux, à Bagnères-de-Bigorre.
Cazieux (Paul), propriétaire, à Castelnau-Rivière-Basse.
Clément (Hilaire), propriétaire, à Arreau.
Collongues (Théophile), propriétaire, à Fréchède.
Courrèges (Jean-Marie), industriel, 39, rue Larrey, à Tarbes.
Daverède (Faustin), propriétaire, à Osnets.
Duprat, propriétaire, à Vic-en-Bigorre.
Fourcade (Joseph), propriétaire, à Bordères-sur-l'Echez.
Girard (Damien), vice-président Fox-Club d'Arros, à Chelle-Debat.
Lacaze (Louis), propriétaire, 13, route de Tarbes, à Lourdes.
Lay (Salvy), propriétaire, à Lannemezan.
Moulor (François), à Pouchergues.
Pardon (Léopold), propriétaire, à Mouledous, par Tournay.
Payotte (Albert), à Luz-Saint-Sauveur.
Seignouret, propriétaire, à Lofitole.
Seguin (Casimir), maire, à Ariès-Espenan.
Vaqué (Lucien), propriétaire, à Ilheu.

PYRÉNÉES-ORIENTALES

Catala (Sylvain), à Saint-Paul-de-Fenouillet.
Cazeilles (François), propriétaire, à Rivesaltes.
Cruzet (Antoine), propriétaire, à Arles-sur-Tech.
Echernier (Gaston), C ⚜, ⚙, ⚜, à Vinca.
Fabre (Jacques), propriétaire, à La Cabanasse.
Laporte (François), propriétaire, à Prades.
Marty (Hyacinthe), propriétaire, à Thuir.
Massot (Sylvestre), industriel, ⚜, à Sorède.
Montella (Bonaventure de), industriel, ⚜, à Sainte-Léocadie.
Morel (Armand), industriel, place de la République, à Perpignan.
Noel (Abel), ingénieur A. et M., directeur papeteries Roussillon, à Palalda.
Parayre (Jean), propriétaire, à Céret.
Payrot (Louis), propriétaire, à Prats-de-Mollo.
Pous (Henri), propriétaire, à Maureillas.
Sacaze, à Sournio.
Vile (Jacques), à Olette.

RHIN (BAS-)
Président du Groupement : M. GOETZ.

Bastien (Félix), à Walbourg.
Bleger (Joseph), à Scherwiller.
Gail (Henri de), à Mulhausen, par Ingwiller.
Gœtz (Jonathan), industriel, 61, allée de la Robertsau, à Strasbourg.
Mellon, Le Riesack, par Niederbrom.
Scheideker (Jacques), maire, à Lutzelhause.

RHIN (HAUT-)
Président du Groupement : M. REEB.

Bourcart (Henri), industriel, C ⚜, 160, Grande Rue, à Guebwiller.
Brunner (Joseph), conseiller d'arrondissement, ancien maire, ✳, rue du
      Moulin, à Altkirch.
Hofer (Albert), industriel, à Ribeauvillé.
Immer (Jacques), maire, ⚜, à Metzeral.
Lacour (Jean-Jacques), industriel, conseiller municipal, ✳, ⚜, à Sainte-Marie-
      aux-Mines.
Reeb (Max), industriel, ⚜, 2, rue Roesselmann, à Colmar.
Rust (Georges), notaire, ⚜, 29, rue de Verdun, à Mulhouse.

RHÔNE

Baudrand, à Givors.
Dechaud, propriétaire, à Villefranche-sur-Saône.

Gonnet (Georges), propriétaire, à Saint-Genis-Laval.
Poizat (Paul), à Cours.
Sirot (Francisque), à Thizy.

SAÔNE (HAUTE-)

Président du Groupement : M. ENGEL.

Barberet (Edmond), à Marnay.
Baudy (Georges), docteur, ✻, à Frasne-le-Château.
Bonvallet (Charles), propriétaire, ✳, à Richecourt, par Ormoy.
Boulangier (Charles), juge de paix, ✪ I, à Saulx-de-Vesoul.
Buffet (Charles), capitaine honoraire, à Bucey-les-Traves, par Secy-sur-
        Saône.
Buisson (Joseph), propriétaire, à Pin-l'Emagny.
Carimey (Jules), éleveur, ✺, à Grencourt, par Fresne-Saint-Mames.
Charatre (Georges), à Lure.
Charpillet (Charles), propriétaire, ✺, + +, à Valay, par Lure.
Chevillard, à Quincey.
Debelfort (Pierre), industriel, ✻, rue de la République, à Champlitte.
Dorget (Carlos), maire, ✳, ✻, ✪ I, à La Longine.
Engel (Alfred), propriétaire, ✻, à Chagey, par Héricourt.
Estienney (Stanislas), propriétaire, à Lavoncourt.
Ferry (Marc), à Saint-Loup-sur-Semouze.
Goulut (Joseph), industriel, ✪ A, 17, rue de la Gare, à Luxeuil.
Jeanguyot (Charles), à Germigney.
Lacourt (Joseph), propriétaire, à Polaincourt.
Mathey (Charles), conseiller général, industriel, ✪ I, à Plancher-les-Mines.
Nouvion (Maurice), industriel, ✪ A, ✺, à Lœuilly.
Peureux (Auguste), conseiller général, ancien député, président Chambre
        commerce de Lure, ✳, à Fougerolles.
Racine (Lucien), à Roche-sur-Vannon.
Ragally (Paul), conseiller municipal, propriétaire, ✻, à Angirey, par Gy.
Tisserand, docteur, à Besançon.
Trebillon, à Lieffrans.
Veffond (Victor), à Cresancey.

SAÔNE-ET-LOIRE

Président du Groupement : M. le Comte de MAIGRET.

Baconnet, propriétaire, à Tournus.
Bardot (Emmanuel), conseiller général, maire, ✺, à Mont-Saint-Vincent.
Baudin, propriétaire, à Lugny.
Caucal (Eugène), conseiller général, maire, ✳, ✺, ✪ A, à Saint-Germain-du-
        Bois.
Choux (Joseph), propriétaire, à Messey-sur-Grosne, par Saint-Boil.
Contenson (Jacques de), propriétaire, à Varennes-Reuillon.

Doussot (François), propriétaire, ⚜, à Serrigny-en-Bresse, par Mervans.
Durieux (Jules), industriel, à Cluny.
Lagrange (Gabriel), propriétaire, 4, quai Gambetta, à Chalon-sur-Saône.
Lamain, propriétaire, à Nanton.
Magnien, à Chaudreney.
Maigret (Comte Christian de), à Saint-Romain-sous-Versigny, par Perrecy-
      les-Forges.
Massé (Charles), propriétaire, à Barisey, par Givry.
Mathey, propriétaire, à Sennecy-le-Grand.
Morel (Pierre), propriétaire, à Cuisery.
Passot (Théodore), conseiller d'arrondissement, à Beaurepaire-en-Bresse.
Pic (Maurice), conseiller d'arrondissement, maire, naturaliste, correspondant.
      du Museum, ⚜, 🎖 A, Les Guerreaux, par Saint-Agnan.
Thévenet (Pierre), propriétaire, 5, rue Donon, à Chalon-sur-Saône.

SARTHE

Guillais (Pierre), propriétaire, 15, rue de Bouère, à Sablé-sur-Sarthe.
Montlibert (de), à Lavaré.
Viennay (Jean de), propriétaire, au Val, par Saint-Rémy-du-Plain.
Willekens (Georges), industriel, à La Flèche.

SAVOIE

Président du Groupement : M. BORDIER.

Barberis (François), propriétaire, à Moutiers.
Bordier (Fernand), propriétaire, à Lanslebourg.
Brun (Louis), propriétaire, ✸, 57, rue de Genève, à Aix-les-Bains.
Epée, propriétaire, à Montmélian.
Gentil (Henri), à Saint-Michel-de-Maurienne.
Mermillod (Marius), propriétaire, 11, rue de la République, à Chambéry.
Milliand, avoué, à Albertville.
Pijollet, propriétaire, à Yenne.

SAVOIE (HAUTE-)

Président du Groupement : M. RUPHY.

Anthonioz (Alexandre), propriétaire, à Saint-Gervais.
Carrier (Jules), propriétaire, à Chamonix.
Deschamboux (Frédéric), à La Roche-sur-Feron.
Dufresne (Alexandre), propriétaire, à Saint-Jeoire-en-Faucigny.
Metral (Jean-Marie), propriétaire, à Sallanches.
Pernat (Casimir), notaire, à Cluses.
Perrier, propriétaire, à Taninges.
Reydet (Paul), notaire, à Bonneville.
Ruphy (Fernand), avocat, ✱, à Annecy-le-Vieux.
Vigny (Jules-César), propriétaire, à Loisin.

SEINE-ET-MARNE

Président du Groupement : M. J. MENIER.

D'Eichthal (André), ✳, ☗, Président de la Société Centrale des Chasseurs,
    24, rue de Téhéran, Paris.
Greffulhe (Comte), propriétaire, château de Bois-Boudran.
Lebaudy (Paul), propriétaire, ✳. 15, avenue du Bois-de-Boulogne, Paris.
Menier (Jacques), maire, C ✳, ☗, ☗, à Bussy-Saint-Martin, et 46, avenue
    d'Iéna. à Paris.
Rayer (Pierre), propriétaire, à Provins.

SEINE-ET-OISE

Président du Groupement : Mᵐᵉ la duchesse D'UZÈS.

Délégué : M. Roger GUÉRIN.

Uzès (Duchesse d'), ✳, château de Bonnelles, à Bonnelles.
Bertin (André), Castel des Bruyères, par Vernon (Eure).
Godillot (Jean), O ✳, 1, avenue Charles-Floquet, Paris.
Guérin (Roger), O ☗, 176, boulevard Haussmann, Paris.
Rotschild (James de), rue André-Pascal, La Muette.
Villefranche (Henri de), 19, rue Auguste-Vacquerie, Paris.

SEINE-INFÉRIEURE

Conard (Raoul), propriétaire, à La Neuville-du-Bosc (Eure).
Delafosse (Eugène), industriel, O ☗, à Veules-les-Roses.
Delahaye (Charles), maître de verreries, au Val d'Aulnoy, par Foucarmont.
Hubert (Michel), propriétaire, à Dieppe.
Lainé (Maurice), 8, rue Thiers, à Elbeuf.
Landa, agriculteur, C ☗, à Ardouval, par Grandes-Ventes.
Lemoine (Roger), propriétaire, château de la Viezaire, à Saint-Gilles-de-Cretot,
    31 *bis*, rue Verte, Rouen.
Moissonnière (de la), propriétaire, ✳, ☗, ☗, à Canteleu.
Rose, à la Haye.
Simonin (Henri), propriétaire, à Quevreville-la-Poterie, par Boos.

SÈVRES (DEUX-)

Président du Groupement : M. le Docteur TILLÉ.

Baranger, propriétaire, à Les Aubiers.
Beauregard (Michel de), à Combrand, par Ecrizay.
Belkoviche, maire, château de Moiré, canton d'Airvault.
Bordier (Frédéric), propriétaire, à Mazière-en-Gâtine.
Bouchet (Raoul), propriétaire, à La Loge, près Parthenay.
Cacault (Henri), propriétaire, au Bourg-Neuf, par l'Absis.

CHABOT (Vicomte Bernard DE), château des Assais, par Maulévrier (Maine-et-
    Loire).
DAVID, propriétaire, maire, à Villemain.
ESTEVEZ, à Brioux.
JOUSSELIN, propriétaire, 18, rue Alsace-Lorraine, à Niort.
LARIVIÈRE (Paul), maire, ✿, président Société de chasse, Le Vautrait Sain-
    tonge, président du Syndicat de chasse, canton de Brioux, à Chizé.
MATHIEU, juge de paix, à Sanzé-Vanssais.
MESNARD (Camille), propriétaire, maire, à Xaintray.
MOULIN, à Secondigny.
PIOT (Léon), propriétaire, à Pamplie, par Champdeniers.
PROUST (Emile), à Helle.
TILLÉ (Charles), docteur, à Beauvoir-sur-Niort.

SOMME

Président du Groupement : M. FOLLET.

BROUILLY (Léon), propriétaire, conseiller d'arrondissement, ✳, O ✿, à Naours.
FOLLET (Maurice), propriétaire, O✿, O ✿, rue Boucher-de-Perthes, à Amiens
GAILLARD (Gustave), industriel, ✿, château de Forest-Montiers, par Rue.
HARENT (Joseph), propriétaire, à Sauvillers-Mongival.
POINTIER (Adolphe), agriculteur, ✿, à Croix-Moligneaux, par Montigny.
TÉTARD (Georges), propriétaire, ✿, 87, rue du Bourg, à Doullens.
WALLET (Lucien), agriculteur, ✿, à Gannes, par Aussonvillers (Oise).

TARN

Président du Groupement : M. BURGUIÈRE.

ABRIAL (François), propriétaire, à La Bressole, par Graulhet.
ANDRIEU (Joseph), industriel, à La Renaudie, par Saint-Juéry.
AVÉROUS (Marcellin), propriétaire, ✳, rue Maries, à Albi.
BELAVAL (Edmond), propriétaire, à Sorèze.
BONNET, rue Cabot, à Carmaux.
BURGUIÈRE, notaire, à Castres.
CABROL (Pierre), propriétaire, à Saint-Amans-Soult.
CARRIES (Paul), propriétaire, à Lacaune.
CÉLEYRAN (Emmanuel DE), propriétaire, 17, rue de Languedoc, à Toulouse
    (Haute-Garonne).
DAURE (Charles), propriétaire, à Mazamet.
DUMAS (Charles), propriétaire, à Castelnau-de-Montmirail.
ESCOUBOUÉ (Paul), propriétaire, à Saint-Sulpice-la-Pointe.
ICHARD (René), industriel, à Cordes.
LAVERGNE (Fernand), docteur, O ✳, à Montredon-Labessonié.
LAVERGNE (Paul), industriel, 1, rue de l'Hôtel-de-Ville, à Albi.
MALBREIL, avocat, à Castres.
PLANEL (Pierre), à Réalmont.
RICHARD (Marcel), à Rabastens.
RIGAL (Ernest), filateur, à Massaguel.

page 353.

Roussel, conseiller général, à Montricoux (Tarn-et-Garonne).
Vaysse (Fortuné), maire, ✠, à Moulayres.
Vergnes (Joseph), à Murat.

TARN-ET-GARONNE

Président du Groupement : M. MARRE.

Dargaissès (Jean), industriel, ✠, à Grisolles.
Fraunié (Marius), propriétaire, à Moissac.
Gayraud (Blaise), propriétaire, ✠, à Glatens.
Marre (Philibert), propriétaire, à Lamothe-Capdeville.
Roussel (Marius), conseiller général, à Montricout.

VAR

Président du Groupement : M. Hugues CLÉRY.

Bremond (Albert), propriétaire, à Ollioules.
Cléry (Hugues-Félix), propriétaire, 11 *bis*, boulevard Garibaldi, à Marseille
        (Bouches-du-Rhône).
Jubiot (Roger), propriétaire, 25, rue de la République, à Draguignan.
Lantier (Jean), propriétaire, A✠, à Meounnes.
Rigord (Fernand), à Flassans.

VAUCLUSE

Boyer (Augustin), maire, à Mormoiron.
Ferrier de Montal (Comte Ernest de), propriétaire, ✳, ✪ A, +, O ✠,
        château de Carita, à Orange.
Ministral (Auguste), propriétaire, à Valréas.
Nevière (Lally), conseiller général, à Saint-Martin-de-la-Brasque.
Perrin (Augustin), à Orange.
Poussel (Martial), à Lauris.

VENDÉE

Bezegnard de la Plante (Paul), château du Verger, par Saint-Christophe-
        du-Ligneron.
Cagaud (Louis), propriétaire, à Aubigny.
Desassis (Alexandre), aux Aires-Saint-Vincent-sur-Craon.
Durand (Octave), propriétaire, O ✠, à la Bressaire, par Foussais.
Grandcourt (Paul de), docteur, ✳, ✠, à Saint-Fulgent.
Huguet du Lorin (Charles), à Bel-Enton, par La Garnache.
Perreau de Launay (Louis), à Simon-la-Vineuse.
Roch (Alcime), propriétaire, à Laurière, comm. de Saint-Denis-la-Chevasse.
Sauvacet (Augustin), propriétaire à La Chaignaie, commune de Saint-André-
        Treize-Voies.

VIENNE

Président du Groupement : M. COURBE.

Amirault (Albert), propriétaire, 1, route de Mons, à Loudun.
Bost-Lamondie (Julien), ✠, à Gençay.
Campagne (Comte Roger de), château du Fou, commune de Vouneuil-sur-Vienne.
Courbe (Georges), maire, ✳, ⚜, château des Martins, par Saint-Julien-de-l'Ars.
Deniau (Georges), ✳, ⚜, propriétaire, à Rigombert, commune de Noaillé.
Des Vaux (Pierre), propriétaire, à Bouresse.
Fossembas, propriétaire, à Couché-Vérac.
Lasnes (Maximin), à Saint-Bonnet, par Saint-Gervais-trois-Clochers.
Massia (Maurice), industriel, à Savigné.
Pelletier (Léon), propriétaire, à Saint-Clair, par Moncontour.
Traversay (Vicomte Hilaire de), à Valvert, commune de Buxerolles.
Trouvé (Paul), maire de Poisey-le-Sec, à Chauvigny.

VIENNE (HAUTE-)

Président du Groupement : M. D'EPIED.

Amilhau (Valentin), propriétaire, ✳, ⚙ A, O ⚜, + + + +, Le Boucheron, par Bosvie.
Beissat (Marcel), ✳, ✠, Le Dorat.
Boulle (Gabriel), notaire, 27, avenue Gambetta, à Saint-Yrieix.
Cagnaud (Élie), O ⚙, à Bussière-Boffy.
Chabaudie (Guillaume), industriel, avenue Roche, à Saint-Junien.
Coulaud-Dutheil (André), propriétaire, à Chohut, par Blond.
Dintras, à Saint-Yrieix-sur-Aixe, par Saint-Victurnien.
Doucet (Jean), propriétaire, à Magnac-Laval.
Epied (Hubert d'), propriétaire, ⚜, château d'Epied, par Saint-Denis-des-Murs.
Filloux (Lucien), O ⚜, à Champotant, par Arnac-la-Poste.
Labuze, docteur, à Nouic.
Marvaud (Joseph), propriétaire, à La Chapelle-Montbrandeix.
Ratier (Pierre), propriétaire, O ⚜, à Rochechouart.
Sautout (Michel), à Châteauponsac.

VOSGES

Président du Groupement : M. le Docteur CONTAL.

Baumann (Yvan), propriétaire, maire, Saint-Nabord, à Ranfaing-Saint-Nabord.
Beaucolin (Léon), imprimeur, à Neufchâteau.
Burlin (Louis), industriel, maire, ✳, ✠, à Saint-Dié.
Clair, docteur, à Lamarche.
Contal (Abel), docteur, ✳, ⚙ A, à Remoncourt.
Didier, avoué, à Neufchâteau.
Fournier (Albert), greffier, à Bulgnéville.

Gérard (Georges), à Épinal.
Gley (Félix), propriétaire, à Gérardmer.
Humbert (Georges), propriétaire, à Cornimont.
L'Huillier (Adolphe), à Raon-l'Étape.
Lorange (Charles), à Châtenois.
Magu (Edmond), à Darney.
Marchal (Ernest), propriétaire, à Flabemont, commune de Tignecourt, par
    Lamarche.
Marcillat (Louis), à Plainfaing
Montignot (Louis), ✠, à Autreville.
Poignon (Auguste), maire, ✪ I, à Menil-sur-Belvitte.
Raguel (Fernand), notaire, à Châtel (Moselle).

YONNE

Président du Groupement : M. DUVAL.

Bailly (Joseph), propriétaire, à Saint-Florentin.
Bazin, à Bois-Gerard, par Ervy.
Bour, 108, rue Vieille-du-Temple, Paris.
Duval (Joseph), propriétaire, ✳, ✠, Les Granges, à Voutenay-sur-Cure.
Gaudin (Joseph), propriétaire, maire, à Trévilly.
Laureau (Célestin), propriétaire, à Étivey.
Lavollée (Auguste), à Mézilles.
Lavollée (Ernest), propriétaire, à Mézilles.
Loriot (Georges), propriétaire, à Villeneuve-sur-Yonne.
Moreau (Pierre), propriétaire, à Villiers-Saint-Benoît.
Neveu-Lemaire, à Clamecy (Nièvre).
Parquin (Edouard), industriel, 10, rue Philibert-Roux, à Auxerre.
Pelleray (Louis), château Val-Saint-Étienne, Véron, et 80, avenue Mozart,
    Paris.
Pirot, à Vermanton.
Régnier (Ernest), président du Tribunal Civil, O ✠, aux Minimes, près
    Tonnerre.
Remaugé (Anatole), propriétaire, ✳, Capitaine Cavalerie en retraite, à Vallery.
Rostain (Ferdinand), conseiller général, à Quarré-les-Tombes.
Servet (Fernand), à Auxerre.
Tanlay (Marquis Jean de), O ✳, maire, conseiller général, à Tanlay.

ADMINISTRATION DES EAUX ET FORÊTS

ADMINISTRATION CENTRALE

Direction générale [1] :
78, rue de Varenne, Paris.

DIRECTION GÉNÉRALE DES EAUX ET FORÊTS

M. CARRIER, C ✳, ◯ A, C ⚜, Directeur Général.

PREMIÈRE PARTIE

FORÊTS

. . . .

1er Bureau

**CONTENTIEUX — ACQUISITIONS — ENSEIGNEMENT FORESTIER
MATÉRIEL DES EAUX ET FORÊTS — POLICE DE LA CHASSE
PÊCHE. — PISCICULTURE**

MM.

LILETTE, O ✳, ◯ A, C ⚜, Conservateur, chargé de la direction du Bureau.

Chef de section :

DELAHAYE, ✳, ✤, ⚜, inspecteur.

Rédacteurs :

JEANNIN, inspecteur adjoint.
MANTELIER, ⚜, inspecteur.

Application de la loi du 3 mai 1844 sur la police de la chasse et de l'arrêté du 19 Pluviôse an V relatif à la destruction des animaux nuisibles. — Examen des arrêtés réglementaires des Préfets sur la police de la chasse et des affaires

1. Le Directeur Général des Eaux et Forêts reçoit les mardis et vendredis, de 9 heures à midi.

connexes. — Ouvertures et clôtures de la chasse. — Législation sur la chasse.
— Délivrance des permis de transport du gibier vivant. — Commission Permanente de la chasse. — Louveterie. — Destruction des animaux nuisibles.
— Statistique des permis de chasse. — Répression du braconnage. — Encouragements aux fédérations et sociétés de chasse.

M. GOSSET (Charles), avocat au Conseil d'État et à la Cour de Cassation, avocat consultant et plaidant de l'Administration des Eaux et Forêts. — Paris, 37, quai de La Tournelle.

M. VANTROYS (Paul) ✤, avocat à la Cour d'Appel, avocat consultant et plaidant de l'Administration des Eaux et Forêts, 3, rue Daru, Paris.

PÊCHE ET PISCICULTURE

Chargé du service :

MM.

Billaudel, ✻, ✤, ⚜, inspecteur.
Gobert, inspecteur adjoint.
Castagnou, garde général.

Expéditeur principal :
Guernalec, ✤.

Commis auxiliaire :
Delaunais, O ⚜.

Pêche. — Amodiation. — Cahier des charges. — Indemnités réclamées par les fermiers, réduction de prix ou résiliation de baux. — Examen des arrêtés préfectoraux réglementant l'exercice de la pêche et des déversements industriels. — Ouvertures, clôtures, répression du braconnage de la pêche. — Législation de la pêche.

Pisciculture. — Création et entretien d'établissements de pisciculture, subventions aux départements, aux communes, aux associations et aux particuliers. — Encouragements aux sociétés de pêcheurs à la ligne.

SERVICE EXTÉRIEUR

MM.

ANTONI, C ✻, ✪ A, C ⚜, inspecteur général [1].
MOUGIN, O ✻, ✪ A, C ⚜, inspecteur général [1].
GÉNEAU, O ✻, ✪ A, O ⚜, inspecteur général [1].
CHAPLAIN, O ✻, ✪ A, O ⚜, inspecteur général [1].

1. MM. les Inspecteurs généraux, quand ils ne sont pas en tournée, reçoivent de préférence : M. Antoni, le mardi, de 14 heures à 17 heures, 1, rue de Narbonne, Paris (VII⁰); — M. Mougin, le lundi, de 14 heures à 17 heures, 137, boulevard de la Reine, à Versailles (Seine-et-Oise), ☏ 19-32; — M. Géneau, 130, boulevard Saint-Germain, le vendredi, de 10 heures à 12 heures. — M. Chaplain, 6, square du Croisic (XIV).

CONSERVATIONS FORESTIÈRES

1ʳᵉ CONSERVATION

MM.

LESCUYER, ✳, O 🎖, Conservateur à Paris. Bureaux, 6, rue Coëtlogon (VIᵉ).
⊕ Ségur, 40.36.

CHATELAIN, O 🎖, inspecteur principal sédentaire.

Département de l'Oise.

INSPECTION DE SENLIS
Senlis.

MM.

POUSSARD, ✳, 🎖, inspecteur.
LECLERC, ⊕, 🎖, inspecteur adjoint.

INSPECTION DE COMPIÈGNE
Compiègne.

RAUX, ✳, ⊕, O 🎖, inspecteur.
HAUQUIER, C 🎖, inspecteur adjoint.

Départements de la Seine, de Seine-et-Marne et de Seine-et-Oise.

GRANDS PARCS DE SAINT-CLOUD ET DE VERSAILLES
Versailles.

BOLLE, ✳, O 🎖, inspecteur principal.

CHEFFERIE DE MELUN
Melun (S.-et-M.).

VANTROYS, ✳, ⊕, O 🎖, inspecteur.

CHEFFERIE DE FONTAINEBLEAU
Fontainebleau (S.-et-M.).

SINTUREL, 🎖, inspecteur.

INSPECTION DE RAMBOUILLET
Rambouillet (S.-et-O.).

GOUILLY, ✳, 🎖, inspecteur principal.
RICARD, inspecteur adjoint.

INSPECTION DE VERSAILLES
Versailles (S.-et-O.).

DELACOURCELLE, ✳, ◊ A, O 🎖, inspecteur principal.
HURTEAU, ⊕, inspecteur adjoint.

Saint-Germain (S.-et-O.).

ROUX (E.-D.-R.), ⊕, 🎖, inspecteur adjoint.

2ᵉ CONSERVATION

MM.

TRUTAT, ✳, O ⚶, Conservateur à Rouen. Bureaux, 9, rue du Vieux-Palais. ℗ 18.29.

SCHEFFER, ❀, ⚶, inspecteur sédentaire.

Départements du Calvados et de la Manche.

CHEFFERIE DE BAYEUX·
Caen.

BLOUÈRE, ❀, inspecteur adjoint à Caen.

Départements de l'Eure, d'Eure-et-Loir et de la Seine-Inférieure.

INSPECTION DE ROUEN-SUD
Rouen.

MM.

BILLET, ✳, ❀, ⚶, inspecteur.

Rouen (rive gauche).

N...

Lyons-la-Forêt (Eure).

CHEFFERIE DE CHARTRES
Chartres (E.-et-L.).

GÉLIN, ⚶, inspecteur.

INSPECTION DE DIEPPE
Dieppe (S.-I.).

MONTARIOL, ❀, ⚶, inspecteur adjoint.

Blangy-sur-Bresle (S.-I.).

N...

INSPECTION DE ROUEN-NORD
Rouen (S.-I.).

BARBIER DE LA SERRE, ✳, ❀.

Rouen (rive droite).

DURAND, garde général.

Caudebec (S.-I.).

LEPETIT, inspecteur adjoint.

3ᵉ CONSERVATION

MM.

DEROYE, ✳, ◉ I, O ⚶, Conservateur à Dijon. Bˣ, 1, place de la Banque. ℗ 14.47.

MARTIN (C.-M.-J.), ⚶, inspecteur principal sédentaire.

Département de la Côte-d'Or.

INSPECTION DE BEAUNE
Beaune.

RIMAUD, ⚶, inspecteur principal.

Beaune (Est).

Du Port de Loriol, inspecteur adjoint.

Beaune (Ouest).

Merveilleux du Vignaux, garde général.

INSPECTION DE CHATILLON
Châtillon-sur-Seine.

De Lemps, ☥, inspecteur.

Châtillon-sur-Seine (Nord).

MM.

Bornot, C ☥, inspecteur adjoint.

Châtillon-sur-Seine (Sud).

N...

Recey-sur-Ource.

Magnin, inspecteur adjoint.

INSPECTION DE DIJON-EST
Dijon.

Duplessis, O ☥, inspecteur principal.
Dalloz, C ☥, inspecteur adjoint.

INSPECTION DE DIJON-OUEST
Dijon.

Bécourt, O ✳, ⚜, ☥, inspecteur.
Thanron, ⚜, inspecteur adjoint.

INSPECTION DE SEMUR
Semur.

Gey, ☥, inspecteur adjoint.

4ᵉ CONSERVATION

MM.

HENRIQUET (J.-M.), ✳, O ☥, Conservateur à Nancy. Bureaux, 25, rue Émile-
Gallé. ☎ 13.94.

Rémy, ✳, ⚜, ☥, inspecteur adjoint sédentaire.

Département de Meurthe-et-Moselle.

CHEFFERIE DE BRIEY
Briey.

Laurent, ☥, inspecteur.

Longuyon.

Autier, garde général.

Service de la reconstitution forestière.
Nancy.

Vaillant, ✿ A, ☥, inspecteur.

Lunéville.
Noisette (C.), O ⚜, inspecteur principal.
n° 1.
De Bazelaire de Lesseux, ⚜, ✿, inspecteur adjoint.
n° 2.
De Mullot de Villenaut, garde général.

INSPECTION DE NANCY
Nancy.
MM.
Marc, ✿, ⚜, inspecteur.
Fade, ⚜, inspecteur adjoint.

Nancy (Sud).
Hudault, ✿, inspecteur adjoint.

INSPECTION DE TOUL
Toul.
Boppe (J.), ✿, O ⚜, inspecteur principal.

Toul (Nord).

Toul (Sud).
Loppinet (C.-E.-H.-R.), ✿, inspecteur adjoint.

5ᵉ CONSERVATION

MM.
SORNAY, ⚜ A, C ✿, Conservateur à Chambéry. Bureaux au Palais de Justice.
☎ 2.68.

Département de la Savoie.

CHEFFERIE D'ALBERTVILLE
Albertville.
Lefranc, ⚜, inspecteur.

Albertville (Ouest).
N...

INSPECTION DE CHAMBÉRY
Chambéry.
Grimal, ✿, ⚜ A, O ⚜, inspecteur principal.
Gilles, garde général.

Aix-les-Bains.
Desmoulins, ⚜, inspecteur adjoint.

INSPECTION DE MOUTIERS
Moutiers.
Graber, ⚜, inspecteur.
De Touzalin, garde général.

Bourg-Saint-Maurice (résidence : *Moutiers*).

N...

INSPECTION DE CHAMBÉRY-MAURIENNE

Chambéry-Maurienne.

TARDY, ✳, ✿, 🜚, inspecteur.
N...

Modane.

MM.
NOY, garde général.

Département de la Haute-Savoie.

INSPECTION D'ANNECY

Annecy.

LACHAT, O 🜚, inspecteur principal.
PERROT, 🜚, inspecteur adjoint.

INSPECTION DE BONNEVILLE

Bonneville.

GAUTHRON, ☉ A, O 🜚, inspecteur principal.
CROPSAL, inspecteur adjoint.

Sallanches.

RICHERME, garde général.

INSPECTION DE THONON

Thonon.

KREITMANN, ✳, ✿, 🜚, inspecteur.

n° 1.

GEORGE (L.-P.-M.), ✿, inspecteur adjoint.

n° 2.

N...

Saint-Julien.

SABARDU, garde général.

6ᵉ CONSERVATION

MM.

CUIF, ✳, ☉ A, O 🜚, Conservateur à Charleville. Bureaux, 29, quai du Moulinet. ☎ 5.64.
MARTIN, 🜚, inspecteur adjoint sédentaire.

Département des Ardennes.

INSPECTION DE CHARLEVILLE

Charleville.

DUPUY, 🜚, inspecteur.
N...

CHEFFERIE DE MÉZIÈRES
Mézières.

GRIDAINE, ✿, inspecteur adjoint.

CHEFFERIE DE FUMAY
Fumay.

N...

CHEFFERIE DE SEDAN
Sedan.

COULAUX, ✿, ⚘ A, ✿, inspecteur.
N...

CHEFFERIE DE VOUZIERS
Vouziers.

PROUST, inspecteur adjoint.

Département de la Marne.

INSPECTION D'ÉPERNAY
GEORGE (J.-B.-M.-J.), O ✿, ⚘ A, inspecteur principal.
DELOUIS, garde général.

INSPECTION DE VITRY-LE-FRANÇOIS
Vitry-le-François.

BASSUEL, ✿, inspecteur.
N...

Service de la reconstitution forestière de la Marne et de la Meuse.
Châlons-sur-Marne.

VERNEAUX, ✿, inspecteur.

7e CONSERVATION

MM

BADRÉ (J.), ✳, ✿, ⚘ A, O ✿, Conservateur à Amiens. Bureaux, 16, rue
    Henri-Daussy. ⓣ 0.50.
POUJOL DE MOLLIENS, ✿, inspecteur sédentaire.

Département de l'Aisne.

INSPECTION DE LAON ET SERVICE DE LA RECONSTITUTION FORESTIÈRE
Laon.

LEFÈVRE, ✿, ✿, inspecteur.
POPELIN, garde général.
N..., inspecteur adjoint.

INSPECTION DE VILLERS-COTTERÊTS
Villers-Cotterêts.

BARBIER DE LA SERRE, O ✿, inspecteur.
BERNARD, ✿, inspecteur adjoint.

Département du Nord.

INSPECTION DE VALENCIENNES
Service ordinaire et service de la reconstitution forestière.
Valenciennes.

RABOUILLE, C ✳, 🎖, inspecteur.
LESCOUET, 🎖, inspecteur adjoint.
LESAGE, garde général.

INSPECTION D'HIRSON
BOIVIN, ✠, C 🎖, inspecteur adjoint.

Département du Pas-de-Calais.

INSPECTION DE BOULOGNE
Boulogne-sur-Mer.

MM.
DESLANDRES, C ✳, ✠, 🎖, inspecteur.

Département de la Somme.

INSPECTION D'AMIENS
Service ordinaire et service de la reconstitution forestière.
Amiens.

BROCHART, ✳, ✠, 🎖, inspecteur.

8ᵉ CONSERVATION

MM.
DOÉ, ✳, O 🎖, Conservateur à Troyes. Bureaux, 28, rue Hennequin. ☏ 7.36.
DEBREYNE, garde général sédentaire.

Département de l'Aube

CHEFFERIE DE BAR-SUR-AUBE
Bar-sur-Aube.

LADAM (O.), 🎖, inspecteur adjoint.

INSPECTION DE TROYES
Troyes.

SURCHAMP, 🎖, inspecteur principal.

Troyes (Ouest).
GAZIN, inspecteur adjoint.

Bar-sur-Seine.
ROBIN, C 🎖, garde général.

Département de l'Yonne.

INSPECTION D'AUXERRE
Auxerre.

HAMIAUX, 🎖, inspecteur.
N...

INSPECTION D'AVALLON
Avallon.

SABY, ✿, inspecteur.
MARTIN (Michel), ✿, inspecteur adjoint.

INSPECTION DE SENS
Sens.

ALAN, C ✿, O ✿, inspecteur principal.
LESCUYER (M.), ✿, ✿, inspecteur adjoint.

9ᵉ CONSERVATION

MM.

RISACHER, ✿, O ✿, Conservateur à Épinal. Bureaux, 16, rue de la Préfecture. ☎ 7.78.
VOLMERANGE, ✿, ✿, ✿, inspecteur adjoint sédentaire.

Département des Vosges.

INSPECTION DE BRUYÈRES
Bruyères.

BOULANGÉ, ✿, inspecteur.

Bruyères (Nord).

GOURIER, ✿, ✿, inspecteur adjoint.

Bruyères (Sud) (résidence : *Gérardmer*).

ROL, inspecteur adjoint.

INSPECTION D'ÉPINAL-OUEST
Épinal.

VAULTRIN (R. M.), ✿, ✿, ✿, inspecteur.

Darney.

GÉRARD (H.-E.-L.-M.), garde général.

Épinal-Bains.

MARTIN (J.-A.-H.), C ✿, inspecteur adjoint.

INSPECTION D'ÉPINAL-EST
Épinal.

CORBIN, ✿, inspecteur principal.

Épinal (Sud).

GAZIN (M.-C.-J.), ✿, ✿, inspecteur.

Épinal (Nord).

INSPECTION DE MIRECOURT
Mirecourt.

THOMAS, ✿, ✿, inspecteur.

Lamarche.

DORLAND, ✿, inspecteur adjoint.

INSPECTION DE NEUFCHATEAU
Neufchâteau.

FRANÇOIS, inspecteur.
FOISSEZ, C ⚜, garde général.

INSPECTION DE REMIREMONT
Remiremont.

MÉLIN, ⚜, inspecteur.

Remiremont-Cornimont.

MM.
BÉRY, ✳, ⚜, inspecteur adjoint.

Remiremont (Ouest).

N...

Remiremont-le-Thillot.

POILLEUX, C ⚜, garde général.

INSPECTION DE SAINT-DIÉ
Saint-Dié.

GALLAND, ✳, ⚜, inspecteur principal.

Saint-Dié (Ouest).

MAGE, garde général.

Saint-Dié (Est).

BACHELIER, inspecteur adjoint.

Fraize.

VALENTIN (J.-L.), ⚜, inspecteur adjoint.

INSPECTION DE SENONES
Senones.

JACQUOT (J.-E.), O ⚜, inspecteur.
MAGNY, garde général.

Raon-l'Étape.

VOSGIEN (P.-S.), ⚜, inspecteur adjoint.

10ᵉ CONSERVATION

MM.
REPITON-PRÉNEUF, ✳, ⚜, O ⚜, Conservateur à Gap. Bureaux, 9, rue Grenette. ⚙ 0.47
TRUC, ⚜, inspecteur adjoint.

Département des Hautes-Alpes.

INSPECTION DE BRIANÇON
Briançon.

FAGGIANELLI, inspecteur.
MAGNARD, C ⚜, garde général.

INSPECTION D'EMBRUN
Embrun.

RESTÈGUE, ✿, inspecteur.

Embrun (Sud).

VIAL, garde général.

Embrun (Nord).

N..., garde général.

INSPECTION DE GAP-OUEST
Gap.

HAYAUX, ✷, inspecteur.

Gap (Ouest).

MM.

ARNAUD (A.-F.-F.), inspecteur adjoint.

Gap (Sud).

CANCÉ, garde général.

INSPECTION DE GAP-EST
Gap.

ARMAND (L.-C.), ✷, ✜, ✪ A, ✿, inspecteur.

Gap (Sud).

BLAIN, ✿, inspecteur adjoint.

Gap (Est).

N...

11ᵉ CONSERVATION

MM.

CHAUDEY, ✷, ✪ A, O ✿, Conservateur à Valence. Bureaux, 16, rue Lapé-
rouse. ☎ 3.85.
GRAIL, ✿, inspecteur adjoint sédentaire.

Département de l'Ardèche.

INSPECTION D'AUBENAS
Aubenas.

VARIN D'AINVELLE, ✷, ✜, ✿, inspecteur.

Largentière.

PERETTI, garde général.

Aubenas

PROFFIT, inspecteur adjoint.

Bourg-Saint-Andéol.

N...

CHEFFERIE DE PRIVAS
Privas.

FERROUILLET, ✿, inspecteur.

Départements de la Drôme et de Vaucluse.

INSPECTION DE DIE

Die.

Moutte, C ☩, inspecteur.

Châtillon.

N...

Lus-la-Croix-Haute.

Prayer, inspecteur adjoint.

INSPECTION DE MONTÉLIMAR

Montélimar.

MM.

Jasses, ☩, inspecteur.
Puech, C ☩, garde général.

INSPECTION DE VALENCE

Valence.

André, ☩, inspecteur principal.
Clavel, garde général.

La Chapelle-en-Vercors.

Marché, C ☩, inspecteur adjoint.

Département de Vaucluse.

INSPECTION D'AVIGNON

Avignon.

De Monchy, ☩, inspecteur principal.
Constantin, ✠, inspecteur adjoint.
Reynier, ✻, ✠, ☩, inspecteur adjoint.

12ᵉ CONSERVATION

MM.

GRENIER, ✻, O ☩, Conservateur à Besançon. Bureaux, 11, Villas Bisontines. ☎ 8.64.
Rouast (E.-P.), ✻, ✠, ☩, inspecteur sédentaire.

Département du Doubs.

INSPECTION DE BESANÇON-EST

Besançon.

Léchenaut, O ☩, inspecteur.

Baume-les-Dames.

Bourgeois, ✠, inspecteur adjoint.

Besançon (Est).

Berçot, C ☩, inspecteur adjoint.

INSPECTION DE BESANÇON-OUEST
Besançon.

FAUVEAU, O ✿, inspecteur principal.

Besançon (Nord).

CHAIR, ✿, inspecteur adjoint.

Besançon (Sud).

DUMAS, ✳, ✿, inspecteur adjoint.

INSPECTION DE MONTBÉLIARD
Montbéliard.

MM.

TRUCHET, ✿, inspecteur.

Montbéliard (Ouest).

TASSION, ✿, inspecteur adjoint.

Montbéliard (Est).

BARGOT, garde général.

INSPECTION DE PONTARLIER
Pontarlier.

DÔLE, ✳, ✿, ⚜ A, ✿, inspecteur.

Pontarlier (Sud).

PRIEUR, ✳, inspecteur adjoint.

Pontarlier (Nord).

FORTIER, ✿, inspecteur adjoint.

13ᵉ CONSERVATION

MM.

MILLISCHER, ✳, ⚜ A, ✿, Conservateur à Lons-le-Saunier. Bureaux, 37, rue du Commerce.

CORNEFERT (C.-L.-A.), ✳, ✿, inspecteur adjoint sédentaire.

Département du Jura.

INSPECTION D'ARBOIS
Arbois.

LESCAFFETTE, C ✿, inspecteur.

Salins.

LACHAUSSÉE, garde général.

Poligny.

POUX, ✳, ✿, inspecteur adjoint.

Champagnole.

N...

INSPECTION DE DÔLE
Dôle.

COURAGEOT, � A, O ☗, inspecteur.

Dôle (Nord).

DAMBRUN, ☗, inspecteur adjoint.

Dôle (Sud).

BÉJEAN, garde général.

INSPECTION DE LONS-LE-SAUNIER

MM. *Lons-le-Saunier.*

GOURIER, ☗, inspecteur principal.

Lons-le-Saunier (Nord).

N...

Lons-le-Saunier (Sud).

ROUX (P.-V.-E.), C ☗, inspecteur adjoint.

INSPECTION DE SAINT-CLAUDE
Saint-Claude.

MICHAUD (P.-A.), ☗, inspecteur.
MILLET (M.-F.), garde général.

Saint-Laurent.

VAGNER, inspecteur adjoint.

14ᵉ CONSERVATION

MM.
SERVAIS (L.-F.), ✻, ❀, O ☗, � A, Conservateur à Grenoble. Bureaux,
4, quai de France. ☎ 11.82.
SENTIS, ❀, ☗, inspecteur principal sédentaire.

Département de l'Isère.

INSPECTION DE GRENOBLE-NORD
Grenoble.

BERTHON, ☗, inspecteur principal.

Grenoble (Nord).

GUIMET, ☗, inspecteur adjoint.

Saint-Laurent-du-Pont.

MOURRAL (P.-M.-F.-J.), ☗, ❀, inspecteur adjoint.

INSPECTION DE GRENOBLE-SUD
Grenoble.

JOURDAN-LAFORTE, � A, ☗, inspecteur principal.

Grenoble (Sud) (résidence : *Bourg-d'Oisans*).

SACCARDY (J.-M.), ✻, ❀, garde général.

La Mure.

Billet (R.-P.), ✿, garde général.

INSPECTION DE GRENOBLE-OUEST
Grenoble.

Mourral (D.), C ✽, ✪ A, O ✿, inspecteur principal.

Monestier-de-Clermont.

Belin, inspecteur adjoint.

Villard-de-Lans (résidence : *Grenoble*).

MM.

De Carmantrand de la Roussille, inspecteur adjoint.

Départements de l'Isère et du Rhône.

INSPECTION DE LYON
Lyon (Rhône).

Alteirac, ✽, ✿, ✿, inspecteur.
André, ✽, inspecteur adjoint.

Saint-Marcellin (Isère).

Bizalion, ✽, ✿, inspecteur adjoint.

Département de la Loire.

CHEFFERIE DE SAINT-ÉTIENNE
Saint-Étienne.

Roy (F.-A.-H.-A.), ✿, inspecteur.

15e CONSERVATION

MM.

GRANGER, ✽, ✪ A, O ✿, Conservateur à Alençon. Bureaux, 18, rue du
Jeudi. ☎ 1.86.

Ducellier, ✿, inspecteur sédentaire.

Départements du Finistère et du Morbihan.

INSPECTION DE LORIENT
Lorient.

Fatou, ✽, O ✿, inspecteur principal.
Duval, ✿, inspecteur adjoint.

Départements d'Ille-et-Vilaine et des Côtes-du-Nord.

CHEFFERIE DE RENNES
Rennes.

Comte (J.-F.), ✽, ✿, inspecteur principal.

Départements de la Mayenne et de la Sarthe.

CHEFFERIE DU MANS
Le Mans.

Potel, C ✽, O ✿, inspecteur principal.

Départements de l'Orne, de la Mayenne et de la Sarthe.

INSPECTION D'ALENÇON

Alençon (Nord).

AUBERT, ✪ A, ✿, inspecteur principal.
BESSON, garde général.

CHEFFERIE D'ALENÇON-SUD

DUCELLIER, ✳, ✿, ✿, inspecteur, chef des bureaux de la Conservation.

16ᵉ CONSERVATION

MM.
RIGOIGNE, ✳, O ✿, Conservateur à Bar-le-Duc. Bureaux, 67, rue des
    Ducs. ☎ 3.63.

Département de la Meuse

INSPECTION DE BAR-LE-DUC

Bar-le-Duc.

HUSSON, ✿, inspecteur.
BAILLY, garde général.

INSPECTION DE COMMERCY

Commercy.

CABLAN, ✿, inspecteur principal.
LE POITTEVIN DE LA CROIX DE VAUBOIS, garde général.

INSPECTION DE MONTMÉDY

Montmédy.

SAVREUX, O ✿, inspecteur principal.
AUBRY, garde général.

INSPECTION DE SAINT-MIHIEL

Saint-Mihiel.

PHILIP, ✿, inspecteur.
DEVAUX, inspecteur adjoint.

INSPECTION DE VERDUN

DEPARROIS, ✿, inspecteur.
SCHLEGEL, inspecteur adjoint.

17ᵉ CONSERVATION

MM.
CRETTIEZ, C ✳, O ✿, Conservateur à Mâcon. Bureaux, 2, quai Nord. ☎ 2.33.
GENEVOIS, ✿, inspecteur adjoint sédentaire.

Département de l'Ain.

INSPECTION DE BOURG

Bourg.

MANTELLIER, ✿, C ✿, inspecteur.
RENARD, ✿, inspecteur adjoint.

Belley.

Carreau, garde général.

CHEFFERIE DE GEX

MM.

Gex.

N..., inspecteur.

INSPECTION DE NANTUA

Nantua.

Delage, ✳, ✠, ☗, inspecteur.

Nantua (Nord).

Puget, garde général.

Nantua (Sud).

Gruillot, inspecteur adjoint.

Département de Saône-et-Loire.

CHEFFERIE D'AUTUN

Autun.

François, ☗, inspecteur principal.

INSPECTION DE CHALON-SUR-SAÔNE

Chalon-sur-Saône.

Rouast, ☗, inspecteur.

Chalon-sur-Saône (Sud).

Juvanon du Vachat, garde général.

INSPECTION DE MACON

Mâcon.

André (P.-H.), ◊ A, ☗, inspecteur.
N...

Charolles.

Morin, inspecteur adjoint.

18ᵉ CONSERVATION

MM.

Salvador, ◊ A, ☗, Conservateur à Toulouse. Bureaux, 3, rue Boulbonne.
℡ 3.07.

Malpel, ☗, inspecteur adjoint sédentaire.

Département de l'Ariège.

INSPECTION DE FOIX

Foix.

Agasse, C ✳, O ☗, inspecteur principal.

Foix (Est).

Dhers, ☗, inspecteur adjoint.

Foix (Ouest).

Morère, C ⚜, inspecteur adjoint.

INSPECTION DE SAINT-GIRONS

MM. *Saint-Girons.*

Saunié, inspecteur.
Rouzaud, ⚜, garde général.

Départements de la Haute-Garonne et de Tarn-et Garonne.

INSPECTION DE BAGNÈRES-DE-LUCHON

Bagnères-de-Luchon.

Pébay,˙ ✳, ✽, ⚜, inspecteur.
Moura, C ⚜, inspecteur adjoint.

INSPECTION DE SAINT-GAUDENS

Saint-Gaudens.

Seris, ✳, ⚜, inspecteur.
Lamolle, C ⚜, inspecteur adjoint.

CHEFFERIE DE TOULOUSE

Toulouse.

Dupont, O ✳, ✽, ◊ A, O ⚜, inspecteur principal.

19ᵉ CONSERVATION

MM.

JOUBAIRE, ✳, ◊ A, ⚜, Conservateur à Tours. Bureaux, 108, boulevard
Béranger. ☎ 5.98.
Blin, ✽, inspecteur adjoint sédentaire.

Département d'Indre-et-Loire.

INSPECTION DE TOURS

Tours.

Delaroche, C ✳, O ⚜, inspecteur.
Ruban, ⚜, inspecteur adjoint.

Département de Loir-et-Cher.

CHEFFERIE DE BLOIS

Blois.

Rivé, ✳, ✽, O ⚜, inspecteur.
N...

Département de la Lo re-Inférieure.

CHEFFERIE DE NANTES

Nantes.

Leddet (C.-F.-M.), O ✳, ✽, ⚜, inspecteur.

Département du Loiret.

INSPECTION DE LORRIS

Lorris.

DESGRUELLES, O ☤, inspecteur principal.
SALOMON, inspecteur adjoint.

  MM.   *Châteauneuf.*
N..., inspecteur adjoint.

INSPECTION D'ORLÉANS

Orléans.

COLAS DES FRANCS, ☤, inspecteur.

Orléans (Sud).

JANSON DE COUET, ☤, inspecteur adjoint.

Orléans (Nord).

LE QUESNE, ✠, ☤, inspecteur adjoint.

Département de Maine-et-Loire.

INSPECTION DE PISCICULTURE DU BASSIN DE LA LOIRE
ET SERVICE FORESTIER DE MAINE-ET-LOIRE

Angers.

LE CLERC, ✳, ✠, ☤, inspecteur.

20ᵉ CONSERVATION

  MM.
CAMUS, ✳, ◉, O ☤, Conservateur à Bourges. Bureaux, 14 *bis*, rue de Dun.
     ☎ 3.69.
LANNE, ☤, inspecteur sédentaire.

Département du Cher.

INSPECTION DE BOURGES

DECENCIÈRE-FERRANDIÈRE, ☤, inspecteur.

Bourges (Est).

DUBOIS DE LA SABLONIÈRE, inspecteur adjoint.

Bourges (Ouest).

MOLLEVEAUX (J.-M.), O ☤, inspecteur adjoint. Résidence autorisée : *Vierzon.*

Département de l'Indre.

INSPECTION DE CHATEAUROUX

Châteauroux.

PASCAUD, ✠, ☤, inspecteur.
CUILHÉ, inspecteur adjoint.

Département de la Nièvre.

INSPECTION DE CLAMECY
Clamecy.

MARTIN (L.). O ✳, 🜊, inspecteur.
ÉLOY, inspecteur adjoint.

INSPECTION DE COSNE
Cosne.

TURC, ✳, ❀, 🜊, inspecteur adjoint.

INSPECTION DE NEVERS
MM.   *Nevers.*

REYNIERS, O 🜊, inspecteur principal.
BOUILLON, inspecteur adjoint.

21ᵉ CONSERVATION

MM.
DE CARMANTRAND DE LA ROUSSILLE, ✳, O 🜊, Conservateur à
    Moulins. Bureaux, 2, rue des Prêtres. ℡ 2.59.
DE BRUN, C ✳, O 🜊, inspecteur principal.

Département de l'Allier.

INSPECTION DE MONTLUÇON
Montluçon.

DE MIERRY, ❀, 🜊, inspecteur principal.

Cosne-d'Allier.

MICHAUD (G.), ✳, 🜊, inspecteur adjoint.

INSPECTION DE MOULINS
Moulins.

BURIN DES ROZIERS, 🜊, inspecteur principal.

Gannat.

ARMILHON, inspecteur adjoint. Résidence autorisée : *Moulins.*

Département de la Haute-Vienne.

CHEFFERIE DE LIMOGES
Limoges.

MOREL (C.-F.-V.), O 🜊, inspecteur principal.

Département de la Creuse.

CHEFFERIE DE GUÉRET
Guéret.

PAJOT (P.), 🜊, inspecteur adjoint.

Département du Puy-de-Dôme.

INSPECTION DE CLERMONT-FERRAND-NORD
Clermont-Ferrand.

DE GARIDEL-THORON, 🜊, inspecteur.

Clermont-Ferrand (Ouest).

N...

La Bourboule.

MOREL (F.), ✿, garde général.

INSPECTION DE CLERMONT-FERRAND-SUD
Clermont-Ferrand.

ROCHETTE DE LEMPDES, ✳, ✿, inspecteur principal.

Ambert.

FAIZON, inspecteur adjoint.

Clermont-Ferrand (Est).

MALAPAIRE, inspecteur adjoint.

22ᵉ CONSERVATION

MM.

CHAMBEAU, O ✳, ✿ A, O ✿, Conservateur à Pau. Bureaux, 2, rue Michel-Hounau. ℡ 7.53.

MARROT, ✳, ✿, ✿, inspecteur adjoint sédentaire.

Département des Basses-Pyrénées.

INSPECTION DE BAYONNE
Bayonne.

CLAVERIE, ✳, ✿, inspecteur principal.

Bayonne (Ouest).

ROUX (L.-G.-P.), inspecteur adjoint.

Bayonne (Est).

CLÉMENT, ✿, inspecteur adjoint.

INSPECTION D'OLORON
Oloron.

LARRIEU, ✳, ✿, ✿, inspecteur.

Oloron (Nord).

FOURCAUD, garde général.

Oloron (Sud).

DURAND (A.-C.), ✿, ✿, inspecteur adjoint.

INSPECTION DE PAU
Pau.

SULZLÉE, ✿, inspecteur principal.

Pau (Nord).

N...

Pau (Sud).

BERNOLLE, C ✿, inspecteur adjoint.

Département des Hautes-Pyrénées.

INSPECTION DE TARBES-BAGNÈRES-DE-BIGORRE

Tarbes-Bagnères-de-Bigorre.

ROGER, ✳, ✿, ⚘, inspecteur.

Tarbes (Est).

VOIRIN, ⚘, inspecteur adjoint.

MM. *Tarbes-Arreau.*

MÉLIX, ⚘, garde général.

INSPECTION DE TARBES-ARGELÈS

Tarbes.

MASSIAS, ⚘, ✿, inspecteur.

Tarbes (Ouest).

PINAUD (J.), ✳, ✿, inspecteur adjoint.

Tarbes (Nord).

HUC, garde général.

Lourdes.

CLERC, inspecteur adjoint.

Département du Gers.

CHEFFERIE D'AUCH

Auch.

BASTOUIL, ✳, ⚘, inspecteur principal.

23ᵉ CONSERVATION

MM.

ANTERRIEU-VONS, ✳, O ⚘, Conservateur à Nice. Bureaux, 20, rue Paul-Déroulède. ☏ 41.39.

JAPHET, ✿, ⚘, inspecteur adjoint sédentaire.

Département des Alpes-Maritimes.

INSPECTION DE NICE-EST

Nice.

ARLEN, O ⚘, inspecteur principal.

Nice (Nord).

N..., inspecteur adjoint.

Nice (Sud) *(Sospel).*

PERRISSOL, ⚘, inspecteur adjoint.

INSPECTION DE NICE-OUEST

Nice.

MARTIN (E.-L.), O ⚘, inspecteur principal.

Grasse.

Villiers, ✠, inspecteur adjoint.

Nice.

Macaire, ✠, inspecteur adjoint.
Faggianelli, ✿, ✠, inspecteur adjoint.

Département du Var.

INSPECTION DE DRAGUIGNAN

MM.   *Draguignan.*

Delahaye, ✱, ✿, ✠, inspecteur.

Draguignan (Ouest).

Leitzelement, garde général.

Fréjus.

Reneuve, garde général.

INSPECTION DE TOULON

Toulon.

Devarennes, ✱, O ✠, inspecteur principal.
Bocquentin (J.-M.-P.), ✠, inspecteur adjoint.

Brignoles.

N...

24ᵉ CONSERVATION

MM.

GOIZET, O ✱, O ✠, Conservateur à Niort. Bureaux, 35, rue de l'Arsenal.
     ☎ 2.58.
Salvat, ✱, ✪ A, ✠, inspecteur principal sédentaire.

Départements de la Charente et de la Vienne.

CHEFFERIE DE POITIERS

Poitiers.

Bézier, ✠, inspecteur principal.

CHEFFERIE D'ANGOULÊME

Angoulême.

Poupard, ✱, ✿, O ✠, inspecteur principal.

Département de la Charente-Inférieure.

CHEFFERIE DE ROYAN

Royan.

Véron, ✠, inspecteur.

Département des Deux-Sèvres.

CHEFFERIE DE NIORT

Niort.

Salvat, ✱, ✪ A, ✠, inspecteur principal. Chef des bureaux de la Conservation.

Département de la Vendée.

CHEFFERIE DE LA ROCHE-SUR-YON

La Roche-sur-Yon.

MARSAT, ✥, inspecteur.

25ᵉ CONSERVATION

MM.

LAMBERT, ✱, O ✥, Conservateur à Carcassonne. Bureaux, 15, rue de Strasbourg. ℡ 3.64.

LAFAGE, inspecteur principal sédentaire.

Département de l'Aude.

INSPECTION DE CARCASSONNE

Carcassonne.

BARRAULT, ✱, ✥, inspecteur.

Carcassonne (Est).

N...

Carcassonne (Ouest).

CHRISTOL, ✥, inspecteur adjoint.

INSPECTION DE QUILLAN

Quillan.

BALDY, ✥, inspecteur.

OUSSET, garde général.

Département des Pyrénées-Orientales.

INSPECTION DE PERPIGNAN

Perpignan.

AUBOIN, ✱, ✥, inspecteur.

INSPECTION DE PRADES

Prades.

PAJOT (E.-P.), inspecteur.

Prades-Formiguères.

BERJOAN, inspecteur adjoint.

Prades-Montlouis.

N...

Département du Tarn.

INSPECTION DE CASTRES

Castres.

SABATIER DE LACHADENÈDE, O ✥, inspecteur principal.

BOILEAU (E.-R.), inspecteur adjoint.

26ᵉ CONSERVATION .

MM.

MAGNEIN, O ☕, Conservateur à Aix, 30, rue Victor-Leydet. ☎ 2.59.

ANDRUÉJOL, ☕, ✿, inspecteur adjoint sédentaire.

Département des Basses-Alpes.

INSPECTION DE BARCELONNETTE

MM.   *Barcelonnette.*

BARRÉ, ✱, ✿, ☕, inspecteur.

Barcelonnette (Ouest).

BIVER, garde général.

Barcelonnette (Est).

N...

INSPECTION DE DIGNE-SUD
Digne.

ANDRÉ (W.-J.), ✿, ☕, inspecteur.

Digne (Est).

N...

Annot (résidence : *Digne*).

ROCHAS, ☕, inspecteur adjoint.

Digne.

GENET, garde général.

INSPECTION DE DIGNE-OUEST
Digne.

GUEIT, ✱, ✿, ☕, inspecteur.

Digne (Nord).

ARNAUD (F.-V.), inspecteur adjoint.

Digne (Sud).

JACOBERGER, inspecteur adjoint.

INSPECTION DE SISTERON
Sisteron.

ROY (A.-L.-P.), ✱, ✿, ☕, inspecteur.

Sisteron (Sud).

MARIN (E.-L.-I.), ☕, inspecteur adjoint.

Sisteron (Nord).

ESTELON, inspecteur adjoint.

Département des Bouches-du-Rhône.

CHEFFERIE DE MARSEILLE
Marseille.

CAPODUORO, O, ☕, inspecteur principal, 106, rue Consolat. ☎ 2.46.

CHEFFERIE D'AIX
Aix.

CARTOU, ☗, inspecteur adjoint.

27e CONSERVATION

MM.

JUVANON DU VACHAT, ☗, Conservateur à Nîmes. Bureaux, Maison de l'agriculture, place Questel. ☎ 5.29.
FLAUGÈRE, ☗, inspecteur sédentaire.

Département du Gard.

INSPECTION DE NÎMES-SUD
Nimes.

NÈGRE, ✽, ☗, inspecteur.
N...

Le Vigan.

AMALRIC, garde général.

INSPECTION DE NÎMES-NORD
Nîmes.

JOUBERT, ☗, inspecteur.
BRÈS, garde général.

Uzès.

VEVE, inspecteur adjoint C ☗.

Département de l'Hérault.

INSPECTION DE MONTPELLIER
Montpellier.

REVERDY, ✽, O ☗, inspecteur.
PRIOTON, ✽, ☗, inspecteur adjoint.

Bédarieux.

FONTANEL, ✽, ☗, inspecteur adjoint.

Département de la Lozère.

INSPECTION DE MENDE
Mende.

BERTHÉLEMY, ☗, inspecteur.

Langogne.

LASSERRE, inspecteur adjoint.

Marvejols.

ALORIC, garde général.

INSPECTION DE MENDE-SUD
Mende.

CLÉMENT (J.-C.-C.), garde général.

Florac.

Duverger, garde général.

28ᵉ CONSERVATION

MM.

DUPRÉ LA TOUR, ✳, ⬮, O ♣, Conservateur à Aurillac. Bureaux, 26, avenue Gambetta. ℡ 0.80.

Ponsolle, inspecteur adjoint sédentaire.

Département de l'Aveyron.

INSPECTION DE RODEZ

Rodez.

Chaluleau, ♣, inspecteur.

Millau.

N...

Rodez.

Vignaux, garde général.

Département du Cantal.

INSPECTION D'AURILLAC

Aurillac.

D'Alverny, ⬮, O, ♣, inspecteur principal.

Aurillac (Est).

Vazeilles (F.-M.-A.), ♣, inspecteur adjoint.

Aurillac (Ouest).

Heckmann (P.), inspecteur adjoint.

Départements de la Corrèze et du Lot.

CHEFFERIE DE TULLE

Tulle.

Boubal, ⬮, ♣, inspecteur.

Département de la Haute-Loire.

INSPECTION DU PUY

Le Puy.

Grandordy, ♣, inspecteur.

N...

Langeac.

Rouchon, ♣, inspecteur adjoint.

29ᵉ CONSERVATION

MM.

BUFFAULT (P.-H.-M.-J.), ✳, ⬭ I, O ♣, Conservateur à Bordeaux. Bureaux, 6, rue David-Johnston. ℡ 40.71.

Lafond (A.-A.-E.-L.-M.-), ⬭ A, O ♣, inspecteur principal sédentaire·

Département de la Gironde.

CHEFFERIE DE BORDEAUX-NORD
Bordeaux (Nord).

Biquet, O ✠, inspecteur principal.
Sabaud, inspecteur adjoint.

CHEFFERIE DE BORDEAUX-SUD
Bordeaux.

De Luze, ✱, O ✠, inspecteur principal.

Bordeaux (Sud).

Auboin, ✱, ✠, ✠, inspecteur adjoint.

Départements de la Dordogne et du Lot-et-Garonne.

CHEFFERIE DE PÉRIGUEUX
Périgueux (Dordogne).

Passebois, ✠, inspecteur.

Département des Landes.

INSPECTION DE DAX
Dax.

De Lapasse C ✱, ✠, inspecteur.
N..., garde général.

INSPECTION DE MONT-DE-MARSAN
Mont-de-Marsan.

Chenu, ✱, ✠, ✠, inspecteur.
Pallu, ✠, inspecteur adjoint.
Hias, ✠, garde général.

30ᵉ CONSERVATION

MM.

Rotgès, ✱, O ✠, Conservateur à Ajaccio. Bureaux, ancien Grand Séminaire
place du Diamant. ℡ 45.
N..., garde général.

Département de la Corse.

INSPECTION D'AJACCIO
Ajaccio.

Mosca, O ✠, inspecteur.
Bonifaci, ✠, inspecteur adjoint.

INSPECTION DE BASTIA
Bastia.

Saliceti, O ✠, inspecteur.

MM.   *Calvi.*
Bassuel, garde général.

                                 Corte.
Morelli, inspecteur adjoint.

                                 Ghisoni.
Richaud, garde général.

INSPECTION DE SARTÈNE-AJACCIO
Ajaccio.
Carli, &, inspecteur.

                    Porto-Vecchio.
N...

          Sainte-Marie-Siché (résidence : *Ajaccio*).
Colonna, garde général.

                    Sartène.
Paolantonacci, inspecteur adjoint.

31ᵉ CONSERVATION

MM.

CORNEFERT (L.-R.), ✴, O &, Conservateur à Chaumont. Bureaux, 16, rue Bouchardon. ☎ 2.19.
N..., garde général sédentaire.

Département de la Haute-Marne.

INSPECTION DE CHAUMONT-OUEST
Chaumont.
Courtial, &, inspecteur.

                    Chaumont (Nord).
N...

                    Châteauvillain.
Ramelet, &, inspecteur adjoint.

INSPECTION DE CHAUMONT-EST
Chaumont.
Fron, ⚜ A, O &, inspecteur principal.

                    Chaumont (Sud).
Basse, &, garde général.

                    Bourmont.
Cornet, garde général.

INSPECTION DE LANGRES
Langres.
Thanron, &, inspecteur.
N..., garde général.

MM.   *Bourbonne-les-Bains.*
Villaume, ✿, inspecteur adjoint.

Auberive.

INSPECTION DE JOINVILLE
Joinville.
Bonnet (A.-J.), ✳, ✿, ✿, inspecteur.

Wassy.
Lecadieu, ✿, inspecteur adjoint.

32ᵉ CONSERVATION

MM.

HUMBERT, ✿, Conservateur à Vesoul. Bureaux, 45, rue des Tanneurs pro-
longée. ☏ 2.48
Guyon (J.-L.-L.), ✿, inspecteur adjoint sédentaire.

Département de la Haute-Saône.

INSPECTION DE GRAY
Gray.
Vautrin (J.-C.), ✿, inspecteur.

Gray (Nord).
Puccio, garde général.

Gray (Sud).
Baudement, ✿, inspecteur adjoint.

INSPECTION DE LURE
Lure.
Mougeot (A.-E.-F.), ✿, inspecteur.

Lure (Sud).
Dumont, ✳, inspecteur adjoint.

Lure (Nord).
Henriey, inspecteur adjoint.

INSPECTION DE LUXEUIL
Luxeuil.
Guittard, ✿, inspecteur.

Luxeuil (Ouest).
Charpy, garde général.

Luxeuil (Est).
N...

INSPECTION DE VESOUL
Vesoul.
Roux, ✿, inspecteur.
Pingand, garde général.

MM.

Jussey.

Carret, garde général.

Rioz.

Magnin, inspecteur adjoint.

Départements du Haut-Rhin et de la Haute-Saône.

INSPECTION DE BELFORT

Belfort.

Bourguet, ✱, O ✱, inspecteur principal.

Belfort (Nord).

Sirdey, garde général.

Belfort (Sud).

Roux (M.-J.-A.), inspecteur adjoint.

SERVICE FORESTIER D'ALSACE ET DE LORRAINE

BUREAU FORESTIER D'ALSACE ET DE LORRAINE

MM.

JAUFFRET, ✳, ⚜, ❂ A, O ⚜, Conservateur. Bureaux, 4 place de la République à Strasbourg. ☎ 39.82.

HATT, ⚜, C ⚜, inspecteur.

SALLÉ, garde général.

CONSERVATION DU BAS-RHIN

MM.

DIETERLEN, ✳, O ⚜, Conservateur à Strasbourg.

LAMBERT, ✳, ⚜, ⚜, inspecteur adjoint au Conservateur.

LUNEAU, ✳, ⚜, inspecteur chargé du service des aménagements.

GROUPE DE LA BRUCHE

LORIN DE REURE, ⚜, ⚜, inspecteur, chef de groupe.

FLOCKEN, garde général, adjoint au chef de groupe.

GROUPE D'OBERNAI

CAILLOUX, inspecteur, chef de groupe

GROUPE DE SÉLESTAT

RUDAULT, ⚜, ⚜, inspecteur, chef de groupe.

LE HARIVEL DE GONNEVILLE, ✳, ⚜, ⚜, inspecteur adjoint.

GROUPE DE SAVERNE

LOPPINET, ✳, ⚜, ⚜, inspecteur principal, chef de groupe.

SIEGLER, inspecteur adjoint, adjoint au chef de groupe.

GROUPE D'INGWILLER

KORN, ⚜, inspecteur, chef de groupe.

GROUPE DE LA PETITE-PIERRE

VILLENAVE, ⚜, ⚜, inspecteur, chef de groupe.

GROUPE DE HAGUENAU

NOËL, O ✳, ⚜, ⚜, inspecteur, chef de groupe.

MOUTON, garde général, adjoint au chef de groupe.

GROUPE DE WISSEMBOURG

PERROT, ⚜, ⚜, inspecteur, chef de groupe.

CONSERVATION DU HAUT-RHIN

MM.

BADRÉ, ✳, O ☗, ✽, Conservateur à Colmar.
Vosgien (R.-C.-A.), inspecteur adjoint, chef des bureaux de la Conservation.

GROUPE DE MULHOUSE

Martin, ✽, ☗, inspecteur, chef de groupe.
Jacques, garde général, adjoint au chef de groupe.

GROUPE D'ALTKIRCH

Weber, ☗, inspecteur adjoint, chef de groupe.

GROUPE DE SAINT-AMARIN

Toussaint, ✳, ✽, inspecteur adjoint, chef de groupe.

GROUPE DE GUEBWILLER

N..., inspecteur principal, chef de groupe.
Guilmart, ✽, ☗, inspecteur adjoint, adjoint au chef de groupe.

GROUPE DE COLMAR

De Bazelaire de Lesseux (G.-C.-M.), O ☗, inspecteur principal, chef de
     groupe.
Kremer (Émile), inspecteur adjoint, adjoint au chef de groupe.

GROUPE DE RIBEAUVILLÉ

Gannevat, ✳, ✽, ☗, inspecteur, chef de groupe.
Muller, adjoint au chef de groupe.

CONSERVATION DE LA MOSELLE

MM.

BOULANGER, ✳, ☗, Conservateur à Metz. Bureaux, 15, rue Général-Mangin.
     ☎ 21.40.
Guinaudeau, ✽, ☗, inspecteur chef.
Vidron, garde général, chargé des aménagements des bureaux de la Con-
     servation.

GROUPE DE SARREBOURG

Schott, inspecteur adjoint, chef de groupe.
Morel, inspecteur adjoint au chef de groupe.

GROUPE DE PHALSBOURG

Dahlet, inspecteur, chef de groupe.

GROUPE D'ABRESCHWILLER

Hertz, ☗, inspecteur adjoint, chef de groupe.

GROUPE DE METZ (SUD)

Lanternier, ✳, ✽, ☗, inspecteur, chef de groupe.
Saur, garde général, adjoint au chef de groupe.

GROUPE DE SARREGUEMINES

MM.

Després, ✠, inspecteur, chef de groupe.

GROUPE DE BITCHE (SUD)

Zwilling, inspecteur principal, chef de groupe.

GROUPE DE BITCHE (NORD)

Piffert, inspecteur, chef de groupe.

GROUPE DE METZ (NORD)

Launois, ✻, ✠, inspecteur, chef de groupe.
Schaeffer (L.-M.-L.), inspecteur adjoint.

GROUPE DE THIONVILLE

Guyot, ✠, ✠, inspecteur, chef de groupe.

TABLEAU DES DÉPARTEMENTS

Avec indication des numéros et des chefs-lieux des Conservations Forestières
dont ils dépendent.

Départements.	Numéros et Chefs-lieux des Conservations.	
Ain	17	Mâcon.
Aisne	7	Amiens.
Allier	21	Moulins.
Alpes (Basses-).-	26	Aix.
Alpes (Hautes-).	10	Gap.
Alpes-Maritimes	23	Nice.
Ardèche	11	Valence.
Ardennes	6	Charleville.
Ariège	18	Toulouse.
Aube	8	Troyes.
Aude	25	Carcassonne.
Aveyron	28	Aurillac.
Bouches-du-Rhône.	26	Aix.
Calvados	2	Rouen.
Cantal	28	Aurillac.
Charente	} 24	Niort.
Charente-Inférieure		
Cher.	20	Bourges.
Corrèze.	28	Aurillac.
Corse	30	Ajaccio.
Côte-d'Or.	3	Dijon.
Côtes-du-Nord	15	Alençon.
Creuse	21	Moulins.
Dordogne.	29	Bordeaux.
Doubs.	12	Besançon.
Drôme	11	Valence.
Eure.	} 2	Rouen.
Eure-et-Loir		
Finistère	15	Alençon.
Gard.	27	Nîmes.
Garonne (Haute-)	18	Toulouse.
Gers	22	Pau.
Gironde	29	Bordeaux.
Hérault	27	Nîmes.
Ille-et-Vilaine.	15	Alençon.
Indre	20	Bourges.
Indre-et-Loire.	19	Tours.
Isère.	14	Grenoble.
Jura.	13	Lons-le-Saunier.
Landes.	29	Bordeaux.
Loir-et-Cher	19	Tours.
Loire	14	Grenoble.
Loire (Haute-)	28	Aurillac.

Départements.	Numéros et Chefs-lieux des Conservations.	
Loire-Inférieure	} 19	Tours.
Loiret		
Lot	28	Aurillac.
Lot-et-Garonne	29	Bordeaux.
Lozère	27	Nîmes
Maine-et-Loire	19	Tours.
Manche	2	Rouen.
Marne	6	Charleville.
Marne (Haute-)	31	Chaumont.
Mayenne	15	Alençon.
Meurthe-et-Moselle	4	Nancy.
Meuse	16	Bar-le-Duc.
Moselle	»	Metz.
Morbihan	15	Alençon.
Nièvre	20	Bourges.
Nord	7	Amiens.
Oise	1	Paris.
Orne	15	Alençon.
Pas-de-Calais	7	Amiens.
Puy-de-Dôme	21	Moulins.
Pyrénées (Basses-)	} 22	Pau.
Pyrénées (Hautes-)		
Pyrénées-Orientales	25	Carcassonne.
Rhin (Bas-)	»	Strasbourg.
Rhin (Haut-)	»	Colmar.
Rhône	14	Grenoble.
Saône (Haute-)	32	Vesoul.
Saône-et-Loire	17	Mâcon.
Sarthe	15	Alençon.
Savoie	} 5	Chambéry.
Savoie (Haute-)		
Seine		
Seine-et-Marne	} 1	Paris.
Seine-et-Oise		
Seine-Inférieure	2	Rouen.
Sèvres (Deux-)	24	Niort.
Somme	7	Amiens.
Tarn	25	Carcassonne.
Tarn-et-Garonne	18	Toulouse.
Territoire de Belfort	32	Vesoul.
Var	23	Nice.
Vaucluse	11	Valence.
Vendée	} 24	Niort.
Vienne		
Vienne (Haute-)	21	Moulins.
Vosges	9	Épinal.
Yonne	8	Troyes.

TABLE DES MATIÈRES

TROISIÈME PARTIE

TEXTE DES LOIS, ORDONNANCES, ARRÊTS, CIRCULAIRES SUR LA LOUVETERIE ET LA CHASSE

400   TABLE DES MATIÈRES

EXTRAIT DU DICTIONNAIRE GÉNÉRAL DES EAUX ET FORÊTS

ASSOCIATION DES LIEUTENANTS DE LOUVETERIE DE FRANCE

STATUTS

ASSOCIATION DES LIEUTENANTS DE LOUVETERIE DE FRANCE

MINISTÈRE DE L'AGRICULTURE
ADMINISTRATION DES EAUX ET FORÊTS

TABLE ANALYTIQUE DES MATIÈRES

CONTENUES DANS L'OUVRAGE *LA LOUVETERIE* (2ᵉ ÉDITION)

en ce qui concerne la réglementation actuellement en vigueur.

Animal malfaisant ou nuisible : destruction.

Législation : lois des 3 mai 1844, art. 9, § 5, 5 avril 1884, art. 90, 9 pluviôse an V, 294. Ordonnance du 20 août 1814, art. 2.

Définition : La législation ci-dessus indiquée a réparti les animaux nuisibles à l'agriculture et au gibier en trois groupes :

1º Les « bêtes fauves », dont la liste a été fixée par la jurisprudence (voir *infra* : « Bête fauve »).

2º Les animaux « nuisibles au sens de l'arrêté de pluviôse an V », et dont la liste a été fixée en majeure partie par cet arrêté (voir ci-dessous).

3º Les animaux « malfaisants » ou « nuisibles au sens de la loi du 3 mai 1844 » et dont la liste est fixée dans chaque département par le Préfet.

Chacun de ces groupes est en pratique plus large que le précédent, si bien que les « bêtes fauves » par exemple peuvent être détruites comme bêtes fauves, comme animaux nuisibles et comme animaux classés par le Préfet comme nuisibles.

Le présent article ne concerne que les deux derniers groupes, les bêtes fauves faisant l'objet d'un article spécial.

I. DESTRUCTION DES ANIMAUX « NUISIBLES AU SENS DE L'ARRÊTÉ DE PLUVIÔSE »

Nomenclature de ces animaux, 72, 294.

Législation : arrêté du 9 pluviôse an V, 294. Ordonnance du 20 août 1814, art. 2.

Régime institué par cet arrêté :

Destructions ordonnées par les Préfets dans un but d'intérêt général[1].

Voir les articles généraux, pages 33, 71 et suivantes.

1º Battues et chasses collectives, 296.

Distinction entre une chasse et une battue, 295, 298.

Nombre, époque, 33, 99, 200, 297.

---

1. Ces destructions sont généralement visées dans les premiers paragraphes du chapitre III, titre III, des arrêtés préfectoraux dits : « arrêtés réglementaires permanents sur la Police de la chasse ».

Rédaction des arrêtés préfectoraux, 298 ; désignation des lieux, 35 ; des animaux à détruire, 299 ; moyens autorisés, 298. Modèle d'arrêté ordonnant une série de battues, 233.

Exécution des battues, 298 ; *direction* par les lieutenants de louveterie, sous la surveillance du service forestier, 99. 101, 104, 179, 183, 310 ; remplacement des lieutenants de louveterie par les officiers forestiers, 36. — *Choix du jour*, 179 ; *choix des tireurs*, 183 ; nombre des tireurs, 179, 310 ; réquisition, 36 ; non obligation du permis de chasse, 179. — *Cas des forêts domaniales ou communales* : voir ces mots. — *Battues intercommunales*, 256.

Frais d'organisation des battues, 223 ; indemnités aux louvetiers, 300 ; aux tireurs réquisitionnés, 36.

2° *Permissions individuelles spéciales d'effectuer des battues.*

Voir l'article général, p. 39 ; en outre voir 99, 179, 295.

Surveillance de la battue, 295. Interdiction de convoquer traqueurs et tireurs, 295.

II. — DESTRUCTION DES ANIMAUX « CLASSÉS COMME NUISIBLES » PAR LES ARRÊTÉS PRÉFECTORAUX

Nomenclature de ces animaux, 67, 291 ; nomenclature en Alsace-Lorraine, 231.

Législation : Loi du 3 mai 1844, art. 9, § 5, 117 ; loi du 5 avril 1884, art. 90, 147, 300.

a) *Régime institué par la loi de 1844 :*

Destruction, par l'initiative privée, des animaux « classés comme nuisibles [1] ». Voir l'article général pages 67 et suivantes.

1° *Destructions individuelles.*

Droit de destruction : a) *par les propriétaires, possesseurs ou fermiers ruraux sur leurs terres*, 68. Ce droit n'a d'autres limites que les interdictions édictées par le Préfet chargé de le réglementer, 68.

b) *Par les détenteurs du droit de chasse*, 69 ; Cas des forêts domaniales : Voir ce mot, et 68.[2]

c) *Délégation du droit de destruction*, 69, 293.

Distinction de ce droit et du droit de chasse, 176.

Réglementation de ce droit par les Préfets [2], 68, 117, 292. Circulaires générales : *14 septembre 1915*, 176 ; *4 septembre 1916*, 183 ; 25 novembre 1921, 218 ; 2 et 16 décembre 1922, 232.

Obligation du permis, 68, 178, 186, 292. Destruction de nuit, emploi du fusil, temps de neige, 68, 292 ; destruction au fusil dans un rayon déterminé autour des habitations, 246, 252, 254 256 ; destruction en temps de neige pendant l'ouverture générale, 246. Enquêtes, 233, 263. Instruction rapide des demandes, 185, 233. Destruction par les gardes-chasse en tout temps, 246. Arrêtés d'autorisation, autorisations sans frais, 185, 196. Empoisonnement, 219 ; asphyxie (chloropicrine), 233.

2° *Destructions en commun (battues privées).*

Battues privées organisées : dans les propriétés privées, 176, 185, 302 ; dans les forêts domaniales ou communales et par les détenteurs du droit de chasse, 301.

---

1. Ces destructions font généralement l'objet des chapitres i et ii du titre VI des arrêtés réglementaires permanents.

2. Nous n'indiquons ici que les textes concernant la destruction de tous les animaux malfaisants ou nuisibles ; pour les mesures s'appliquant spécialement aux lapins, sangliers, corbeaux... voir. ces mots.

b) *Régime de la loi de 1884*[1] :

Destruction organisée par les Maires, des animaux « classés comme nuisibles »[2].
Voir les articles généraux, p. 40 et suiv., 50 et suiv.
Distinction entre les destructions municipales et celles ordonnées par les Préfets, 148.

1° *Battues et chasses collectives*, 293.

Règles d'exécution : 61, 148. Accord avec les détenteurs du droit de chasse, 188, 293. Cas où la chasse à courre et la chasse à tir ont été louées séparément, 42. Publicité de l'arrêté municipal, 61, 293. Direction, 61, 149, 293, 301. Lieux, 43. Moyens de destruction, 41. 61, 148. Non obligation du permis de chasse, 294. Non intervention du service forestier, sauf pour les forêts soumises, 44, 294. Cas des forêts domaniales ou communales, 44, 294.

Empoisonnement général, 111, 219 234; époque, 219.

2° *Permissions individuelles spéciales accordées par les Maires.*

Voir 60, *in fine*.

Animal nuisible tué.

Propriété des animaux nuisibles tués, 179, 234, 302.
Vente et colportage, 37, 138, 145, 179.
Primes : voir ce mot.

Alsace-Lorraine. — Application à l'Alsace-Lorraine de la législation concernant la destruction des animaux nuisibles, 230. Nomenclature des animaux nuisibles, 231.

Appelants. — Interdiction de leur emploi (sauf pour les oiseaux de passage) : loi du 3 mai 1844, art. 12, § 6, 119. Transport en cage, 255.

Armes de guerre. — Réglementation de l'emploi, 219.

Battues aux animaux nuisibles.

Distinction entre une battue et une chasse aux animaux nuisibles, 295.
Catégories :
Battue ordonnée par le Préfet. Voir « animal nuisible, régime de Pluviôse », et p. 296.
Battue municipale. Voir « animal nuisible, régime de la loi de 1884 » et 293, 300.
Battue privée. Voir « animal nuisible, régime de la loi de 1844 » et p. 301.
Battues illégales : sanctions contre les participants, 70, 74, 301; contre les organisateurs, 300, 301.
Accidents, 302.

Bécasse. — Chasse à la repasse, 209, 219, 232, 256 ; chasse à la repasse sous bois, 221 ; suppression de la chasse à la repasse, 209, 227, 263. Chasse à la passée, 256.

---

1. Cette loi donne également aux maires des pouvoirs spéciaux pour la destruction des loups et des sangliers. Voir le mot « Maire ».

2. Ces destructions sont généralement visées dans les derniers paragraphes du chapitre III, titre III, des arrêtés réglementaires permanents sur la police de la chasse.

Bête fauve[1]. — Voir article général, p. 63 et suiv.

Définition. Nomenclature, 303.

Destruction : 1° en tant qu'animal nuisible, voir ce mot.
2° En tant que bête fauve : *Législation :* loi du 3 mai 1844, art. 9, 117; *Bénéficiaires du droit de destruction*, 65, 117, 176, 182; délégation de ce droit, 65; *Restrictions au droit de destruction*, 197; dommage actuel ou imminent, 65; *lieux*, 65; *moyens autorisés*, 262. Affût, 184. Le droit de défense contre les bêtes fauves ne peut être réglementé qu'en vue de la sécurité publique, 196.

Chasse. — *Définition* de l'acte de chasse, 125, *in fine*.

a) *Réglementation du droit de chasse par les Préfets.*

Législation : sur la Police de la chasse : loi du 3 mai 1844 modifiée par celles des 23 janvier 1874, 16 février 1898, 1ᵉʳ mai 1924, 23 février 1926, juin 1928.
Sur la Police rurale : loi du 21 juin 1898, art. 76 (Protection des cultures contre les insectes).
Sur la sécurité publique : loi du 5 avril 1884, art. 97 et 99.
Sur les incendies de forêts : loi du 26 mars 1924, art. 3.

Établissement de la réglementation :
Compétence des Préfets sous le contrôle du Ministre de l'Agriculture, 156.
Uniformisation de la réglementation, 174. Consultation des Conseils généraux, 223, 224, 227, 229. Modifications apportées aux arrêtés réglementaires permanents, 221-225. Consultation des Fédérations de Chasseurs, 251, 262; des commissions consultatives de chasse, 252.

Ouverture générale de la chasse. Rédaction des propositions d'arrêté préfectoral, 241, et de l'arrêté, 229, 242. Choix du jour et de l'heure d'ouverture, 241, 242, 251. Zones d'ouverture de la chasse, 251, 252. Retard apporté à l'ouverture pour éviter les incendies de forêts, 251, 254, la destruction des récoltes, 260, la propagation des insectes : loi 21 juin 1898 (art. 76 et suivants).

Clôture générale de la chasse. Propositions des Préfets, 232. Rédaction des arrêtés de clôture, 233. Choix du jour de clôture, 262.

Ouvertures retardées, clôtures anticipées, 229, 260, loi 3 mai 1844, art. 3.

Chasse à courre : durée, 141.

Chasses exceptionnelles : Voir les mots : « Bécasse », « Oiseau de passage », etc.

Mesures de sécurité publique (emploi d'armes à feu, tir en voiture, chiens); *mesures concernant la protection des oiseaux ou la destruction des animaux nuisibles :* Voir ces mots.

b) *Réglementation du droit de chasse par les maires*. Voir le mot : « Maire ».

Chasse (*Communalisation, syndicalisation*).

Communalisation, 158, 163. Divers systèmes pouvant être adoptés, 189. Rôle des Maires, 164. Cession par les propriétaires de leur droit de chasse, 165. Location du droit de chasse sur les biens communaux : durée des baux, formalités, 165. Modèles de bail, de délibération, etc., relatifs à la communalisation de la chasse, 167 à 170. Subventions sur le produit des jeux, 220. Syndicat de chasse intercommunal, 166.

Syndicalisation de la chasse : texte d'un projet de loi, 171.

Caille. — *Clôture de la chasse à la caille*, 229.
La chasse de la caille ne peut être réglementée comme celle des oiseaux de passage : loi 3 mai 1844, art. 9, 120.

---

1. Voir également les mots « loup », « sanglier », etc.

Chamois, isard, bouquetin. — *Protection*. Emploi d'armes de guerre, 219.

Chiens. — *Divagation des chiens*, 174, 242, 244, 257. *Législation :* Loi du 3 mai 1844 (Protection des oiseaux), 117. Loi du 21 juin 1898, art. 16 (Divagation des chiens), 157. Loi du 5 avril 1884, art. 99, sur la sécurité publique (préfets), et sur la Police rurale (maires). Décret 22 juin 1882, art. 51.

Taxe sur les chiens. Loi du 25 juin 1920, 210.

Commission permanente de la chasse, 252. — **Commissions consultatives,** 253.

Corbeaux.

Catégorie : Oiseau classé comme nuisible par les Préfets.

Énumération des espèces : 192.

Destruction. Législation : 1° Commune à tous les animaux « classés comme nuisibles » : lois du 3 mai 1844 et 5 avril 1884.
2° Spéciale aux corbeaux et aux pies : loi du 23 juillet 1907.

Application de cette législation : Circulaires spéciales, 187, 189, 197, 234, 280.

1. *Mesures individuelles :* Emploi du fusil, 185, 285 ; délégation aux maires du droit d'autorisation, 187, 189 ; autorisations sans frais, 185 ; heures et lieux des destructions, 189 ; époque des autorisations de destruction au fusil, 185, 189, 191, 227. Emploi des pièges, filets, cornets à glu, 189. Permis de chasse, 185.

2. *Mesures administratives :*

a) Organisation de la destruction par les Maires en vertu de la loi de 1884. Emploi du fusil, 189 ; de pièges et de cornets à glu, 189. — Empoisonnement général : 189 ; emploi du Pica corvicide, 197, 227, 234, 283.

b) Destructions des nids ordonnées par les Préfets en vertu de la loi de 1907, 175, 184. — Epoque des destructions (avril-mai-juin), 189, 191.

Primes, 189. *Frais de destruction :* participation des offices agricoles, 239.

Droit de chasse.

Législation : Propriété du droit de chasse, ses limites : art. 1er, loi 3 mai 1844, 117.

Jurisprudence : Le droit de chasse est un attribut du droit de propriété ; sur les terres louées à un fermier rural ou un métayer le droit de chasse reste, en principe, au propriétaire.

Réglementation du droit de chasse. Voir le mot : « Chasse » et les articles suivants :
Droit de chasse en tout temps dans les propriétés closes, 126, 251 ; dans les forêts de l'Etat, voir ce mot ; droit de chasse sur les rivières navigables et flottables : voir gibier d'eau.

Abandon du droit de chasse au profit d'une commune, 164.

Location du droit de chasse sur les propriétés communales, durée des baux, 165.

Dégâts du gibier.

Législation. (Gibier domestique, art. 1385, C. civ.). Gibier sauvage, art. 1382, 1383, Code civil.

Jurisprudence : La preuve du dommage doit être faite par le demandeur, 314 ; les tribunaux apprécient s'il y a eu faute, négligence ou imprudence entraînant la responsabilité du propriétaire attaqué, 313.

Réparation du dommage causé. Inopérance du système des indemnités, 246.

Responsabilité des détenteurs du droit de chasse : lapins, 232 ; sangliers, 313.

Cas des forêts de l'Etat : Quand la chasse est louée, le locataire est responsable (art. 21. Cahier des charges), 313.

Compétence des Juges de paix : loi 19 avril 1901, art. 1ᵉʳ, 158, 313.

Prescription des actions par 6 mois à partir du dégât, loi 19 avril 1901, art. 5.

Empoisonnement (Voir les mots : animaux nuisibles, corbeaux, pies, loups, renards, et, en outre, 202).

Engins prohibés (Voir « Modes et moyens de chasse)..

Étourneaux, sansonnets : Autorisations de destruction temporaire, 185.

Faisans. Reprise de faisans, 180, 254.

Forêts de l'État (Police de la chasse et destruction des animaux nuisibles).

Législation : Police de la chasse : 14 septembre 1830, loi 3 mai 1844.
Location de la chasse : Ordonnance 20 juin 1845.
Destruction des animaux nuisibles : Ordonnance 20 juin 1845, et lois sur les animaux nuisibles.
Cahiers des charges des 10 octobre 1907 et 25 octobre 1919.

Police de la chasse dans ces forêts par l'Administration forestière, 29, 115, 125 ; *par les gardes particuliers :* voir au Cahier des charges, et 156.

Répression des délits de chasse : 130, *in fine.*

Droit de chasse dans les forêts de l'Etat : Adjudication, 145. Licences, décision ministérielle 28 novembre 1863, Cahier des charges, 10 octobre 1907.

Destruction des animaux nuisibles.

1° *Dispositions concernant tous les animaux malfaisants ou nuisibles :*

Destructions organisées par les locataires du droit de chasse : Ces destructions peuvent se faire par tous les moyens autorisés par les arrêtés préfectoraux en vigueur (art. 18 et 24, Cahier des charges), mais sous la surveillance du service forestier, 68. Nécessité de l'assentiment préalable du service forestier, 44 ; cas où cet assentiment n'est pas nécessaire, 315. — Droit des fermiers de la chasse à tir d'organiser des battues, 301 (art. 16 Cahier des charges).

Destructions ordonnées par les Conservateurs des Forêts, 45, 301, 314.

Destructions effectuées par les préposés forestiers, 262.

Battues administratives ordonnées par les Préfets : obligation, pour les locataires du droit de chasse, de tolérer ces battues et d'y participer, 37, 116, 135, 300.

Battues municipales organisées par les maires dans les forêts de l'Etat, 44. Cas où les chasses à courre et à tir sont louées séparément, 42.

2° *Dispositions concernant spécialement :* a) *les sangliers :*

Destructions ordonnées par les Conservateurs des Forêts, 45, 314, ou effectuées par les officiers ou préposés forestiers, 162, 197. Les fermiers de la chasse à tir et ceux de la chasse à courre peuvent effectuer ces destructions, 314 ; cas où l'assentiment préalable du service forestier n'est pas nécessaire, 315.
Droit de chasse à courre des Louvetiers dans les forêts de l'Etat, 116, 136, 311.
Dégâts causés par les sangliers en bordure des forêts domaniales : Responsabilité de l'Etat, 313 ; des locataires de la chasse à tir ou à courre, 314 ; compétence des juges de paix, 313.

b) *Les loups :* destruction par les fermiers de la chasse à tir ou à courre, 305 ;

par les lieutenants de louveterie, battues particulières aux loups dites, « officielles », 138, 309.

c) *Les lapins:* destruction : interdiction de repeupler en lapins, art. 19 et 20 Cahier des charges.

3° *Destruction du gibier surabondant,* prescrite par les Conservateurs des Forêts, 45.

Forêts communales (Police de la chasse, destruction des animaux nuisibles).

Police de la chasse par l'Administration forestière dans les forêts soumises, 115.

Mise en valeur du droit de chasse : le maire exécute les décisions du Conseil municipal à ce sujet, 165; conditions d'exercice de ce droit : le Cahier des charges est fixé par le Conseil municipal et communiqué au service forestier ; durée des baux communaux, 165.

Battues administratives organisées dans les forêts communales : droits et devoirs des adjudicataires, 37; rôle du service forestier dans le cas des battues municipales, 44.

Gardes particuliers. — *Agrément* par les Préfets, 150, 226 ; retrait de l'agrément, 151 ; cas des gardes qui doivent surveiller la chasse dans des propriétés boisées et notamment les forêts domaniales, 156.

Assermentation : formalités, droits fiscaux, etc., 154.

Droit de destruction des animaux nuisibles en tout temps, 246.

Gardes des brigades mobiles *de répression du braconnage* 229, 238, 258.

Gardes forestiers. — Destruction des animaux nuisibles au fusil, 197, 262.

Geais. — Destruction, 233. Empoisonnement, 239.

Gendarmes. — Interdiction de chasser, 261 ; de participer aux battues, 261; primes, 261.

Gibier d'eau.

Nomenclature : A défaut de texte légal, elle est fixée par les Préfets, mais laissée à l'appréciation des tribunaux.

Période de chasse, en temps de clôture générale, 232, 265. Transport en temps de clôture générale, 126. Désignation des cours d'eau, marais, étangs, 259.

Chasse au gibier d'eau sur les rivières navigables et flottables : location, licences, etc., 247.

Grive. — Interdiction de la chasse à la repasse au printemps, 209, 219, 232, 237.

Lapin. — *Catégorie :* Animal classé comme nuisible par les Préfets.

Destruction : Voir les mesures générales concernant la destruction des « animaux nuisibles » et les articles spéciaux suivants :
Circulaires sur la destruction des lapins : 183, 188; exposé des mesures de destruction à prendre : mesures individuelles, battues municipales, 232.
Emploi du fusil, 183, 232; époque des autorisations, 232, et durée, 183, 241 ; enquête, instruction rapide des demandes, 233, 244.
Emploi de bourses, furets, panneaux sans autorisation, 188 ; opportunité de permettre tous les moyens (sauf les lacets et les collets), 232.

Droit de porter un uniforme, 106. Description de l'uniforme, 177. 245. Uniforme des piqueurs, 245.

Droit de verbaliser, 264, 266.

Dispense du permis de chasse, 30, 311.

Remboursement de frais de déplacement à l'occasion des battues, 239.

Obligation d'entretenir un équipage, 104, 240, 309 ; de dresser l'état des animaux nuisibles détruits, 104, 311, ou forcés, 105, 311.

Louveterie.

L'ancienne louveterie, p. 3 à 27.

Organisation actuelle. Articles généraux, p. 29 et s., 319 ; Ordonnance du 20 août 1814, 104.

La louveterie est dans les attributions de l'Administration des Eaux et Forêts, qui remplit les fonctions de Grand Veneur, 115, 135.

Application à l'Alsace-Lorraine de la législation concernant la louveterie, 230.

Association des Lieutenants de louveterie, 46 et s., *liste des membres*, 325.

Maires. — *Intervention des Maires pour la police de la chasse et la destruction des animaux nuisibles.*

1° *Destruction des animaux nuisibles :* Articles généraux, 41, 59. — *Législation :* Loi 5 avril 1884 : 40, 157.

a) Organisation de battues aux animaux classés comme nuisibles : Voir au mot « Animal malfaisant et nuisible », le régime de la loi de 1884 ; notamment pour les lapins, 233.

b) Organisation en temps de neige de battues aux loups et sangliers : 41, 61, 305. Cas des forêts soumises, 44, 61, 294.

c) Les Maires peuvent être chargés de diriger les battues administratives ordonnées par le Préfet, 177, 183.

2° *Police de la chasse, Police rurale, Gestion des biens communaux.*

Droit d'interdire le passage dans les récoltes, 242, 266 (Lois 21 juin 1898, art. 73, 74, et 5 avril 1884, art. 97).

Droit d'interdire aux étrangers de chasser dans la commune, 164.

Acceptation au profit de la commune du droit de chasse des habitants, 165.

Location du droit de chasse dans la commune. 164, et en particulier dans les forêts communales. 165 ; modèle de bail de chasse, 170.

Réglementation de la divagation des chiens. Voir ce mot. (Loi 21 juin 1898, art. 16), 157.

Modes et moyens de chasse ou de destruction.

1° *Chasse du gibier sédentaire.* Les chasses à tir ou à courre, à cor et à cri, et l'emploi des bourses et furets sont seuls autorisés (art. 9, § 1er, loi 3 mai 1844), 123.

Les autres modes ou moyens de chasse sont prohibés, et notamment ceux énumérés à l'article 12, § 2, 3, 6. — 127.

2° *Chasse des oiseaux de passage.* Les Préfets fixent les moyens de chasse autorisés, 127, 142, mais en se conformant aux mesures de « Protection des oiseaux » (Voir ce mot). — Transport des appelants autorisés, 255.

3° *Destruction des animaux nuisibles.* Les Préfets fixent les moyens autorisés pour les destructions individuelles, 127, 292, et pour l'exécution des battues administratives, 298 ; les maires les indiquent pour les battues municipales, 148, 42, 61.

4° *Destruction des bêtes fauves.* Tous les moyens sont licites, 303.

Confiscation des instruments de chasse, 129 ; détention d'*engins prohibés,* 129, 292. Recherche des engins prohibés, destruction, 129.

Oiseaux de passage. *Législation :* Loi 3 mai 1844, art. 9, modifié par la loi 22 janvier 1874, 141.

Nomenclature, 142. Limites dans lesquelles les Préfets peuvent fixer cette nomenclature, 142.

Modes et procédés de chasse autorisés, 142.

Chasse à la repasse. Inconvénients, limitation. Avis de la Commission permanente de la chasse, 219, 232, 244.

Chasse à la repasse de la grive, de la bécasse, du gibier d'eau : voir ces mots.

Permis de chasse.

Législation : Lois du 13 avril 1861, art. 6, 3 mai 1844, 25 juin 1920, art. 44 ; décret 18 juin 1924.

Régime des Permis de chasse. Délivrance, validité, remboursement, conversion d'un permis départemental en permis général, 211. Interprétation de l'obligation d'une résidence, 242. — Prix des permis, 119. — Part des communes sur le prix des permis, 215, 216.

Validité territoriale : droit de chasser dans une commune où il n'a pas été pris, 164.

Obligation, ou non, d'être muni du permis de chasse : pour la destruction des animaux nuisibles, 178, 186, 195, 242 ; pour chasser en tout temps dans les propriétés closes, 251.

Délit de chasse sans permis. Obligation de payer le permis outre l'amende, 215, sauf en cas de transaction, 216. Part des communes à réserver, 216.

Pie. — *Catégorie :* oiseau « classé comme nuisible ».

Législation spéciale : loi 23 juillet 1907.

Destruction des pies, 175, 184 ; des nids de pies, 191.

Empoisonnement, 197.

Petits oiseaux. Oiseaux utiles. *Législation :* Loi 3 mai 1844, art. 9. Décret 12 décembre 1905, promulgant Convention internationale 19 mars 1902. Protection, 142, 243. Œufs, 127. Appelants (voir ce mot).

Pièges. Obligation pour les louvetiers d'avoir des pièges, 309.

Pièges à loups, 110 ; à sangliers, 278. Emploi de ces pièges contre les sangliers, 197.

Poison. Voir Empoisonnement.

Police de la chasse. *Législation :* lois du 3 mai 1844 (et lois ultérieures la modifiant), et 5 avril 1884. Commentaires de ces lois, 125, 141, 251, 254, 266.

Attributions des Préfets et des Maires : Voir le mot « Chasse ».

Répression des délits de chasse.

Recherche et constatation des délits de chasse par les employés d'octroi, des

OUVRAGES DE CHASSE
EN VENTE A LA LIBRAIRIE FIRMIN-DIDOT

56, Rue Jacob — Tél.: Littré, 54.52 — Chèques Postaux 21.105.

VIENT DE PARAITRE

Tournemine (C.). **Détruisons fauves et rapaces.** 1 vol. in-16 illustré.
Prix . . . . **12 fr.** »

Bellecroix (Ernest). **Chasse pratique (la).** 1 vol. in-18 avec illustrations
de l'auteur. . . . . **12 fr.** »
— **« Down ! »** Dressage à l'anglaise complété par le rapport. 1 vol.
in-18. . . . . **12 fr.** »
Bodmer (Henri). **Le Braconnage dans les grandes chasses... et dans les
autres.** Un vol. n-18 illustré. . . . . **9 fr.** »
— **L'École du Garde.** 1 vol. in-18, illustré. (*Épuisé*).
Caillard (Paul). **Des chiens anglais de chasse à tir et de leur dressage
à la portée de tous.** 1 vol. in-18. . . . . **10 fr.** »
Duncan (M.). **La Pêche à la ligne en mer.** Ouvrage orné de 36 gravures,
1 vol. in-18 . . . . **9 fr.** »
Fay (Pol de). **Le Perdreau, nouvelle méthode d'élevage.** 1 vol. in-18 jé-
sus. . . . . **4 fr.** »
Firmin-Didot (Albert). **Les loups et la louveterie.** 1 vol. in-8° écu. **15 fr.** »
Jacquet (J.). **Derniers Souvenirs de Chasse.** 1 vol. in-16 illustré. **16 fr.** »
Jullemier (L.) et Reuiller (P.). **Les Lapins. Les dommages aux champs.**
1 vol. . . . . **6 fr.** »
La Rue (de), ancien inspecteur des forêts. **Les Animaux nuisibles.** leur
destruction, leurs mœurs : recettes, appâts et pièges. 1 vol. in-18
illustré. . . . . **9 fr.** »
— **Le Lapin.** 1 vol. in-18 . . . . **1 fr.** »
Leroy (E.). Aviculture. **LE JARDIN D'ACCLIMATATION CHEZ SOI.
La Volière.** 1 vol. in-18, illustré. . . . . **10 fr.** »
— **La Perruche ondulée.** 1 vol. . . . . **8 fr.** »
— **La Culture du Gibier à plume.** 1 vol. in-18 jésus illustré. **10 fr.** »
Osembray (vicomte H. de). **L'Ecole du piqueur.** 1 vol. in-18. . **7 fr. 50**
Reymond (L.). **La Chasse pratique de l'alouette.** 1 vol. in-18. **4 fr. 50**
Riffaud (Camille de). **Veneurs et Braconniers.** 1 vol. in-18 jésus. **9 fr.** »
Sabran-Pontevès (Comte Jean de). **Les Veillées du Gerfault.** 1 vol.
in-18 . . . . **12 fr.** »
Tredicini de Saint-Séverin. **La Chasse au Chamois,** édition nouvelle
avec préface de Henry Bordeaux, de l'Académie française. 1 vol. in-16
illustré. . . . . **20 fr.** »

Grand Veneur
(Duc de Penthièvre, 1737).

TYP. FIRMIN-DIDOT & Cie
MESNIL — 1929